Sprachen der Wachsamkeit

Vigilanzkulturen /
Cultures of Vigilance

Herausgegeben vom / Edited by
Sonderforschungsbereich 1369
Ludwig-Maximilians-Universität München

Wissenschaftlicher Beirat
Erdmute Alber, Peter Burschel, Thomas Duve, Rivke Jaffe,
Isabel Karremann, Christian Kiening und Nicole Reinhardt

Band / Volume 5

Sprachen der
Wachsamkeit

Hrsg. von Magdalena Butz, Felix Grollmann
und Florian Mehltretter

DE GRUYTER

Gefördert durch die Deutsche Forschungsgemeinschaft (DFG) – Projektnummer 394775490 – SFB 1369

ISBN 978-3-11-101926-0
e-ISBN (PDF) 978-3-11-102648-0
e-ISBN (EPUB) 978-3-11-102699-2
ISSN 2749-8913
DOI https://doi.org/10.1515/9783111026480

Dieses Werk ist lizenziert unter der Creative Commons Namensnennung 4.0 International Lizenz. Weitere Informationen finden Sie unter https://creativecommons.org/licenses/by/4.0/

Die Bedingungen der Creative-Commons-Lizenz für die Weiterverwendung gelten nicht für Inhalte (z. B. Grafiken, Abbildungen, Fotos, Auszüge usw.), die nicht Teil der Open-Access-Publikation sind. Diese erfordern ggf. die Einholung einer weiteren Genehmigung des Rechteinhabers. Die Verpflichtung zur Recherche und Klärung liegt allein bei der Partei, die das Material weiterverwendet.

Library of Congress Control Number: 2022950744

Bibliografische Information der Deutschen Nationalbibliothek
Die Deutsche Nationalbibliothek verzeichnet diese Publikation in der Deutschen Nationalbibliografie; detaillierte bibliografische Daten sind im Internet über http://dnb.dnb.de abrufbar.

© 2023 bei den Autorinnen und Autoren, Zusammenstellung © 2023 Magdalena Butz, Felix Grollmann und Florian Mehltretter, publiziert von Walter de Gruyter GmbH, Berlin/Boston
Dieses Buch ist als Open-Access-Publikation verfügbar über www.degruyter.com.

Einbandabbildung: Redacted/censored text on white background.
Reddavebatcave – stock.adobe.com.
Druck und Bindung: CPI books GmbH, Leck

www.degruyter.com

Inhalt

Magdalena Butz, Felix Grollmann und Florian Mehltretter
Einleitung: Sprachen der Wachsamkeit und ihre sozialen Funktionen —— 1

Christoph Levin
Vigilate et orate. **Wachsamkeit als religiöse Grundhaltung anhand der Bibel** —— 9

John Weisweiler
Vigilanz, Elitenmacht und die Formierung des spätantiken Steuerstaats —— 27

Michael Hahn
„Spitzel auf Taten und Worte" – Laienchristen und ihre Wachsamkeit auf klerikales Fehlverhalten in der Spätantike —— 47

Antonia Fiori
The Notion of Vigilance in Medieval Canon Law —— 77

Beate Kellner
Examining the Soul. Guidelines for Penitence and Confession in a Late-Medieval Vernacular Companion on the Soul —— 95

Julia Burkhardt und Iryna Klymenko
Zwischen Eigenverantwortung, Normierung und Kontrolle: Vigilanz als soziale Praxis in Klöstern der Bursfelder Kongregation (ca. 1440–1540) —— 127

Florian Mehltretter
Wachsamkeit auf die Zeichen in Dantes Purgatorium: Das Tal der Fürsten (*Purg.* VII und VIII) —— 149

Thomas Kaufmann
Achtsamkeit auf die Laien in Spätmittelalter und Reformation —— 167

Maddalena Fingerle
Allegorien und Grotesken. Visuelle und literarische Sprachen der Wachsamkeit in Italien um 1600 —— 191

Christopher Balme
Citizen Censorship —— 211

Olaf Stieglitz
Den Verrat erzählen – Sprachen der Wachsamkeit innerhalb der Black Panther Party —— 223

Tanja Prokić
„The minimally satisfying solution at the lowest cost" – Hypervigilanz in der digitalen Gegenwart —— 237

Magdalena Butz, Felix Grollmann und Florian Mehltretter
Einleitung: Sprachen der Wachsamkeit und ihre sozialen Funktionen

‚Sprachen der Wachsamkeit' bilden die semiotische Dimension von Situationen, in denen Einzelne im Dienst eines kollektiven Werts Aufmerksamkeit auf etwas richten. Seit 2019 untersucht der an der Ludwig-Maximilians-Universität München angesiedelte und von der Deutschen Forschungsgemeinschaft geförderte Sonderforschungsbereich 1369 „Vigilanzkulturen" Formen solcher Verknüpfung persönlicher Aufmerksamkeit mit überindividuellen Zielen unter dem Leitbegriff ‚Vigilanz'. Vigilanz begegnet alltäglich im Bereich der Sicherheit, des Rechts, des Gesundheitswesens oder auch der Religionen: überall dort, wo wir auf etwas achten, gegebenenfalls auch etwas tun oder melden sollen oder selbstauferlegt wollen. Dabei ist der Einzelne angehalten, Verantwortung zu übernehmen, oder ihm wird eine solche übertragen. Gleichzeitig kann und muss die solchermaßen gerichtete Aufmerksamkeit situativ skaliert werden. Der Sonderforschungsbereich 1369 analysiert die Geschichte, die kulturellen Varianten und die aktuellen Formen dieses Phänomens.[1]

Ziel der Jahrestagung 2021 des SFBs zum Thema „Sprachen der Wachsamkeit" war es, die sprachlichen und allgemein semiotischen Aspekte von Vigilanz näher zu erforschen. Ausgangspunkt war dabei die Überlegung, dass Sprachen und Zeichensysteme eine entscheidende Rolle in Prozessen und Kulturen der Vigilanz spielen. Die Beiträge, die in diesem Band versammelt sind, arbeiten beispielhaft einerseits besonders signifikante Konstellationen heraus und fragen andererseits systematisch, in welcher Weise die untersuchten Zeichensysteme jeweils Sprachen der Wachsamkeit sind.

Leitend ist dabei die Annahme, dass Sprachen der Wachsamkeit grundsätzlich eine soziale Funktion besitzen. Sie können die Relationen zwischen den Akteuren verändern, etwa dadurch, dass mit ihnen Verantwortungen zugewiesen werden, also eine Responsibilisierung erfolgt. Sie können auch normativ sein und regulative Effekte entfalten, lassen sich doch mit ihnen Gefahren markieren, Aufmerksamkeiten orientieren, aber auch deren Intensität variieren. Vor allem aber sind sie enorm vielgestaltig: Zu ihnen gehören nicht nur Sprachen im linguistischen Sinne, sondern auch Symbolsprachen, also etwa Signale und Warnfarben, Ton-, Bild- und

---

[1] Vgl. dazu den grundlegenden Beitrag von Arndt Brendecke: Warum Vigilanzkulturen? Grundlagen, Herausforderungen und Ziele eines neuen Forschungsansatzes. In: *Mitteilungen des Sonderforschungsbereiches 1369* 1 (2020), S. 10–17.

Open Access. © 2023 bei den Autorinnen und Autoren, publiziert von De Gruyter. Dieses Werk ist lizenziert unter einer Creative Commons Namensnennung 4.0 International Lizenz.
https://doi.org/10.1515/9783111026480-001

Körpersprachen bis hin zur Gestik und Mimik, aber auch Kombinationen aus dem Genannten, wie sie in Oper, Film, Theater etc. geläufig sind. Beachtenswert sind auch sekundäre Systembildungen innerhalb von linguistischen und anderen Sprachen: etwa Isotopien, narrative Muster, Mythologien, Rhetoriken, Poetiken und Metaphernsysteme. Hier berührt sich das Konzept der Sprache (als Hervorbringungssystem von Zeichen) mit dem der Diskurse (als eigenen Regularitäten unterworfenen ‚Archiven').

Eine mögliche Systematisierung des weiten Feldes solcher ‚Sprachen der Wachsamkeit' besteht darin, die Genitivkonstruktion des Tagungstitels in drei unterschiedlichen Weisen zu verstehen:

1) Sprache als *Gegenstand* von Wachsamkeit (oder achten *auf* Sprache): Hierunter fallen Sprachsteuerung, Sprachpolitik und andere Formen der sozialen Aushandlung des jeweils Sagbaren, wie letztlich auch die Zensur. Diese bezieht sich allerdings meist weniger auf Sprachen (*langues*) denn auf Texte oder Zeichengefüge (*paroles*). Gelegentlich bezieht sie sich auch auf Poetiken oder Stile als Hervorbringungssysteme, zum Beispiel im Falle der Zurschaustellung ‚Entarteter Kunst'. Besonders interessant ist die fortwährende Dynamik solcher Regulierungsprozesse und das diesbezügliche Modulationspotential der Sprachen, sind sie doch auch in der Lage, die Schwellen und Sensibilitäten zu heben und zu senken, etwa indem spielerisch, provokativ oder situativ Grenzen überschritten und bei anderer Gelegenheit wieder eingefordert werden. Damit werden Räume geschaffen, in denen in geringerem oder höherem Maße auf Sprache geachtet werden muss und soll. Im vorliegenden Band befassen sich besonders die Beiträge von Michael Hahn, Thomas Kaufmann, Florian Mehltretter, Maddalena Fingerle und Christopher Balme mit solchen Phänomenen und ihren spezifischen kulturellen Ausformungen.

2) Sprache als *Instrument* von Wachsamkeit, achten auf etwas *durch* Sprache: Das Spektrum reicht hier von sehr einfachen Ausdrucksformen (Gesten, Signalen, Schreien) bis hin zu elaborierten Narrativen und Rhetoriken der Wachsamkeit. Dieses Achten geht über ein bloßes sprachliches Verweisen hinaus. Auch wenn hierbei auf etwas Drittes, außerhalb der (eigenen) Sprache Liegendes verwiesen wird, erfolgt eine solche Orientierung durch Sprachen und Zeichen meist nicht lediglich konkretisierend ‚auf' oder (apotropäisch) ‚gegen etwas'. Es wird meist zugleich finalisierend ‚für etwas' gesprochen: Es werden allgemeinere Ziele wie etwa Sicherheit, Gesundheit, Seelenheil, gesellschaftlicher Zusammenhalt usw. aufgerufen, und im Hinblick auf diese werden verstetigte Haltungen der Wachsamkeit deontologisch eingefordert. Sprache kann dabei in einem starken oder einem schwachen Sinn Instrument von Wachsamkeit werden. Im starken Sinne geschieht dies über Aufmerksamkeitserregung, Rhetoriken der Wachsamkeit und die Zuweisung von Verantwortung, durch die Realisierung von Produktionsmustern für Schreckensszenarien usw. In einem schwachen Sinn bedeutet ‚Achten durch

Sprache' hingegen, in bestimmten Situationen responsiv sein zu müssen. Responsibilisierung steht in einem semiotischen Horizont, da die Ver-Antwortlichen über die Gegenstände ihrer Aufmerksamkeit Antwort und Rechenschaft schuldig sind. Sie müssen Rede stehen oder Zeichen geben und sich dabei spezifischer Diskursformate und Verhaltensregister bedienen, wie Bekenntnis, Anzeige, Sorge, Fürsprache, Mahnwache usw.

Die Beiträge von Christoph Levin, Beate Kellner, Florian Mehltretter, Olaf Stieglitz und Tanja Prokić behandeln Sprache und (theatralische) Zeichen als solche Instrumente der Wachsamkeit, während der Artikel von Christopher Balme mit William Prynnes *Histrio-mastix* einen gewichtigen Text untersucht, der als textuelle Intervention wiederum zensorische Aufmerksamkeit auf ein anderes Zeichensystem, nämlich das Theater, lenkt.

3) Sprache als *Reflexionsmedium* von Wachsamkeit: Damit ist die sprachliche oder zeichenhafte Bezugnahme auf Konstellationen und Effekte von Vigilanz gemeint. Dazu gehören die Semantik und Begrifflichkeit der ‚Wachsamkeit' selbst (Big Brother, Lauscher, Whistleblower, allsehende Augen), aber auch Zeichensysteme und Beobachtungsarrangements etwa des Theaters, in denen Wachsamkeit inszeniert, sichtbar gemacht und problematisiert werden kann. Interessant sind hier die teils sprach- und kulturspezifisch sehr unterschiedlichen Bedeutungsgefüge, lexikalischen Schichtungen, Konnotationen und Isotopien, die dazu beitragen, dass mit Hilfe von Zeichensystemen Vigilanz thematisiert, diskutiert oder kritisiert werden kann. Akteure solcher selbstreflexiven Wachsamkeit sind all diejenigen, die sich dieser Begrifflichkeiten und Zeichen bedienen. Hier ist zu fragen, welche Gesellschaften, Kulturen oder Gruppierungen über besonders ausdifferenzierte Reflexionssemiotiken verfügen und dementsprechend ein schärferes oder weniger scharfes Bewusstsein von Zusammenhängen der Vigilanz entwickeln können. Und auch, ob und wodurch diese Reflexionssprachen transformiert werden können, etwa im Zuge von Heroisierungs- oder Skandalisierungsnarrativen besonders markanter Fälle oder in Gesetzgebungstexten zum Whistleblowing oder zum Zeugenschutz.

Hier sind insbesondere die Studien von Antonia Fiori und John Weisweiler zum Begriffskomplex von lateinisch *vigilantia* im juristischen und im politisch-sozialen Bereich von Relevanz, aber auch die Reflexion der historischen Akteure auf Situationen der Vigilanz, wie sie in den Artikeln von Christoph Levin, Julia Burkhardt und Iryna Klymenko, sowie jenen von Florian Mehltretter und Maddalena Fingerle untersucht wird.

Dieser typologische Überblick über die sozialen Funktionen von Sprachen der Wachsamkeit eröffnet ein Spektrum, das in einer einzelnen Tagung nur exemplarisch traktiert werden konnte; er versteht sich insofern auch als Anregung zu weiterer Forschung. Die oft multiple Zuordnung der einzelnen Artikel zu den drei

Grundausrichtungen zeigt überdies, dass selten eine dieser Funktionen für sich allein in einem Phänomenkomplex auftritt. Statt eine vereindeutigende systematische Anordnung zu erzwingen und die Gleichzeitigkeit mehrerer Funktionen zu marginalisieren, bieten wir die Beiträge dieses Bandes daher in einer tendenziell chronologischen Reihenfolge im Hinblick auf ihre Untersuchungsgegenstände, die damit umgehen muss, dass die einzelnen Fragestellungen sich auf sehr unterschiedlich lange und sich teils mit denen anderer Beiträge überschneidende Epochenabschnitte richten.

Den längsten Zeitabschnitt, von der Welt des Alten Testaments bis weit in die Frühe Neuzeit, deckt der Beitrag von Christoph Levin ab. Er führt vor Augen, dass die Gründungsdokumente des Judentums und des Christentums zutiefst von Vigilanz geprägt sind. Im Alten Testament durchzieht Vigilanz die dort überlieferten Lebensverhältnisse, die gesamte Kultur und insbesondere das Gottesbild sowie das Gottesverhältnis und damit auch die Rede über und zu Gott. Judentum wie Christentum entwickeln sich geradezu zu Religionen der Vigilanz. Das zeigt sich nicht nur im Neuen Testament, sondern auch in der jahrhundertelangen Kirchengeschichte bis hin zu intermedialen Zeichenfügungen wie Friedrich Nicolais Kirchenlied „Wachet auf, ruft uns die Stimme" und J. S. Bachs zugehöriger Kantate.

An die vor allem durch Thomas Piketty initiierte Debatte der jüngsten Jahre über die historische Entwicklung ökonomischer Ungleichheit knüpft John Weisweiler an. Entgegen der Annahme dieser Forschungsrichtung konzentrieren sich Macht und Ressourcen im spätantiken Staat nicht in den Händen Weniger. Vielmehr können die Kaiser die Eliten disziplinieren und sich Zugriff auf einen größeren Anteil an deren Einkommen sichern. Wie sich die Grenzen des elitären Selbstverständnisses verschieben, lässt sich anhand der Tugend der *vigilantia* aufzeigen. Während diese in der späten Republikzeit noch solchen Bürgern zugeschrieben wurde, die stete Aufmerksamkeit den potentiellen Bedrohungen des Gemeinwesens widmeten, büßt das Wort kaiserzeitlich zunächst an Bedeutung ein und wandelt sich qualitativ. Weisweiler zufolge geht es jetzt nicht mehr um überindividuelle Ziele, sondern um das eigennützige Fortkommen von Individuen. In der Epigraphik der römischen Führungsschicht aus dem 4. Jahrhundert bezieht sich *vigilantia* dann jedoch auf das Näheverhältnis zwischen dem Kaiser und seinen hohen Amtsträgern, deren Aufmerksamkeit der Herrscher auf die Interessen des monarchischen Staates zu lenken vermag.

Michael Hahn erklärt, wie die Aufmerksamkeit von nichtklerikalen Christen zur Überwachung und Kontrolle des spätantiken Klerus in den Dienst genommen wurde. Anhand zweier kirchlicher Anliegen, einerseits der Durchsetzung spezifisch christlicher Sexualnormen und andererseits der Bekämpfung von Heterodoxien, wird die erhebliche Relevanz von Laienchristen erwiesen, die ihre Wachsamkeit gezielt auf bestimmte Sprechakte richten. Hahn arbeitet sowohl wirksam gewordene Responsibilisierungsstrategien (zum Beispiel In-Aussicht-Stellen jenseitiger Entlohnungen, diesseitige monetäre Anreize) wie auch die Verfolgung eigenmächtiger Agenden durch die laikalen Anzeigenerstatter heraus. Um ein spürbares Kontrollmoment in einer einzelnen Gemeinde zu etablieren, genügen, so ein zentrales Ergebnis der Studie, schon wenige Informanten. Maßgeblich sind hierfür Wachsamkeitsdiskurse, welche ambivalente Begrifflichkeiten bilden: Diese erstrecken sich von der Heroisierung der wachsamen Laien als *laicus religiosus* hin zu ihrer Abwertung als „Spitzel auf Taten und Worte".

In einem Grundlagenbeitrag erkundet Antonia Fiori *vigilantia* im mittelalterlichen kanonischen Recht. Ausgehend vom *Codex Iuris Canonici* (1983), wo sich der Ausdruck ganz besonders mit bischöflichen Aufgaben zur Überwachung seiner Diözese verbindet, wird die Vielfalt mittelalterlicher Rechtstexte aufgefächert. Fiori beschreibt *vigilantia*, die immer wieder mit Ausdrücken wie *sollicitudo* oder *cura* in Verbindung tritt, als pastorale Pflicht mit bedeutenden rechtlichen Implikationen, ohne dass diese Pflicht jemals selbst ein Rechtsinstitut geworden ist. Kanonistisch wird *vigilantia* zumeist ignoriert. Ausnahmen, wie der Haftungsmaßstab *culpa in vigilando* für pflichtwidrige Unterlassungen durch Angehörige des Klerus, sind rar. Elaborierter wird *vigilantia* allein in der *Summa aurea* im 13. Jahrhundert entfaltet. Kardinal Hostiensis charakterisiert jene darin als hierarchische Überwachung, die durch drei kanonistische Mechanismen realisiert werde: *correctio*, gerichtliche Strafe und Visitation. Im Gegensatz zum Forschungsbegriff ‚Vigilanz' des Sonderforschungsbereichs rekurriert das Quellenwort *vigilantia* vor allem auf eines nicht: die bewusste Ausrichtung der Aufmerksamkeit von Laien im übergeordneten Interesse.

Anhand Heinrichs von Burgeis *Der Seele Rat*, einem volkssprachlichen Seelenratgeber des späten 13. Jahrhunderts, zeigt Beate Kellner, welche Rolle die Selbstbeobachtung des Gläubigen wie auch dessen Fremdbeobachtung durch die Institution der Kirche, vertreten durch den Beichtvater, für das spätmittelalterliche Bußsakrament spielen. Die allegorische Erzählung inszeniert ein Lehrgespräch zwischen der personifizierten Seele eines exemplarischen Sünders und den ebenfalls personifizierten Instanzen Reue, Beichte, Buße, Gewissen und Gottesfurcht, welche die Seele, wie Kellner herausstellt, durch den steten Wechsel von Drohung und Fürsorge stark verunsichern und zermürben. Die wiederholten Verweise der personifizierten Instanzen auf das unausweichliche Jüngste Gericht, auf Gottes Allwissenheit und die Ungewissheit des jenseitigen Heils entfalten so ein enormes disziplinierendes Potential auf die Seele und ermahnen sie zu unablässiger Selbstbeobachtung und zum bußfertigen, institutionell gerahmten Bekenntnis.

Im hochdynamischen Umfeld des 15. und 16. Jahrhunderts nehmen Julia Burkhardt und Iryna Klymenko Reformklöster insbesondere hinsichtlich der Regulierung von Essen und Fasten in den Blick, weil für solche geistlichen Gemeinschaften Vigilanz ein besonders virulentes Phänomen ist. Diese Regulierung wird einerseits programmatisch von Angehörigen der Klostergemeinschaft eingefordert und liefert andererseits einen Qualitätsausweis strenger Reformer. Als Untersuchungsgegenstand haben die Autorinnen die Bursfelder Kongregation ausgewählt, deren zugehörige Klöster einen klar umrissenen, hochregulierten, multidimensionalen Sozialraum bilden. Symptomatisch für die enge Verbindung von Reform und Vigilanz ist der Bericht eines Konventualen des Erfurter St. Petersklosters aus dem Jahr 1447, wonach die Kommissare und Vollstrecker des Reformauftrags des Mainzer Erzbischofs Dietrich Schenk von Erbach *cum vigilanti cura et sollecitudine* gewirkt hätten. Als soziale Praxis kommt Vigilanz im vormodernen Kloster doppelt zum Tragen: bei der Introspektion im Sinne einer Eigenverantwortung und bei der lateralen Beobachtung im Sinne sozialer Verantwortung. Im Verbund der Bursfelder Kongregation resultierte aus der Pluralität der Regulierungsebenen und -instanzen ein dynamisches Wechselfeld, in welchem Vigilanz aufschlussreichen Wandlungsprozessen unterworfen war.

In seinem Beitrag zum Tal der Fürsten in Dantes *Purgatorium* arbeitet Florian Mehltretter heraus, dass das geistliche Spiel, das den Fürsten und dem Jenseitspilger Dante im VIII. Gesang dargeboten wird, als zeichenhafte, szenische Inszenierung von Wachsamkeit verstehbar ist, die auf eine fehlende beziehungsweise zu geringe Aufmerksamkeit der Fürsten im Diesseits verweist. Zugleich lässt sich die Szene auch als Aufforderung an die textexternen Rezipienten lesen, ihre Wachsamkeit auf die komplexen Zeichensysteme des Textes zu richten und sich um die Entschlüsselung des darunter verborgenen Sinns zu bemühen.

Demgegenüber zeigt der Beitrag von Thomas Kaufmann, wie der spätmittelalterliche und reformatorische Diskurs um die Übertragung und Verbreitung der Heiligen Schrift in der Volkssprache mit einer erhöhten Aufmerksamkeit gegenüber den Laien und deren Möglichkeiten einer selbständigen und selbstbestimmten Bibellektüre einhergeht. Komplementär dazu werden auch Momente greifbar, in denen lateinunkundige, theologisch nicht geschulte Laien ihre Wachsamkeit verstärkt auf die Predigtinhalte katholischer Priester sowie deren (mangelnde) Rückbindung an die Bibel richten und die von der Kanzel verbreitete Lehre schließlich öffentlich als ‚Irrlehre' anprangern.

Maddalena Fingerle befasst sich in ihrem Beitrag mit den zwei wichtigsten italienischen Dichtern um 1600: Torquato Tasso und Giambattista Marino. Bei Tasso ist dichterische Rede zugleich Gegenstand poetologischer und religiöser Überwachung einerseits und Instrument der Evasion von Vigilanz andererseits. Insbesondere durch das Zeichensystem der Allegorie entzieht sich Tasso zensierbarer Eindeutigkeit. Giambattista Marino unterläuft Vigilanz durch spielerische Veruneindeutigung; hierzu bedient auch er sich der Allegorie, die er zur Verwirrung, aber auch zur Provokation verwendet. Parallel dazu setzt die Erstausgabe seines *Adone* auch grotesken Buchschmuck zur Verwischung von Bedeutungskonturen ein, was auf der Ebene der im Text erzählten Geschichte durch die Episode von Falsirenas arabischem Folianten gespiegelt wird: Dadurch wird die Sprache des Epos zugleich zum Reflexionsmedium von Vigilanzphänomenen.

Christopher Balmes Untersuchung der dezentralen Überwachung und sogar Zensur des Theaters durch Bürger in England in der ersten Hälfte des 17. Jahrhunderts zeigt, dass das Zeichensystem des Theaters insgesamt zum Gegenstand des Misstrauens und der puritanischen Wachsamkeit werden kann, nicht zuletzt, da es mit dem perhorreszierten Katholizismus das Element der Verkleidung und Illusionsbildung teilt. Obwohl es eine offizielle staatliche Zensur durch das Amt des *Master of Revels* gibt, reicht deren Zuständigkeit nach puritanischem Verständnis bei weitem nicht aus, um alle ruchlosen Erscheinungsformen des Theatralischen in der Gesellschaft zu kontrollieren. Nur der wachsame Bürger, der auf diese Kräfte aufmerksam gemacht wird, kann die Übel der Bühne wirklich aufzeigen und bekämpfen. In dieser Welt ist Wachsamkeit die Pflicht und das Vorrecht des einzelnen Bürgers, und William Prynnes tausend Seiten umfassendes Pamphlet *Histrio-mastix* war gewissermaßen das Lehrbuch dazu.

Anhand des Spielfilms PANTHER (1995) des afroamerikanischen Regisseurs Mario van Peebles, der die Anfangsjahre der Black Panther Party for Self Defense erzählt, beantwortet Olaf Stieglitz die Frage, wie relevant die Figur des Denunzianten für das Erzählen von stabilem Wissen oder der ‚wahren Geschichte' einer Partei ist. Der Spielfilm bildet für diese Fragestellung eine fruchtbare Quelle, weil die Idee des Verrats und die Figur des Informanten darin eine zentrale Rolle einnehmen. Diese Gewichtung deckt sich mit Forderungen zum Umgang mit verdächtigen Personen in frühen Veröffentlichungen führender Parteimitglieder. In der Tradition klandestiner Organisationen dient die ‚Säuberung' in ihrem beinahe rituellen Stil einem besonderen Prozess der Wissensgenerierung, einem Tribunal, in dem die Hüter des Wissens über den Umgang der Gruppenmitglieder mit den ihnen anvertrauten Geheimnissen urteilen. Stieglitz gelangt zu weiterführenden Thesen: Die filmische Visualisierung des in vielen Augenzeugenberichten thematisierten Verrats zeigt nicht bloß Scheitern und Verlust der Partei auf und ist auch nicht einfach normativ auf eine Aufforderung zu Wachsamkeit reduzierbar. Vielmehr ist die Figur des Denunzianten zwingend erforderlich, um eine Geschichte des Vertrauens und der Solidarität nachvollziehbar erzählen zu können, gerade weil sie diese Werte bedroht.

Viele der angeführten Beiträge erkunden bewusst frühe oder gar erste historische Erscheinungen des jeweils studierten systematischen Zusammenhangs. Aber auch unsere Gegenwart ist in ganz eigener Weise von Vigilanzphänomenen geprägt, die im Sonderforschungsbereich 1369 unabhängig von der hier dokumentierten Tagung umfassend analysiert werden. Der diesen Band beschließende Beitrag von

Tanja Prokić diskutiert, inwiefern sich im Zusammenhang mit der gegenwärtigen Verbreitung von digitalen Medien, Plattformen und smarten Endgeräten eine Veralltäglichung von (ungerichteter) Wachsamkeit – hier gefasst als ‚Hypervigilanz' – beobachten lässt. Damit einher geht, wie Tanja Prokić zeigt, eine neue Form fragmentierter Subjektivität, die sich zunehmend aus der Interaktion mit digitalen Plattformen und deren Algorithmik generiert und zu einer Verschiebung von Prävention zu Präemption, von Vigilanz zu Hypervigilanz beiträgt.

Die interdisziplinäre und internationale Tagung, aus der die folgenden Beiträge hervorgegangen sind, wurde am 21. und 22. Oktober 2021 im Rahmen des SFBs „Vigilanzkulturen. Transformationen – Räume – Techniken" durchgeführt. Wir bedanken uns bei der Deutschen Forschungsgemeinschaft für die Förderung dieses Projekts und die Möglichkeit, diesen Band aus Mitteln des SFBs publizieren zu können. Sehr herzlich sei auch der Carl Friedrich von Siemens Stiftung gedankt, in deren Räumen und mit deren großzügiger Unterstützung wir tagen durften. Der Sprecher unseres SFBs, Arndt Brendecke, hat die Tagung von Beginn an mit regem Interesse und hilfreichen Ratschlägen begleitet. Ihm und allen Teilnehmer:innen der Tagung gilt unser besonderer Dank.

Christoph Levin
Vigilate et orate. Wachsamkeit als religiöse Grundhaltung anhand der Bibel

Die Unverfügbarkeit der Zeit

Der Hauptmarkt meiner Heimatstadt Trier wird beherrscht von dem wuchtigen Turm der Stadtkirche St. Gangolf. Über dem goldenen Ziffernkranz der Turmuhr prangt von weitem lesbar die ebenfalls vergoldete Inschrift: „Vigilate et orate." Gemessen an dem geschäftigen und gottvergessenen Treiben unterhalb auf dem Markt scheint die Mahnung aus der Zeit gefallen, trotz ihrem Bezug auf die Uhr. Ihr Sinn leuchtet aber sofort ein, wenn man weiß, dass sich auf dem Turm die Feuerwache befand, seit die Stadt im Jahre 1507 dank einer Stiftung der Bürgermeisterswitwe Adelheid von Besselich[1] die beiden oberen Stockwerke mit der Galerie hinzugefügt hatte: „Wachet und betet."[2]

Die Aufstockung machte St. Gangolf zum höchsten Turm der Stadt. Daraufhin blieb Erzbischof Richard von Greiffenklau (1511–1531) keine Wahl. Er musste die Symmetrie der romanischen Westfassade des Doms stören und den Südwestturm ebenfalls aufstocken lassen, auf dass er den städtischen Turm überrage. Auch dieser Turm trägt eine Uhr, und auch über ihr gibt es eine Inschrift: „Nescitis qua hora Dominus veniet."[3] Die bischöfliche Inschrift setzt die städtische fort: „Wachet und betet! Ihr wisst nicht, zu welcher Stunde der Herr kommen wird." Es sind zwei aufeinander bezogene Bibelzitate, den Mahnungen aus Mk 14,38 und Mt 24,42 nachempfunden: „Vigilate et orate ut non intretis in temptationem" [Wachet und betet, dass ihr nicht in Anfechtung fallet]. „Vigilate ergo quia nescitis qua hora Dominus vester venturus sit" [Darum wachet; denn ihr wisset nicht, zu welcher Stunde euer Herr kommen wird].

---

1 Zu Adelheid von Besselich vgl. Kentenich, *Geschichte der Stadt Trier*, S. 294–317.
2 Die Uhr wurde 1480 bis 1482 von Nikolaus Schlosser gefertigt und muss nach der Aufstockung des Turms versetzt worden sein. Das Alter der Inschrift ist unbekannt. Vgl. Lehnert-Leven, *Uhren in Trier*, S. 39 f.
3 Eine Reparaturrechnung aus dem Jahr 1549 belegt, dass die Domuhr damals vorhanden war. Seit wann es die Inschrift gab, ist unbekannt. Sie lautete zunächst „Nescitis qua hora fur veniet" „Ihr wisst nicht, wann der Dieb kommt" (vgl. Mt 24,43; Lk 12,39). Daran knüpft sich die Legende, man habe die Inschrift anlässlich des Besuchs Napoleons im Oktober 1804 geändert oder entfernt, um den Kaiser nicht zu erzürnen. Sie war aber erst 1846 sicher nicht mehr vorhanden. 1908 wurde sie erneuert, nun mit der Korrektur „Dominus" statt „fur". Vgl. Lichter, Rund um die Domuhr zu Trier.

∂ Open Access. © 2023 bei den Autorinnen und Autoren, publiziert von De Gruyter. [CC BY] Dieses Werk ist lizenziert unter einer Creative Commons Namensnennung 4.0 International Lizenz.
https://doi.org/10.1515/9783111026480-002

Es ist bedenkenswert, dass die öffentlichen Zeitmesser mit einer Mahnung an die grundsätzliche Unverfügbarkeit der Zeit versehen sind. Und es sind nicht von ungefähr die Kirchtürme, die diese Mahnung über einer ganzen Stadt wachhalten, als seien sie selbst die Wächter. „Wachet und betet", das benennt eine Grundhaltung der christlichen Religion, die so bestimmend ist, dass man das Christentum eine Religion der Vigilanz nennen kann. Diese Haltung teilt das Christentum mit dem Judentum und hat sie zu einem guten Teil von dort auch übernommen. Sie hat die Kultur der westlichen Welt von der Spätantike bis heute geprägt wie weniges andere.

Das Wissen um die Unverfügbarkeit der Zeit gehört zum christlichen Daseinsverständnis. Für diese Haltung ist die Zeit nicht einfach an sich selbst unverfügbar – das gilt selbstverständlich auch –, sondern weil sie religiös qualifiziert ist. Die Zeit ist unverfügbar, weil Gott über sie verfügt. „Meine Zeit steht in deinen Händen" (Ps 31,16). Sie ist jetzt, aber sie ist nur, weil sie Zukunft hat. Diese Zukunft liegt nicht in meinen Händen. Für den Glauben liegt sie in den Händen Gottes. Sie ist sogar identisch mit dem Kommen Gottes. Dieses Kommen, weil es das Kommen Gottes ist, ist grundsätzlich positiv qualifiziert. „Es ist der Glaube eine gewisse Zuversicht des, das man hofft" (Hebr 11,1). Der Glaube ist Hoffnung. Deswegen fallen Beten und Wachen in eins: „Vigilate et orate."

Solches Beten ist das Gegenteil einer selbstgenügsamen religiösen Introspektion. Es braucht die Türme. Der Glaube schaut von hoher Zinne. Er hält die Nase in den Wind. Er prüft, ob die Zeichen der Zeit Gottes Kommen ankündigen. Diese Erwartung ist nicht nur eine im engsten Sinne religiöse, sondern sie hat eine ethische Seite: „Bereitet dem Herrn den Weg!" (Jes 40,3). „Wachen" bedeutet, nicht nur zu warten, sondern sich auf das Erwartete einzustellen und, was dem erwarteten Heil entgegensteht, zum Besseren zu wenden.

Die folgenden Ausführungen erheben nicht den Anspruch, das Motiv auch nur entfernt zu erschöpfen. Sie wollen nur ein wenig jener Haltung der Wachsamkeit nachspüren, wie sie in der Bibel, dem kulturellen Grundlagen-Dokument der westlichen Welt, überliefert ist und seit zweieinhalb Jahrtausenden direkt und indirekt eine Wirkungsgeschichte ohne gleichen entfaltet hat.

Wachsamkeit als Lebensbedingung

Wir wechseln dafür in eine Zeit, deren Bedingungen, gemessen an unseren gegenwärtigen Lebensverhältnissen, unvorstellbar prekär gewesen sind. In dieser Welt war ein Dasein ohne ständige Wachsamkeit unmöglich, und allfällige Katastrophen wurden als das Fehlen der Wachsamkeit erlebt oder jedenfalls darauf zurückgeführt. Wachsamkeit erhoffte man von den Göttern, man erwartete sie vom

König, man verlangte sie von sich selbst und erlebte sie als soziale Kontrolle. Sie richtete sich auf die Wohlfahrt im Großen wie im Einzelnen: auf die Ordnung der Natur, auf die Ordnung des Zusammenlebens im Land wie in Ort und Familie, und auf das normgerechte Verhalten, das man von anderen wie von sich selbst erwartete.

In der biblischen Schöpfungserzählung wird der Mensch mit der Aufgabe betraut, die Erde zu bestellen und zu bewachen (Gen 2,15). Das Wachen und Bewachen gilt als grundlegende Bestimmung des Menschen. Das war ganz praktisch gedacht. Wer sein Korn drosch, musste auf der Tenne schlafen, sonst wurde er bestohlen; denn andere hatten auch Hunger. Stets musste man sein Eigentum bewachen; denn sichere Schlösser gab es nicht.[4] „Wenn ein Hausherr wüsste, zu welcher Stunde in der Nacht der Dieb kommt, so würde er wachen" (Mt 24,43).

Man musste vor allem sein Vieh bewachen, damit kein Stück gestohlen wurde, sich verlief oder Raubtieren zum Opfer fiel. Die Rolle des Hirten war so prägend, dass sich die mesopotamischen Könige als Hirten ihrer Länder verstanden und auch die Götter als Hirten tituliert wurden.[5] Das nächst dem Vaterunser bekannteste Gebet der Bibel gebraucht dieses Bild: „Der HERR (= der Gott Jahwe) ist mein Hirte. […] Und ob ich schon wanderte im finstern Tal, fürchte ich kein Unglück, denn du bist bei mir, dein Stecken und Stab trösten mich" (Ps 23,1.4).[6] Was Luther mit „trösten" übersetzt hat, ist der wirksame Schutz mit den Waffen des Hirten, der Feinde und Raubtiere abwehrt. Ebenso wichtig war der Schutz des Landfriedens durch Befestigungen und durch bewaffnete Wachen, die auf der Hut waren und rechtzeitig meldeten, wenn der Feind heranzog.

Die Wachsamkeit der Götter

Die Ordnung des Lebens hing elementar an dem regelmäßigen Wechsel der Jahreszeiten, den man nicht wie heute durch technische Vorkehrungen und Vorratshaltung zur Nebensache machen konnte, sondern von dem man in der Regenfeldkultur Palästinas unmittelbar betroffen war. Der fehlende Regen lehrte die Menschen wie nichts anderes ihre Abhängigkeit von der Wachsamkeit der Götter, und dass deren wirksame Gegenwart keine Selbstverständlichkeit war. In der Levante bekam deshalb der Kult des Wettergotts in seiner jeweiligen lokalen Ausprägung die größte Bedeutung.

---

4 Zur damaligen Schloss-Technik vgl. Staubli, Art. „Schloß".
5 Vgl. Waetzoldt, Art. „Hirt", S. 424, mit zahlreichen Belegen.
6 Nach der Übersetzung von Martin Luther, 1524. Vgl. Kritische Gesamtausgabe. Bd. 10, I, S. 170 f.

In Israel und Juda wurde der Wettergott, der hier den Namen „Jahwe" trug,[7] so wichtig, dass das traditionelle Pantheon seine Bedeutung verlor und sich eine Spielart der Monolatrie entwickelte, wenigstens auf der Ebene des königlichen Kults.

Eine klassische Szene, an der man das sieht, ist der Götterwettstreit, den der Prophet Elia veranlasst haben soll, wie in 1. Kön 18,21–40 erzählt wird. Elia, dessen Name „mein Gott ist Jahwe" bedeutet und insoweit Programm ist, amtierte wahrscheinlich am Hof. Bei seinem ersten überlieferten Auftritt kündigt er dem König Ahab eine mehrjährige Hungerperiode an: „So wahr Jahwe, der Gott Israels, lebt, vor dem ich stehe: Es soll diese Jahre weder Tau noch Regen kommen, ich sage es denn" (1. Kön 17,1). Übersetzt man die Meteorologie in die Mythologie, so sagt Elia die Abwesenheit des regenspendenden Wettergotts voraus, und das über mehrere Jahre.

Mitten in der Dürre soll Elia sodann eine Gottesprobe inszeniert haben, um zu entscheiden: Ist der phönikische Wettergott Ba'al der Lage mächtig, oder ist es der israelitische Wettergott Jahwe? Für beide Götter wird ein Opfer von Stieren geschlachtet, aber ohne es zu entzünden. „Welcher Gott mit Feuer antworten wird, der ist Gott." Die Propheten des Ba'al rufen ihren Gott an: „Ba'al, antworte uns!" „Aber da war keine Stimme noch Antwort." Elia spottet: „Ruft laut! [...] Er ist in Gedanken oder hat zu schaffen oder ist über Land oder schläft vielleicht, dass er aufwache." Die Mühe der Anhänger des Ba'al bleibt über Stunden vergebens. Dann schreitet Elia zur Gegenprobe und ruft Jahwe an. Der antwortet sogleich mit Feuer. Die Szene wirkt zu aufgeklärt, um wirklich aus dem 9. Jahrhundert zu stammen.[8] Sie zeigt aber, worauf es ankam.

Nicht anders als Menschen und Tiere schlafen auch Götter und gefährden damit jene, die sich von ihrer Wachsamkeit abhängig sehen.[9] Es waren nicht nur die Propheten des Ba'al, die von ihrem Gott die Vigilanz einforderten. Auch Israeliten und Judäer taten es. Der Gott musste aufmerksam sein: als Schutzgott für den einzelnen und dessen Hausstand, als Garant der sozialen Ordnung in Ort und Land und schließlich als der mächtige Hintergrund der Naturphänomene im Wechsel der Jahreszeiten. Der König, der das Land kontrollierte und das soziale Chaos in Schach hielt, tat das im Auftrag des Gottes und war in Synergie von ihm abhängig. „Wenn Jahwe nicht die Stadt behütet, so wacht der Wächter umsonst" (Ps 127,1).

Wenn die Ordnung ins Wanken geriet durch Naturkatastrophen, Seuchen, soziale und politische Wirren, so bedeutete das, dass der schützende Gott abwesend

---

7 Vgl. Müller, *Jahwe als Wettergott*.
8 Vgl. Würthwein, *Zur Opferprobe Elias*.
9 Herrmann, *Die Rede von göttlichem Schlafen* (zu 1. Kön 18,27; Ps 44,24; 78,65; 121,3–4).

war oder es an Aufmerksamkeit fehlen ließ oder schlief. Dann war es an den Menschen, den Gott durch Opfer und Gebete zu wecken. Immer wieder wird in den Psalmen der Weckruf laut, als würde die Weisung nicht „vigilate et orate" lauten, sondern „orate et excitate deum" [betet und weckt Gott auf]. Das betraf den Einzelnen, wenn er an der Kultstätte ein Gottesurteil erwartete, das ihn vor unrechtmäßiger Anklage schützen soll: „Wach auf, werde wach für mein Recht und meine Sache, mein Gott und Herr" (Ps 35,23). „Steh auf, Jahwe, in deinem Zorn, erhebe dich im Grimm meiner Bedränger. Und wach auf, mein Gott, der du Recht geboten hast" (Ps 7,7). Es betraf im Fall öffentlicher Notlagen das Kollektiv: „Werde wach, Herr, warum schläfst du? Werde wach und verstoß uns nicht für immer" (Ps 44,24). Es galt besonders, wenn das Land den Feinden ausgesetzt war: „Erwache, komm herbei und sieh darein! Du, Jahwe der Heere, Gott Israels, wach auf und suche heim alle Völker" (Ps 59,5–6). Auf solche Angst antwortet Ps 121:

> Jahwe lasse nicht wanken deinen Fuß, der dich bewacht ($šom^eræka$), schlafe nicht. Siehe, nicht schläft noch schlummert Jahwe, der Wächter ($šômer$) Israels. Dein Wächter ($šom^eræka$) ist Jahwe, dein Schatten über deiner rechten Hand. Tagsüber wird dich die Sonne nicht stechen, noch der Mond des nachts. Jahwe bewache dich ($jišmårkå$) vor allem Übel! Er bewache ($jišmor$) dein Leben! Jahwe bewache ($jišmår$) deinen Ausgang und Eingang von jetzt an bis in alle Zeit.

Die Art, wie dieser Abschiedssegen zwischen Wunsch und Behauptung changiert, zeigt, wie gefährdet man das Dasein erlebte, wie sehr man sich auf die Vigilanz seines Gottes angewiesen sah. Im Wortlaut eng verwandt ist der Segen, mit dem die Priester die Israeliten segnen sollen und der bis heute zum festen Bestand des christlichen Gottesdienstes gehört: „Der HERR (= Jahwe) segne dich und behüte dich ($w^ejišm^eræka$); der HERR lasse sein Angesicht leuchten über dir und sei dir gnädig; der HERR hebe sein Angesicht über dich und gebe dir Frieden!" (Num 6,24–26).[10]

Die Mahnung zur Wachsamkeit

Das hebräische Verb für das, was wir Vigilanz nennen, ist in den meisten Fällen $šmr$. Es bedeutet „hüten, bewachen, bewahren, behalten, beobachten, einhalten", oder lateinisch „custodire, vigilare, conservare, observare".[11] Mit der Vigilanz verbindet sich, der grundsätzlich bewahrenden Haltung entsprechend, die Vorsicht und auch die Observanz.

---

10 Vgl. Seybold, *Der aaronitische Segen*, S. 11–88.
11 Sauer, Art. „*šmr* hüten"; García López, Art. „*šāmar*".

Der älteste fest datierbare Beleg findet sich auf einem Ostrakon, das Anfang 1935 in einem Raum unterhalb der Toranlage der Festung Lachisch im westjudäischen Hügelland zusammen mit fünfzehn weiteren Ostraka gefunden wurde.¹² Es stammt aus der Zeit kurz vor der Eroberung der Festung durch die Babylonier unter Nebukadnezar, etwa Ende 589 bis Anfang 588 v. Chr. Die Ostraka waren Begleitschreiben zu Briefen, die auf Papyrus geschrieben waren und deshalb verloren sind. Diese Briefe kursierten zwischen der Zentrale in Jerusalem und den Festungen sowie unter den Außenposten. Ostrakon 3, gerichtet von einem Mann namens Hoscha'jahu an seinen Vorgesetzten Ja'osch, wahrscheinlich den Kommandanten von Lachisch, endet auf der Rückseite der Scherbe wie folgt: „Und den Brief des Tobjahu, des Knechtes des Königs, der gekommen ist zu Schallum, dem Sohn des Jaddu', von Seiten des Propheten mit dem Inhalt: ‚Hüte dich!' (hiššāmær), ihn sendet dein Knecht hiermit an meinen Herrn." Das Schreiben, das Hoscha'jahu an Ja'osch weiterleitet, stammt von einem Beamten namens Tobjahu und enthält die Botschaft eines nicht genannten Propheten. Für dieses Schreiben dient der Imperativ (hiššāmær) als Stichwort. Es gibt den wesentlichen Inhalt wieder: „Hüte dich!", „pass auf!", „vigila!"¹³

Die Mahnung zur Wachsamkeit ist für die Botschaft der Propheten kennzeichnend. In 2. Kön 6,9 wird dem Gottesmann Elisa zugeschrieben, dass er während der Aramäerkriege Mitte des 9. Jahrhunderts dem König Joram von Israel habe überbringen lassen: „Hüte dich (hiššāmær), dass du nicht an diesem Ort vorüberziehst, denn die Aramäer lagern dort." Nach Jes 7,4 soll Jahwe, als Aram und Israel im letzten Drittel des 8. Jahrhunderts gegen Jerusalem vorrückten, dem Propheten Jesaja die Botschaft an den König Ahas in den Mund gelegt haben: „Hüte dich (hiššāmær) und bleibe still! Fürchte dich nicht, und dein Herz verzage nicht vor diesen zwei qualmenden Brandscheitstummeln!"

Demnach waren die Propheten Träger der Vigilanz. Julius Wellhausen hat das beschrieben:

> Nicht die Sünde des Volkes, an der es ja nie fehlt und deretwegen man in jedem Augenblick den Stab über dasselbe brechen kann, veranlaßt sie zu reden, sondern der Umstand, daß Jahve etwas tun will, daß große Ereignisse bevorstehn. In ruhigen Zeiten, und seien sie auch noch so sündig, verstummen sie [...], um sofort ihre Stimme zu erheben, wenn eine Bewegung eintritt. Sie erscheinen als Sturmboten, wenn ein geschichtliches Gewitter aufzieht; sie heißen Wächter, weil sie von hoher Zinne schauen und melden, wenn etwas Verdächtiges am Horizont sich sehen läßt.¹⁴

---

12 Renz, *Die althebräischen Inschriften*, S. 412–419.
13 Vgl. Rüterswörden, Der Prophet.
14 Wellhausen, *Israelitische und jüdische Geschichte*, S. 107.

Als Wächter dienten sie dem König und standen in dessen Dienst. Sie standen ihm zur Seite bei seinem Amt als Hüter des Landes.

Der König als Hüter der Weltordnung

Als Hüter der Weltordnung galt der König.[15] Er handelte dabei im Auftrag seines Gottes. Dieses Amt realisierte sich im Rechtswesen, dem göttlicher Ursprung zugesprochen wurde. Das wurde bei der Thronbesteigung zelebriert:

> Jahwe, übergib dein Recht dem König und deine Gerechtigkeit dem Königssohn. [...] Lang lebe er vor der Sonne und vor dem Mond von Geschlecht zu Geschlecht. Es blühe in seinen Tagen Gerechtigkeit und Heil in Fülle, bis der Mond nicht mehr ist. [...] Sein Name bleibe für alle Zeit, vor der Sonne sprosse sein Name. (Ps 72,1.5.7.17)[16]

Beispielhaft ist die nächtliche Gotteserscheinung, die Salomo nach seiner Thronbesteigung erlebt haben soll: „Bitte, was ich dir geben soll!" (1. Kön 3,5). Salomo soll geantwortet haben: „Jahwe, mein Gott, du hast deinen Knecht zum König gemacht anstelle meines Vaters David. Ich aber bin noch ein junger Mann und weiß weder aus noch ein. [...] So wollest du deinem Knecht ein hörendes Herz geben, dass er dein Volk richten könne und verstehen, was gut und böse ist" (V. 7.9). Zum Beweis, dass der Gott den Wunsch des Königs erfüllt hat, folgt anschließend die bekannte Erzählung vom salomonischen Urteil 1. Kön 3,16–27. Die Darstellung ist stilisiert und in keiner Weise originell. Zahlreiche Parallelen bis hin nach Indien und China sind überliefert.[17]

In Wahrheit war der König mit der Rechtsfindung allenfalls gelegentlich als Berufungsinstanz befasst. Die Rechtshoheit lag für den Bereich der Großfamilie beim *Pater familias*, für den Ort bei den Vollbürgern, für die Landschaft bei den Ältesten. Hilfsweise gab sich der König als der Helfer der Waisen und Witwen aus, nämlich solcher Personen, die nicht befugt waren, selbst für ihr Recht einzutreten und ihren Rechtswahrer verloren hatten.[18] Wir erkennen den eher ideologischen Anspruch auch an der Art, wie die Rechtskorpora präsentiert wurden.

---

15 Vgl. Maul, Der assyrische König – Hüter der Weltordnung.
16 Vgl. Levin, Das Königsritual, S. 248.
17 Greßmann, Das salomonische Urteil.
18 Im nachkönigszeitlichen Judentum ging diese Pflicht auf jeden Vollbürger über. Das spiegelt sich in den alttestamentlichen Gesetzestexten, in der Prophetie und den Weisheitsschriften. Das Eintreten für Waisen und Witwen ist ursprünglich nicht sozialethisch, sondern rechtstheoretisch begründet. Vgl. Schellenberg, Hilfe für Witwen und Waisen.

Dazu ein Ausflug nach Babylonien. Die Stele des berühmten Codex Hammurapi aus der ersten Hälfte des 18. Jahrhunderts v.Chr. (1792–1750), die sich heute im Louvre befindet,[19] zeigt an ihrer Spitze den Sonnengott, der dem vor ihm stehenden Großkönig die Herrschaft und damit den Auftrag der Rechtswahrung überträgt. Es ist zweifelhaft, ob die Sammlung der Gesetze, die auf der Stele zu lesen ist, rechtspraktischen Zwecken gedient hat. Sie ist kein vom König erlassenes Gesetz, sondern besteht aus überlieferten Rechtssätzen, die sich in der Rechtspraxis herausgebildet haben. Ähnliche Sammlungen gab es schon vorher. Die Verwendung für die Inschrift des Königs ist sekundär.

Die Präsentation geschieht wie bei einer königlichen Prunkinschrift mit ausführlichem Prolog und Epilog. Im Prolog feiert sich der Großkönig selbst: Die Götter haben ihn mit der Herrschaft betraut. Er hat das Land allseits befriedet. In nicht weniger als 24 Städten seines Herrschaftsgebiets hat er Tempel wiederhergestellt und eine umfangreiche kultische Tätigkeit entfaltet. Mit alldem hat er die Wohlfahrt der Bevölkerung vermehrt. Der Prolog schließt mit den Worten: „Als Marduk mich beauftragte, die Menschen zu lenken und dem Land Sitte angedeihen zu lassen, legte ich Recht und Gerechtigkeit in den Mund des Landes und trug Sorge für das Wohlergehen der Menschen. Damals ..." (IV 14–25). Der Epilog beginnt wie folgt: „Dies sind die gerechten Richtersprüche, die Hammurapi, der tüchtige König, festgesetzt hat, wodurch er dem Land feste Sitte und gute Führung angedeihen ließ" (XLVII 1–8). Es folgt nochmals das Selbstlob des Königs, dann die Verpflichtung seiner Nachfolger, die Gesetze einzuhalten. Zuletzt werden nacheinander in einer langen Kette von Eventualflüchen eine Vielzahl von Göttern als Garanten aufgeboten. Durch die Rahmung vermischen sich die Gattungen: Begonnen als Prunkinschrift, wird die Rechtssammlung wie ein Vertrag beschlossen, für dessen Einhaltung die Götter angerufen werden.

Das Gottesvolk als Hüter der Weltordnung

Diese Beobachtung ist für uns deswegen von Belang, weil sie sich bei den alttestamentlichen Gesetzen wiederholt. Auch im Deuteronomium ist die Sammlung der Rechtssätze in einen gattungsfremden Rahmen gefügt. Diesmal ist dieser Rahmen von vornherein ein Vasallenvertrag. Er wird den Israeliten von ihrem Gott Jahwe auferlegt.[20]

---

19 Übersetzung von Borger, in: Kaiser, *Texte aus der Umwelt des Alten Testaments*.
20 Zu der umfangreichen Diskussion über das Verhältnis von Gesetzeskorpus und Vasallenvertrag und den gegenwärtigen Stand der Forschung geben Edenburg/Müller, Introduction, einen guten Überblick.

Am Anfang steht das berühmte *Sch^{e}ma'*, das das Gottesverhältnis definiert: „Höre, Israel, Jahwe ist unser Gott, Jahwe als ein einziger!" (Dtn 6,4). Das Liebesgebot, das sich anschließt, bedeutet die Forderung uneingeschränkter Loyalität: „Und du sollst Jahwe, deinen Gott, lieben von ganzem Herzen, von ganzer Seele und mit all deiner Kraft" (V. 5). Darauf ist ursprünglich die Sammlung der Rechtssätze in Dtn 12–26 gefolgt, die zum Teil auf traditionellem Material beruht, eingeleitet mit: „Und diese Worte, die ich dir heute gebiete, sollen dir im Herzen sein" (V. 6). Es gibt auch einen rückwärtigen Rahmen, der sich spiegelbildlich auf den Prolog bezieht: „Heute gebietet dir Jahwe, dein Gott, zu tun diese Ordnungen und Rechtssätze, dass du sie bewahrst (*w^{e}šāmartā*) und tust von ganzem Herzen und von ganzer Seele!" (Dtn 26,16). So gerahmt, bewährt sich die Loyalität gegenüber dem Gott Jahwe in der Einhaltung der gesetzlichen Bestimmungen. Das Stichwort *šmr* meint jetzt die Observanz, bezogen auf das kodifizierte Recht.

Unmittelbar darauf folgt eine regelrechte Vertragsszene, die freilich etwas Künstliches hat, da sie dem Sprachgestus des Deuteronomiums angepasst ist, das insgesamt als Rede des Mose daherkommt. Künstlich ist auch die Vorstellung eines Vertrags zwischen einem Gott und seinen Anhängern. Ein solches Abkommen kann bestenfalls imaginiert sein:

> Den Jahwe hast du heute sagen lassen, dass er dein Gott sein wolle, und zu wandeln in seinen Wegen und einzuhalten (*w^{e}lišmor*) seine Ordnungen und Gebote und Rechtssätze und auf seine Stimme zu hören. Jahwe aber hat dich heute sagen lassen, dass du sein Eigentumsvolk sein wollest, wie er dir zugesagt hat, und alle seine Gebote einzuhalten (*w^{e}lišmor*). (Dtn 26,17–18)

In der ursprünglichen Abfolge ist darauf sogleich der Segen und Fluch in Dtn 28 gefolgt, so dass das Gesetzbuch wie ein Vertrag mit einer Kette von Eventualflüchen schließt.

Immer wieder wird die Einhaltung der Gesetze angemahnt. Das Buch Deuteronomium in seiner heutigen Fassung enthält nicht weniger als 53 Belege des Verbs *šmr* im Sprachgestus der Mahnung. Die Rechtsmaterie ist dem Mose in den Mund gelegt. Da auch Mose mittlerweile als Prophet gilt,[21] wechselt die Rolle des Propheten von der Voraussage und von der Warnung „Hüte dich!" zur Belehrung und Gesetzgebung, sogar zur Sozialethik, wenn man auf den Gegenstand vieler Gebote sieht. Die Vigilanz wird zur Observanz. Mose als Prophet richtet sich auch nicht mehr an den König, sondern an die Israeliten, selbst wenn er das Kollektiv noch im Singular anredet. Der Vasallenvertrag einschließlich der mit ihm einhergehenden Verpflichtung wird den Israeliten auferlegt. Jetzt ist das Gottesvolk der Hüter der Weltordnung.

---

21 Vgl. Perlitt, Mose als Prophet.

Die Religion der Erwartung

Diese Transformation hat ihre Ursache im Untergang des judäischen Königtums nach der babylonischen Eroberung im ersten Drittel des 6. Jahrhunderts. Die allmählich eintretenden Folgen bedeuteten einen kulturgeschichtlichen Modernisierungsschub, dessen Auswirkungen bis in unsere Gegenwart reichen. Die Wahrung des Gottesverhältnisses ist nicht mehr Sache des Königs, sondern wird zu einer Verpflichtung für jedermann. Sie realisiert sich in der Einhaltung der vom Gesetz gebotenen Lebensordnung. Wie Religion und Staat fortan auseinandertreten, gehen Ethik und Religion eine unauflösliche Bindung ein. Die Religion wird Ausdruck einer Gruppen-Identität, die in Sitten und Gebräuchen und gemeinsamer Praxis zu sich selbst findet. Doch das Erbe verlangt auch vom einzelnen, dass er es erwirbt, um es zu besitzen. „Ich bin Jahwe, dein Gott. […] Du sollst keine anderen Götter haben neben mir. […] Du sollst nicht töten, vor Gericht nicht falsch aussagen, nicht nach dem Eigentum deines Nachbarn trachten […]" (Ex 20,2.3.13–17). Es kommt zu einer nie gekannten Individualisierung.

Mit den Geboten tut sich die Kluft auf zwischen Wollen und Vollbringen, zwischen Wunsch und Wirklichkeit. Die Observanz lässt die Vigilanz nicht obsolet werden; im Gegenteil, sie stimuliert sie aufs Neue. Denn einerseits lässt die Verheißung: „Wenn du die Gebote einhalten wirst, wirst du gesegnet sein" (Dtn 28,1.3), angesichts der tatsächlichen Lebenswirklichkeit des einzelnen wie der Gemeinschaft oft genug auf sich warten, nicht selten für immer. Anderseits steht nun die Drohung im Raum: „Wenn du die Gebote nicht einhalten wirst, wirst du verflucht sein" (Dtn 28,15.16). Aber: „Wer kann merken, wie oft er fehle?" (Ps 19,13). Schuld und Schicksal stimmen selten ohne weiteres überein.

Das hat das Judentum neben der Religion der Tat zu einer Religion der Erwartung werden lassen. Gerade die Ethisierung stimulierte die Religion im eigentlichen Sinne. Dabei erlebt der religiöse Horizont eine grundlegende Verschiebung. Die Vigilanz richtet sich nicht mehr in erster Linie auf die Bewahrung des Bestehenden, sondern auf die Erwartung des Kommenden, das das Bestehende ablösen und überbieten wird.

Die Erwartung hat viele Facetten. Zwei stechen besonders heraus: (1) Die Hoffnung, dass es wieder einen König geben wird, der die Weltordnung zu seiner Sache machen und den Einzelnen wie das Kollektiv von dieser Pflicht entlasten wird: einen neuen Sohn Davids, sozusagen einen zweiten Salomo in seiner Herrlichkeit. (2) Und die Hoffnung auf ein Gericht, das die Gerechtigkeit aufrichten wird, die nach göttlichem Gebot und menschlicher Erwartung eigentlich herrschen sollte, sodass sich die Kluft von Schuld und Schicksal schließt, und sei es nach dem Ende der Geschichte. Der alte Gebetsruf: „Wach auf!" ergeht von neuem, dringender als zuvor:

> Wach auf, wach auf, zieh Macht an, du Arm Jahwes! Wach auf, wie vor alters zu Anbeginn der Welt! Warst du es nicht, der Rahab zerhauen und den Drachen durchbohrt hat? Warst du es nicht, der das Meer austrocknete, die Wasser der großen Tiefe, der den Grund des Meeres zum Wege machte, dass die Erlösten hindurchgingen? (Jes 51,9–10)

Der Hunger nach religiöser Evidenz will gestillt werden. Dabei erlebt die Mythologie eine kräftige Wiederbelebung.

Die Hoffnung ging in Wellen. Ein Kulminationspunkt lag im 1. Jahrhundert n. Chr., als erst Johannes der Täufer und dann sein Schüler Jesus von Nazareth mit der Botschaft auftraten: „Tut Buße; das Gottesreich ist nahe herbeigekommen" (Mt 3,2; 4,17). Bei Jesus von Nazareth gewann die Erwartung einer bevorstehenden grundlegenden Wende eine solche Kraft, dass sie sogar durch dessen grausame Hinrichtung nicht zu zerstören war. Bei seinen Anhängern verbanden sich die Erwartung des eschatologischen Gottesgerichts und die Hoffnung auf das Kommen Gottes mit der Hoffnung auf die Wiederkehr ihres Herrn, auf die Parusie. Dadurch wurde nun auch das beginnende Christentum zu einer Religion der Vigilanz, sogar mehr als zuvor.

Das Christentum als Religion der Vigilanz

Die Mahnung wurde desto dringender, je länger die erwartete Wiederkunft des gekreuzigten Jesus auf sich warten ließ. Die Wachsamkeit sollte trotz der Verzögerung keineswegs nachlassen. Man tröstete und ermahnte sich, dass das Kommen in jedem Fall überraschend sei und man den genauen Zeitpunkt nicht wisse. Paulus schreibt um 50 n. Chr. in seinem ältesten erhaltenen Brief, der zugleich die älteste Schrift des Neuen Testaments ist: „Ihr selbst wisst genau, dass der Tag des Herrn kommt wie ein Dieb in der Nacht. So lasst uns nun nicht schlafen wie die andern, sondern lasst uns wachen und nüchtern sein" (1. Thess 5,2.6). Das Bild vom Dieb in der Nacht wurde geläufig und kehrt in anderen neutestamentlichen Schriften wieder.[22]

Etwa zwanzig Jahre später wird im Markusevangelium, dem ältesten der Evangelien, in der Fortführung der sogenannten synoptischen Apokalypse Mk 13 Jesus folgender Spruch in den Mund gelegt:

---

22 Mt 24,43; Lk 12,39; 2 Petr 3,10; Apk 3,3; 16,15.

> Wahrlich, ich sage euch: Dieses Geschlecht wird nicht vergehen, bis dies alles geschieht. Himmel und Erde werden vergehen; meine Worte aber werden nicht vergehen. Von jenem Tage aber oder der Stunde weiß niemand, auch die Engel im Himmel nicht, auch der Sohn nicht, sondern allein der Vater. (Mk 13,30–32)

Das besagt, dass der Termin noch zu Lebzeiten der Hörer eintreten wird, aber dermaßen unvorhersehbar ist, dass es sich nicht einmal lohnt, in den überlieferten Worten Jesu nach einem Hinweis zu suchen. Stattdessen folgt sofort die eindringliche Mahnung:

> Seht euch vor, wachet! Denn ihr wisset nicht, wann es Zeit ist. Wie bei einem Menschen, der über Land zog und ließ sein Haus und gab seinen Knechten Vollmacht, einem jeglichen seine Arbeit, und gebot dem Türhüter, er solle wachen: so wachet nun; denn ihr wisset nicht, wann der Herr des Hauses kommt, ob am Abend oder zu Mitternacht oder um den Hahnenschrei oder des Morgens, auf dass er nicht plötzlich komme und finde euch schlafend. Was ich aber euch sage, das sage ich allen: Wachet! (Mk 13,33–37)

Hier also statt des Diebs ein anderes Bild: das des abwesenden Hausherrn, der seine Knechte mit ihrer Arbeit betraut hat. Er kann jederzeit zurückkommen, doch keiner weiß, wann. Was die Knechte zu tun haben, wird nicht genannt. Nur das Hüten der Tür wird erwähnt. Das Wachen selbst ist die Aufgabe.

Das Versagen der Jünger

Einige Zeilen später folgt dann eine der schmerzhaftesten Szenen des Neuen Testaments: Jesu Verzweiflung in Gethsemane. Dass sie überliefert wurde, ist besonders kennzeichnend für die christliche Religion.

> Und Jesus nahm mit sich Petrus und Jakobus und Johannes und fing an zu zittern und zu zagen und sprach zu ihnen: Meine Seele ist betrübt bis an den Tod; bleibt hier und wachet! Und er ging ein wenig weiter, warf sich auf die Erde und betete [...] und sprach: Abba, mein Vater, alles ist dir möglich; nimm diesen Kelch von mir; doch nicht, was ich will, sondern was du willst! Und kam und fand sie schlafend und sprach zu Petrus: Simon, schläfst du? Vermochtest du nicht, eine Stunde zu wachen? Wachet und betet, dass ihr nicht in Versuchung fallt! [...] Und ging wieder hin und betete und sprach dieselben Worte und kam wieder und fand sie abermals schlafend; denn ihre Augen waren voll Schlafs. [...] Und er kam zum dritten Mal und sprach zu ihnen: Ach, wollt ihr nun schlafen und ruhen? Es ist genug; die Stunde ist gekommen. (Mk 14,14.33–35a.36–40a.41)[23]

---

23 Zur Deutung vgl. Pesch, *Das Markusevangelium*, S. 385–396; Gnilka, *Das Evangelium nach Markus*, S. 255–266.

"Vigilate et orate", diese Mahnung ist die Erinnerung, versagt zu haben. In dieser Szene ist Jesus nicht der heldenhafte Heiland, sondern ein wimmerndes Bündel Mensch, das im Begriff ist, seine Sendung zu verraten. Dreimal betet er mit den Worten des Vaterunsers zu Gott. Aber da war keine Stimme noch Antwort. Der Himmel bleibt zu. In späten Handschriften des Lukasevangeliums hat man einen tröstenden Engel auftreten lassen, weil man das Schweigen Gottes nicht ertrug. Mit diesem Engel haben sich auch die Maler geholfen; doch er ist eindeutig sekundär.[24] Am deutlichsten aber wird die gottverlassene Einsamkeit darin, dass die Jünger Jesus nicht beistehen. Sie wachen nicht. Sie schlafen, und das immer wieder. Sie haben zu dem Heilsgeschehen, das sich hier *e contrario* vollzieht, nichts, aber auch gar nichts beigetragen. Sie sind vor Gott ausschließlich Empfangende. Alles geschieht aus Gnade.

Das Gleichnis von den zehn Jungfrauen

Die Erlösung *sola gratia* erledigt aber das Wachen nicht. Sie macht es im Gegenteil umso dringender. Denn die Erlösung ist ja nicht evident. Sie bleibt Erwartung. Das zeigt der berühmteste Text der christlichen Vigilanz: das Gleichnis von den zehn Jungfrauen:

> Dann wird das Himmelreich gleich sein zehn Jungfrauen, die ihre Lampen nahmen und gingen aus, dem Bräutigam entgegen. Aber fünf unter ihnen waren töricht, und fünf waren klug. Die törichten nahmen ihre Lampen, aber sie nahmen kein Öl mit sich. Die klugen aber nahmen Öl in ihren Gefäßen, samt ihren Lampen. [...] Zur Mitternacht aber ward ein Geschrei: Siehe, der Bräutigam kommt! Gehet aus, ihm entgegen! [...] Und die bereit waren, gingen mit ihm hinein zur Hochzeit, und die Tür ward verschlossen. Zuletzt kamen auch die übrigen Jungfrauen und sprachen: Herr, Herr, tu uns auf! Er antwortete aber und sprach: Wahrlich, ich sage euch: Ich kenne euch nicht. Darum wachet! Denn ihr wisset weder Tag noch Stunde. (Mt 25,1–4.6.10–13)[25]

Das griechische λαμπάς bezeichnet die Fackel, anders als das deutsche „Lampe", das über das Französische und Lateinische darauf zurückgeht. Gemeint sind wahrscheinlich Gefäßfackeln, bei denen am Stab ein Gefäß angebracht war, in dem ölgetränkte Lappen lagen. Die Fackeln wurden erst entzündet, wenn der Zeitpunkt gekommen war. Ohne Öl brannten sie nicht.[26] Auf welche Hochzeitsbräuche sich die

---

24 Lk 22,43–44 sind später nachgetragen worden. Die beiden Verse fehlen im Papyrus 75 (3. Jh.), im Codex Vaticanus (4. Jh.), im Codex Alexandrinus (5. Jh.) und in weiteren wichtigen Handschriften.
25 Zur Deutung vgl. Luz, *Das Evangelium nach Matthäus*, S. 465–492; Gnilka, *Das Matthäusevangelium*, S. 346–355.
26 Vgl. Zorell, De lampadibus decem virginum; Jeremias, ΛΑΜΠΑΔΕΣ.

Beschreibung bezieht, ist nicht deutlich, da offenbar auch Züge des eschatologischen Freudenmahls hineinspielen.[27] Die zehn Jungfrauen sind gewiss keine Bräute. Dagegen spricht neben ihrer Zahl, dass die Braut den Bräutigam nicht zu erwarten pflegt, sondern bei der Hochzeit von ihm heimgeholt wird. Die Jungfrauen sollen wohl den Bräutigam empfangen, wenn er am Abend die Braut heimführt und sich mit ihr ins Gemach begibt. Was das Gleichnis sagen soll, ist dennoch hinreichend klar. Nur die klugen Jungfrauen sind für den Augenblick gerüstet, wenn der Bräutigam kommt, die anderen nicht.

Das Gleichmaß von fünf zu fünf Jungfrauen stellt die Hörer vor die Entscheidung, ob sie zu den Klugen gehören wollen oder zu denen, die draußen vor der Tür bleiben müssen. Das Bild von der verschlossenen Tür hat dazu geführt, dass an nicht wenigen Kathedralen die Portale symbolisch von den zehn Jungfrauen flankiert sind, besonders eindrucksvoll in Magdeburg (um 1240/50): die klugen links, von dem richtenden Christus aus zur Rechten, die törichten rechts.[28]

So sehr wir als Betrachter bereit sind, uns von der Freude der klugen Jungfrauen anstecken zu lassen, der Schmerz der törichten Jungfrauen geht uns näher. In ihnen erkennen wir uns wieder. Gerade darum aber sollte das Gleichnis nicht als Warnung, gar Drohung, sondern als Ermutigung und Verheißung gelesen werden. Im neuzeitlichen Protestantismus ist die Symmetrie aufgegeben worden zugunsten der freudenvollen Erwartung.

Wachet auf, ruft uns die Stimme

Als zu Unna in Westfalen die Pest wütete, brachte der dortige Pfarrer Philipp Nicolai, „der Heiligen Schrifft Doctor und Diener am Wort Gottes", im Jahr 1599 ein Trost- und Erbauungsbuch heraus: „FreudenSpiegel deß ewigen Lebens".[29] Von dem Traktat dieses streitbaren Lutheraners[30] sind zwei Kirchenlieder geblieben, für die Nicolai nicht nur den Text, sondern auch die Melodie geschaffen hat: „Wie schön leuchtet der Morgenstern",[31] und „Ein anders von der Stimm zu Mitternacht / und

---

27 Ein jüngerer Deutungsversuch stammt von Zimmermann, Das Hochzeitsritual.
28 Vgl. Brandl, *Die Skulpturen des 13. Jahrhunderts im Magdeburger Dom*, S. 100–118 u. S. 217–222. „Am Magdeburger Dom wurde die Jungfrauenparabel (Mt 25,1–13) erstmals in Gestalt von Gewändefiguren dargestellt" (100).
29 Nicolai, *FrewdenSpiegel*.
30 Zu Philipp Nicolai vgl. Brusniak, Art. „Nicolai (Rafflenbol), Philipp" (Lit.); Blankenburg, Art. „Nicolai, Philipp" (Lit.).
31 Im aktuellen Evangelischen Gesangbuch von 1993 als Nr. 70. Dazu Joachim Stalmann, in: Hahn/Henkys, *Liederkunde*, S. 42–52.

von den klugen Jungfrauwen / die ihrem himmlischen Bräutigam begegnen / Matth. 25." „Wachet auf, ruft uns die Stimme der Wächter sehr hoch auf der Zinnen: Wo seid ihr klugen Jungfrauen? Wohlauf, der Bräutgam kommt."[32]

Bei Nicolai geraten die törichten Jungfrauen ganz aus dem Blick. Er verbindet das Gleichnis mit der Heilsprophetie im Buch Deuterojesaja: „Wie lieblich sind auf den Bergen die Füße des Freudenboten, der da Frieden verkündet, Gutes predigt, der da sagt zu Zion: Dein Gott ist König! Deine Wächter rufen mit lauter Stimme und jubeln miteinander; denn sie werden's mit ihren Augen sehen, wenn Jahwe nach Zion zurückkehrt" (Jes 52,7–8). Die alttestamentliche Hoffnung auf die Wiederkehr des Königtums (Gottes) kommt in christologischer Deutung wieder ins Spiel.

Die von Nicolai geschaffene Melodie ist die Fanfare schlechthin geworden für die christliche Vigilanz.[33] Sie beginnt mit einem kräftigen Dur-Dreiklang, dessen Dominante dreimal wiederholt und dann mit der Sexte umspielt wird, um sich im doppelten Anlauf zur Oktave aufzuschwingen und diese noch um eine Terz bis zur Dezime zu überbieten.[34] Johann Sebastian Bach hat dazu für den 27. Sonntag nach Trinitatis am 25. November 1731 eine Choralkantate geschaffen (BWV 140).[35] In ihr hat er das Sonntagsevangelium Mt 25 mit Texten des Hohenliedes illustriert. An die Stelle der fünf klugen Jungfrauen tritt die eine Braut Christi. Das war bei Nicolai mit dem Bezug auf Zion bereits angelegt. Der dritte Satz „Wenn kömmst du, mein Heil? Ich warte mit brennendem Öle" inszeniert die Brautmystik als Dialog zwischen der Seele und Jesus. Der Wechselgesang zwischen Sopran und Bass gehört für Alfred Dürr „musikalisch gesehen [...] zu den schönsten Liebesduetten der Weltliteratur."[36]

Als vierter Satz folgt der mittlere Vers des Chorals: „Zion hört die Wächter singen, das Herz tut ihr von Freuden springen, sie wachet und steht eilend auf." Der Choralgesang wird im Trio-Satz von den Violinen und Bratschen umspielt, die die Melodie so variieren, dass man das Herz vor erwartungsvoller Freude springen hört. Bach hat dieses Trio später zusammen mit fünf weiteren Kantatensätzen für

---

32 Im aktuellen Evangelischen Gesangbuch als Nr. 147. Dazu Joachim Stalmann, in: Hahn/ Henkys, *Liederkunde*, S. 83–88.
33 Bearbeitet außer von Johann Sebastian Bach auch von Michael Praetorius, Samuel Scheidt (SSWV 534), Franz Tunder, Dietrich Buxtehude (BuxWV 100 und 101), Johann Christoph Friedrich Bach (BR JCFB H 101), Felix Mendelssohn Bartholdy („Paulus", op. 36, Nr. 1 und Nr. 16), Max Reger (op. 52 Nr. 2), Hugo Distler (op. 8/2), und weiteren.
34 Weil von Nicolai nur die beiden Melodien bekannt sind, stellt sich die Frage nach musikalischen Vorbildern. Blankenburg (s. o. Anm. 30) verweist auf Straßburg und auf Hans Sachs.
35 Vgl. Dürr, *Die Kantaten*, S. 531–535.
36 Ebd. S. 534.

die Orgel transkribiert (BWV 645). Es ist der erste der sogenannten Schüblerschen Choräle[37] und wurde eine seiner bekanntesten Melodien überhaupt.

Literaturverzeichnis

Blankenburg, Walter: Art. „Nicolai, Philipp". In: Blume, F. (Hrsg.): *Die Musik in Geschichte und Gegenwart.* Bd. 9. Kassel u. a. 1961, S. 1453–1455.
Borger, Rykle: Der Codex Hammurapi. In: Kaiser, Otto u. a. (Hrsg.): *Texte aus der Umwelt des Alten Testaments.* Bd. 1. Gütersloh 1982, S. 39–80.
Brandl, Heiko: *Die Skulpturen des 13. Jahrhunderts im Magdeburger Dom. Zu den Bildwerken der Älteren und Jüngeren Werkstatt.* Halle 2009.
Brusniak, Friedhelm: Art. „Nicolai (Rafflenbol), Philipp". In: Betz, H. D. u. a. (Hrsg.): *Die Religion in Geschichte und Gegenwart.* Bd. 6. Tübingen ⁴2003, S. 292.
Dürr, Alfred: *Die Kantaten von Johann Sebastian Bach.* Kassel u. a. 1971.
Edenburg, Cynthia/Müller, Reinhard: Editorial Introduction. Perspectives on the Treaty Framework of Deuteronomy. In: *Hebrew Bible and Ancient Israel* 8 (2019), S. 73–86.
García López, Félix: Art. „šāmar". In: Fabry, H.-J./Ringgren, H. (Hrsg.): *Theologisches Wörterbuch zum Alten Testament.* Bd. VIII. Stuttgart 1995, S. 280–306.
Gnilka, Joachim: *Das Evangelium nach Markus.* 2. Teilband: *Mk 8,27–16,20.* Zürich/Neukirchen-Vluyn 1979.
Gnilka, Joachim: *Das Matthäusevangelium.* II. Teil: *Kommentar zu Kap. 14,1–28,20 und Einleitungsfragen.* Freiburg u. a. 1988.
Greßmann, Hugo: Das salomonische Urteil. In: *Deutsche Rundschau* 130 (1907), S. 175–191.
Herrmann, Wolfram: Die Rede von göttlichem Schlafen im Alten Testament. In: *Ugarit-Forschungen* 36 (2004), S. 185–193.
Jeremias, Joachim: ΛΑΜΠΑΔΕΣ Mt 25,1.3f.7f. In: *Zeitschrift für die neutestamentliche Wissenschaft* 56 (1965), S. 196–201.
Kentenich, Gottfried: *Geschichte der Stadt Trier von ihrer Gründung bis zur Gegenwart.* Trier/Linz 1915.
Lehnert-Leven, Christl: *Uhren in Trier. Geschichte, Gedichte und Bestände des Museums Simeonstift Trier.* Trier 1992.
Levin, Christoph: Das Königsritual in Israel und Juda. In: ders./Müller, Reinhard (Hrsg.): *Herrschaftslegitimation in vorderorientalischen Reichen der Eisenzeit.* Tübingen 2017, S. 231–260.
Lichter, Eduard: Rund um die Domuhr zu Trier – Napoleon in Trier 1804. In: *Neues Trierisches Jahrbuch* 1969, S. 22–38.
Luther, Martin: *D. Martin Luthers Werke. Kritische Gesamtausgabe.* Bd. 10, I. Weimar 1956.
Luz, Ulrich: *Das Evangelium nach Matthäus.* 3. Teilband: *Mt 18–25.* Zürich/Neukirchen-Vluyn 1997.
Maul, Stefan M.: Der assyrische König – Hüter der Weltordnung. In: Assmann, J. u. a. (Hrsg.): *Gerechtigkeit. Richten und Retten in der abendländischen Tradition und ihren altorientalischen Ursprüngen.* München 1998, S. 65–77.

---

[37] Sechs Chorale von verschiedener Art auf einer Orgel mit 2 Clavieren und Pedal vorzuspielen, verfertiget von Johann Sebastian Bach. In Verlegung Joh. Georg Schüblers zu Zella im Thüringer Walde (1746, BWV 645–650).

Müller, Reinhard: *Jahwe als Wettergott. Studien zur althebräischen Kultlyrik anhand ausgewählter Psalmen.* Berlin/Boston 2008.
Nicolai, Philipp: *FrewdenSpiegel deß ewigen Lebens. Das ist: Gründtliche Beschreibung deß herrlichen Wesens im ewigen Leben, sampt allen desselbigen Eygenschafften und Zuständen auß Gottes Wort richtig und verständtlich eyngeführt.* Frankfurt am Main 1599.
Perlitt, Lothar: Mose als Prophet. In: *Evangelische Theologie* 31 (1971), S. 588–608.
Pesch, Rudolf: *Das Markusevangelium*. II. Teil: *Kommentar zu Kap. 8,27–16,20*. Freiburg u. a. ²1980.
Renz, Johannes/Röllig, Wolfgang: *Handbuch der althebräischen Epigraphik. Die althebräischen Inschriften.* Teil 1. Darmstadt 1995.
Rüterswörden, Udo: Der Prophet in den Lachisch-Ostraka. In: Hardmeier, Christoph H. (Hrsg.): *Steine – Bilder – Texte. Historische Evidenz außerbiblischer und biblischer Quellen.* Leipzig 2001, S. 179–192.
Sauer, Georg: Art. „šmr hüten". In: Jenni, E./Westermann, C. (Hrsg.): *Theologisches Handwörterbuch zum Alten Testament.* Band II. München/Zürich 1976, S. 982–987.
Schellenberg, Annette: Hilfe für Witwen und Waisen. Ein gemein-altorientalisches Motiv in wechselnden alttestamentlichen Diskussionszusammenhängen. In: *Zeitschrift für die alttestamentliche Wissenschaft* 124 (2012), S. 180–200.
Seybold, Klaus: *Der aaronitische Segen. Studien zu Numeri 6,22–27.* Neukirchen, Vluyn ²2004.
Hahn, Gerhard/Henkys, Jürgen (Hrsg.), *Liederkunde zum Evangelischen Gesangbuch*. Band 4. Göttingen 2002.
Staubli, Thomas: Art. „Schloß". In: Görg, Manfred/Lang, Bernhard (Hrsg.): *Neues Bibel-Lexikon.* Band III. Düsseldorf/Zürich 2001, S. 486.
Waetzoldt, Hartmut: Art. „Hirt". In: Edzard, Dietz Otto u. a. (Hrsg.): *Reallexikon der Assyriologie und vorderasiatischen Archäologie.* Band 4. Berlin 1975, S. 421–425.
Wellhausen, Julius: *Israelitische und jüdische Geschichte.* Berlin ¹⁰2004.
Würthwein, Ernst: Zur Opferprobe Elias I Reg 18,21–39. In: Fritz, Volkmar u. a. (Hrsg.): *Prophet und Prophetenbuch. Festschrift für Otto Kaiser.* Berlin/New York 1989, S. 277–284.
Zimmermann, Ruben: Das Hochzeitsritual im Jungfrauengleichnis. Sozialgeschichtliche Hintergründe zu Mt 25,1–13. In: *New Testament Studies* 48 (2002), S. 48–70.
Zorell, Franz: De lampadibus decem virginum. In: *Verbum Domini* 10 (1930), S. 176–182.

John Weisweiler
Vigilanz, Elitenmacht und die Formierung des spätantiken Steuerstaats

In den letzten zehn Jahren erlebte die Forschung an Eliten eine Renaissance. In einer Epoche, in denen in Nordamerika und Westeuropa Eigentums- und Einkommensungleichheiten ein Niveau erreicht haben, wie wir es seit den ersten Jahrzehnten des 20. Jahrhunderts nicht mehr erlebt hatten, begannen Wissenschaftler aus ganz verschiedenen Disziplinen sich intensiv mit der Frage zu befassen, warum die zeitgenössischen Reichen immer reicher zu werden scheinen. Der sicherlich einflussreichste Beitrag zu dieser Debatte stammt vom französischen Ökonom Thomas Piketty. In seinem *Capital au vingt-et-unième siècle* argumentiert Piketty, dass wirtschaftliche Ungleichheit das Resultat einer ökonomischen Gesetzmäßigkeit ist. Er beobachtet, dass in den meisten bekannten Gesellschaften die Renditen, die Kapitaleigner von ihren Investitionen beziehen (ungefähr 5–6 % pro Jahr), höher als die Wachstumsrate von Arbeitskommen (ca. 1 % pro Jahr in den reichsten Gesellschaften) sind. Langfristig führe das notwendigerweise dazu, dass sich Kapitaleigner einen immer größeren Anteil des Nationaleinkommens als Lohnempfänger aneignen.[1] Jüngst zeichnete der Stanforder Althistoriker Walter Scheidel ein noch dunkleres Bild von der Unzerbrechlichkeit der Macht der Eliten. In seinem *The Great Leveler*, einer Geschichte der sozialen Ungleichheit von der Altsteinzeit bis heute, schlägt Scheidel vor, dass nur Massenmobilisierungskriege, Revolutionen, Staatszusammenbrüche und Pandemien das Potential haben, ökonomische Hierarchien einzuebnen. Ansonsten nimmt von der Steinzeit bis heute wirtschaftliche Ungleichheit in allen Gesellschaften unvermeidlich immer weiter zu.[2]

Aus einer gewissen Perspektive ist es kaum erstaunlich, dass solche Ansichten in den letzten Jahren weite Verbreitung erlebten. Die Tatsache, dass es im späten 20. und frühen 21. Jahrhundert den größten Kapitaleignern bemerkenswert leicht zu fallen schien, ihren Reichtum zu verteidigen und zu vermehren, lässt es plausibel erscheinen, dass sich die Macht ökonomischer Eliten reibungslos über Generationen reproduzieren lässt. Doch war es tatsächlich immer so einfach für die Superreichen, ihre Besitzungen an ihre Nachkommen weiterzugeben, wie es in den letzten zwei Generationen der Fall war? Hier können Althistoriker einen wichtigen Beitrag leisten. Als Experten für die Sozialgeschichte der Zeit vor dem Beginn der kapitalistischen Moderne ist kaum jemand in einer besseren Lage als wir zu testen,

---

1 Piketty, *Le capital*.
2 Scheidel, *Great Leveler*.

Open Access. © 2023 bei den Autorinnen und Autoren, publiziert von De Gruyter. Dieses Werk ist lizenziert unter einer Creative Commons Namensnennung 4.0 International Lizenz.
https://doi.org/10.1515/9783111026480-003

ob wirtschaftliche Ungleichheit tatsächlich das Resultat transhistorischer Gesetze ist.

Die römische Herrscherschicht ist aus mindestens drei Gründen besonders gut geeignet, solche Theorien zu prüfen. *Erstens* waren römische Großgrundbesitzer die reichsten Personen der vormodernen Geschichte.[3] Erst im 19. Jahrhundert sind Privatvermögen der gleichen Größe wie im 1. Jahrhundert nach Christus bezeugt. Wenn Theorien unbegrenzter Kapitalakkumulation in irgendeiner vormodernen Gesellschaft zutreffen, dann in Rom. *Zweitens* war das Römische Recht der Ursprungsort, von dem sich auch die noch heutigen gültigen Vorstellungen von Privateigentum herleiten. Auch das ließe erwarten, dass sich in Rom Besitz leichter über Generationen erhalten ließ denn in anderen Gesellschaften, in denen Formen von gemeinschaftlichem Eigentum eine größere Rolle spielten.[4] *Drittens* sind euroamerikanische Ideale von Elitenmacht tief beeinflusst von römischen Texten. Mittelalterliche und frühmoderne Theorien der Aristokratie nehmen den römischen Senat, den römischen Ritterstand oder die römische *nobilitas* als ihren Ausgangspunkt. Und das meritokratische Ideal, welche das Selbstverständnis des europäischen und amerikanischen Bürgertums seit dem 18. Jahrhundert prägt, ist inspiriert von dem römischen Topos des hart arbeitenden *homo nouus,* des „neuen Mannes", der durch Fleiß *(industria)* und Tugend *(uirtus)* allein die Errungenschaft des Geburtsadligen übertraf.[5]

Gleichzeitig bringt die prägende Rolle, welche die römische Antike auf unser Selbstverständnis ausübt, ein Risiko mit sich. Ein falsches Gefühl von Vertrautheit hat Wissenschaftler oft dazu verführt, wichtige Unterschiede zu übersehen, welche die römische Führungsschicht von späteren europäischen Aristokratien unterschied. Althistoriker beschreiben den Senat, die Amtselite des Imperium Romanum, oft immer noch als eine stabile Gruppe, deren Macht politischen Wandel und Revolutionen überdauerte; wie Ronald Syme es formulierte: „whatever the form and name of government, be it monarchy, democracy or republic, an oligarchy lurks behind the façade."[6] Nach dieser traditionellen Interpretation nahm die Macht der römischen Elite im Laufe der Zeit immer mehr zu. Geoffrey St Croix fasste diese Interpretation in eine denkwürdige Metapher. Er verglich die Führungsschicht des

---

3 Die langfristige Entwicklung der Privatvermögen zeichnen Harper, Landed Wealth und Weisweiler, El capital en el siglo IV nach.
4 Garnsey, *Thinking about Property* rekonstruiert das lange Nachleben antiker Eigentumsvorstellungen.
5 Römische Ideale sozialer Distinktion untersuchen Hölkeskamp, *Nobilität,* Badel, *Noblesse* und Flower, *Ancestor Masks.* Ihre Rezeption in der Frühmoderne analysieren Kinneging, *Aristocracy* und Schalk, *From Valor to Pedigree.*
6 Syme, *Roman Revolution,* S. 15.

Imperium Romanum mit einer Vampirfledermaus, die durch Gier und Steuerhinterziehung dem römischen Staat das finanzielle Lebensblut aussog, das er zum Überleben brauchte.[7] Laut Forschern wie John Matthews, Henrik Löhken oder Jairus Banaji hätten im frühen fünften Jahrhundert die einflussreichsten Familien im römischen Senat so viel Macht angesammelt, dass die öffentlichen Institutionen nur noch der Verteidigung ihrer privaten Interessen gedient hätten: *private take-over* nennt Matthews diesen Prozess, bei der am Schluss die private Macht der größten Landbesitzer und die Souveränität des Staates eins werden. Scheidels Hypothese, dass Ungleichheit im Laufe der römischen Geschichte immer weiter zunahm, folgt dieser historiographischen Tradition.[8]

Doch gibt es gewichtige Einwände gegen die Hypothese, dass sich die Macht der römischen Elite von selbst fortpflanzte. Wie Keith Hopkins und Graham Burton schon vor langer Zeit aufzeigten, machten zwei Faktoren den römischen Senat viel unstabiler als die Herrscherschichten späterer europäischer Staaten: einerseits das römische Erbsystem, unter dem das Erbe normalerweise gleichmäßig unter allen Söhnen und Töchtern verteilt wurde, und andererseits die Tatsache, dass römische Männer, um den Status ihrer Väter zu erreichen, Wahlen gewinnen mussten.[9] Jens-Uwe Krause demolierte in seiner Dissertation einen anderen Pfeiler dieser Privatisierungshypothese. Gegen die traditionelle Sicht, dass sich in der Spätantike große Grundbesitzer als Patrone der Landbevölkerung aufschwangen und diese privaten Treueverhältnisse staatliche Strukturen zu ersetzen begannen, zeigte er, dass spätantike Patronatsformen sich keinesfalls grundsätzlich von frühkaiserzeitlichen Vorbildern unterschieden.[10] Endlich ist die Privatisierungshypothese auch aus mediävistischer Perspektive höchst problematisch. In der Mittelalterforschung weiß man natürlich schon längst, dass der Endpunkt, auf den dieser spätrömische *private take-over* angeblich zulief, nämlich die Bildung einer Feudalgesellschaft, in der private Macht und staatliche Souveränität eins wurden, nicht ein Phänomen des Frühmittelalters war, sondern (wenn überhaupt) erst um das Jahr 1000 stattfand.[11] All diese Überlegungen lassen es geraten erscheinen, das Verhältnis zwischen Staat

---

7 De Ste. Croix, *Class Struggle*, S. 503.
8 Löhken, *Ordines dignitatum*, Matthews, *Western Aristocracies*, Banaji, Aristocracies, Machado, *Urban Space* und Salzman, *The „Falls" of Rome* bieten neue Darstellungen der Privatisierungsthese. Diese wurde im späten 19. und frühen 20. Jahrhundert entwickelt: grundlegend waren insbesondere Lécrivain, *Le sénat romain* und Stein, *Geschichte*.
9 Hopkins/Burton, Ambition and Withdrawal.
10 Krause, *Spätantike Patronatsformen*.
11 Die Bibliographie zur Entstehung der Feudalgesellschaft und zur Nützlichkeit dieser traditionellen Bezeichnung ist enorm. Patzold, *Das Lehnswesen*, bes. 14–42, und West, *Reframing the Feudal Revolution*, bes. 1–16, bieten ausgezeichnete Einführungen in die Debatte.

und Elite im Imperium Romanum unberührt von alten Vorurteilen neu zu hinterfragen.

Diesem Unterfangen möchte ich mich in diesem Beitrag widmen. Einerseits will ich überprüfen, ob sich in der *longue durée* der römischen Geschichte tatsächlich ein Trend zur Konzentration von Macht und Ressourcen in immer weniger Händen abzeichnet, wie es Pikettys und Scheidels Theorien vorhersagen. Ich werde argumentieren, dass die antiken Quellen ein solch pessimistisches Bild nicht unterstützen. Vielmehr scheint es, dass es dem römischen Staat in der Spätantike ganz im Gegenteil gelang, Eliten zu disziplinieren und sich Zugriff auf einen größeren Anteil von deren Einkommen zu sichern. Andererseits werde ich untersuchen, was diese Zähmung der besitzenden Klasse möglich machten. Institutionelle und fiskalische Maßnahmen spielten hier natürlich eine große Rolle. Doch bieten sie – so werde ich behaupten – nicht die ganze Erklärung. Stattdessen werde ich die kulturellen Grundlagen dieser Reformen betonen. Die radikalen Verwaltungs- und Steuerreformen, welche spätantike Kaiser unternahmen, wären nicht möglich gewesen, hätte sich der Horizont dessen, was *denkbar* schien, nicht grundlegend gewandelt. Um diese Veränderungen sichtbar zu machen, werde ich einem Begriff besondere Aufmerksamkeit widmen, der den Teilnehmern am SFB 1369 besonders am Herzen liegt: die *uigilantia*, die Wachsamkeit des Herrschers und seiner höchsten Beamten. Es wird sich zeigen, dass die Diskurse, die sich um dieses Wortfeld entfalten, gleichsam als Thermometer dienen können, das uns erlaubt, langfriste Veränderungen im Denken und in der Regierungspraxis des Imperium Romanum zu messen.

Die republikanische Monarchie

Um zu verstehen, wie sich die Beziehung zwischen Kaiser und Senat in der Spätantike veränderte, lohnt es sich, die soziale Konstellation zu umreißen, die das Verhältnis zwischen Monarch und imperialer Elite in den ersten zwei Jahrhunderten unserer Zeitrechnung prägte. In den Jahren nach seinem Sieg gegen Antonius und Kleopatra in Actium entwickelte Augustus bekanntlich ein paradoxes Herrschaftssystem. In Wirklichkeit basierte seine Macht auf seinem Sieg in einer Reihe ausnehmend blutiger Bürgerkriege.[12] Doch nach dem Tod all seiner Rivalen begann sich Augustus nicht als Militärdiktator, sondern als frei gewählter Führer einer wiederhergestellten Republik darzustellen. Offizielle Dokumente listen sorg-

---

[12] Die klassische Darstellung des Aufstiegs zur Macht des späteren Augustus bleibt Syme, *Roman Revolution*. Osgood, *Caesar's Legacy* bietet eine innovative neue Geschichte der Triumviratszeit.

fältig die Magistraturen und Vollmachten auf, die er in angeblich freier Abstimmung von Senat und Volk von Rom erhalten hatte, offizielle Portraits seit den 20er Jahren v.Chr. stellen ihn nicht als Gottkönig, sondern als ersten Bürger, Priester oder erfolgreichsten General der *res publica* dar.[13]

Seit Tacitus tendieren Historiker dazu, die politische Kultur des Prinzipats als leere Worte ohne Konsequenz beiseitezuschieben. Das hat gute Gründe. Die Behauptung, dass der Kaiser von Senat und Volk von Rom gewählt wurde, war natürlich eine Fiktion – in Wirklichkeit war es die Armee und ein kleiner Kreis von hohen Offizieren und Amtsträgern, von denen die Wahl eines neuen Kaisers abhing.[14] Anders als in den konstitutionellen Monarchien der frühen Neuzeit kannte die Macht der römischen Monarchen keine rechtlichen Grenzen; „der Princeps ist von Gesetzen entbunden" (*princeps legibus solutus est*), wie der Senat bei Regierungsantritt jedes Kaisers formell beschloss.[15] Die Exekutionen und Konfiskationen, die die Geschichte der römischen Herrscherschicht in den ersten zwei Jahrhundert unserer Zeitrechnung prägten, machten das klar ersichtlich. Ein Zehntel aller hohen Amtsträger des Imperium Romanum wurde auf kaiserlichen Befehl getötet oder beging Selbstmord, unter einigen Kaisern erreichte dieser Anteil beinahe einen Viertel.[16]

Kaum erstaunlich, dass unter solchen Bedingungen die Spannung zwischen republikanischer Fassade und monarchischer Realität, Freiheit und Despotismus zum zentralen Thema der kaiserzeitlichen Literatur wurde. Forscher wie Shadi Bartsch, Matt Roller und Aloys Winterling haben brillant herausgearbeitet, wie die römische Führungsschicht mit dieser paradoxen Situation umging und welche raffinierten Techniken sie entwickelte, um ihre imaginierte Ehre zu verteidigen.[17] Ich habe diesen Arbeiten nichts hinzuzufügen, außer einiger Bemerkungen zu einem lateinischen Begriff, der in all diesen Büchern nicht behandelt wird: *uigilantia* – Wachsamkeit. Er erlaubt uns herauszuarbeiten, welche Effekte diese eigenartige Machtkonstellation auf das Selbstverständnis der römischen Elite hatte.

---

13 Bildmedien: Zanker, *Augustus*, bes. 90–96 und 167–70. Titulatur: Syme, Imperator Caesar, Kienast, *Römische Kaisertabelle* und Witschel, Der Kaiser und die Inschriften.
14 Flaig, *Den Kaiser herausfordern* untersucht die sozialen Grundlagen der Herrschaft römischer Kaiser.
15 *Dig.* 1.3.31. Brunt, Lex de imperio Vespasiani, S. 107–116 zeigt, dass dies keine Neuerung des 3. Jh. war, sondern der Kaiser seit spätestens der Flavierzeit von den Gesetzen entbunden war.
16 Weisweiler, *From Empire to Universal State*, Kapitel 2.
17 Winterling, *Aula Caesaris* und *Das römische Kaisertum* sind die grundlegenden neuen Darstellungen dieses ‚paradoxen' Herrschaftssystems. Bartsch, *Actors in the Audience*; Roller, *Constructing Autocracy*; und Seelentag, *Taten und Tugenden Traians* enthüllen, wie dieses das Selbstverständnis römischer Eliten prägt.

In der späten Republik war *uigilantia* ein wichtiger Wert. Allein im Corpus Ciceros kommen das Wort und seine Verwandten mehr als dreißig Mal vor.[18] Er bezeichnet eine der wichtigen Tugenden des Bürgers: die stete Aufmerksamkeit, die dieser potentiellen Bedrohungen des Gemeinwesens entgegenbringt; wie Cicero in einem Brief an Brutus schreibt: „Treue, Wachsamkeit, Liebe zum Vaterland; das sind die Werte, die jeder an den Tag legen muss."[19] Der SFB 1369 definiert Vigilanz ja bekanntlich als die „Verknüpfung persönlicher Aufmerksamkeit mit überindividuellen Zielen". Genau darum geht es hier und in vielen anderen spätrepublikanischen Texten: *uigilantia* ist das Verbindungsglied zwischen Individuum und Gemeinschaft, zwischen der persönlichen Liebe zum Vaterland *(patria caritas)*, die die Bürgerschaft dessen Feinde erkennen lässt, und den kollektiven Handlungen, die diese dann gegen diese Feinde unternimmt.

Doch im Prinzipat verschwindet *uigilantia* plötzlich aus dem offiziellen politischen Vokabular. Die römische Kaiserzeit ist die Hochzeit römischer Epigraphik. Aus den ersten zwei Jahrhunderten nach Christus sind hunderte von Ehreninschriften für hohe Amtsträger des römischen Staates bekannt. In keinem einzigen dieser Texte wird der Geehrte für seine *uigilantia* oder verwandte Werte gelobt.[20] In der lateinischen Literatur dagegen erscheint dieses Wort wiederholt, erlebt jedoch eine Umwertung. Ich konnte nur zwei Texte finden, in dem *uigilantia* als eine positive politische *Tugend* erscheint, beide Male geht es um die Wachsamkeit des Soldaten: in Plinius' Lobrede wird Kaiser Trajan für seine militärischen Tugenden gelobt, in einem Brief des Senators Fronto preist dieser den Grenzkommandanten (und späteren Usurpator) Avidius Cassius für seine harte Arbeit und Wachsamkeit.[21] Dass es beide Male um militärische Kontexte geht, scheint mir bedeutsam. Im zivilen Bereich wird Wachsamkeit unter den Bedingungen einer Monarchie, die die physische Unversehrtheit ihrer Untertanen nie garantieren konnte, ein zwiespältiger Wert. Statt Engagement für das Wohl des Gemeinwesens unterstellt man dem allzu hellwachen politischen Akteur vor allem die konsequente Verfolgung seiner eigenen materiellen und politischen Interessen. Das ist harmlos bei dem Satiriker Juvenal, der sich über Erbschleicher belustigt, die jeden Morgen vor den Häusern ihrer schlaflosen Opfer verbringen[22], beklemmend in der Schilderung des Tacitus. Zwei schlaflose Figuren vergisst sein Leser nicht so leicht. Der eine ist Drusus, der

---

18 Die folgenden Werte basieren auf einer Suche in der Brepols Library of Latin Texts.
19 Cicero, *Epistulae ad M. Iunium Brutum* 2.1.2 (ed. Shackleton Bailey): „fidem, uigilantiam, patriae caritatem, ea sunt enim quae nemo est qui non praestare debeat."
20 Dies geht aus einer Suche in der Clauss-Slaby Datenbank lateinischer Inschriften hervor.
21 Plinius, *Panegyricus* 10.3, 31.1, 44.8 und 60.6. Fronto, *Epistulae ad amicos* 1.6.1.
22 *Satura* 3.125–7 (ed. Willis): „cum praetor lictorem impellat et ire / praecipitem iubeat dudum vigilantibus orbis,/ ne prior Albinam et Modiam collega salutet?"

glücklose Sohn des Tiberius; Tacitus schildert, wie er „alleine und ohne Ablenkung seine Einsamkeit in trauriger Schlaflosigkeit *(maestam uigilantiam)* und mit dunklen Gedanken *(malas curas)* zubringt".²³ Der andere Sejan, der eiskalte Chefberater des Tiberius:²⁴

> Sein Körper abgehärtet gegen Mühsal, sein Geist unerschrocken. Seinen eigenen Charakter verbarg er, der anderer wurde demaskiert. Schmeichelei und Hochmut lagen bei ihm nahe beieinander. Gegen außen verhielt er sich mit ausgesuchter Biederkeit, innen brannte er vor Machtgier. Daher manchmal Verschwendung und großzügige Geschenke, öfters betriebsame Tätigkeit und Wachsamkeit, Eigenschaften, die nicht weniger gefährlich sind, wenn sie zum Erwerb monarchischer Macht eingesetzt werden.

Dies ist eine Vigilanzkultur nach ihrem Zusammenbruch, wo stetige Wachsamkeit eben nicht mehr überindividuellen Zielen gilt, sondern einzig dem Fortkommen des Individuums, das über Leichen geht. In einer Welt, in dem die römische Elite nicht mehr an die Werte glaubt, die das herrschende Regime propagiert, gibt es keine überindividuelle Ethik mehr. Nur noch vereinzelte und schlaflose Individuen, die ihr Leben in einem gnadenlosen Kampf um Ämter, Reichtum und kaiserliche Gunst zubringen. Kein anderer Autor zeigt so brutal wie Tacitus, welche mentalen Folgen die augusteische Fiktion einer republikanischen Monarchie auf das Selbstverständnis der römischen Elite hatte. Deren Mitglieder waren tief überzeugt, dass Monarchie unvereinbar mit Freiheit war, und dass sie ihre Weltherrschaft Roms republikanischer Verfassung zu verdanken hatten. Für diese Männer, die oft selbst hunderte von Sklaven besaßen, stellte die Unterwerfung unter die Macht eines anderen eine gefährliche und unverzeihliche Verletzung ihrer Autonomie und Identität dar.²⁵

Deshalb verdient die römische Herrscherschicht allerdings nicht unser Mitleid. Es ist wichtig sich daran zu erinnern, dass die überwiegende Mehrheit der römischen Elite trotz aller Risiken und trotz aller Klagen nicht nur mit dem neuen Regime kollaborierte, sondern auch enorm von ihm profitierte. Das politische System, das Augustus einführte, funktionierte nur deshalb so gut und so lange, weil es in

---

23 *Annales* 3.37.2 (ed. Koestermann): „quam solus et nullis voluptatibus avocatus maestam vigilantiam et malas curas exerceret."
24 *Annales* 4.1.3 (ed. Koestermann): „corpus illi laborum tolerans, animus audax; sui obtegens, in alios criminator; iuxta adulatio et superbia; palam compositus pudor, intus summa apiscendi libido, eius que causa modo largitio et luxus, saepius industria ac vigilantia, haud minus noxiae, quotiens parando regno finguntur. Cf. 3.72.3 simul laudibus Seianum extulit, tamquam labore vigilantiaque eius tanta vis unum intra damnum stetisset."
25 Roller, *Constructing Autocracy* und Lavan, Slavishness zeigen, dass die Metaphorik der Sklaverei die Weltwahrnehmung der römischen Elite eingehend prägt.

Wahrheit die materiellen Interessen der führenden Familien Roms ideal erfüllte. Indem sich der Kaiser nicht als Gottkönig, sondern als senatorischer Magistrate stilisierte, garantierte er den Senatoren, sie nicht als Untertanen, sondern als Freunde zu behandeln. Diese Konvention hatte weitreichende praktische Konsequenzen.

Erstens gab sie den Senatoren privilegierten Zugang zur Person des Monarchen. Der Kaiser stand in ständigen persönlichen Kontakt zu den Mitgliedern von Roms alter Führungsschicht; nicht nur bei Sitzungen des Senats, sondern auch bei Morgenaudienzen im kaiserlichen Palast und seinen privaten Abendgesellschaften war der Kaiser immer in der Gesellschaft von Senatoren anzutreffen.[26] Dieses Nahverhältnis zum Kaiser machte diese zu wichtigen Mittelsmännern für alle Bittsteller, die Zugang zum Hof erlangen wollten.[27] Doch die Idee der republikanischen Monarchie gab den Senatoren nicht nur enorme informelle Macht. Sie garantierte ihnen *zweitens* den Zugang auf ein Monopol auf die wichtigsten offiziellen Regierungsstellen im Reich. Genau wie in der Republik, so übten die Senatoren auch im Prinzipat ein Monopol auf die wichtigsten Verwaltungsposten im Imperium aus; nicht nur die traditionellen Magistraturen in Rom, sondern auch die Statthalterschaften fast aller Provinzen waren für Angehörige des *amplissimus ordo* reserviert.[28] In welch tiefgreifender Weise die Idee der republikanischen Monarchie die Machtverhältnisse im Prinzipat prägte, ist *drittens* am Reichtum der einflussreichsten Senatoren ersichtlich. Interessanterweise sind bezeugte senatorische Vermögen der frühen Kaiserzeit größer als in der Republik. Das zeigt schön, welche materiellen Konsequenzen die Ideologie der republikanischen Monarchie hatte; die Saläre, die Senatoren als hohe Amtsträger bezogen, und die Geschenke und Erbgüter, die sie von dankbaren Klienten erhielten, kompensierten offensichtlich jegliche Verluste, die sie durch die Einführung der Monarchie erlitten.[29]

All das weist darauf hin, dass es sich bei der Gründungsideologie des Prinzipats um mehr als um eine Fiktion handelte. Vielmehr hatte die Idee der republikanischen Monarchie weitreichende praktische Konsequenzen auf die Machtverteilung im Römischen Reich. Indem sich die Kaiser als Führer einer restaurierten Republik stilisierten, garantierten sie Roms traditioneller Führungsschicht ihre Vormacht-

---

26 Wallace-Hadrill, The Imperial Court und Winterling, *Aula Caesaris* zeigen, wie tief Senatoren in die kaiserliche Hofgesellschaft integriert waren.
27 Zur Rolle der Senatoren als ‚Broker' kaiserlicher Patronage siehe Saller, *Personal Patronage under the Early Empire*.
28 Eck, Beförderungskriterien bietet die klassische Übersicht über das frühkaiserzeitliche Verwaltungssystem. Duncan-Jones, *Power and Privilege* demonstriert, dass die Kaiser bei der Verteilung hoher Ämter grundsätzlich den Erwartungen der römischen Elite folgten.
29 Scheidel, *Great Leveler*, S. 71–80 rekonstruiert die Geschichte römischer Privatvermögen.

stellung. Was immer die Erfahrung, jetzt der Macht eines Monarchen ausgeliefert zu sein, für mentale Verletzungen auslöste, wurden diese doch mehr als vergolten durch die materiellen Gewinne, die ihnen diese politische Konstellation garantierte. In diesem Sinne könnte man meinen, dass Wissenschaftler wie Syme, De Ste. Croix und Scheidel nicht ganz falsch liegen, wenn sie betonen, wie es schwer es ist, die Macht von Eliten zu brechen. Obwohl sich die politische Ordnung des Imperium Romanum durch die Einführung des Prinzipats radikal änderte, führte dies nicht dazu, dass der Senat seine Stellung als Herrscherschicht des Imperium Romanum verlor, sondern erlaubte seinen Mitgliedern vielmehr, ihre Position zu festigen und auszubauen.

Die imperiale Krise

Für die ersten zwei Jahrhunderte nach der Machtergreifung des ersten Kaisers blieb diese soziale Konfiguration stabil. Die lange Friedenszeit vom Sieg Octavians in Actium bis zum Ende der Regierungszeit der Antonine, in der das Imperium Romanum eine unumstößliche Hegemonie über große Teile der Ökumene ausübte, schien die Vorteile dieses Regierungssystems eindrücklich unter Beweis zu stellen. Doch seit dem späten zweiten Jahrhundert nach Christus kam diese politische Konfiguration unter immer größeren Druck. Zwei tödliche Pandemien – die sogenannte antoninische Pest in den 160er und 170er Jahren und die cyprianische Pest in den 260ern – reduzierten nicht nur die Zahl von Steuerzahlern, sondern auch das Arbeitsreservoir, auf das Landbesitzer zurückgreifen konnten, um ihre Äcker bebauen zu lassen.[30] Steigenden Lohnforderungen und sinkende Landpreise machten es schwieriger für Eliten, ihren Pächtern Einkommen einer Höhe abzupressen, an die sie sich gewöhnt hatten.[31] Noch gefährlicher war eine drastische Verschlechterung von Roms geopolitischer Lage. Wiederholte Niederlagen gegen Invasoren aus Zentraleuropa und Iran hatten die Konsequenz, dass zum ersten Mal seit was fast zwei Jahrhunderten die zentralen Regionen des Mittelmeerraums Kriegsschauplätze wurden. In den mittleren Jahrzehnten des dritten Jahrhunderts sah es für einige Zeit danach aus, als würde das Reich auseinanderbrechen.[32] Dann jedoch

---

30 Harper, *The Fate of Rome* bietet eine bahnbrechende Geschichte Roms aus epidemiologischer Perspektive. Duncan-Jones, *The Antonine Plague Revisited* fasst die Forschungslage zur antoninischen Pest ausgezeichnet zusammen.
31 Harper, People, Plagues, and Prices rekonstruiert Landpreise und Lohnniveau im Imperium Romanum in der *longue durée*.
32 Zur Geschichte dieser Zeit siehe die zusammenfassenden Darstellungen von Carrié/Rousselle, *L'Empire romain en mutation* und Ando, *Imperial Rome AD 193 to 284*.

gewannen die Kaiser die Initiative zurück. Eine Abfolge von Militärherrschern, die alle aus Offiziersfamilien in den Grenzregionen des Imperiums stammten, trieben die Invasoren zurück und besiegten abtrünnige Rivalen. Im vierten Jahrhundert war Rom wieder der unumstrittene Herr über die Mittelmeerwelt. Zwar erlebten einige Regionen des Reiches (besonders Gallien und Hispania) nicht mehr den gleichen Wohlstand wie im zweiten Jahrhundert. Wie die jüngste Forschung gezeigt hat, war in den meisten Gebieten (besonders im östlichen Mittelmeerraum und in Nordafrika) die Spätantike jedoch die ökonomisch erfolgreichste Periode der Antike.[33]

Doch sah das öffentliche Bild dieser restaurierten römischen Monarchie sehr anders aus als in der frühen Kaiserzeit. Die Sprache der Inschriften erlaubt uns, den Rhythmus ideologischen Wandels nachzuvollziehen. Seit dem späten zweiten Jahrhundert begann sich das epigraphische Bild der Kaiser langsam zu wandeln. In vielen Texten tritt nun eine neue Bezeichnung auf, die vorher von den Auftraggebern kaiserlicher Inschriften vermieden worden war: *Dominus* „Herr". Dieses Substantiv ist vielleicht das stärkste Wort, das im Lateinischen zur Verfügung steht, um eine Machtasymmetrie zwischen zwei Menschen zu beschreiben: Es bezeichnet die absolute Verfügungsgewalt, die ein Herr über seinen Sklaven ausübt. In der Krise des späteren dritten Jahrhunderts beschleunigt sich das Tempo ideologischen Wandels. Die offizielle Titulatur, welche die Macht des Kaisers in der traditionellen Sprache republikanischer Ämter beschreibt, wird nun immer seltener gebraucht. Um dies zu quantifizieren, habe ich in der Clauss-Slaby-Datenbank, die alle bekannten lateinischen Inschriften enthält, die Texte herausgesucht, die fünf Herrscher beschreiben: Trajan (98–117), Septimius Severus (193–211), Gordian (238–244), Diocletian (284–305) und Constantine (306–337):

Kaiserinschriften mit *tribunicia potestas*	
Trajan (98–117)	67 %
Septimius Severus (193–211)	57 %
Gordian III (238–244)	55 %
Diocletian (284–305)	22 %
Constantin (306–337)	20 %

---

33 Bowden/Lavan/Machado, *Recent Research on the Late Antique Countryside*, Wickham, *Framing the Early Middle Ages* und Decker, *Tilling the Hateful Earth* arbeiten die Prosperität spätantiker Landschaften heraus.

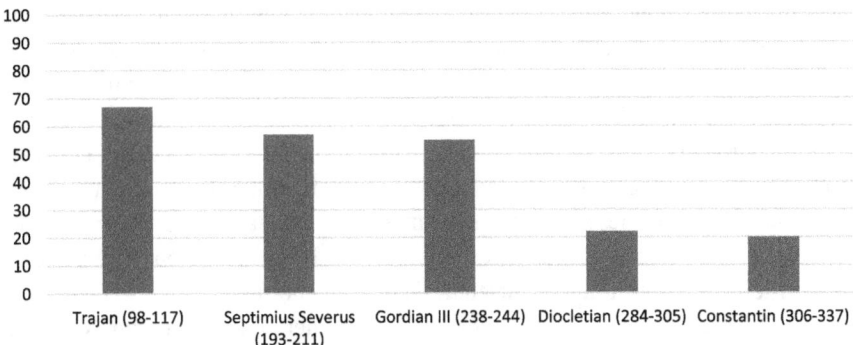

Abb. 1: Prozentsatz kaiserlicher Inschriften in der Clauss-Slaby Datenbank mit Angabe der *tribunicia potestas* (ausgewählte Herrscher)

Es stellt sich heraus, dass seit der Epoche der Tetrarchie (284–305) und unter Konstantin (306–337) nur noch eine Minderheit der Inschriften den Kaiser mit seinen republikanischen Titeln beschreibt. Stattdessen greifen die Dedikanten auf eine neue religiöse Sprache zurück, um die außergewöhnlichen Fähigkeiten des Herrschers zu veranschaulichen. Er ist „Wiederhersteller der Welt" (*restitutor orbis*), „Verteidiger der Menschheit" (*defensor humani generis*), „ewiger Sieger" (*victor perpetuus*) oder „geboren für die Rettung des Staates" (*bono rei publicae natus*).[34] Diese Titel konnten nach dem Baukastenprinzip frei kombiniert werden, wie es für den jeweiligen Kontext am besten passte. Sie wurden auch oft für verschiedene Herrscher eingesetzt. Die neue Prominenz dieser sogenannten ‚inoffiziellen' Titulaturen hat zwei wichtige Implikationen.

Erstens kommunizieren diese eine neue Interpretation der religiösen Rolle des Kaisers. Laut diesen Inschriften stellt der Herrscher das physische Überleben und die stetige biologische Erneuerung der menschlichen Zivilisation sicher. Der Kaiser wird hier nicht in seiner politischen Funktion beschrieben, ihm obliegt es, ein *kosmisches* Gleichgewicht zu erhalten. *Zweitens* hat das allmähliche Verschwinden republikanischer Titulaturen politische Implikationen. Sie drückt auch ein neues Verständnis seines Verhältnisses zu seinen Untertanen aus. Die Titulatur der Kaiser in den lateinischen Inschriften der frühen Kaiserzeit stellte diese als offiziellen Vertreter des *römischen* Senats und des *römischen* Volkes dar. Indem Inschriften der frühen Kaiserzeit den Kaiser als republikanischen Magistraten darstellten, lenkten sie die Aufmerksamkeit der Leser also auf Roms *imperialen* Institutionen – auf die

---

[34] Chastagnol, Le formulaire de l'épigraphie latine bietet die beste Übersicht über kaiserliche Titulaturen in der Spätantike.

Tatsache, dass Rom ein *Imperium* war, in dem nicht alle Bürger gleich waren, sondern das römische imperiale Volk und die senatorische imperiale Aristokratie über nichtrömische Untertanen herrschten. In diesem Sinne bilden die Inschriften sehr genau die Vormachtstellung ab, die (wie ich im ersten Teil dieses Beitrags zu zeigen versucht habe) der Senat im Rom des Prinzipats innehatte. Ganz anders die spätrömischen Texte. Indem sie die Macht des Kaisers in einem kosmischen Kontext situieren, werden in diesen Texten alle Untertanen des Kaisers einander angeglichen. In diesem neuen Kontext verlieren Unterschiede zwischen Römern und Nichtrömern, Senatoren und Nichtsenatoren an Bedeutung.

Die Epigraphik erlaubt uns wiederum, den Wandel im ideologischen Klima zu quantifizieren. Ich habe in einer vorherigen Studie alle lateinischen Ehreninschriften gesammelt, in denen der Kaiser als ein Monarch beschrieben wird, dessen Sorge nicht der Stadt Rom oder dem *populus Romanus* gilt, sondern der „ganzen Welt" (*orbis* oder *orbis terrarum*) oder der ganzen „Menschheit" (*genus humanum*). Bis ins frühe dritte Jahrhundert bewegt sich der Anteil solcher ‚ökumenischer' Inschriften im Bereich unter ein Prozent. Doch dann nehmen solche Titulaturen plötzlich zu. Ab den 280ern (genau zur gleichen Zeit als die republikanischen Titel immer mehr aus der Titulatur der Kaiser verschwinden) stellen Beschreibungen des Kaisers als Beschützer der „Erde" oder der „Menschheit" ein Zwanzigstel bis ein Zehntel der Gesamtproduktion kaiserlicher Epigraphik dar.[35] Das parallele Verschwinden republikanischer Titulaturen und der Anstieg ökumenischer Rhetorik zeigen, dass sich in den militärischen Krisen des dritten Jahrhunderts die Sprache, in der das Verhältnis des Kaisers zu seinen Untertanen beschrieben wurde, tiefgreifend wandelte. Die spätantiken Inschriften beschreiben das Reich nicht mehr als republikanisches Imperium, in dem Römer über Nichtrömer herrschen, sondern als einen Weltstaat, in dem *ein* Monarch *ein* Untertanenvolk beschützt, verteidigt und regiert.

Elitenidentität in der Spätantike

Ich möchte vorschlagen, dass die neue Sprache, in der seit dem dritten Jahrhundert die Macht der Kaiser beschrieben wurde, die Stellung des Senats in den Strukturen des Imperium Romanum neu austarierte. Die republikanischen Ideale, die die Identität der römischen Führungsschicht seit der frühen Kaiserzeit bestimmt hatten, wurden nun aufgegeben. Stattdessen stilisierten sich auch die höchsten Amtsträger im Reich immer öfter als Diener einer religiös definierten Universalmo-

---

35 Weisweiler, From Empire to World-State, S. 196–199.

narchie. Ein Symptom dieses Wandels ist das Aufkommen neuer Formen epigraphischer Selbstrepräsentation, wie das Einmeißeln der heiligen Worte, *sacrae litterae*, des Kaisers auf den Basen von Ehrenstatuen für Senatoren – eine extreme Form, Kaisernähe zu demonstrieren, die früher nur bei subalternen Gruppen wie griechischen Städten oder Pächtern auf kaiserlichen Landgütern üblich gewesen war.[36] Ein anderes Symptom ist die Entwicklung einer neuen kosmopolitischen Ideologie. Spätantike Senatoren stilisierten sich nicht mehr als Italiker, sondern als Vertreter einer reichsumspannenden Führungsschicht: dass die höchsten Amtsträger aus den Provinzen kamen, wurde nicht mehr kaschiert, sondern stolz beworben.[37]

Aus gegebenem Anlass möchte ich mich jedoch hier einem anderen Aspekt der Elitenrepräsentation im spätrömischen Reich widmen, nämlich der Rolle, die die Tugend der *uigilantia* im Selbstverständnis der spätantiken Oberschicht ausübte. Wie gesagt, erscheint dieses Wort in den Ehreninschriften des Prinzipats nicht und hat in der kaiserzeitlichen Literatur oft eine sehr ambivalente Bedeutung. All das ändert sich in der Spätantike. Ich zitiere einen besonders faszinierenden Text, der in den Pflastersteinen vor dem Hadrianstempel in Ephesus gefunden war. Er stammt von einem Monument für Flavius Philippus, das in den 350er Jahren errichtet wurde.[38] Als *praefectus praetorio* (kaiserlicher Chefbeamter) war Philipp der wichtigste Mann in der Regierung Constantius des Zweiten, der damals die Osthälfte des Imperium Romanum regierte.[39] In der Inschrift lobte der Kaiser seinen treuen Gefolgsmann mit entsprechendem Schwung. Philipp sei sein „Freund und Gefährte" (*amicum ac parentem*), der sich durch seine „harte Arbeit" (*industriosi laboris*) und seine „loyale Pflichterfüllung" (*officiis deuotionis*) ausgezeichnet habe. Er habe es daher zu Recht verdient, dass er in den Städten des Reiches mit goldüberzogenen Statuen geehrt würde: „so soll er, dessen Name auf den Lippen aller Städte und verschiedener Nationen gepriesen wurde, auch vor die Augen jedes einzelnen Menschen treten!"[40] Die Bezugnahme auf „alle Städte" und „verschiedene Nationen" ist typisch für die kosmopolitische Rhetorik der Spätantike, in der römische Kaiser auch in auf Lateinisch formulierten öffentlichen Verlautbarungen behaupteten, nicht mehr nur für den *populus Romanus*, sondern für die ganze Ökumene zu regieren. Auch dass Philipp seinem Kaiser in den größten Gefahren „diente" (*seruiret*

---

36 Weisweiler, Inscribing Imperial Power.
37 Weisweiler, Domesticating the Senatorial Elite.
38 *Inscriptiones Ephesi* 41.
39 *PLRE* I Philippus 7.
40 Z. 35–38: „[qui p]opulorum omnium diversarumque nation<um> ore celebratur singulorum quoque oculis incurrat sitque eius in re publica [nost]ra memoria sempiterna qui laboribus suis rei publicae nostrae semper gloriam iuvit."

– ein Wort, das explizit an Sklaverei erinnert) ist eine Formulierung, die in der republikanischen Monarchie der frühen Kaiserzeit undenkbar gewesen wäre.

Doch für unseren Zweck ist eine andere Facette dieses Texts relevant. In Zeile 3 der Inschrift preist Constantius seinen Gefolgsmann dafür, dass er stetig „über die Interessen seines Kaisers und des Staates *wache*" *(principis sui ac rei publicae secundis invigilat in augmentis)*. Auf das gleiche Thema kehrt er auf Zeile 9 zurück, wo er nochmals Philipps „tägliche *Wachsamkeit*" *(in dies uigiliae)* lobt, durch die seine Herrschaft stetig neue Kräfte erhalte. Aus den ersten drei Jahrhunderten nach Christus haben sich hunderte Ehreninschriften erhalten, auf denen Philipps Vorgänger als hohe Amtsträger des Imperium Romanum für ihre politischen und militärischen Errungenschaften ausgezeichnet wurden. In keinem einzigen dieser Texte wird ein Amtsträger für seine Wachsamkeit gelobt. Erst im vierten Jahrhundert beginnen Worte wie *uigilantia, uigiliae, peruigilium* und *uigilare* wiederholt in der Epigraphik der römischen Führungsschicht zu erscheinen. Sie bezeichnen das Nahverhältnis, das der Kaiser mit seinen hohen Amtsträgern verbindet, und seine Fähigkeit, ihre Aufmerksamkeit auf die Interessen des Staates und der römischen Monarchie zu lenken.

Wie der Kaiser seine Untergebenen zu solcher Vigilanz motivierte, lässt sich aus der spätantiken Gesetzgebung ersehen. Auch hier erscheint das Wort *uigilantia* und seine Verwandten nun oft. Es bezeichnet dort eine der wichtigen Tugenden der Amtsträger des Herrschers. Typisch ist ein Edikt, das Konstantin am ersten November 331 in Constantinopel publizierte und das an alle seine Untertanen *(ad prouinciales)* adressiert war. Der Kaiser schreibt:[41]

> Wir geben allen die Möglichkeit, unsere gerechtesten und wachsamsten Amtsträger in öffentlichen Akklamationen zu loben, so dass wir ihre Ehre vermehren können, und die ungerechten und kriminellen mit Klagerufen anzuklagen, so dass unsere kraftvolle Strenge sie hinwegfegt. Denn ob die Stimmen wahr sind und nicht etwa aufgrund von Patronageverhältnissen manipuliert wurden, werden wir sorgfältig erforschen, indem die Prätoriumspräfekten und *comites*, die über die Provinzen verteilt sind, die Einlassungen unserer Provinzialen zu unserer Kenntnis weiterleiten.

Vigilantia „Wachsamkeit" erscheint hier – wie in vielen anderen Gesetzestexten gepaart mit *iustitia* „Gerechtigkeit" – als eine der zwei konventionellen Tugenden

---

41 *Codex Theodosianus* 1.16.6 (ed. Mommsen): „Iustissimos autem et vigilantissimos iudices publicis adclamationibus collaudandi damus omnibus potestatem, ut honoris eis auctiores proferamus processus, e contrario iniustis et maleficis querellarum vocibus accusandis, ut censurae nostrae vigor eos absumat; nam si verae voces sunt nec ad libidinem per clientelas effusae, diligenter investigabimus, praefectis praetorio et comitibus, qui per provincias constituti sunt, provincialium nostrorum voces ad nostram scientiam referentibus."

des Amtsträgers. Sie hat also im Gegensatz zur frühen Kaiserzeit wieder eine positive Bedeutung erlangt – sie ist erneut eine Methode, durch die individuelle Aufmerksamkeit auf überindividuelle Ziele gelenkt wird. Allerdings soll dieser Zweck in ganz anderer Art als noch bei Cicero erreicht werden. Der Kaiser verlässt sich nämlich nicht darauf, dass seine Verwaltungsbeamten diese Vigilanz intrinsisch motiviert und freiwillig an den Tag legen. Vielmehr sollen laut diesem Erlass alle hohen Amtsträger jetzt aufgrund der Akklamationen ihrer Untertanen – also Beifallskundgebungen oder Protestkundgebungen bei öffentlichen Anlässen – evaluiert werden. Diese *publicae acclamationes* sollen von offizieller Stelle festgehalten und dann an den Kaiserhof weitergeleitet werden. Des Kaisers Wächter sollen hier also selbst überwacht werden.

Vigilantia erlaubt uns also einige wichtige Aspekte nachzuvollziehen, wie sich das Selbstverständnis der römischen Führungsschicht in der Spätantike wandelte. Hohe Amtsträger hatten alle Prätentionen aufgegeben, in einer wiederhergestellten Republik zu leben. Während sie früher darauf zählen konnten, von dem Herrscher als Gleicher unter Gleichen behandelt zu werden, fiel in der Spätantike diese Erwartung weg. Das bedeutete nicht nur, dass die Nähe zum Kaiser in neuen Formen dargestellt wurde, die für frühkaiserzeitliche Senatoren noch als entehrend wahrgenommen worden wären. Es hieß auch, dass ihr Verhalten nun von einer neuen Aufmerksamkeitsökonomie bestimmt wurde, in der Pflichterfüllung nicht nur von oben, vom Monarchen selbst, kontrolliert wurde, sondern auch (mindestens theoretisch) von unten, von den Untertanengemeinschaften, in deren Interesse spätantike Kaiser zu herrschen vorgaben.

Die Bändigung der Elite

Doch bildete diese neue Rhetorik wirklich eine Verschiebung in der Machtbalance zwischen Staat und Eliten ab? Oder ließ dieser Wandel in der politischen Semantik die reale Ressourcenverteilung im Imperium Romanum unverändert? Man könnte argumentieren, dass solche Verlautbarungen leere Worten waren, die kaschierten, dass die führenden Familien im Imperium Romanum tatsächlich ihre Macht weiter ausgebaut hatten. In diesem Sinne ließe sich die gerade diskutierte Evidenz vielleicht trotzdem mit dem traditionellen Bild einer Privatisierung staatlicher Funktionen und einer immer weitergehenden Konsolidierung der Macht der Eliten vereinbaren, wie es von Scheidel und anderen vorgeschlagen wird. Im letzten Teil dieses Beitrags möchte ich daher die praktischen Folgen dieser neuen Herrschaftsrhetorik in den Blick nehmen. Ich werde argumentieren, dass das neue Selbstbild der Kaiser als populistische Despoten, die in enger Zusammenarbeit mit ihren neu zur Wachsamkeit animierten Untertanen den Übergriffen von korrupter

Eliten Einhalt geboten, den Horizont des politisch Machbaren verschob und den Herrschern tatsächlich neue Möglichkeiten verschaffte, besitzende Schichten zu disziplinieren. Um diese These zu illustrieren, möchte ich mir abschließend drei Bereiche anschauen, in denen sich die Machtbalance zwischen Elite und Staat grob messen lässt: die *Größe der Privatvermögen*, die *Höhe der Steuerlast* und die *soziale Herkunft hoher Amtsträger.*

Erstens, Vermögen. Es wird oft behauptet, dass die wohlhabendsten Grundbesitzer der Spätantike reicher als ihre frühkaiserzeitlichen Vorgänger gewesen seien: so nennt Chris Wickham die führenden Familien im Senat des frühen fünften Jahrhunderts die reichsten Personen der Weltgeschichte: „the richest private landowners of all time".[42] Wie Kyle Harper gezeigt hat, entbehren solche Behauptungen einer Grundlage in den Quellen. Wenn wir annehmen, dass Grundbesitzer (konservativ geschätzt) eine Rendite von 6 % von ihren Ländereien einnahmen, sind die höchsten Einkommen der Spätantike (nämlich 2000 bis 4000 Pfund Gold) im gleichen Bereich wie die größten Vermögen der frühen Kaiserzeit.[43] Wenn Renditen höher waren (was nicht unmöglich ist, da sehr hohe Einkommen im Imperium Romanum oft disproportional von politischen Umverteilungen von Ländereien und Wucher profitierten), waren die reichsten spätantiken Senatoren etwas weniger wohlhabend als ihre frühkaiserzeitlichen Vorgänger. In jedem Fall gibt es keinen Grund anzunehmen, dass Senatoren im Laufe der römischen Geschichte immer reicher wurden.

Zweitens, Steuerlast. Leider können wir nicht genau quantifizieren, wie hoch die Steuern waren, die große Landbesitzer an den römischen Staat abgaben. Wir wissen jedoch, dass spätantike Kaiser zum ersten Mal eine Reihe von Abgaben einführten, die spezifisch auf die Superreichen abzielten. Nicht nur wurde in den 290er Jahren zum ersten Mal Italien, die alte Heimstatt des Imperiums, direkten Steuern unterworfen – eine Maßnahme, unter der Senatoren litten, da ihre Ländereien disproportional in Italien konzentriert wurden.[44] Kaiser Konstantin erhöhte die fiskalischen Belastungen des Senatorenstandes weiter. Genau wie jede Provinz im Reich zu allen kaiserlichen Geburtstagen ein *aurum coronarium* bezahlen musste, so musste der Senat als Stand nun zu den gleichen Anlässen eine Abgabe zahlen, die euphemistisch *aurum oblaticium* „freiwilliges Gold" genannt wurde.[45] Gleichzeitig unterwarf der Kaiser die Senatoren einer neuen Landsteuer, der sogenannten *gleba*, die je nach Vermögengröße in drei Raten erhoben wurde.[46]

---

42 Wickham, *Framing the Early Middle Ages*, S. 29.
43 Harper, Landed Wealth in the Long Term.
44 Giardina, Le due Italie.
45 *Codex Theodosianus* 6.2.16 und 20. Symmachus, *Relationes* (ed. Callu) 13.2 und 50.3.
46 Seeck, Collatio glebalis.

Zum ersten Mal erscheint hier in der römischen Geschichte die Idee eines progressiven Steuersystems. Schließlich führte der gleiche Kaiser eine besondere senatorische Steuerverwaltung ein, deren Büros in allen Provinzen vertreten waren und in deren Registern alle Besitzungen der Senatoren verzeichnet waren.[47] Natürlich verfügten auch nach Diocletians und Konstantins Reformen landbesitzende Eliten des Reiches über einen gewissen Spielraum, mit lokalen Vertretern der kaiserlichen Verwaltung über ihre tatsächlichen Abgabenhöhe zu verhandeln. Trotzdem markieren diesen Maßnahmen einen radikalen Wandel zu bisherigen Regierungspraktiken im Römischen Reich. Es scheint plausibel, dass Reformen wie die Einführung einer besonderen senatorischen Steuerverwaltung und eines zentral senatorischen Steuerregisters nicht nur die theoretische Steuerlast erhöhten, sondern auch die Steuerehrlichkeit. Um es in der Terminologie der neuen Fiskalgeschichte auszudrücken: Rom verstand sich nicht mehr als Tributstaat, in dem eine privilegierte Reichselite (die selbst keine direkten Steuern zahlte), Untertanengebiete systematisch ausbeutete, sondern als *Steuerstaat*, in dem von allen sozialen Gruppen erwartet wurde, dass sie nach ihren Möglichkeiten die zum Überleben des Imperiums notwendigen Ressourcen aufbringen würden.[48]

Schließlich, die *soziale Zusammensetzung der höchsten Amtsträger des römischen Staates*. Anhänger der *private takeover*-Hypothese behaupten gerne, dass die höchsten Verwaltungsstellen im Imperium Romanum des vierten und fünften Jahrhunderts de facto von einer Handvoll von superreichen römischen Familien monopolisiert wurde. Doch basiert diese Interpretation auf einer selektiven Interpretation der Evidenz. Einige wohlbekannte Exponenten alter senatorischer Familien, die enormen politischen Einfluss erreichten, wie zum Beispiel Petronius Probus, der im späten vierten Jahrhundert vier Mal Prätoriumspräfekt wurde, waren nicht typisch für die soziale Herkunft der höchsten Amtsträger im Imperium.[49]

Ein Vergleich mit der Situation der frühen Kaiserzeit ist erhellend. Im Prinzipat war ungefähr ein Drittel aller ‚ordentlichen' Konsuln, der höchsten Amtsträger im Imperium Romanum, Sohn eines anderen *consul ordinarius*. In der Spätantike fällt dieser Anteil auf ein Fünftel (21 Prozent). Und während in der frühen Kaiserzeit ein Fünftel aller ‚Suffektkonsuln', die nächstniedrigere Stufe von Amtsträgern, aus denen insbesondere die wichtigsten Statthalterschaften im Imperium Romanum rekrutiert wurden, Söhne anderer Konsuln waren, fiel unter Prätoriums- und Stadt-

---

47 Gera/Giglio, *La tassazione dei senatori* analysieren das senatorische Steuersystem in der Spätantike.
48 Monson/Scheidel, *Fiscal Regimes* führen in diese Forschungsrichtung ein. Den Begriff des ‚Steuerstaats' prägte Schumpeter, *Krise des Steuerstaats*.
49 *PLRE* I Probus 6.

präfekten in der Spätantike (Stellen, deren Prestige und Macht ungefähr äquivalent zu der der wichtigsten Statthalterschaften in der frühen Kaiserzeit waren) dieser Anteil auf ein Zehntel.[50] Weit davon entfernt, die Institutionen des römischen Staates erfolgreich für ihre privaten Interessen übernommen zu haben, fanden es die ältesten Familien des römischen Amtsadels schwieriger, ihren Rang an ihre Kinder weiterzugeben. Genauso wie die Erhöhung der Steuerrate, so zeigt auch der Anstieg der sozialen Mobilität, dass die größten Landbesitzer im Imperium Romanum es nicht mehr ganz so leicht hatten, ihre Prioritäten und Wünsche zu denen des Kaisers zu machen, wie es in der frühen Kaiserzeit der Fall gewesen war.

Aus dieser Sicht problematisiert die Geschichte des spätrömischen Staates die traditionelle Interpretation, nach der soziale Eliten ihre Macht relativ leicht über lange Zeiträume erhalten können. Den Universalherrscher des späten dritten und vierten Jahrhunderts gelang es, die Superreichen zu zwingen, einen höheren Anteil ihrer Einkommen an Steuern zu zahlen und ihre höchsten Amtsträger der römischen Verwaltungen aus breiteren sozialen Schichten als vorher üblich zu rekrutieren. Auch das Selbstverständnis der herrschenden Elite änderte sich. Die Bedeutung, welche die Tugend der *uigilantia* nun in der Selbstrepräsentation der Senatoren gewinnt, suggeriert, dass hohe Amtsträger einen größeren Teil ihrer Aufmerksamkeit der Erfüllung der Erwartungen nicht nur des Kaisers, sondern auch ihrer Untertanen widmen mussten. Die Sprache der Wachsamkeit hatte reale Effekte auf die Ressourcenverteilung in der römischen Gesellschaft.

Literaturverzeichnis

Ando, Clifford: *Imperial Rome AD 193 to 284. The Critical Century.* Edinburgh 2012.
Badel, Christophe: *La noblesse de l'empire romain. Les masques et la vertu.* Seyssel 2005.
Banaji, Jairus: Aristocracies, Peasantries and the Framing of the Early Middle Ages. In: *Journal of Agrarian Change* 9 (2009), S. 59–91.
Bartsch, Shadi: *Actors in the Audience: Theatricality and Doublespeak from Nero to Hadrian.* Cambridge, Mass. 1994.
Bowden, William/Lavan, Luke/Machado, Carlos: *Recent Research on the Late Antique Countryside.* Leiden 2004.
Brunt, Peter: Lex de imperio Vespasiani. In: *JRS* 67 (1977), S. 95–116.
Carrié, Jean-Michel/Aline Rousselle: *L'Empire romain en mutation.* Paris 1999.
Chastagnol, André: Le formulaire de l'epigraphie latine officielle dans l'antiquite tardive. In: Donati, A. (Hrsg.): *La terza età dell'epigrafia: Colloquio AIEGL-Borghesi 86 (Bologna, ottobre 1986).* Faenza 1988, S. 11–65.

---

50 Detaillierte Zahlen und Analyse in Weisweiler, *From Empire to Universal State*, Kapitel 2 und 6.

De Ste. Croix, G. E. M.: *The Class Struggle in the Ancient Greek World: From the Archaic Age to the Arab Conquests*. Ithaca, N.Y. 1989.
Decker, Michael: *Tilling the Hateful Earth: Agricultural Production and Trade in the Late Antique East*. Oxford 2009.
Duncan-Jones, Richard: *Power and Privilege in Roman Society*. Cambridge 2016.
Duncan-Jones, Richard: *The Antonine Plague Revisited*. In: *Arctos* 52 (2018), S. 41–72.
Eck, Werner: Beförderungskriterien innerhalb der senatorischen Laufbahn, dargestellt an der Zeit von 69 bis 138 n. Chr. In: *ANRW* 2.1 (1974), S. 158–228.
Flaig, Egon: *Den Kaiser herausfordern: Die Usurpation im Römischen Reich*. Frankfurt am Main 1992.
Flower, Harriet: *Ancestor masks and aristocratic power in Roman culture*. Oxford 1996.
Garnsey, Peter: *Thinking about Property: From Antiquity to the Age of Revolution*. Cambridge 2007.
Gera, Giovanni/Giglio, Stefano: *La tassazione dei senatori nel tardo impero romano*. Rome 1984.
Giardina, Andrea: Le due Italie nella forma tarda dell'impero. In: Idem (Hrsg.): *Società romana e impero tardoantico 1: Istituzioni, ceti, economie*. Bari 1986, S. 1–36.
Harper, Kyle: Landed Wealth in the Long Term: Patterns, Possibilities, Evidence. In: Erdkamp, P./Verboven, K./Zuiderhoek, A. (Hrsg.): *Ownership and Exploitation of Land and Natural Resources in the Roman World*. Oxford 2015, S. 43–61.
Harper, Kyle: People, Plagues, and Prices in the Roman World: The Evidence from Egypt. In: *The Journal of Economic History* (2016), S. 803–839.
Harper, Kyle: *The Fate of Rome: Climate, Disease, and the End of an Empire*. Princeton 2017.
Hölkeskamp, Karl-Joachim: *Die Entstehung der Nobilität: Studien zur sozialen und politischen Geschichte der Römischen Republik im 4. Jhdt. v. Chr.* Stuttgart 1987.
Hopkins, Keith H./Burton, Graham: Ambition and Withdrawal: The Senatorial Aristocracy under the Emperors. In: Hopkins, K.: *Death and Renewal*. Cambridge 1985, S. 120–200.
Kienast, Dietmar: *Römische Kaisertabelle: Grundzüge einer römischen Kaiserchronologie*. Darmstadt 1990.
Kinneging, A. A. M.: *Aristocracy, antiquity and history: classicism in political thought*. New Brunswick 1996.
Krause, Jens-Uwe: *Spätantike Patronatsformen im Westen des Römischen Reiches*. München 1987.
Lavan, Myles: Slavishness in Britain and Rome in Tacitus' Agricola. In: *Classical Quarterly* 61.1 (2011), S. 294–305.
Lécrivain, Charles: *Le sénat romain depuis Dioclétien à Rome et à Constantinople*. Paris 1888.
Löhken, Henrik: *Ordines dignitatum: Untersuchungen zur formalen Konstituierung der spätantiken Führungsschicht*. Köln 1982.
Machado, Carlos: *Urban Space and Aristocratic Power in Late Antique Rome, AD 270–535*. Oxford 2019.
Matthews, John F.: *Western Aristocracies and Imperial Court, AD 364–425*. Oxford ²1990.
Monson, Andrew/Scheidel, Walter: *Fiscal Regimes and the Political Economy of Premodern States*. Cambridge 2015.
Osgood, Josiah: *Caesar's Legacy: Civil War and the Emergence of the Roman Empire*. Cambridge 2006.
Patzold, Steffen: *Das Lehnswesen*. München 2012.
Piketty, Thomas: *Le capital au XXIe siècle*. Paris 2013.
Roller, Matthew B.: *Constructing Autocracy: Aristocrats and Emperors in Julio-Claudian Rome*. Princeton (N.J.) 2001.
Saller, Richard P.: *Personal Patronage under the Early Empire*. Cambridge/New York 1982.
Salzman, Michele Renee: *The „Falls" of Rome: Crises, Resilience, and Resurgence in Late Antiquity*. Cambridge 2021.

Schalk, Ellery. (1986). *From Valor to Pedigree: Ideas of Nobility in France in the Sixteenth and Seventeenth Centuries.* Princeton 1986.
Scheidel, Walter: *The Great Leveler: Violence and the History of Inequality from the Stone Age to the Twenty-First Century.* Princeton 2017.
Schumpeter, Joseph A.: *Die Krise des Steuerstaats.* Graz 1918.
Seeck, Otto: Collatio glebalis. In: *RE* 4.1 (1900), S. 365–370.
Seelentag, Gunnar: *Taten und Tugenden Traians: Herrschaftsdarstellung im Principat.* Stuttgart 2004.
Stein, Ernst: *Geschichte des spätrömischen Reiches.* Wien 1928.
Syme, Ronald: *The Roman Revolution.* Oxford 1939.
Syme, Ronald: Imperator Caesar: A Study in Nomenclature. In: *Historia* 7 (1958), S. 172–188.
Wallace-Hadrill, Andrew: The Imperial Court. In: Bowman, A. K./Champlin, E. /Lintott, A. (Hrsg.): *The Cambridge Ancient History Volume X: The Augustan Empire, 43 BC–AD 69.* Cambridge 1996, S. 283–308.
Weisweiler, John: Inscribing Imperial Power: Letters from Emperors in Late-Antique Rome. In: Behrwald, R./Witschel, C. (Hrsg.): *Historische Erinnerung im städtischen Raum: Rom in der Spätantike.* Stuttgart 2012.
Weisweiler, John: Domesticating the Senatorial Elite: Universal Monarchy and Transregional Aristocracy in the Fourth Century AD. In: Wienand, J. (Hrsg.): *Contested Monarchy: Integrating the Roman Empire in the Fourth Century AD.* Oxford 2014, S. 17–41.
Weisweiler, John: From Empire to World-State: Ecumenical Language and Cosmopolitan Consciousness in the Later Roman Empire. In: Lavan, M./Payne, R./Weisweiler, J. (Hrsg.): *Cosmopolitanism and Empire: Universal Rulers, Local Elites, and Cultural Integration in the Ancient Near East and Mediterranean.* Oxford 2016, S. 187–208.
Weisweiler, John: El capital en el siglo IV. Poder aristocrático, desigualdad y estado en el Imperio romano. In: Campagno, M./Gallego, J./García Mac Gaw, C. G. (Hrsg.): *Capital, deuda y desigualdad: Distribuciones de la riqueza en el Mediterráneo antiguo.* Buenos Aires 2017, S. 147–158.
Weisweiler, John: *From Empire to Universal State: Emperors, Senators and Local Élites in Early Imperial and Late-Antique Rome (c. 25 BCE–400 CE).* Philadelphia 2023.
West, Charles: *Reframing the Feudal Revolution: Political and Social Transformation between Marne and Moselle, c. 800–c. 1100.* Cambridge 2013.
Wickham, Chris: *Framing the Early Middle Ages: Europe and the Mediterranean 400–800.* Oxford 2005.
Winterling, Aloys: *Aula Caesaris: Studien zur Institutionalisierung des römischen Kaiserhofes in der Zeit von Augustus bis Commodus (31 v. Chr.–192 n. Chr.).* München 1999.
Winterling, Aloys: Das römische Kaisertum des 1. und 2. Jahrhunderts n. Chr. In: Rebenich, S. (Hrsg.), *Monarchische Herrschaft im Altertum.* München 2017, S. 413–432.
Witschel, Christian: Der Kaiser und die Inschriften. In: Winterling, A. (Hrsg.): *Zwischen Strukturgeschichte und Biographie: Probleme und Perspektiven einer neuen Römischen Kaisergeschichte, 31 v. Chr. – 192 n. Chr.* München 2011, S. 45–112.
Zanker, Paul: *Augustus und die Macht der Bilder.* München ²1990.

Michael Hahn

„Spitzel auf Taten und Worte" – Laienchristen und ihre Wachsamkeit auf klerikales Fehlverhalten in der Spätantike

Die Wachsamkeit auf die moralischen Fehltritte sozialer Eliten ist kein Phänomen der Informationsgesellschaft des 21. Jahrhunderts, sondern lässt sich bereits für die Spätantike fassen, besonders für die zeitgenössischen Christengemeinden.[1] Vor 1600 Jahren beschrieb diese Wachsamkeit ein Mann, der im syrischen Antiochia lebte, der großen Metropole des Ostens und einer der wichtigsten Städte des römischen Reiches. Dieser Mann, Johannes Chrysostomos, war selbst ein aufmerksamer Beobachter des täglichen Lebens der mehreren hunderttausend Einwohner der Stadt am Orontes und gerade ihrer großen und vielfältigen christlichen Kongregationen. Über seine Beobachtungen, auch über die Dynamik zwischen den geistlichen Eliten – den Klerikern – und den nichtklerikalen Laienchristen, predigte und schrieb er regelmäßig. Johannes stellt kategorisch fest:

> Denn es ist völlig unmöglich, dass die Fehler der Priester verborgen bleiben, im Gegenteil, sogar die kleinsten Verfehlungen werden schnell enttarnt; [...] sobald sie in die Öffentlichkeit gezogen werden, sind sie gezwungen, ihre Zurückhaltung wie ein Gewand abzulegen und durch ihre sichtbaren Handlungen ihren Charakter für alle zu enthüllen. [...] Darum muss der Charakter der Priester weithin sichtbar perfekt sein, um die Herzen aller, die auf ihn schauen, zu belehren und zu erleuchten.[2]

Zwei Aussagen sind bemerkenswert: Erstens steht der Klerus im Mittelpunkt der Aufmerksamkeit der einfachen Gemeindemitglieder, eine Ansicht, die nicht dem übersteigerten Geltungsdrang eines christlichen Presbyters zuzurechnen ist, sondern vielmehr der Realität entsprach, wie andere Quellenstellen belegen.[3] Zweitens

---

1 Siehe zum Thema der Laienwachsamkeit als soziales Kontrollelement in spätantiken Christengemeinden ausführlich: Hahn, *Laici religiosi*.
2 Joh. Chrys. sac. 3, 10 (SC 272, S. 180): „Οὐ γὰρ ἔστι τὰ τῶν ἱερέων κρύπτεσθαι ἐλαττώματα, ἀλλὰ καὶ τὰ μικρότατα ταχέως κατάδηλα γίγνεται; [...] εἰς δὲ τὸ μέσον ἀχθέντες καθάπερ ἱματιον τὴν ἡρεμίαν ἀποδῦναι ἀναγκάζονται καὶ πᾶσι γυμνὰς ἐπιδεῖξαι τὰς ψυχὰς διὰ τῶν ἔξωθεν κινημάτων. [...] διὸ χρὴ πάντοθεν αὐτοῦ τὸ κάλλος ἀποστίλβειν τῆς ψυχῆς ἵνα καὶ εὐφραίνειν ἅμα καὶ φωτίζειν δύνηται τὰς τῶν ὁρώντων ψυχάς." Vgl. dazu: Greer, Pastoral Care and Discipline, S. 567–571.
3 Ähnlich äußert sich auch Johannes' Zeitgenosse, Augustinus, seiner Gemeinde im nordafrikanischen Hippo Regius gegenüber, als Kritik an der Lebensweise der Kleriker aufgekommen war: Aug. serm. 356, 12 (PL 39, S. 1579): „Ante oculos vestros volo sit vita nostra." Vgl. auch: Can. Athan. Alex. 54; 66; 70; 75 (Riedel/Crum, S. 95; S. 103; S. 106–108; S. 109); Isid. Pel. epist. 3, 340; 5, 356; 357; 358 (PG 78,

○ Open Access. © 2023 bei den Autorinnen und Autoren, publiziert von De Gruyter. Dieses Werk ist lizenziert unter einer Creative Commons Namensnennung 4.0 International Lizenz.
https://doi.org/10.1515/9783111026480-004

sollten Kleriker nicht nur durch ihre Predigten die Lebensweise der einfachen Gemeindemitglieder beeinflussen, sondern auch durch ihre eigene Haltung als Beispiele für ein normenkonformes christliches Leben dienen – sie stehen also nicht nur im Fokus der auf sie gelenkten Aufmerksamkeit, sondern begeben sich ganz bewusst selbst in diese Position. Es handelt sich bei dieser Interaktion um nonverbale Kommunikation, die sich ganz maßgeblich um Wachsamkeit dreht – die Wachsamkeit des Klerikers auf sein Umfeld, insbesondere aber auch die Aufmerksamkeit der Umgebung auf das Verhalten des Klerikers.[4] Daraus folgt, dass eventuelles klerikales Fehlverhalten nicht leicht vor den Augen der einfachen Gemeindemitglieder verborgen werden konnte, insbesondere nicht in den Dörfern, Städten und Vierteln spätantiker Face-to-Face-Gesellschaften mit ihren kleinteiligen Lebens- und Arbeitsräumen.[5] Darüber hinaus wird deutlich, dass klerikale Fehltritte von den kirchlichen Autoritäten als schädlich für die gesamte Kongregation angesehen wurden; insofern musste ein echtes Interesse dieser Autoritäten, insbesondere der Bischöfe als oberste Aufseher der einzelnen Gemeinden, herrschen, abweichendes Verhalten von Klerikern zu überwachen, zu kontrollieren und gegebenenfalls zu sanktionieren. Kleriker, die sich nicht an die Regeln hielten, sollten durch ihre Vorgesetzten bestraft werden. Dies geschah auf vielfältige Weise, indem sie etwa von ihrem klerikalen Amt abgesetzt oder einfach aus dem jeweiligen Ort vertrieben wurden – Strafen also, die nicht nur zur moralischen Erschütterung führen, sondern auch zur materiellen Existenzbedrohung für die abgesetzten Kleriker werden konnten.[6] Tatsächlich beschäftigen sich erstaunlich weite Teile der

---

S. 1000; S. 1540 f.); Aug. c. Petil. 3, 27, 32–29, 34 (CSEL 52, S. 186–189); Ambr. epist. ex coll. 14, 71 (CSEL 82/3, S. 273); Hier. epist. 60, 14 (CSEL 54, S. 568); Joh Chrys. sac. 6, 11 (SC 272, S. 342); in 1 Tim. hom. 13, 1 (PG 62, S. 563); Conc. Neocaesar. c. 8 (Joannou 1/2, S. 78 f.); Brev. Hipp. c. 11 (CCL 149, S. 37); Can. in causa Ap. c. 15 (CCL 149, S. 105) = Conc. Carthag. III c. 11 (CCL 149, S. 332).

4 Zum Begriff der Vigilanz als Verknüpfung persönlicher Aufmerksamkeit mit überindividuellen Zielen: Brendecke, Attention and Vigilance, bes. S. 18–20.

5 Spätantike Quellen sind etwa: Philogelos 45 (Dawe, S. 17); Aug. in Ps. 50, 3 (CCL 38, S. 600 f.); serm. 50, 7 (CCL 41, S. 628 f.); in Joh. tract. 13, 11 (CCL 36, S. 136); Ps.-Aug. sobr. 3 (PL 40, S. 1110); Cypr. sententiae episcoporum numero LXXXVII de haereticis baptizandis, 49 (CCL 3E, S. 75); vgl. dazu: Krause, *Gewalt*, S. 12–14; zur Wohnsituation in der Spätantike: Lavan u. a., *Housing*; Ellis, *Roman Housing*; Ellis, Houses; die Privatsphäre in spätantiken Häusern wird von Dossey, Sleeping Arrangements beleuchtet; vgl. auch: Baldini-Lippolis, *La domus tardoantica*; zur ägyptischen Evidenz: Boozer, Cultural Identity, S. 363–369.

6 Kleriker wurden über *stipendia* ihrer lokalen Kirchen versorgt, die sie im Falle der Absetzung verloren, vgl.: Pietri, Klerus, S. 641–647; Krause, *Sozialgeschichte*, S. 421–428; Wiśniewski, Presbyters; Hunter, Poverty. Auch zusätzliche Einkünfte etwa durch Gewerbe dürften entscheidend geschmälert worden sein, da ihre Absetzung als Ehrverlust gesehen wurde und sie zu weniger attraktiven Geschäftspartnern machte. Über die Absetzung devianter Kleriker berichten diverse spätantike Konzilsbeschlüsse, Kirchenordnungen oder kanonische Briefe: z. B. Conc. Neocaesar. c. 1 (Joannou 1/2,

vielfältigen christlichen Texte aus der Spätantike mit den Fehltritten von Geistlichen und dem Umgang damit; das Thema war für die Zeitgenossen also ausgesprochen virulent.[7]

Aus den Aussagen des Johannes Chrysostomos ergibt sich die Frage, welche Rolle die Laien, die nichtklerikalen Christen, bei der Überwachung und Kontrolle ihres eigenen Klerus und dessen Lebensweise in der Spätantike spielten. Wie waren sie in normative Systeme eingebunden, deren Prämissen in zuvor nie dagewesener Breite und Vielfalt besonders über Sprache – Predigten, Briefe, niedergeschriebene Regularien – an eine Masse an Gläubige weitergegeben wurden? Diese normativen Prämissen waren dabei natürlich nicht immer und überall durchsetzbar, aber besonders für abweichende Verhaltensweisen der eigenen Geistlichen war laut Johannes Chrysostomos eine vigilante und zu entsprechenden Kommunikationsakten responsibilisierte und motivierte Laiengemeinde ein echtes Regulativ. Die Existenz eines solchen Regulativs wiederum setzt ein Sprachregime innerhalb der Gemeinden voraus, das es zuließ, zu entsprechender Wachsamkeit aufzurufen, über Fehltritte der Kleriker zu kommunizieren und Akteure innerhalb dieses sozialen Systems zu benennen. Zudem stellt sich die Frage nach Rückkopplungseffekten dieser Sprechakte auf das Phänomen der Wachsamkeit auf klerikale Fehltritte; es ist anzunehmen, dass dadurch, dass über Wachsamkeit gesprochen wurde, gerichtete Aufmerksamkeit für mehr Gemeindemitglieder relevanter wurde und sie dementsprechend handelten. Lässt sich also eine „Sprache der Wachsamkeit" in den Kirchengemeinden des vierten und fünften Jahrhunderts herausarbeiten?

Indem hauptsächlich Quellen aus vier spätantiken christlichen Gemeinden, Rom, dem nordafrikanischen Hippo Regius, dem syrischen Antiochia sowie Alexandria betrachtet werden, soll versucht werden, sich dieser umfassenden Frage anzunähern. Quellen – etwa Konzilsbeschlüsse –, die Auskunft über Normen also die Frage geben, was klerikales Fehlverhalten überhaupt definierte, dürfen allerdings nicht ohne weiteres auf Situationen angewandt werden, die sich am anderen Ende der römisch-griechischen Welt abspielten. Wenn aber Quellen zu geographisch und zeitlich gebündelten Clustern verbunden werden, lässt sich eine größere Vergleichbarkeit erzielen und Rückschlüsse auf eine generelle soziale Dynamik sind möglich. Insbesondere bei einer Untersuchung der nichtklerikalen Mitglieder vor-

---

S. 75); Can. Apost. c. 25 (SC 336, S. 280); Bas. epist. 188 c. 3 (Courtonne 2, S. 124 f.). Die Vertreibung oder auch Klosterhaft als Strafe war ebenfalls nicht unüblich, vgl.: Aug. epist. 77; 78 (CSEL 34/2, S. 329–345); 236 (CSEL 57, S. 524); Hier. epist. 147, 11 (CSEL 56, S. 327 f.); Gel. frg. 16 (Thiel, S. 492); Conc. Aurel. 538 c. 8 (CCL 148 A, S. 117); Pelag. epist. 54; 64 (Gassó/Batlle, S. 143; S. 167–170); Krause, *Gefängnisse*, S. 54–59; Krause, *Sozialgeschichte*, S. 429 f.; Hillner, *Prison*, S. 295.
7 Die maßgebliche Publikation zu klerikalem Fehlverhalten in der Spätantike ist Dockter, *Klerikerkritik*; vgl. auch: Hillner, *Prison* sowie Hunter, *Discipline*.

moderner Kirchengemeinden ergibt sich dabei ein Problem: Die Laien selbst sind als Autoren der Quellen stark unterrepräsentiert; es sind vor allem die Kleriker, von denen diese Texte stammen.[8] Bei näherer Betrachtung können allerdings durchaus Aussagen über die Laien in den Gemeinden getroffen werden. Sie selbst treten als Korrespondenten auf, die Kirchengemeinden als solche und bestimmte Einzelpersonen werden in den Briefen angesprochen. Besonders die Predigten bieten oftmals einen verhältnismäßig direkten Einblick in die Kommunikation zwischen dem Prediger und seinem Publikum, teils inklusive der überlieferten Reaktionen der Zuhörer auf das Gesagte. Auch hier muss allerdings wissenschaftliche Vorsicht walten – so ist etwa die Frage nach der sozialen Stratifikation des Publikums der Prediger eine kontrovers diskutierte.[9]

Wichtige Parameter für diese Untersuchung bietet die religiöse Topographie der spätantiken Mittelmeerwelt, die keineswegs einheitlich war, und zwar nicht nur im Hinblick auf die Unterscheidung zwischen Christen, Paganen und Juden. Die oftmals erbittertsten Konflikte wurden zwischen konkurrierenden christlichen Strömungen ausgefochten.[10] Kleriker rivalisierender Kirchen versuchten, die Geistlichen der jeweils anderen Organisation zu diskreditieren, um die Loyalität der Gemeindechristen ihrer Kongregation zu unterminieren.[11] Solche anhaltenden Kämpfe um Legitimität und Anhängerschaft sind nicht nur für die großen Auseinandersetzungen, etwa das sogenannte donatistische Schisma in Nordafrika überliefert, sondern spielten sich auch oft im Kleinen ab – so gab es zu der Zeit, als

---

8 Dies führt zu dem Phänomen, das John Arnold als „layperson-shaped hole in the middle of the evidence" bezeichnet hat, vgl.: Arnold, *Belief*, S. 22. Dementsprechend stehen Laien kaum im Fokus der Forschung, während die Rolle beispielsweise der Bischöfe, vor allem aber die der Asketen und Mönche, gut untersucht ist.

9 Besonders Ramsay MacMullen vertritt die These eines kleinen, sehr elitären Publikums, das von den Predigten erreicht wurde vgl.: MacMullen, Audience; später fortentwickelt in: MacMullen, *Second Church*. Ihm folgen im Wesentlichen: Dossey, *Peasant and Empire*, S. 147–153 oder Rebillard, Sermons, S. 87f. Kritischer sind: Liebeschuetz, *Barbarians and Bishops*, S. 173; Rousseau, Preacher's Audience, S. 391–400; Clark, Pastoral Care; Mayer, Audiences; Mayer, Extraordinary Preacher, S. 123–126; Mayer, Who came?, S. 80–87; Mayer, Poverty and Society, S. 469–471; Maxwell, *Christianization and Communication*, S. 66–87.

10 Vgl. unter anderem: Brown, Christianization; Gaddis, *Religious Violence*, bes. 131–150; Sizgorich, *Violence*; Kalleres, *Violence*; Drake, *Violence* mit vielen Beiträgen, besonders S. 265–342 zu religiös motivierter Gewalt sowie Dijkstra/Raschle, *Religious Violence*, bes. S. 249–405 zur Spätantike; vgl. dazu: Hahn, *Gewalt*; Shaw, *Sacred Violence*; Brown, Religious Coercion; Kelly, Confronting Pagans, S. 146–148.

11 Augustinus greift etwa den katholischen Bischof Paulus von Cataqua scharf an, weil dessen unrechtmäßig erworbener Reichtum von konkurrierenden lokalen Christen für eine Kampagne gegen den katholischen Klerus in Nordafrika verwendet wurde; viele Laien hatten sich deswegen bereits der Konkurrenzkirche der Donatisten zugewandt, Aug. epist. 85, 1 (CSEL 34/2, S. 394).

Johannes Chrysostomos seine Aussagen über die Bedeutung der moralischen Integrität christlicher Kleriker traf, mindestens drei größere und eine Vielzahl an kleineren christlichen Gemeinden in Antiochia.¹² In vielen Fällen waren die christlichen Konkurrenten, die klerikales Fehlverhalten der gegnerischen Gemeinde auszunutzen bereit waren, auch räumlich nicht weit entfernt – etwa innerhalb der großen Städte wie Antiochia, aber auch auf dem nordafrikanischen ‚platten Land‘, wo besonders die intensive Konkurrenz zwischen den Kirchen der sogenannten Donatisten und Katholiken zu einer immens hohen Dichte an Bischofssitzen geführt hatte.¹³ Dieser Faktor erhöhte die Sichtbarkeit des klerikalen Fehlverhaltens im Zweifel sowohl für die eigene Gemeinde als auch für rivalisierende Gruppen, verkürzte aber auch die Informationswege, die einer Sanktionierung vorausgehen mussten. Die Predigten gegen angebliches Fehlverhalten der Geistlichen der konkurrierenden Kirchen sorgten auch dafür, überhaupt richtiges klerikales Verhalten ex negativo für die Zuhörerschaft zu definieren und zu kommunizieren. So konnten implizit die Laienchristen auch für abweichende Verhaltensweisen ihrer eigenen Geistlichen sensibilisiert werden.¹⁴

An der Spitze der Gemeinde stand üblicherweise ein Bischof, unter ihm dienten Presbyter (Priester) und Diakone, die den sogenannten höheren Klerus bildeten und mit liturgischen, aber auch administrativen Aufgaben in den Gemeinden betraut waren. Hinzu kamen die niederen Geistlichen, zum Beispiel Subdiakone, Lektoren, Ostiarier und andere.¹⁵ Dieser klerikalen Hierarchie standen die nichtklerikalen

---

12 Zum donatistischen Schisma: Frend, *Donatist Church*; Pietri, Reichseinheit; Pietri, Donatistenstreit; Shaw, *Sacred Violence*; zur Situation in Antiochia: Brennecke, *Homöer*, S. 48–55; S. 63–77; S. 173–178; Mayer/Allen, *Antioch*, S. 200–203; 269; Shepardson, *Antioch*, S. 11–19; Mayer, Preaching Hatred, S. 70.
13 Dossey, *Peasant and Empire*, S. 126–144; für Kleinasien: Hübner, *Klerus*, S. 31–80; allgemein: Jones, *Empire*, S. 874 ff; Haensch, Bischöfe, S. 156 f. Der Begriff ‚Donatisten' ist keine Selbstbeschreibung, sondern ein pejorativer Ausdruck ihrer katholischen Gegner nach Donatus von Casae Nigrae, dem ersten Anführer der Bewegung. Allerdings ist er so gebräuchlich, dass er hier zum besseren Verständnis verwendet wird. Die Donatisten selbst bezeichneten sich als die wahre katholische Kirche Nordafrikas; ihre Gegner nannten sie ‚Caecilianisten', Anhänger des Caecilian von Karthago, dessen Weihe zum Bischof sie nicht anerkannten, weil unter denen, die ihn geweiht hatten, ein *traditor* war, der während der diokletianischen Christenverfolgung Schriften und liturgische Gegenstände an die Verfolger übergeben haben soll, vgl. dazu: Pietri, Reichseinheit, S. 242–246; Shaw, *Sacred Violence*, 5 f.
14 Heterodoxe Geistliche beispielsweise wurden von ihren christlichen Gegnern in Nordafrika als *vulpes*, Füchse, bezeichnet – der Fuchs war dabei eindeutig mit Ehebruch assoziiert, was auch explizit angesprochen wurde, Aug. in Ps. 80, 14 (CCL 39, S. 1127): „Vulpes insidiosos, maximeque haereticos significant."; Ps.-Aug. 364, 3–4 (PL 39, S. 1641 f.): „[...] vulpes, id est, adulterantes sodales [...]".
15 Die Literatur zum spätantiken Klerus, besonders zum Bischof, ist mittlerweile Legion, vgl. etwa: Eck, Episkopat; Drake, *Bishops*; Rapp, *Holy Bishops*; van Dam, Bishops and Society; Haensch, Bischöfe; Dossey, *Peasant and Empire*; vgl. auch: Lizzi, *Potere episcopale*; Rebillard/Sotinel, *L'évêque*

Mitglieder der Gemeinden gegenüber, die in ihrer Gesamtheit Laien genannt werden, abgeleitet vom griechischen Wort λαός, „Volk".[16]

Ausgehend von den Arbeiten des amerikanischen Soziologen Edward Shils kann die Kirchengemeinde als ein normatives, genauer gesagt religiöses Subsystem der Gesamtgesellschaft verstanden werden. Der Klerus fungierte als normatives Zentrum, immer bezogen auf die Perzeption der einfachen Gemeindemitglieder – die Machtdynamik lässt sich im Sinne Michel Foucaults als ein Netzwerk von sozialen Akteuren beschreiben, denen eine bestimmte, kontextabhängige Bedeutung zugeschrieben wurde.[17] Zentral war die personelle Beziehung zwischen den Klerikern, besonders dem Bischof, und seiner Gemeinde, die sich auch und besonders in Sprechakten manifestierte; in einer Welt sich überschneidender Identitäten, wie sie Éric Rebillard für die spätantiken Christen beschrieben hat, zeichneten sich die Kleriker, insbesondere die höheren Geistlichen, durch ein besonderes Verhältnis zu den christlichen Werten und Normen aus, die sie selbst diskursiv in der Gesellschaft prägten, indem sie nicht zuletzt über diese Normen sprachen – in Predigten oder Briefen kann dieses Sprechen nachvollzogen werden.[18] Loyalität zu einer Kongregation war in erster Linie personenabhängig und damit eine Frage unmittelbarer Kommunikation untereinander.[19] Edward Shils untersuchte, was passiert, wenn solche Eliten eines gesellschaftlichen Systems von anderen Mitgliedern desselben normativen Systems dabei beobachtet werden, dass sie sich nicht mehr an die Normen halten, die sie selbst eigentlich performativ und insbesondere verbalisierend verkörpern. Dabei stellte er fest, dass das Ergebnis in der Regel ein Stabilitätsverlust ist, der zu einem massiven Rückgang der Loyalität aller Mitglieder zum normativen Zentrum und letztlich zum Verlust der Integrations- und Kohäsionskraft des sozialen Systems selbst führen kann.[20]

In dieser Hinsicht herrschte ein besonderes Interesse der kirchlichen Autoritäten, klerikales Fehlverhalten zu kontrollieren und zu sanktionieren, besonders, da

---

dans la cité; Liebeschuetz, *Decline and Fall*, S. 137–168; Brown, *Poverty and Leadership*; Sterk, *Monk-Bishop*; Salzman, Episcopal Authority. Einen Überblick über die Ämter bietet: Pietri, Klerus. Zur Entwicklung von Laien und Klerikern: Faivre, *Naissance d'une hiérachie*; Faivre, Laity; Faivre Kleros; Schöllgen, Monepiskopat; Saxer, Nachapostolische Gemeinden; Saxer, Fortschritte; Saxer, Kirchliche Organisation; Hall, Institutions.

16 Faivre, Laie; Torjesen, Clergy and Laity, S. 389–391; Rebillard, Religious Sociology, S. 42 f.; Bailey, *Religious Worlds*, S. 5 f. Mönche und Asketen werden für diese Untersuchung ausgeklammert.
17 Shils, Center and Periphery, S. 3–7; Foucault, *Überwachen und Strafen*, bes. S. 39; Foucault, *Wille zum Wissen*, S. 116 f.
18 Zur Identitätenpluralität: Rebillard, *Identities*; Rebillard, Religious Sociology; ähnlich auch: Maxwell, Paganism and Christianization, S. 864 f.
19 Vgl. zum antiken Bindungssystem: Meier, *Res publica amissa*, S. 24–63.
20 Shils, Center and Periphery, S. 5–7.

die spezifisch spätantike religiöse Topographie mit ihren konkurrierenden Kirchenorganisationen immer bereit war, klerikale Devianz der jeweils anderen Seite zu instrumentalisieren, um die Loyalität der rivalisierenden Gemeinde zu ihrem normativen Zentrum – dem Klerus – zu schwächen. Die Laien dienten hier als ‚Gatekeeper' zu Informationen aus den Gemeinden, denn kein klerikales Fehlverhalten konnte sich ihren wachsamen Augen entziehen, wie von Klerikern wie Johannes Chrysostomos selbst festgehalten wurde. Ihre Wachsamkeit dem eigenen Klerus gegenüber war also besonders wichtig, damit ‚schwarze Schafe' unter den Klerikern erkannt und bestraft werden konnten.

Anhand zweier Beispielfelder lässt sich die Rolle der Laienchristen für die Durchsetzung normativer Ansprüche an die spätantiken Kleriker elaborieren. Mit der Etablierung und Ausbreitung des Christentums entwickelten sich spezifisch christliche Sexualnormen, die oft im diametralen Gegensatz zu den klassischen römischen oder griechischen standen – etwa bei der Bewertung von homosexuellen Kontakten oder insbesondere der Wertschätzung von Enthaltsamkeit.[21] Sexualität war sicherlich ein besonders interessanter Aspekt des Klatsches in der Laiengemeinschaft und ein durchaus sichtbarer und öffentlich wahrgenommener Teil des gesellschaftlichen Lebens, wie nicht nur literarische Quellen, sondern auch persönliche Hinterlassenschaften von Öllampen mit erotischen Darstellungen bis hin zu Graffiti klar machen.[22] Gleichzeitig wurde mit dem Aufkommen des christlichen Ideals eines asketischen Lebens, wie es ab dem frühen vierten Jahrhundert populärer wurde, der Druck auf die in den Gemeinden lebenden christlichen Kleriker immer größer, auf weltliche Vergnügungen zu verzichten. Sexualität wurde als ultimativer Ausdruck der Zuwendung zum Diesseits zur ‚Wasserscheide' für ein weltliches oder geistliches Leben.

Dementsprechend lässt sich anhand der erhaltenen Beschlüsse der regelmäßigen Synoden lokaler christlicher Bischöfe überall in der spätrömischen Welt das Bedürfnis feststellen, Regeln für Kleriker zu definieren und Verstöße zu bestrafen. Die Sexualität des Klerus geriet in den Fokus der Aufmerksamkeit und der Überwachung der einfachen Gemeindemitglieder, abweichendes Sexualverhalten wurde zum *scandalum*.[23] Die verstärkt ab dem Ende des vierten Jahrhunderts belegten

---

21 Dazu immer noch maßgeblich: Brown, *Body and Society*; vgl. auch: Harper, *Shame to Sin*.
22 Zur Wahrnehmung der römischen Sexualität: Harper, *Shame to Sin*, S. 19–79; Clarke, *Roman Sex*; zu Graffiti: Clarke, *Cinnaedus*, S. 271–291; Levin-Richardson, *Graffiti*.
23 Die sogenannte Synode von Elvira – wahrscheinlich keine echte Kirchenversammlung, sondern eine gegen Ende des vierten Jahrhunderts zusammengestellte Sammlung von kanonischen Beschlüssen aus Spanien – bietet ein recht eindeutiges Beispiel, Conc. Illib. c. 18 (Vives, S. 5): „Episcopi, presbyteres et diacones, si in ministerio positi detecti fuerint, quod sint moechati, placuit propter scandalum et propter profanum crimen nec in finem eos communionem accipere debere."

Forderungen nach einer zölibatären Lebensweise der höheren Geistlichen – Diakone, Priester und Bischöfe – sind sicherlich die deutlichste Konsequenz, sorgten aber auch für Konfliktstoff in den Gemeinden, gerade weil diesen Männern explizit nicht die generelle Ehelosigkeit auferlegt wurde. Allein des Geschlechtsverkehrs mit ihren Frauen sollten sie sich enthalten – eine Regel, die natürlich nicht umfassend durchsetzbar war und wenn überhaupt nur durch das wachsame Umfeld des Klerikers forciert werden konnte:

> Des Weiteren, weil von einigen Klerikern unkeusches Verhalten, sei es auch gegenüber ihren eigenen Frauen, gemeldet wurde, wird beschlossen, dass sich Bischöfe, Priester und Diakone gemäß früherer Bestimmungen auch des Sexualverkehrs mit ihren Ehefrauen zu enthalten haben. Wenn sie es nicht tun, sollen sie des kirchlichen Amtes enthoben werden.[24]

Solche Regelungen wurden auch für Lebensbereiche getroffen, die auf den ersten Blick nichts mit sexuellem Fehlverhalten zu tun zu haben scheinen, wie eine nordafrikanische Sammlung kirchlicher kanonischer Regeln aus dem vierten Jahrhundert zeigt:

> Die Kleriker sollen zum Essen und Trinken nicht die Gasthäuser betreten, außer wenn sie auf Reisen dazu gezwungen sind.[25]

Das Verbot des Gasthausbesuchs sollte Alkoholexzesse verhindern, vor allem aber wurden die spätantiken Tavernen mit Prostitution gleichgesetzt. In den meisten Kneipen konnten auch die Dienste von Prostituierten erworben werden.[26] Wichtig

---

24 Reg. Eccl. Carthag. (401) c. 70 (CCL 149, S. 201): „Praeterea, cum de quorumdam clericorum, quamuis erga uxores proprias, incontinentia referretur, placuit episcopos et presbyteros et diaconos secundum priora statuta etiam ab uxoribus continere. Quod nisi fecerint, ab ecclesiastico remoueantur officio." Andere entsprechende synodale oder bischöfliche Bestimmungen sind: Conc. Illib. c. 33 (Vives, S. 7); Sircic. epist. 1, 6, 7–8, 12 (PL 13, S. 1137–1142); Innoc. epist. 2, 9, 12; 6, 1, 2 (PL 20, S. 476; S. 496 f.); Damas. decr. 6 (Babut, S. 74–77); Conc. Rom. 386 c. 9 = Conc. Thelense c. 9 = Siric. epist. 5, 3 (CCL 149, S. 61 f.); Conc. Carthag. 390 c. 2 (CCL 149, S. 12–13); Conc. Taurin. c. 8 (CCL 148, S. 58); Conc. Rom. 402 c. 3 (Mansi 3, S. 1135 f.); Conc. Carthag. 13. 9. 401 = Reg. Eccl. Carthag. c. 70 (CCL 149, S. 201); Can. in causa Ap. c. 3; c. 4 (CCL 149, S. 101–102); Die wichtigsten Studien hierzu sind: Boelens, *Klerikerehe*; Gryson, *Célibat ecclésiastique* sowie Dockter, *Klerikerkritik*, S. 178–188 und Hornung, *Monachus et sacerdos*.
25 Brev. Hipp. c. 26 (CLL 149, S. 40): „Ut clerici edendi vel bibendi causa tabernas non ingrediantur, nisi peregrinationis necessitate." Ebenso Conc. Carthag. 28. 8. 397 = Reg. Eccl. Carth. c. 40 (CCL 149, S. 185); Conc. Laodic. c. 24 (Joannou 1/2, S. 140); Can. Apost. 54 (SC 336, S. 296); Rabb. Edess. praec. 22 (WG-RW 17, S. 108); vgl. dazu: Dockter, *Klerikerkritik*, S. 31 f.
26 Ps.-Cypr. aleat. 6 (CSEL 3/3, S. 99): „[...] est quando ipsi aleatores cum prostitutis mulieribus penes auctorem suum nocturnas vigilias clausis foribus celebrant."; Hier. virg. Mar. 21 (PL 23, S. 206): „Sed

ist dabei, dass die Wirtshäuser für die Öffentlichkeit zugänglich waren. Der Besuch des in der Gemeinde bekannten Klerikers im Gasthaus war für alle sichtbar und es bestand die Gefahr einer signifikanten Rufschädigung durch Gerüchte, er habe dort gegen die Regeln der klerikalen Abstinenz verstoßen. Schon das sichtbare Überschreiten der Schwelle des Gasthauses hin zu einem semantisch so aufgeladenen Raum wie dem Wirtshaus wurde aber auch zu einem deutlichen Hinweis auf deviantes Verhalten – und damit zu einer identifizierbaren und potentiell kontrollierbaren Handlung.

Dies wirft die Frage auf, inwieweit die spätantiken Kleriker in dieser Hinsicht tatsächlich unter der Beobachtung der Laien standen. Augustinus von Hippo bietet einen Einblick: Er schreibt kurz nach 400 an den Primas der Kirchenprovinz Numidien, Xanthippus, über den Priester Abundantius, der einer kleine Gemeinde im Hinterland der Diözese des Augustinus vorstand. Abundantius hatte mehrere Dinge getan, die als eines Klerikers unwürdig erachtet wurden, so dass es bereits Unruhe unter den Laienchristen im ländlichen *fundus Strabonianensis* gab, wo er lebte und sein klerikales Amt verwaltete. Es war also notwendig, dass Augustinus die Angelegenheit untersuchte. Neben der Veruntreuung von Almosen war eines besonders problematisch, nämlich der Besuch von Abundantius im Gasthaus des benachbarten *fundus Gippitanus:*

> Hierauf wurde er überführt und gab zu, […] dass er etwa zur fünften Stunde und ohne einen anderen Kleriker dabei zu haben im selben *fundus* [*Gippitanus*] Halt gemacht, bei einer Frau von schlechtem Ruf sowohl gefrühstückt als auch zu Abend gegessen und im selben Haus übernachtet hatte.[27]

Augustinus stellt ausdrücklich klar, dass der Priester beim Besuch des Hauses einer „Frau von schlechtem Ruf" – Euphemismus für ein Bordell – gesehen wurde. Sicher ist, dass es Laien waren, die Abundantius identifiziert und ihn angezeigt haben, da kein anderer Geistlicher anwesend war. Entscheidend ist auch, dass solche Gasthaus- beziehungsweise Bordellbesuche von Geistlichen, die dem Bischof von wachsamen Laien gemeldet wurden, bereits früher stattgefunden hatten:

---

quis non statim intellegat, nec tabernariam virginem, nec adulterum monachum, nec clericum posse esse cauponem." Vgl. dazu: McGinn, *Prostitution*, S. 99–104.

27 Aug. epist. 65, 1 (CSEL 34/2, S. 233): „Deinde convictus atque confessus est, […] hora ferme quinta, et cum secum nullum clericum haberet, in eodem fundo restitisse, et apud quamdam malae famae mulierem et prandisse et coenasse, et in eadem domo mansisse." Ein anderer Geistlicher hätte für die Enthaltsamkeit des Priesters bürgen können, weshalb Augustinus die Abwesenheit eines solchen explizit erwähnt.

> In deren [der Frau von schlechtem Ruf] Gasthaus war schon einmal einer unserer Kleriker aus Hippo eingekehrt und daraufhin abgesetzt worden.[28]

Die Laien wussten also, dass Priester solche Etablissements eigentlich nicht besuchen durften, und betrachteten es als ihre Pflicht, dem Bischof Bericht zu erstatten, wenn sie Zeugen wurden, dass ein Kleriker dennoch dorthin ging. Zumindest in der Diözese Hippo existierte unter Augustinus ein System der Weitergabe von Informationen über wahrgenommene sexuelle Devianz von Klerikern an kirchliche Autoritäten, in dem die Laien eine wichtige Rolle spielten. Damit ein solches Fehlverhalten überhaupt erkannt werden konnte, wurde offensichtlich ein besonderes Augenmerk auf das sichtbare Überschreiten konkreter Grenzen, Türschwellen zu abweichendem Verhalten gelegt. Erst diese sichtbare Aktion – das Betreten des Bordells mit unverkennbarer Absicht und sein langer Aufenthalt dort – konkretisierte die moralische Unzulänglichkeit des Abundantius und manifestierte die kursierenden Gerüchte über sein deviantes Verhalten.[29] Abundantius wurde daraufhin von seinem Priesteramt abgesetzt. Der Hinweis auf die donatistischen Christen, die im gleichen Gebiet aktiv waren, macht hellhörig:

> Ich fürchtete mich davor ihm eine Kirche anzuvertrauen, besonders eine, die sich mitten im Gebiet der wütenden Meute umherkläffender Häretiker befindet.[30]

In Regionen, in denen die donatistische Konkurrenzorganisation stark war, war klerikales Fehlverhalten besonders schädlich, da es von der gegnerischen Organisation ausgenutzt werden konnte, um die katholische Kirche zu schwächen und die Loyalität der Anhänger zu untergraben.[31] Indem Augustinus dem einflussreichen Primas seiner Kirchenprovinz den ganzen Vorgang meldete, verhinderte er nicht nur, dass Xanthippus einem möglichen Einspruch des abgesetzten Priesters über

---

28 Aug. epist. 65, 1 (CSEL 34/2, S. 233): „In huius autem hospitio iam quidam clericus noster Hipponensis remotus erat."
29 Auch die um 400 in Syrien entstandenen Apostolischen Canones machen deutlich, dass Kleriker, die von ihren Gemeindemitgliedern im Wirtshaus/Bordell ertappt worden waren, mit der Absetzung zu rechnen hatten, Can. Apost. 54 (SC 336, S. 296): „Εἴ τις κληρικὸς ἐν καπηλείῳ φωραθῇ ἐσθίων, ἀφοριζέσθω [...]."
30 Aug. epist. 65, 1 (CSEL 34/2, S. 233): „Timui ei committere Ecclesiam, praesertim inter haereticorum circumlatrantium rabiem constitutam."
31 Augustinus selbst war sich nicht zu schade, entsprechende Fälle von donatistischen Klerikern, die im Bordell ertappt wurden, in polemischen Schriften gegen die Konkurrenten zu verarbeiten, Aug. c. Petil. 3, 34, 40 (CSEL 52, S. 194) wo er über den donatistischen Bischof Cyprianus herzieht: „Cyprianus cum turpissima femina in lupanari deprehensus, et Primiano Carthaginis oblatus atque damnatus est."

seine Bestrafung stattgab, sondern unterstrich seine eigene Handlungskompetenz als effektiver Oberhirte in seiner Gemeinde, bei dem die kommunikativen Fäden hinsichtlich der Fehltritte seines Klerus zusammenliefen und der den Zusammenhalt der katholischen Gemeinde vor Ort zu schützen im Stande war. Grundlage des Vorgangs waren mobilisierte Laienchristen, die ihre wachsame Beobachtung in eine Anzeige des devianten Geistlichen beim Bischof umgesetzt hatten.

Im Fall des Abundantius hatten Gerüchte dazu geführt, dass Augustinus die Sache untersucht hatte. Inwiefern die Zeugen der Verfehlungen des Priesters selbst auf den Bischof zugekommen waren, lässt sich kaum sagen. Ein Fall aus Rom, ebenfalls Anfang des fünften Jahrhunderts, spricht hier eine deutlichere Sprache über die eigene Agenda von wachsamen Laienchristen. In einem Brief an süditalienische Bischöfe schildert der Bischof von Rom, Innozenz I., den Fall eines Laienchristen, der aktiv Priester bei ihm angezeigt hatte, die gegen die Auflagen der Enthaltsamkeit verstoßen hatten:

> Die Regel der kirchlichen *canones* darf keinem Priester unbekannt sein; denn es ist ein Unding, dass sie von einem Kleriker nicht gekannt wird, umso mehr, weil sie von in religiösen Angelegenheiten pflichtbewussten Laien (*laici viri religiosi*) sowohl gekannt als auch für schützenswert erachtet wird. Was für eine Klage ein gewisser Maximilianus, unser Sohn und *agens in rebus*, neulich eingereicht hat, macht die angehängte Reihe seiner Anklageschrift deutlich. Er erträgt es aus Glaubenseifer und Pflichtbewusstsein nicht, dass die Kirche von unwürdigen Priestern beschmutzt wird, von denen er meldet, sie hätten im Priesteramt Kinder gezeugt. [...] Und nachdem ihr also den Inhalt des unten angehängten Schreibens geprüft haben werdet, liebste Brüder, werdet ihr befehlen, dass die, von denen es heißt, sie hätten solche Dinge getan, abgeurteilt werden; wenn sie – nachdem die Vorwürfe, die selbigen Priestern vorgehalten werden, erörtert worden sind – ihrer Schuld überführt werden konnten, sollen sie ihres Priesteramtes enthoben werden: Denn die, die nicht heilig sind, können das Heilige nicht berühren.[32]

Einige Priester und Bischöfe waren sich also nicht immer vollständig darüber im Klaren, was von ihnen verlangt wurde, oder sie hielten sich absichtlich nicht an die Regeln – insbesondere im Fall des zölibatären Lebensstils für verheiratete Kleriker,

---

32 Innoc. epist. 38 (PL 20, S. 605): „Ecclesiasticorum canonum norma nulli esse debet incognita sacerdotum; quia nesciri haec a pontifice satis est indecorum, maxime cum a laicis religiosis uiris et sciatur, et custodienda esse ducatur. Nuper quidem Maximilianus filius noster agens in rebus cujusmodi querelam detulerit, libelli ejus series annexa declarat. Qui zelo fidei ac disciplinae ductus non patitur Ecclesiam pollui ab indignis presbyteris, quos in presbyterio filios asserit procreasse. [...] Et ideo, fratres charissimi, libelli, qui subjectus est, tenore perspecto, eos, qui talia perpetrasse dicuntur, iubebitis in medio collocari; discussisque objectionibus, quae ipsis presbyteris impinguntur, si conuinci potuerint, a sacerdotali remoueantur officio: quia qui sancti non sunt, sancta tentare non possunt."

der erst wenige Jahre vor dem Verfassen dieses Briefes zur Pflicht gemacht wurde. Der hier auftretende Informant Maximilianus kannte die Regel der klerikalen Abstinenz jedoch und hielt sie für schutzwürdig, sodass er von sich aus entsprechende Verstöße an seinen Bischof Innozenz meldete. Die von Innozenz ausgemachte Motivation des Mannes ist sein Glaubenseifer, mit dem er gegen Normverstöße vorgeht, was ihm vom Bischof die Bezeichnung *laicus vir religiosus* einbringt – ein Epitheton, das nicht nur in diesem Fall auf einen wachsamen Laienchristen angewandt wurde.

Doch sein *zelus fidei ac disciplinae* sollte nicht als alleinige Motivation für seine Anzeige angenommen werden. Als *agens in rebus* war der Mann kaiserlicher Beamter und damit sicher eine hochgestellte lokale Persönlichkeit mit wichtigen Kontakten, was ihm dabei helfen konnte, Priester zu überführen, die unerlaubterweise Kinder gezeugt hatten; die *agentes in rebus* werden in zeitgenössischen Quellen ohnehin als eine Art ‚kaiserliche Geheimpolizei' geschildert.[33] Sein Netzwerk verschaffte ihm also einerseits Zugang zu Informationen über klerikales Fehlverhalten und ermöglichte es ihm andererseits, sich an den mächtigen Bischof zu wenden – Innozenz erwähnt die Anklageschrift, das *libellus*, das Maximilianus vorbrachte. Maximilianus sammelte Informationen und gab sie strategisch weiter – er tat dies als Laie auf die gleiche Weise wie der Bischof Augustinus, der seinen Primas über seinen Kampf gegen nicht enthaltsame Priester informierte. So wie er als römischer Beamter Informationen normalerweise an den Hof nach Ravenna meldete und seine Machtposition durch diese Verbindung ausbaute, unterstrich eine vertrauliche Verbindung zum mächtigen Kirchenanführer die eigene Position innerhalb der christlichen Gemeinde. Dass er mit seiner Taktik erfolgreich war, zeigt die Tatsache, wie positiv der römische Bischof vor seinen Amtskollegen über den Informanten spricht – Maximilianus hatte einen bedeutenden Fürsprecher gewonnen, der sein Beispiel zur Nachahmung empfahl. Gerade zu Beginn des fünften Jahrhunderts, als die Macht des Kaisers in Ravenna insbesondere durch die Westgoten ins Wanken geriet, musste eine vertrauliche Verbindung zu einem alternativen einflussreichen Mann wie Innozenz auch für einen kaiserlichen *agens in rebus* interessanter werden.[34] Spätantike Christen konnten also aus persönlichen Gründen in verschiedenen Situationen entsprechend vielfältige Identitäten annehmen, darunter auch die des ‚pflichtbewussten Denunzianten'. Es wäre demnach zu einfach, Laienwachsamkeit und Informationsweiterleitung allein als von den kirchlichen Eliten gesteuert und mobilisiert zu denken. Laien hatten eine eigene Agenda für die Bespitzelung ihrer Kleriker, die nicht nur auf ihrem Pflichtbewusstsein als Christen und ihrer Frömmigkeit beruhte, sondern äußerst viel-

---

33 Brown, Christianization, S. 656; Carrié, Agens in rebus, S. 278.
34 Zu den Westgoten in Italien: Meier, *Völkerwanderung*, S. 205–220.

schichtig sein konnte und eine aktive Kommunikation mit kirchlichen Autoritäten beinhaltete.

Anhand eines zweiten Beispielfeldes – der Bekämpfung von häretischen bzw. heterodoxen Tendenzen großkirchlicher Kleriker – lassen sich die bereits angerissenen Mechanismen noch schärfer nachzeichnen. Neben den großen kirchlichen Organisationen – etwa den Katholiken und Donatisten in Nordafrika – gab es über die gesamte Zeitspanne der Spätantike hinweg auch verschiedene häretische beziehungsweise heterodoxe Gruppen, die oft im Verborgenen aktiv waren, weil sie zeitweise religiöser Verfolgung ausgesetzt waren. Die ständig mäandernde Definition von Orthodoxie und Heterodoxie beziehungsweise Häresie im Verlauf der Spätantike ist bei Weitem zu komplex, um sie hier elaborieren können, weshalb der Fokus auf eine heterodoxe Gruppe gelegt werden soll, die von den großkirchlichen Quellen seit ihrem ersten Auftreten in der griechisch-römischen Welt als häretisch gebrandmarkt wurde – die Manichäer.[35] Der Manichäismus, eine im dritten Jahrhundert in Mesopotamien entstandene, nach ihrem Propheten Mani benannte Glaubensrichtung, kann in seiner Ausprägung im römischen Reich als christliche Gruppierung behandelt werden, auch wenn er häufig als eine eigenständige Religion gesehen wird. In der griechisch-römischen Welt traten die Manichäer explizit als die „wahren Christen" auf und wurden dementsprechend von ihren großkirchlichen Gegnern als Häretiker, nicht aber als Heiden verstanden.[36] Sie waren seit Beginn des vierten Jahrhunderts, vor allem aber seit Theodosius I. in den 380ern und 390ern eine von der kaiserlichen Gesetzgebung geächtete Glaubensrichtung.[37] Dennoch waren sie weiterhin eine starke Konkurrenz für die Großkirche. So wird der Manichäismus in katholisch-orthodoxen Quellen als *pestilentissma haeresis* oder μυσαρά αἵρεσις bezeichnet.[38] Daher war es für die großkirchlichen Autoritäten besonders problematisch, wenn ihre Kleriker heimlich dem Manichäismus anhingen. Dass dies tatsächlich vorkam, zeigt unter anderem ein Brief des Augustinus an seinen bischöflichen Kollegen Deuterius:

---

35 Zum Problem der Definition von Rechtgläubigkeit: Iricinschi/Zellentin, *Heresy and Identiy* sowie Humfress, *Heresy*, S. 220–240; zum Manichäismus: Lieu, *Manichaeism*; BeDuhn, *Manichaean Body*; Coyle, *Manichaeism*; van Oort, *Mani and Augustine*.
36 Brown, Diffusion of Manichaeism, S. 93–97; van Oort, Augustine and Manichaeism, S. 203 f.; Lim, Nomen Manichaeorum, S. 147–149.
37 Lieu, *Manichaeism*, S. 142–150; BeDuhn, *Manichaean Dilemma*, S. 132–144.
38 Aug. c. Cresc. 4, 64, 79 (CSEL 52, S. 577 f.); Marc. Diac. vita Porph. 85 (Grégoire/Kugener, S. 66 f.); Eus. hist. eccl. 7, 31 (SC 41, S. 221); Kyr. Hier. catech. 6, 20 (PG 33, S. 572 f.); Leo M. serm. 24, 5 (CCL 138, S. 114): „In Manichaeorum autem scelestissimo dogmate prorsus nihil est quod ex ulla parte possit tolerabile iudicari."

> Es steht für uns fest, dass ein gewisser Victorinus aus Malliana, ein Subdiakon, ein Manichäer ist und sich in solch einer frevelhaften Täuschung unter dem Deckmantel eines klerikalen Amtes verbarg; er ist nämlich bereits im fortgeschrittenen Alter. So klar ist die Sachlage aber, dass er selbst – als er von mir befragt worden ist – es nicht leugnen konnte, noch bevor er von den Zeugen der Lüge überführt worden wäre. [...] Zusammen mit diesen [i. e. den anderen Manichäern] glaubte dieser pseudokatholische Subdiakon nicht nur an die unerträglichen Blasphemien, sondern lehrte sie auch, so gut er konnte. Denn indem er sie lehrte, ist er aufgeflogen, weil er sich einigen anvertraut hatte, die so taten, als ob sie seine Schüler seien.[39]

Victorinus, ein katholischer Subdiakon, der aus Malliana in Mauretanien stammte, war in Hippo als Manichäer gemeldet worden, nachdem er unter den Christen der Stadt manichäische Lehren verbreitet hatte. Die Reue des Victorinus half ihm nicht, Augustinus schrieb an Bischof Deuterius, den verantwortlichen Bischof der Heimatgemeinde von Victorinus, dass er abgesetzt werden sollte.[40] Wie bei den ertappten unkeuschen Geistlichen aus Hippo oder Rom lässt sich auch hier die Proliferation der Mechanismen der Wachsamkeit innerhalb der kirchlichen Führungsschicht der jeweiligen Region feststellen. Indem über Laienwachsamkeit als akzeptablen Korrekturmechanismus gesprochen wurde, wurde die Anwendung derselben auch anderswo legitimiert. Zugleich steht zu vermuten, dass Briefe wie die des Augustinus an Deuterius keinen rein privaten Charakter hatten, sondern zumindest dem engeren Zirkel des mauretanischen Bischofs, wenn nicht der versammelten Gesamtgemeinde verlesen wurden – was wiederum zur Motivation der dortigen Christen beitragen konnte, entsprechende Kontrollregime zu implementieren.[41] Gerade für Augustinus war es obendrein besonders wichtig, als strenger Bekämpfer des Manichäismus aufzutreten und diese Haltung nach außen zu kommunizieren – er war schließlich in seiner Jugend selber Anhänger dieser Gruppierung gewesen, was ihm seine donatistischen Gegner immer wieder vorhielten.[42]

---

39 Aug. Epist. 236, 1–3 (CSEL 57, S. 524 f.): „Mallianensem quemdam subdiaconum Victorinum apud nos constitit esse manichaeum, et in tam sacrilego errore sub nomine clerici latitabat: nam est etiam aetate iam senex. Ita est autem manifestatus, ut etiam ipse a me interrogatus, antequam a testibus coargueretur, negare non posset. [...] Has cum illis intolerabiles blasphemias, subdiaconus iste quasi catholicus, non solum credebat, sed quibus viribus poterat, et docebat. Nam docens patefactus est, cum se quasi discentibus credidit." Vgl. dazu: Lim, Nomen Manichaeorum, S. 154–156.
40 Aug. epist. 236, 3 (CSEL 57, S. 525): „Nec mihi hoc satis fuit, nisi et tuae Sanctitati eum meis litteris intimarem, ut a clericorum gradu congrue ecclesiastica severitate deiectus, cavendus omnibus innotescat."
41 Zur semiöffentlichen Natur bischöflicher Korrespondenz in der Spätantike: Allen/Neil, *Crisis Management*, S. 18–21.
42 Frend, Manichaeism, S. 862–866.

Der Bischof von Hippo ließ den bereits abgesetzten Subdiakon aus seiner Stadt vertreiben – es stand also zu erwarten, dass er in seine Heimat Malliana zurückkehren würde.[43] Augustinus gab die Informationen über Victorinus auch deshalb an seinen dortigen Bischofskollegen weiter, damit dieser weitere Manichäer, möglicherweise auch Kleriker, entlarven konnten, indem er den alten Mann unter massiven sozialen Druck setzte, sobald er dort ankam: Nur wenn er andere lokale Manichäer anprangere, dürfe ihm die Rückkehr in seine Heimatgemeinde – und damit auch in ein soziales und wirtschaftliches Sicherheitssystem – erlaubt werden.[44] Faszinierende zeitgenössische Quellen aus derselben Region zeigen, dass ertappte heimliche Manichäer ihre Glaubensgenossen denunzieren mussten, um wieder in die christliche Gemeinschaft aufgenommen zu werden – es handelte sich um ein Standardverfahren.[45] Um ‚Rückfälle' der Bekehrten oder bloße Lippenbekenntnisse bei der Verdammung des Manichäismus zu verhindern, wurden die ehemaligen Häretiker vertrauenswürdigen Gemeindechristen anvertraut, die sie zu überwachen hatten, etwa hinsichtlich der Frage, ob sie regelmäßig die katholischen Gottesdienste besuchten. Diese Zeugen werden als *religiosi catholici laici* bezeichnet, sie tragen also exakt die Bezeichnung, die Innozenz I. in Rom für wachsame Gemeindechristen verwendete, die die Fehltritte anderer bespitzelten.[46]

Zentraler Ausgangspunkt für die Überführung des Victorinus waren seine angeblichen Schüler, die *quasi discentes*, die Augustinus von der manichäischen Missionstätigkeit des pseudokatholischen Subdiakons berichtet hatten. Sie besaßen als *laici religiosi* zumindest rudimentäre Kenntnisse der manichäischen Lehren, die in ihrer dualistisch-gnostischen Weltanschauung doch fundamental von großkirchlichen Glaubenssätzen abwichen, wie sie in Predigten ihres Bischofs Augustinus

---

[43] Aug. epist. 236, 3 (CSEL 57, S. 525): „[...] sed, fateor, eius fictionem sub clerici specie vehementer exhorrui, eumque coercitum pellendum de civitate curavi."
[44] Aug. epist. 236, 3 (CSEL 57, S. 525): „Petenti autem poenitentiae locum, tunc credatur, si et alios quos illic novit esse, manifestaverit vobis, non solum in Malliana, sed in ipsa tota omnino provincia."
[45] So etwa das *Sancti Augustini fragmentum pertinens ad disputationes contra Manichaeos* (PLS 2, S. 1369), in dem ein Crescomus bzw. Felix bei seiner Abkehr vom Manichäismus mindestens elf namentlich genannte Mitglieder eines manichäischen Zirkels angezeigt – darunter interessanterweise einen Victorinus und ein Geschwisterpaar aus Hippo; vgl. auch: Ps.-Aug. comm. (CSEL 25/2, S. 982); Marc. Diac. vita Porph. 91 (Grégoire/Kugener, S. 70 f.). Eine Sammlung und Besprechung antimanichäischer Anathemformulare bietet: Lieu, Renunciation of Manichaeism, bes. Appendix 1–5.
[46] Ps.-Aug. comm. (CSEL 25/2, S. 979 f.): „Commendentur autem religiosis catholicis vicinis vel cohabitatoribus suis, sive clericis sive laicis, per quorum erga se curam frequentem audientiam sermonis die et quorum testimonio possint innotescere." Ähnlich auch: Aug. epist. 222, 3 (CSEL 57, S. 448 f.).

verbreitet wurden.⁴⁷ Zugleich waren sie sich darüber im Klaren, dass ein eigentlich katholischer Geistlicher diese Lehren nicht verbreiten durfte und sie ihn dafür beim Bischof anzeigen konnten. Unter spätantiken Christen wurde also nicht nur über die Wachsamkeit auf klerikales Fehlverhalten kommuniziert, sondern Sprechakte der Geistlichen selbst unterlagen unter Umständen der Wachsamkeit einzelner informierter Laien. Diese Laien dienten Augustinus somit als entscheidender Hebel im Kampf gegen die verborgene manichäische Organisation.

Lassen sich die *quasi discentes* aber vielleicht noch näher fassen? Der Brief eines gewissen Consentius, eines Laienchristen von den Balearen, an Augustinus ist aufschlussreich:

> Das Buch [i.e. eine Anweisung zur Infiltrierung häretischer Zirkel] freilich, das ich zu Beginn [des Briefes] erwähnt habe, glaubte ich – überzeugt von seiner so deutlichen Wirkung – dir senden zu müssen; wenn du in deiner väterlichen Gesinnung befiehlst, dass es an ausgesprochen listige und sorgfältig ausgewählte junge Männer übergeben wird und diese darin unterweist, wie es funktioniert, so glaube ich, dass ganze Schwärme an Häretikern aufgedeckt werden dürften, die sich vorzugsweise in dieser Stadt verborgen halten.⁴⁸

Der Briefpartner des Augustinus Consentius hatte eine Abhandlung darüber verfasst, wie man sich am besten in die hermetischen Kreise von Häretikern einschlich, indem man vorgab, ihren Häresien zu glauben, also als Doppelagent zu agieren. Er empfahl anhand seines Buches die Ausbildung von *astutissimi atque electissimi adulescentes*, das heißt ausgewählten, gerissenen jungen Laien vor, die häretische Kreise in Hippo infiltrieren und ihre Mitglieder beim Bischof denunzieren sollten.⁴⁹ Ob nun die *quasi discentes*, die den manichäischen Subdiakon Victorinus enttarnt hatten, solche katholischen Spitzel – informierte Doppelagenten – waren, lässt sich natürlich nicht beweisen. Augustinus selbst spricht sich in einer Antwort an Consentius dagegen aus, unter Vorspiegelung einer heterodoxen Gesinnung Zugang zu

---

47 Aug. serm. 152, 4–6; bes. 6 (CCL 41Ba, S. 36–40): „Quid dicis, Manichaee? Lex quae data est per Moysen mala est? Mala est, dicunt: O portenta! o frontem! Tu dixisti semel: Mala; audi Apostolum dicentem: Lex quidem sancta, et mandatum sanctum, et iustum, et bonum. Taces aliquando?"; ebenso: 153 pass.; 155, 10–11 (CCL 41Ba, S. 49–72; S. 122–124); serm. 182, 7 (CCL 41Bb, S. 713 f.); in Ps. 80, 14 (CCL 39, S. 1127–1129); 140, 12 (CCL 40, S. 2034 f.); in ep. Joh. 6, 12–14 (PL 35, S. 2027–2029).
48 Aug. Ep. 11*, 27 (CSEL 88, S. 69 f.): „Sane librum cuius mentionem in principio feci prosperitate ipsa tam munda prouocatus ad paternitatem tuam credidi destinandum; quem si astutissimis atque electissimis adolescentibus tradi paternitas tua iusserit eosque ita ut oportet instruxerit, arbitror quod multa [haereticorum] quae in ista praecipue urbe latitant agmina publicentur."
49 Consentius beschreibt sogar einen Einsatz seiner Methoden durch einen ‚Häretikerjäger' namens Fronto in Nordostspanien, Aug. epist. 11* (CSEL 88, 51–70); dazu: Burrus, Performance of Orthodoxy, S. 86–89; Kulikowski, Fronto; Gaddis, *Religious Violence*, S. 247–249.

diesen Gruppen zu suchen.⁵⁰ Dennoch ist die Parallele der beiden Quellen erstaunlich und macht deutlich, dass Überlegungen angestellt wurden, die Entlarvung von Häretikern durch Laien zu professionalisieren.⁵¹ Der Laie Consentius kommunizierte mit Augustinus über die Wachsamkeit auf Fehltritte innerhalb der Kongregationen und bot in derselben Korrespondenz eine Schrift an, die die Wachsamkeit auf häretische Sprechakte erhöhen sollte – ein erstaunliches Zeugnis für die Sprache der Wachsamkeit in spätantiken Christengemeinden.

Wie die bisher untersuchten Quellenstellen zeigen, reichten oft schon einzelne engagierte Laienchristen aus, um ein veritables Kontrollmoment klerikalen Fehlverhaltens in den Gemeinden zu etablieren. Es lassen sich aber auch aktive Versuche von Bischöfen fassen, durch Predigten eine breite Laienwachsamkeit auf versteckte heterodoxe Strömungen zu fördern. Ein Nachfolger des Innozenz als römischer Bischof, Leo I., ging in einer massiven Kampagne in den Jahren 443 und 444 gegen die römischen Manichäer vor – offenbar hatten nach der Eroberung Nordafrikas durch die Vandalen fünfzehn Jahre zuvor viele der dort zahlreichen Anhänger Manis Zuflucht in Rom gesucht, darunter auch viele katholische Kleriker, die heimlich Anhänger der Manichäer waren. Leo rief die römischen Christen wiederholt dazu auf, manichäische Zirkel anzuzeigen, wenn sie sie enttarnt hatten – dafür stellte er Vorteile beim Jüngsten Gericht für die Denunzianten in Aussicht:

> Damit eure Hingabe, Geliebteste, in jeder Hinsicht dem Herrn wohl gefällt, ermahne ich euch, dass ihr euren Fleiß auch darauf richtet, die Manichäer, wo auch immer sie sich verbergen, euren Priestern zur Anzeige zu bringen. Es zeugt nämlich von großer Frömmigkeit, die Schlupfwinkel der Gottlosen aufzudecken und in ihnen den Teufel selbst, dem sie dienen, zu bekämpfen. [...] Euch, Geliebteste, wird vor dem Richterstuhl des Herrn nützen, was ich euch auftrage, um was ich euch bitte.⁵²

Auch an anderer Stelle geht er auf das *praemium remunerationis* beim Jüngsten Gericht ein und fordert in einem Rundbrief an die Bischöfe Italiens, dass auch sie entsprechende Belohnungen für die *vigilantia* der Laien ihrer Kongregationen in

---

50 Aug. c. mend. *pass.*, bes. 3, 4 (CSEL 41, S. 469–528, bes. S. 474–476).
51 Der zypriotische Bischof Epiphanios von Salamis rühmt sich, in seiner Jugendzeit eine den Manichäern ähnelnde häretische Gruppe dadurch enttarnt zu haben, dass er sich bei ihnen eingeschlichen hatte, Epiph. panar. 26, 7, 9 (GCS NF 10, S. 298).
52 Leo M. serm. 9, 4 (CCL 138, S. 37 f.): „Ut autem in omnibus, dilectissimi, placeat Domino vestra devotio, etiam ad hanc vos hortamur industriam, ut Manichaeos ubicumque latentes vestris presbyteris publicetis. Magna est enim pietas prodere latebras impiorum, et ipsum in eis, cui serviunt, diabolum debellare. [...] Vobis, dilectissimi, ante tribunal Domini proderit, quod indicimus, quod rogamus." Zur Predigtfolge Leos gegen die Manichäer 443/444: Schipper/van Oort, *Sermons and Letters against the Manichaeans*; Cohen, *Heresy, Authority and the Bishops*, S. 74–77.

Aussicht stellen sollten.⁵³ Die Überwachung der ‚Reinheit' der Gemeinden – besonders ihrer Kleriker – sollte darüber hinaus eine zentripetale Drift erzeugen, die die Kohäsion der ‚guten' Christen durch die Ausgrenzung der ‚schlechten' Häretiker stärkte – ein gruppendynamischer sozialer Mechanismus. Die *laici religiosi*, die Fehltritte meldeten, handelten also nicht nur aus persönlicher Anteilnahme für die Verhaltensregeln, die für den Klerus galten, oder der Überzeugung, sich durch Bespitzelung der Geistlichen gute Beziehungen zu den Kirchenoberen zu sichern. Ihnen wurde auch aktiv eine Belohnung im Jenseits für ihre Taten versprochen und ihre soziale Eingebundenheit im Diesseits gestärkt. Die Predigten, die zur Wachsamkeit aufrufen, sind neben dem Sprechen über Wachsamkeit und der Wachsamkeit auf bestimmte Sprechakte eine dritte Dimension dieses Phänomens in den spätantiken Gemeinden.

In den bisher untersuchten Quellen wird die Anzeige von Klerikern durch Laienchristen als positiv bewertet, die Laien werden als pflichtbewusste *laici religiosi* charakterisiert. Allerdings wurde die Wachsamkeit der Laien auf vermeintliche Fehltritte des Klerus nicht immer in diesem Licht gesehen. Ein pikantes Beispiel ist in der *Kirchengeschichte* des Theodoret überliefert. Hintergrund ist die Gesandtschaft zweier Bischöfe, Vincentius von Padua und Euphratas von Köln, nach Antiochia, die im Anschluss an die Synode von Serdica 344 Stephanos, den Bischof der Stadt, wegen seiner abweichenden christologischen Haltung absetzen sollten. Um die westlichen Bischöfe zu diffamieren, initiierte Stephanos laut Theodoret eine Intrige. Der Anführer einer örtlichen kriminellen Bande, ein Mann mit dem Beinamen Onagros, versteckte eine Prostituierte im Zimmer des Gasthauses, in dem Euphratas übernachtete, in das nachts die Männer des Onagros platzten und lautstark die angebliche Unzucht des Bischofs anprangerten. Es genügte, dass beide sich in einem Raum aufhielten, um den Vorwurf der Unzucht zu erhärten, der von den ‚wachsamen Zeugen' auf das angebliche Vergehen lautstark verbalisiert wurde. Erst die Begleiter der Bischöfe konnten die Männer des Onagros überwältigen und vertreiben.⁵⁴ Die Stelle verdeutlicht die Bedeutung, die auch fingierter Laienwachsamkeit beigemessen wurde.

---

53 Leo M. epist. 7, 2 (PL 54, S. 622): „Ut enim habebit a Deo dignae remunerationis praemium qui diligentius quod ad salutem commissae sibi plebis proficiat, fuerit exsecutus, ita ante tribunal Domini de reatu neglegentiae se non poterit excusare quicumque plebem suam contra sacrilegae persuasionis auctores noluerit custodire." Dazu auch: Leo M. serm. 16, 5 (CCL 138, S. 66): „Contra communes hostes pro salute communi una omnium debet esse vigilantia, ne de alicujus membri vulnere etiam alia possint membra corrumpi, et qui tales non prodendos putant, in judicio Christi inveniantur rei de silentio, etiam si non contaminantur assensu."
54 Theod. hist. eccl. 2, 9–10 (SC 501, S. 378–384).

Die Bande um Onagros wurde von Bischof Stephanos offenbar für Aufgaben eingesetzt, die darauf abzielten, klerikale Gegner zu diskreditieren. Eine solche Informationspolitik unter Einbezug bestimmter Laienchristen konnte für einen spätantiken Bischof essentiell sein und sogar gegen seine Gegner gerichtet werden. Dennoch wird diese Allianz negativ bewertet – zum einen wegen der starken Tendenz der Quelle, zum anderen aber, weil hier die Laienchristen als Komplizen einer Intrige handeln, nicht als Hüter tatsächlicher klerikaler Normen. Für Kriminelle oder Halbkriminelle wie Onagros wiederum war die Zusammenarbeit mit mächtigen Bischöfen nicht zuletzt deswegen attraktiv, weil diese seit der konstantinischen Gesetzgebung Anfang des vierten Jahrhunderts über weitreichende juristische Kompetenzen verfügten und sie im Zweifelsfall einflussreiche Fürsprecher vor Gericht gewannen.[55]

Die Mobilisierung der Wachsamkeit auf klerikales Verhalten wurde also durchaus ambivalent gesehen – nicht nur, wenn es sich um kriminelle Falschaussagen gegen ehrbare Bischöfe handelte. Dies konnte sogar der Fall sein, wenn der Bischof eigentlich nur geltende Regularien mit Hilfe von wachsamen Laien durchzusetzen versuchte. Für den Patriarchen von Alexandria, Theophilos, überliefert Palladios, dass er explizit die Wachsamkeit von Laienchristen instrumentalisierte, um die Veruntreuung von Almosen zu unterbinden:

> Es gab da einen gewissen Isidoros, einen der Priester, der noch vom gesegneten Athanasius dem Großen ordiniert worden war – er lebte noch immer, obwohl er schon 80 Jahre alt war. [...] Die Witwe eines der Großen der Stadt gab diesem Isidor 1000 Goldstücke und verpflichtete ihn unter Eid beim Tisch des Herrn dazu, dass er Kleidung für die armen Frauen von Alexandria kaufen solle; dem Theophilos solle er davon nichts sagen, aus Angst, dass dieser das Geld nehmen und für Steine verwenden würde; denn Theophilos ist – wie der Pharao – besessen vor Verlangen nach Steinen für Bauten, die die Kirche nicht braucht. [...] Isidor nahm das Geld und gab es zum Wohle der armen Frauen und Witwen aus. Theophilos aber erfuhr es irgendwie; nichts konnte ihm entgehen, wo auch immer es getan oder gesprochen wurde, wegen seiner Bande von Spitzeln auf Taten und Worte – um sie nicht als etwas anderes zu bezeichnen.[56]

---

55 Cod. Theod. 1, 27, 1; Const. Sirm. 1; die umfassenden Befugnisse des Bischofs wurden erst ab 376 eingeschränkt, was allerdings die generelle Möglichkeit der Einflussnahme nicht beendete: Cod. Theod. 16, 2, 23; Cod. Iust. 1, 4, 7; Cod. Theod. 1, 27, 2 sowie Cod. Theod. 16, 11, 1; Nov. Val. 35, pr. Zum Bischofsgericht in der Spätantike: Haensch, Bischöfe, S. 162–166; Humfress, Bishops and Law Courts; Krause, *Gewalt*, S. 227–238; S. 244–247. Auch in Nordafrika gab es Verbindungen von zwielichtigen Gestalten und Bischöfen zum gegenseitigen Vorteil, Aug. epist. 20* (CSEL 88, S. 94–112); 209 (CSEL 57, S. 347–353).
56 Pallad. vita Chrys. 6, 49–69 (SC 341, S. 130–132): „Ἰσιδωρός τις, πρεσβύτερος ἐπὶ τῆς τοῦ μακαρίου Ἀθανασίου τοῦ μεγάλου χειροτονίας, ὀγδοηκοστὸν ἔτος ἄγων τὴν ἡλικίαν· [...] τούτῳ τοίνυν τῷ Ἰσιδώρῳ γυνή τις χήρα τῶν μεγιστάνων δίδωσι χιλίους χρυσίνους, ὀρκώσασα αὐτὸν κατὰ τῆς τοῦ Σωτῆρος τραπέζης συναγοράσαντα ἄμφια ἐνδῦναι τὰς πτωχοτέρας τῶν Ἀλεξανδρέων, μὴ μεταδόντα

Theophilos handelte eigentlich gemäß den Regeln spätantiker Synoden, die allein dem Bischof die Hoheit über die Vergabe von Almosen in seiner Diözese zusprachen.[57] Der Grund für die negative Bewertung des Patriarchen und die konstruierten Vorwürfe seiner angeblichen ‚Bauwut' ist, dass Palladios dem Theophilos ausdrücklich feindlich gesinnt war. Den Spitzeln des Theophilos wurden Geldgeschenke in Aussicht gestellt – wo für hochgestellte Persönlichkeiten wie Maximilianus, den römischen *agens in rebus* die persönlichen Kontakte zu einflussreichen Kirchenoberen die Meldung von klerikalem Fehlverhalten attraktiv machte, war für diese weniger begüterte Gruppe eine direkte materielle Belohnung eine zusätzliche Motivation.[58]

Die Bezeichnungen des Palladios für die Denunzianten, ἐργοσκόποι καὶ λογοσκόποι, „Spitzel auf Taten und Worte" verdeutlichen die Bedeutung, die die Wachsamkeit auf Sprechakte in den Gemeinden hatte. Während die Tat (ἔργον) tatsächlich beobachtet (σκοπεῖν) werden kann, so wird für die Bespitzelung des Sprechakts (λόγος) eine eigentlich unsinnige, aber deswegen umso hervorstechendere Wortschöpfung verwendet – die λογοσκόποι sind wörtlich „Beobachter des Sprechens"; der zunächst neutral klingende Begriff erhält jedoch durch den Kontext, in dem er verwendet wird, eine unmissverständlich negative Konnotation. Die Bedeutung der Wachsamkeit, insbesondere der Wachsamkeit auf Sprechakte, sorgte innerhalb spätantiker Christengemeinden für die Entstehung einer eigenen Terminologie. Ebenso wie die positiv konnotierten *quasi discentes* des Augustinus auf nicht normenkonformes Sprechen von Geistlichen achteten, übernahmen die als sinister beschriebenen λογοσκόποι des Theophilos die Bespitzelung der Pläne subversiver Kleriker, die die Autorität des Bischofs innerhalb seiner Gemeinde untergruben. Die Stelle zeigt, dass Laienwachsamkeit auf klerikale Fehltritte von den Zeitgenossen durchaus auch negativ bewertet werden konnte, unterstreicht damit aber umso deutlicher, dass die Zusammenarbeit mit wachsamen Laienchristen zum Repertoire spätantiker Bischöfe für die Kontrolle des eigenen Klerus gehörte.

In Ermangelung einer anderen Möglichkeit der Kontrolle klerikalen Fehlverhaltens waren spätantike kirchliche Autoritäten auf die Mithilfe der einfachen Gemeindemitglieder angewiesen. Dieses Phänomen lässt sich in nordafrikanischen

---

γνώσεως τῷ Θεοφίλῳ, ἵνα μὴ λαβὼν αὐτὰ τοῖς λίθοις προσαναλώσῃ – λιθομανία γάρ τις αὐτὸν φαραώνιος ἔχει εἰς οἰκοδομήματα, ὧν οὐδαμῶς χρῄζει ἡ ἐκκλησία· [...] Λαβὼν τοιγαροῦ ὁ Ἰσίδωρος τὰ νομίσματα ἀναλίσκει ταῖς πενομέναις καὶ ταῖς χήραις. Ἔγνω ποθὲν ὁ Θεόφιλος – οὐδὲν γὰρ αὐτῷ ἐλάνθανε τῶν πανταχοῦ πραττομένων ἢ λαλουμένων, ἔχοντι ἐργοσκόπους καὶ λογοσκόπους, ἵνα μὴ ἄλλως εἴπω·"
57 So etwa Conc. Gangr. c. 8 (Joannou 1/2, S. 92).
58 Pall. vita Chrys. 6 (SC 341, S. 134–136); Hier. epist. 92, 3 (CSEL 55, S. 150–152).

Mittelstädten ebenso wie in den großen Metropolen feststellen. Laienchristen erkannten und meldeten Kleriker, die sich nicht normenkonform verhielten – sei es bei Verstößen gegen Sexualnormen, Kontakten zu Häretikern oder der Veruntreuung von Almosenspenden. Dabei wurde ein weites Spektrum von Möglichkeiten der Identifikation von Normenverstößen zur Anwendung gebracht, von verhältnismäßig einfachen räumlichen Kategorisierungen bis hin zu Überlegungen aktiver Unterwanderung heterodoxer Gruppierungen. Echte Frömmigkeit oder ein moralisches Verantwortungsgefühl dürfte für die Informanten oft eine Rolle gespielt haben; manche Laien nutzen aber diese Rolle offenbar auch aktiv aus, um ihre eigene Position innerhalb der Gemeinde zu stärken, bestehende Netzwerke hierarchischer Systeme zu festigen oder schlicht materielle Vorteile für sich zu sichern. Die heterogene religiöse Topographie der Spätantike machte es für erfolgreiche Kirchenobere attraktiv, mit solchen Laien zusammenzuarbeiten, um ihre Gemeinde vor den Anschuldigungen gegnerischer Gruppierungen aufgrund der Devianz der eigenen Kleriker zu schützen, Autoritätskonflikte innerhalb des Klerus zu lösen oder gar aktiv Falschinformationen über rivalisierende Kirchenmänner zu streuen. Dabei muss allerdings nicht von einer umfassenden Responsibilisierung oder Mobilisierung der Gemeindevigilanz ausgegangen werden, oft genügten schon wenige Laienchristen, die Informationen über deviante Kleriker weiterleiteten, um ein Kontrollmoment etablieren zu können. Zentral für diese Dynamiken waren Wachsamkeitsdiskurse. Die Christen entwickelten ausgefeilte und teils ambivalente Begrifflichkeiten, um über Wachsamkeit zu sprechen – Wachsamkeit auf die Fehltritte des Klerus konnte den vigilanten Laien in den Quellen zum gefeierten *laicus religiosus* oder zum verteufelten ἐργοσκόπος beziehungsweise λογοσκόπος machen. Indem wiederum über Wachsamkeit auf die Normen gesprochen (und geschrieben) wurde, wurden diese Vorgaben für viele Christen schärfer umrissen. Führende Kleriker selbst nutzten Sprache als Instrument von Wachsamkeit, indem sie in nie zuvor dagewesener Breite in Predigten oder Schriften zu wachsamen Haltungen aufrufen oder die Identifizierung häretischer Glaubensinhalte ermöglichen. Nicht zuletzt wurde in einigen Fällen bereits das Sprechen der Kleriker selbst einer wachsamen Kontrolle informierter Laien unterworfen. Es kann zurecht von einer spezifischen Sprache der Wachsamkeit in spätantiken Christengemeinden gesprochen werden, die sich anhand der Interaktion vigilanter Laienchristen und devianter Kleriker besonders verdeutlichen lässt.

Literaturverzeichnis

Quellenausgaben

Um das Auffinden der Quellenstellen aus den Schriften der spätantiken Kirchenväter und Kirchenschriftsteller zu erleichtern, wird in den Anmerkungen die Edition und Seitenzahl der Quellenstelle in Klammern hinter dem Beleg angegeben, entweder unter Angabe des abgekürzten Quellencorpus inklusive der Bandnummer oder des Namens des Herausgebers. Im Allgemeinen folgen die in den Anmerkungen verwendeten Abkürzungen der Autoren und Werktitel den Richtlinien des Neuen Pauly, in Bezug auf Ausgabe und Zitierweise gilt in der Regel der Indexband des Thesaurus Linguae Latinae.

Babut, Ernest Ch. (Hrsg.): *La plus ancienne décrétale. Thèse présentée à la Faculté des Lettres de l'Université de Paris.* Paris 1904.
Bardy, Gustave (Hrsg.): *Eusèbe de Césarée, Histoire ecclésiastique. Livres V–VII.* Bd. 2 (Sources Chrétiennes 41). Paris ²1984.
Bergermann, Marc/Collatz, Christian-Friedrich (Hrsg.): *Epiphanius, Ancoratus und Panarion Haer. 1–33* (Die Griechischen Christlichen Schriftsteller, Neue Folge 10). Berlin/Boston ²2013.
Boodts, Shari (Hrsg.): *Augustinus, Sermones de novo testamento (157–183)* (Corpus Christianorum, Series Latina 41Bb). Turnhout 2016.
Bouffartigue, Jean u. a. (Hrsg.): *Théodoret de Cyr, Histoire ecclésiastique.* Bd. 1 (Sources Chrétiennes 501). Paris 2006.
Chavasse, Antione (Hrsg.): *Leo Magnus, Sermones XCVI (pars prima)* (Corpus Christianorum, Series Latina 138). Turnhout 1973.
Courtonne, Yves (Hrsg.): *Saint Basile, Lettres.* Bd. 2. Paris 1961.
de Clercq, Charles (Hrsg.): *Concilia Galliae a. 511–695* (Corpus Christianorum, Series Latina 148 A). Turnhout 1963.
Deckers, Eligius/Fraipont, Johannes (Hrsg.): *Augustinus, Ennarationes in Psalmos I–L* (Corpus Christianorum, Series Latina 38). Turnhout 1956.
Deckers, Eligius/Fraipont, Johannes (Hrsg.): *Augustinus, Ennarationes in Psalmos LI–C* (Corpus Christianorum, Series Latina 39). Turnhout 1956.
Deckers, Eligius/Fraipont, Johannes (Hrsg.): *Augustinus, Ennarationes in Psalmos CI–CL* Corpus Christianorum, Series Latina 40). Turnhout 1956.
Diercks, Gerardus F. (Hrsg.): *Cyprianus, Sententiae episcoporum numero LXXXVII de haereticis baptizandis* (Corpus Christianorum, Series Latina 3E). Turnhout 2004.
Divjak, Johannes (Hrsg.): *Augustinus, Epistolae ex duobus codicibus nuper in lucem prolatae* (Corpus Scriptorum Ecclesiasticorum Latinorum 88). Wien 1981.
Goldbacher, Alois (Hrsg.): *Augustinus, Epistulae (ep. 31–123)* (Corpus Scriptorum Ecclesiasticorum Latinorum 34/2). Wien 1898.
Goldbacher, Alois (Hrsg.): *Augustinus, Epistulae (ep. 185–270)* (Corpus Scriptorum Ecclesiasticorum Latinorum 57). Wien 1911.
Grégoire, Henri/Kugener, Marc-Antoine (Hrsg.): *Marc le Diacre, Vie de Porphyre, évêque de Gaza.* Paris 1930.
Hamman, Adalbert (Hrsg.): *Sancti Augustini fragmentum pertinens ad disputationes contra Manichaeos* (Patrologiae Latinae Supplementum 2). Paris 1960–1962.

Hilberg, Isidor (Hrsg.): *Hieronymus, Epistulae 1–70* (Corpus Scriptorum Ecclesiasticorum Latinorum 54). Wien 1910.
Hilberg, Isidor (Hrsg.): *Hieronymus, Epistulae 71–120* (Corpus Scriptorum Ecclesiasticorum Latinorum 55). Wien 1912.
Hilberg, Isidor (Hrsg.): *Hieronymus, Epistulae 121–154* (Corpus Scriptorum Ecclesiasticorum Latinorum 56). Wien 1918.
Joannou, Perikles Petros (Hrsg.): *Fonti Discipline Générale Antique (IVe–IXe s.).* Bd. 1/2: *Les synodes particuliers.* Rom 1962.
Lambot, Cyrille (Hrsg.): *Augustinus, Sermones de vetere testamento (1–50)* (Corpus Christianorum, Series Latina 41). Turnhout 1961.
Malingrey, Anne-Marie (Hrsg.): *Jean Chrysostome, Sur le sacerdoce* (dialogue et homélie) (Sources Chrétiennes 272). Paris 1980.
Malingrey, Anne-Marie/Leclercq, Philippe (Hrsg.): *Palladios, Dialogue sur la vie de Jean Chrysostome.* Bd. 1. (Sources Chrétiennes 341). Paris 1988.
Metzger, Marcel (Hrsg.): *Les constitutions apostoliques.* Bd. 3 (Sources Chrétiennes 336). Paris 1987.
Migne, Jaques-Paul (Hrsg.): *Pseudo-Augustinus, De Sobrietate et Castitate* (Patrologia Latina 40). Paris 1844.
Migne, Jaques-Paul (Hrsg.): *S. Aurelius Augustinus, In Epistolam Joannis ad Parthos tractatus X* (Patrologia Latina 35). Paris 1844.
Migne, Jaques-Paul (Hrsg.): *S. Aurelius Augustinus, Sermones* (Patrologia Latina 39). Paris 1844.
Migne, Jaques-Paul (Hrsg.): *S. Hieronymus, Liber de perpetua virginitate Mariae* (Patrologia Latina 23). Paris 1845.
Migne, Jaques-Paul (Hrsg.): *S. Innocentius I Papa, Epistolae et Decreta* (Patrologia Latina 20). Paris 1845.
Migne, Jaques-Paul (Hrsg.): *S. Isidorus Pelusiota, Epistolae* (Patrologia Graeca 78). Paris 1864.
Migne, Jaques-Paul (Hrsg.): *S. Joannes Chrysostomus, Homiliae XVIII in Epistolam primam ad Thimotheum* (Patrologia Graeca 62). Paris 1862.
Migne, Jaques-Paul (Hrsg.): *S. Kyrillus Hierosolymitanus Archiepiscopus, Catecheses* (Patrologia Graeca 33). Paris 1857.
Migne, Jaques-Paul (Hrsg.): *S. Leo Magnus, Sermones et Epistolae* (Patrologia Latina 54). Paris 1846.
Migne, Jaques-Paul (Hrsg.): *S. Siricus Papa, Epistolae et Decreta* (Patrologia Latina 13). Paris 1845.
Mommsen, Theodor (Hrsg.): *Codex Theodosianus. Theodosiani libri XVI cum constitutionibus Sirmondianis et leges novellae ad Theodosianum pertinentes.* Berlin 1905.
Mommsen, Theodor/Krueger, Paul (Hrsg.): *Corpus Iuris Civilis I. Institutiones, Digesta.* Berlin [16]1954.
Munier, Charles (Hrsg.): *Concilia Galliae a. 314–506* (Corpus Christianorum, Series Latina 148). Turnhout 2001.
Munier, Charles (Hrsg.): *Concilia Africae a. 345–525* (Corpus Christianorum, Series Latina 149). Turnhout 1974.
Partoens, Gert (Hrsg.): *Augustinus, Sermones de novo testamento (151–156)* (Corpus Christianorum, Series Latina 41Ba). Turnhout 2008.
Petschenig, Michael (Hrsg.): *Augustinus, Contra litteras Petiliani* (Corpus Scriptorum Ecclesiasticorum Latinorum 52). Wien 1909.
Phenix, Robert R./Horn, Cornelia B. (Hrsg.): *The Rabbula Corpus. Comprising the Life of Rabbula, His Correspondence, a Homily Delivered in Constantinople, Canons, and Hymns* (Writings from the Greco-Roman World 17). Atlanta 2017.
Riedel, Wilhelm/Crum, Walter E. (Hrsg.): *The Canons of Athanasius of Alexandria. The Arabic and Coptic Versions, edited and translated with Introduction, Notes and Appendices.* Oxford/London 1904.

Thiel, Andreas (Hrsg.): *Epistolae Romanorum Pontificum genuinae et quae ad eos scriptae sunt, a S. Hilaro usque ad Pelagium II.* Bd. 1: *A S. Hilaro usque ad S. Hormisdam, ann. 461–523.* Braunschweig 1868.
Vives, Juan (Hrsg.): *Concilios visigóticos e hispano-romanos.* Barcelona/Madrid 1963.
von Hartel, Wilhelm (Hrsg.): *Pseudo-Cyprianus, Opera omnia* (Corpus Scriptorum Ecclesiasticorum Latinorum 3/3). Wien 1871.
Willems, Radbodus (Hrsg.): *Augustinus, In Iohannis evangelium tractatus CXXIV* (Corpus Christianorum, Series Latina 36). Turnhout 1954.
Zelzer, Michaela (Hrsg.): *Ambrosius, Epistulae extra collectionem* (Corpus Scriptorum Ecclesiasticorum Latinorum 82/3). Wien 1982.
Zycha, Josef (Hrsg.): *Augustinus, De mendacio* (Corpus Scriptorum Ecclesiasticorum Latinorum 41). Wien 1900.
Zycha, Josef (Hrsg.): *Pseudo-Augustinus, Commonitorium quomodo sit agendum cum Manichaeis* (Corpus Scriptorum Ecclesiasticorum Latinorum 25/2). Wien 1892.

Sekundärliteratur

Allen, Pauline/Neil, Bronwen: *Crisis Management in Late Antiquity: A Survey of the Evidence from Episcopal Letters (410–590 CE)* (Vigiliae Christianae Supplements 121). Leiden 2013.
Arnold; John: *Belief and Unbelief in Medieval Europe.* London 2005.
Bailey, Lisa K.: *The Religious Worlds of the Laity in Late Antique Gaul.* London/New York/Sidney 2016.
Baldini-Lippolis, Isabella: *La domus tardoantica. Forme e rappresentazioni dello spazio domestico nelle città del Mediterraneo.* Bologna/Imola 2001.
BeDuhn, Jason D.: *Augustine's Manichaean Dilemma, 1: Conversion and Apostasy, 373–388 C. E.* Philadelphia 2010.
BeDuhn, Jason D: *The Manichaean Body in Discipline and Ritual.* Baltimore u. a. 2000.
Boelens, Martin: *Die Klerikerehe in der Gesetzgebung der Kirche unter besonderer Berücksichtigung der Strafe. Eine rechtsgeschichtliche Untersuchung von den Anfängen der Kirche bis zum Jahre 1139.* Paderborn 1968.
Boozer, Anna Lucille: Cultural Identity: Housing and Burial Practices. In: Vandorpe, Katelijn (Hrsg.): *A Companion to Greco-Roman and Late Antique Egypt.* Hoboken 2019, S. 361–381.
Brendecke, Arndt: Attention and Vigilance as Subjects of Historiography. An Introductory Essay. In: Brendecke, Arndt/Molino, Paola (Hrsg.): *The History and Cultures of Vigilance. Historicizing the Role of Private Attention in Society (Special Issue of Storia della Storiografia 74).* Pisa/Rom 2018, S. 17–27.
Brennecke, Hanns C.: *Studien zur Geschichte der Homöer. Der Osten bis zum Ende der homöischen Reichskirche.* (Beiträge zur historischen Theologie 73). Tübingen 1988.
Brown, Peter: Christianization and Religious Conflict. In: Cameron, Averil/Garnsey, Peter (Hrsg.): *The Cambridge Ancient History.* Bd. 13: *The Late Empire, A. D. 337–425.* Cambridge 1998, S. 632–664.
Brown, Peter: *Poverty and Leadership in the later Roman Empire.* Hanover u. a. 2002.
Brown, Peter: Religious Coercion in the Later Roman Empire: The Case of North Africa. In: *History* 48 (1963), S. 283–305.
Brown, Peter: *The Body and Society: Men, Women, and Sexual Renunciation in Early Christianity.* New York 1988.
Brown, Peter: The Diffusion of Manichaeism in the Roman Empire. In: *JRS* 59 (1969), S. 92–103.

Burrus, Virginia: „In the Theater of This Life": The Performance of Orthodoxy in Late Antiquity. In: Klingshirn, William E./Vessey, Mark (Hrsg.): *The Limits of Ancient Christianity. Essays on Late Antique Thought and Culture in Honor of R. A. Markus*. Ann Arbor ⁴2002, S. 80–96.

Carrié, Jean-Michel: Agens in rebus. In: Bowersock, Glen W./Brown, Peter/Grabar, Oleg (Hrsg.): *Late Antiquity. A Guide to the Postclassical World*. Cambridge/London ²2000, S. 278–279.

Clark, Gilian: Pastoral Care: Town and Country in Late-Antique Preaching. In: Burns, Thomas S./Eadie, John W. (Hrsg.): *Urban Centers and Rural Contexts in Late Antiquity*. East Lansing 2001, S. 265–284.

Clarke, John R.: Representations of the Cinaedus in Roman Art: Evidence of „Gay" Subculture? In: *Journal of Homosexuality* 49 (2005), S. 271–298.

Clarke, John R.: *Roman Sex: 100 B.C. to 250 A.D.*, New York 2003.

Cohen, Samuel: *Heresy, Authority and the Bishops of Rome in the Fith Century: Leo I. (440–461) and Gelasius (492–496)*. Diss. Toronto 2014.

Coyle, Kevin: *Manichaeism and its Legacy*. Leiden 2009.

Dijkstra, Jitse H. S./Raschle, Christian R. (Hrsg.): *Religious Violence in the Ancient World. From Classical Athens to Late Antiquity*. Cambridge 2020.

Dockter, Hanno: *Klerikerkritik im antiken Christentum*. Bonn 2013.

Dossey, Leslie: *Peasant and Empire in Christian North Africa*. Berkeley 2010.

Dossey, Leslie: Sleeping Arrangements and Private Space: A Cultural Approach to the Subdivision of Late Antique Homes. In: Brakke, David/Deliyannis, Deborah (Hrsg.): *Shifting Cultural Frontiers in Late Antiquity*. Farnham/Burlington 2012, S. 181–198.

Drake, Harold A. (Hrsg.): *Violence in Late Antiquity. Perceptions and Practices*. New York/London ²2016.

Drake, Harold A.: *Constantine and the Bishops. The Politics of Intolerance*. Baltimore u. a. 2000.

Eck, Werner: Der Episkopat im spätantiken Africa. In: *HZ* 236 (1983), S. 265–295.

Ellis, Simon P.: Middle Class Houses in Late Antiquity. In: Bowden, William/Gutteridge, Adam/Machado, Carlos (Hrsg.): *Social and Political Life in Late Antiquity* (Late Antique Archaeology 3, 1). Leiden/Boston 2006, S. 413–437.

Ellis, Simon P.: *Roman Housing*. London 2000.

Faivre, Alexandre: Art. „Kleros". In: *RAC* 21 (2006), S. 65–96.

Faivre, Alexandre: Art. „Laie". In: *RAC* 22 (2008), S. 826–853.

Faivre, Alexandre: *Naissance d'une hiérachie: les premières étapes du cursus clérical* (Théologie historique 40). Paris 1977.

Faivre, Alexandre: *The Emergence of the Laity in the Early Church*. New York 1990 (engl. Übers. Orig.: *Les laïcs aux origines de l'Église*. Paris 1984.).

Foucault, Michel: *Der Wille zum Wissen* (Sexualität und Wahrheit 1). Frankfurt am Main 1983 (dt. Übers. Orig.: *La volonté de savoir (Histoire de la sexualité 1)*. Paris 1976).

Foucault, Michel: *Überwachen und Strafen. Die Geburt des Gefängnisses*. Frankfurt a. M. 1994 (dt. Übers. Orig.: *Surveiller et punir. La naissance de la prison*. Paris 1975).

Frend, William H. C.: Manichaeism in the Struggle between Saint Augustine and Petilian of Constantine. In: *Augustinus Magister. Congrès international Augustinien, Paris, 21–24 Septembre 1954*. Bd. 2: *Communications*. Paris 1954, S. 859–866.

Frend, William H. C.: *The Donatist Church. A Movement of Protest in Roman North Africa*. Oxford 1952.

Gaddis, Michael: *There is no Crime for those who have Christ. Religious Violence in the Christian Roman Empire*. Berkeley/Los Angeles 2005.

Greer, Rowan: Pastoral Care and Discipline. In: Casiday, Augustine/Norris, Frederick W. (Hrsg.): *The Cambridge History of Christianity*. Bd. 2: *Constantine to c. 600*. Cambridge 2007, S. 567–584.

Gryson, Roger: *Les origins du célibat ecclésiastique du premier au septième siècle*. Gembloux 1970.

Haensch, Rudolf: Die Rolle der Bischöfe im 4. Jahrhundert. Neue Anforderungen und neue Antworten. In: *Chiron* 37 (2007), S. 153–181.

Hahn, Johannes: *Gewalt und religiöser Konflikt: Studien zu den Auseinandersetzungen zwischen Christen, Heiden und Juden im Osten des Römischen Reiches (von Konstantin bis Theodosius II.).* Berlin 2004.

Hahn, Michael: *Laici religiosi. Überwachung, soziale Kontrolle und christliche Identität in der Spätantike.* München [im Druck].

Hall, Stuart: Institutions in the pre-Constantinian ekklēsia. In: Mitchell, Margaret M./Young, Frances M. (Hrsg.): *The Cambridge History of Christianity.* Bd. 1: *Origins to Constantine.* Cambridge 2006, S. 415–433.

Harper, Kyle: *From Shame to Sin. The Christian Transformation of Sexual Morality in Late Antiquity.* Cambridge MA/London 2013.

Hillner, Julia: *Prison, Punishment and Penance in Late Antiquity.* Cambridge 2015.

Hornung, Christian: *Monachus et sacerdos. Asketische Konzeptualisierungen des Klerus im antiken Christentum* (Vigiliae Christianae Supplements 157). Leiden/Boston 2020.

Hübner, Sabine: *Der Klerus in der Gesellschaft des spätantiken Kleinasiens* (Altertumswissenschaftliches Kolloqium 15). Stuttgart 2005.

Humfress, Caroline: Bishops and Law Courts in Late Antiquity: How (Not) to Make Sense of the Legal Evidence. In: *Journal of Early Christian Studies* 19 (2011), S. 375–400.

Humfress, Caroline: *Heresy and the Courts in Late Antiquity.* Oxford 2007.

Hunter, David G.: „Neither Poverty nor Riches": Ambrosiaster and the Problem of Clerical Compensation. In: *ZAC* 25 (2021), S. 93–107.

Hunter, David G.: Between Discipline and Doctrine: Augustine's Response to Clerical Misconduct. In: *Augustinian Studies* 51 (2020), S. 3–22.

Iricinschi, Eduard/Zellentin, Holger M. (Hrsg.): *Heresy and Identity in Late Antiquity* (Texte und Studien zum Antiken Judentum 119). Tübingen 2008.

Jones, Arnold H. M.: *The Later Roman Empire: 284–602. A social, economical and administrative Survey,* 3 Bde. Oxford 1964.

Kalleres, Danya S.: *City of Demons. Violence, Ritual, and Christian Power in Late Antiquity.* Oakland 2015.

Kelly, Christopher: Narratives of Violence: Confronting Pagans. In: A. Papaconstantinou, Arietta/McLynn, Neil/Schwartz, Daniel L. (Hrsg.): *Conversion in Late Antiquity: Christianity, Islam, and Beyond. Papers from the Andrew W. Mellon Foundation Sawyer Seminar, University of Oxford, 2009–2010.* Farnham/Burlington 2015, S. 143–162.

Krause, Jens-Uwe: *Gefängnisse im Römischen Reich.* Stuttgart 1996.

Krause, Jens-Uwe: *Gewalt und Kriminalität in der Spätantike* (Münchener Beiträge zur Papyrusforschung und antiken Rechtsgeschichte 108). München 2014.

Krause, Jens-Uwe: Überlegungen zur Sozialgeschichte des Klerus im 5./6. Jh. n. Chr. In: Krause, Jens-Uwe/Witschel, Christian (Hrsg.): *Die Stadt in der Spätantike – Niedergang oder Wandel? Akten des internationalen Kolloquiums in München am 30. und 31. Mai 2003.* Stuttgart 2006, S. 413–440.

Kulikowski, Michael: Fronto, the bishops, and the crowd: Episcopal justice and communal violence in fifth-century Tarraconensis. In: *Early Medieval Europe* 11 (2002), S. 295–320.

Lavan, Luke u. a. (Hrsg.): *Housing in Late Antiquity. From Palaces to Shops* (Late Antique Archaeology 3, 2). Leiden/Boston 2007

Levin-Richardson, Sarah: Facilis hic futuit: Graffiti and Masculinity in Pompeii's ‚Purpose Built' Brothel. In: *Helios* 38 (2011), S. 59–78.

Liebeschuetz, Wolf: *Barbarians and Bishops. Army, Church, and State in the Age of Arcadius and Chrysostom.* Oxford 1990.

Liebeschuetz, Wolf: *The Decline and Fall of the Roman City.* Oxford 2001.
Lieu, Samuel N. C.: An Early Byzantine Formula for the Renunciation of Manichaeism – The Capita VII Contra Manichaeos of <Zacharias of Mytilene>. Introduction, Text, Translation and Commentary. In: Lieu, Samuel N. C. (Hrsg.): *Manichaeism in Mesopotamia and the Roman East (Religions in the Greco-Roman World 118).* Leiden/New York/Köln 1994, S. 203–305.
Lieu, Samuel N. C.: *Manichaeism in the Later Roman Empire and Medieval China.* Tübingen ²1992.
Lim, Richard: The Nomen Manichaeorum and its Uses in Late Antiquity. In: Iricinschi, Eduard/Zellentin, Holger M. (Hrsg.): *Heresy and Identity in Late Antiquity (Texte und Studien zum Antiken Judentum 119).* Tübingen 2008, S. 143–167.
Lizzi, Rita: *Il potere episcopale nell'Oriente romano. Rappresentazione ideologica e realtà politica (IV-V sec. d. C.).* Rom 1987.
MacMullen, Ramsay: The Preachers Audience. AD 350–400. In: *The Journal of Theological Studies* 40 (1989), S. 503–511.
MacMullen, Ramsay: *The Second Church. Popular Christianity A. D. 200–400.* Atlanta 2009.
Maxwell, Jaclyn: *Christianzation and Communication in Late Antiquity. John Chrysostom and his Congregation in Antioch.* Cambridge 2006.
Maxwell, Jaclyn: Paganism and Christianization. In: Johnson, Scott F. (Hrsg.): *The Oxford Handbook of Late Antiquity.* Oxford 2012, S. 849–875.
Mayer, Wendy/Allen, Pauline: *The Churches of Syrian Antioch (300–638 CE)* (Late Antique History and Religion 5). Löwen 2012.
Mayer, Wendy: John Chrysostom and his Audiences. Distinguishing different Congregations at Antioch and Constantinople. In: *StudPatr.* 31 (1997), S. 70–75.
Mayer, Wendy: John Chrysostom, Extraordinary Preacher, Ordinary Audience, in: Allen, Pauline/Cunningham, Mary (Hrsg.): *Preacher and Audience. Studies in Early Christian and Byzantine Homiletics.* Leiden 1998, S. 105–137.
Mayer, Wendy: Poverty and Society in the World of John Chrysostom. In: Bowden, William/Gutteridge, Adam/Machado, Carlos (Hrsg.): *Social and Political Life in Late Antiquity* (Late Antique Archaeology 3, 1). Leiden/Boston 2006, S. 465–484.
Mayer, Wendy: Preaching Hatred? John Chrysostom, Neuroscience, and the Jews. In: de Wet, Chris/Mayer, Wendy (Hrsg.): *Revisioning John Chrysostom: New Approaches, New Perspectives* (Critical Approaches to Early Christianity 1). Leiden 2019, S. 58–136.
Mayer, Wendy: Who came to Hear John Chrysostom Preach? In: *Ephemerides Theologicae Lovanienses* 76 (2000), S. 73–87.
McGinn, Thomas A. J.: *Economy of Prostitution in the Roman World: A Study of Social History and the Brothel.* Ann Arbor 2004.
Meier, Christian: *Res publica amissa. Eine Studie zu Verfassung und Geschichte der späten römischen Republik.* Frankfurt am Main ²1988.
Meier, Mischa: *Geschichte der Völkerwanderung. Europa, Asien und Afrika vom 3. bis zum 8. Jahrhundert.* München ⁸2021.
Pietri, Charles: Das Scheitern der kaiserlichen Reichseinheit in Afrika. In: Pietri, Charles/Pietri, Luce (Hrsg.): *Die Geschichte des Christentums. Religion – Politik – Kultur.* Bd. 2: *Das Entstehen der Einen Christenheit (250–430).* Freiburg 2005 (dt. Übers. Orig: *Histoire du christianisme des origines à nos jours Tome II: Nassiance d'une chrétienté (250–430).* Paris 1995), S. 242–270.
Pietri, Charles: Die Schwierigkeiten des neuen Systems im Westen: Der Donatistenstreit (363–420). In: Pietri, Charles/Pietri, Luce (Hrsg.): *Die Geschichte des Christentums. Religion – Politik – Kultur.* Bd. 2: *Das Entstehen der Einen Christenheit (250–430).* Freiburg 2005 (dt. Übers. Orig: *Histoire du*

christianisme des origines à nos jours Tome II: Nassiance d'une chrétienté (250–430). Paris 1995), S. 507–524.

Pietri, Luce: Das Hineinwachsen des Klerus in die antike Gesellschaft. In: Pietri, Charles/Pietri, Luce (Hrsg.): *Die Geschichte des Christentums. Religion – Politik – Kultur.* Bd. 2: *Das Entstehen der Einen Christenheit (250–430).* Freiburg 2005 (dt. Übers. Orig: *Histoire du christianisme des origines à nos jours. Tome II: Nassiance d'une chrétienté (250–430).* Paris 1995), S. 633–666.

Rapp, Claudia: *Holy Bishops in Late Antiquity. The Nature of Christian Leadership in an Age of Transition.* Berkeley/Los Angeles/London 2005.

Rebillard, Éric/Sotinel, Claire (Hrsg.): *L'évêque dans la cité du IVe au Ve siècle: image et authorité. Actes de la table ronde organisée par l'Instituto Patristico Augustinianum et l'Ecole française de Rome, 1–2 décembre 1995.* Rom 1998.

Rebillard, Éric: *Christians and their many Identities in Late Antiquity. North Africa, 200–450 CE.* Ithaca/London 2012.

Rebillard, Éric: Religious Sociology. Being Christian in the Time of Augustine. In: Vessey, Mark (Hrsg.): *A Companion to Augustine.* Chichester 2012, S. 40–53.

Rebillard, Éric: Sermons, Audience, Preacher. In: Dupont, Anthony u. a. (Hrsg.): *Preaching in the Patristic Era. Sermons, Preachers, and Audiences in the Latin West.* Leiden 2018, S. 87–102.

Rousseau, Philip: The Preacher's Audience: A more optimistic View. In: Hillard, Tom (Hrsg.): *Ancient History in a Modern University 2: Early Christianity, Late Antiquity and Beyond (MacQuarie University: Ancient History Documentary Research Centre).* Grand Rapids 1998, S. 391–400.

Salzman, Michelle: Leo in Rome: The Evolution of Episcopal Authority in the Fifth Century. In: Bonamente, Giorgio/Lizzi Testa, Rita (Hrsg.): *Istitutzioni, carismi ed esercizio del potere (IV.VI secolo d. C.).* Bari 2010, S. 343–356.

Saxer, Victor: Die kirchliche Organisation im 3. Jahrhundert. In: Pietri, Charles/Pietri, Luce (Hrsg.): *Die Geschichte des Christentums. Religion – Politik – Kultur.* Bd. 2: *Das Entstehen der Einen Christenheit (250–430).* Freiburg 2005 (dt. Übers. Orig: *Histoire du christianisme des origines à nos jours. Tome II: Nassiance d'une chrétienté (250–430).* Paris 1995), S. 23–54.

Saxer, Victor: Die Organisation der nachapostolischen Gemeinden (70–180). In: Pietri, Luce (Hrsg.): *Die Geschichte des Christentums. Religion – Politik – Kultur.* Bd. 1: *Die Zeit des Anfangs (bis 250).* Freiburg 2003/2005 (dt. Übers. Orig.: *Histoire du christianisme des origines à nos jours. Tome I Le Noveau Peuple.* Paris 2000), S. 269–339.

Saxer, Victor: Fortschritte in der Ausgestaltung der kirchlichen Organisation in den Jahren 180 bis 250. In: Pietri, Luce (Hrsg.): *Die Geschichte des Christentums. Religion – Politik – Kultur.* Bd. 1: *Die Zeit des Anfangs (bis 250).* Freiburg 2003/2005 (dt. Übers. Orig.: *Histoire du christianisme des origines à nos jours. Tome I: Le Noveau Peuple.* Paris 2000), S. 825–862.

Schipper, Hendrik G./van Oort, Johannes: *St. Leo the Great. Sermons and Letters against the Manichaeans. Selected Fragments. Introduction, Texts, and Translations, Excursus, Appendices, and Indices* (Corpus Fontium Manichaeorum. Series Latina 1). Turnhout 2000.

Schöllgen, Georg: Monepiskopat und monarchischer Episkopat. Eine Bemerkung zur Terminologie. In: *ZNW* 77 (1986), S. 146–151.

Shaw, Brent D.: *Sacred Violence. African Christians and Sectarian Hatred in the Age of Augustine.* Cambridge 2011.

Shepardson, Christine: *Controlling Contested Places: Late Antique Antioch and the Spatial Politics of Religious Controversy.* Berkeley 2014.

Shils, Edward: Center and Periphery. In: Shils, Edward (Hrsg.): *Center and Periphery. Essays in Macrosociology* (Selected Papers of Edward Shils 2). Chicago/London 1975, S. 3–16.

Sizgorich, Thomas: *Violence and Belief in Late Antiquity: Militant Devotion in Christianity and Islam.* Philadelphia 2009.

Sterk, Andrea: *Renouncing the World yet Leading the Church. The Monk-Bishop in Late Antiquity.* Cambridge, MA/London 2004.

Torjesen, Karen J.: Clergy and Laity. In: Ashbrook Harvey, Susan/Hunter, David G. (Hrsg.): *The Oxford Handbook of Early Christian Studies.* Oxford 2008, S. 389–405.

van Dam, Raymond: Bishops and Society. In: Casiday, Augustine/Norris, Frederick W. (Hrsg.): *The Cambridge History of Christianity.* Bd. 2: *Constantine to c. 600.* Cambridge 2007, S. 343–366.

van Oort, Johannes: *Mani and Augustine.* Leiden/Boston 2020.

van Oort, Johannes: Augustine and Manichaeism in Roman North Africa. Remarks on an African Debate and its Universal Consequences. In: Fux, Pierre-Yves/Roessli, Jean-Michel/Wermelinger, Otto (Hrsg.): *Augustinus Afer. Saint Augustin: africanité et universalité. Actes du colloque international Alger–Annaba, 1–7 avril 2001.* Fribourg 2003, S. 199–210.

Wiśniewski, Robert: How Numerous and how busy were Late-Antique Presbyters? In: *ZAC* 25 (2021), S. 3–37.

Antonia Fiori
The Notion of Vigilance in Medieval Canon Law

§ 1. In current Canon law "vigilance" is a legal term, that often occurs indicating both a duty and a right. It concerns many spheres of the Church's life, and it is the responsibility of all the baptised to remain vigilant, although the term is linked to the bishops' tasks of governance in particular.

The Code of Canon Law of 1983 (1983 CIC) identifies vigilance as the duty of the bishop to defend and promote ecclesiastical discipline, and specifies particular cases of vigilance, such as monitoring ecclesiastical associations,[1] supervising the management of assets,[2] and overseeing the administration of justice.[3] In a recent study, Patrick Valdrini listed as many as twenty canons that explicitly mention vigilance, and several more general expressions that also refer to the activity of supervision.[4]

Even after the Code, supervisory duties within the Church continued to be emphasised. As an example, the post-synodal apostolic exhortation *Pastores dabo vobis* of John Paul II (25th March 1992) highlighted the function of vigilance as part of the *munus regendi*, being an instrument of prevention and, at the same time, knowledge of ecclesiastical realities.[5] In 2005, in its *Instructions on adminis-*

---

[1] Can. 305: § 1. "All associations of the Christian faithful are subject to the vigilance of competent ecclesiastical authority which is to take care that the integrity of faith and morals is preserved in them and is to watch so that abuse does not creep into ecclesiastical discipline. This authority therefore has the duty and right to inspect them according to the norm of law and the statutes." See López Segovia, Instrumentos, pp. 15–87; Delgado Galindo, L'exercice, pp. 257–270.

[2] Can. 392: "§ 1. Since he must protect the unity of the universal Church, a bishop is bound to promote the common discipline of the whole Church and therefore to urge the observance of all ecclesiastical laws. § 2. He is to exercise vigilance so that abuses do not creep into ecclesiastical discipline, especially regarding the ministry of the word, the celebration of the sacraments and sacramentals, the worship of God and the veneration of the saints, and the administration of goods."

[3] Can. 1445 §3: "Furthermore it is for this supreme tribunal (i.e. Apostolic Signatura): 1/ to watch over the correct administration of justice and discipline advocates or procurators if necessary [...]."

[4] Valdrini, Doveri (generali) di vigilanza, pp. 133–135.

[5] Text available at https://www.vatican.va/content/john-paul-ii/en/apost_exhortations/documents/hf_jp-ii_exh_25031992_pastores-dabo-vobis.html [last access: 03.11.2022]. See on the topic Fabene, *La funzione di vigilanza*, pp. 207–232.

trative matters ("Istruzioni in materia amministrativa"), the Italian Episcopal Conference stressed the role of the bishop in the supervision of ecclesiastical assets.[6]

However, although vigilance is nowadays regarded as a legal institution even under Canon law, and especially in the area of canonical administrative law,[7] this has not always been the case. It is, in fact, a last century acquisition. Just to give an idea of the novelty of the administrative meaning of the word, we may compare a great encyclopedic work on canonical matters of our time, such as the *Diccionario General de Derecho Canónico*,[8] with similar and important works of previous centuries (e.g. Ferraris, DDC, etc.). It is noticeable that the term 'vigilance' is only found in the former and not in the latter.[9] As a matter of fact, during the twentieth century, Canon law has inherited the concept of administrative law and administrative function from secular law, as well as the concept of vigilance as an administrative tool. It was due to the Second Vatican Council that the notion of "administrative function" entered the 1983 CIC.[10]

However, this does not mean that the notion of "vigilance" did not exist before, both in medieval and modern canon law.

§ 2. In medieval canon law, vigilance was a pastoral duty with relevant legal implications, but not a legal institution in itself, as I will try to explain.

From a lexical point of view, in the medieval sources *vigilantia* was first of all the activity of those who took part in vigils[11]: men who stayed awake, as opposed to

---

[6] Text downloadable from https://www.chiesacattolica.it/documenti-segreteria/istruzione-in-materia-amministrativa-2005/ [last access: 03.11.2022].

[7] Outside Canon law, the notion of vigilance is not precisely identified by administrative doctrine, beyond a generic "control function" that could also be a "control of legitimacy". See Arcidiacono, *La vigilanza nel diritto pubblico*; Valentini, Vigilanza (dir. amm.), pp. 702–710; Stipo, Vigilanza e tutela, pp. 6–7.

[8] Otaduy/Viana/Sedano (Eds.), *Diccionario General de Derecho Canónico*. Navarra 2012, 7 vols.

[9] Ferraris, *Prompta Bibliotheca canonica*, vol. 7: there is a long entry on the *vigilia* (cols. 1183–1192), and an even longer one on *Visitare, visitatio, visitator* (cols. 1231–1276), but no entry exists on "vigilantia".

The *Dictionnaire de Droit Canonique* edited by R. Naz, vol 7, Paris 1965, col. 1504 devoted only a nine-line editorial entry written by Naz himself to *vigilance*, to which he mainly attributed the meaning of criminal remedy (see also *ibid.*, col. 577). In the *Diccionario General de Derecho Canónico*, there is instead an entry dedicated to vigilance as a legal institution: Fabene, *Vigilancia (derecho y deber de)*, pp. 902–905.

[10] Through the Principles for the Revision of the Code (*Principia quæ Codicis Iuris Canonici recognitionem dirigant*) approved by the 1967 Synod of Bishops. See on the topic Zuanazzi, *Praesis ut prosis*, p. 441 f. and, from a historical perspective, Fantappiè, L'amministrazione nella Chiesa, pp. 125–153.

[11] On the vigils, see Blaise, *Le vocabulaire latin*, p. 128.

people who slept. In this sense, the word had a liturgical meaning, which has moved into the pastoral sphere.

In Gratian's *Decretum*, the most important canonical collection of the 12th century,[12] which gathered the so called *ius vetus* of the Church, we still encounter the pair of opposites "wake – sleep"[13]. It is apparently a simple literary contrast, not strictly related to legal issues, but it is heavily grounded in biblical sources, the most famous of which comes from Psalm 121 (120),4,[14] "Truly, the guardian of Israel never slumbers nor sleeps."[15]

Yet, being vigilant is something much more important than just staying awake. *Vigilare* is what the Church does, at every level: God watches over his creatures,[16] the pope watches over the Church,[17] the bishops watch over their flock,[18] the priests watch over their parishioners and the clergy as a whole must watch over the faithful.[19]

Such a duty must be stronger when responsibility is greater. In 1059, under the pontificate of Nicholas II, the Synod of Rome held in Lateran reformed the papal election and employed severe measures against simony. The concluding text of such an important synod, addressed by Nicholas to Christianity, began with the words *Vigilantia universalis* and in the very first lines it spoke about "the vigilance

---

12 *Decretum magistri Gratiani*, in *Corpus Iuris Canonici*, Pars prima, Leipzig 1879.
13 D. 6 c. 1 § 4: "Sin uero ex turpi cogitatione uigilantis oritur illusio in mente dormientis, patet animo reatus suus. Videt enim, a qua radice inquinatio illa processerit, quia quod cogitauit sciens, hoc pertulit nesciens". The fragment is taken from Bede, *Ecclesiastical History*, p. 150 f.

 C. 26 q.3–4 c.2: "Suadent miris et invisibilibus modis, per illam subtilitatem corpora hominum non sentientium penetrando, et se cogitationibus eorum per quedam imaginaria visa miscendo, sive vigilantium sive dormientium". It is a quote from Augustin, *De divinatione daemonum*, V.9, col. 586.

 C.26 q.5 c.12: "Quis enim in somnis et nocturnis visionibus se non extra ipsum educitur, et multa videt dormiendo, que vigilando numquam viderat?" The text is taken from the famous canon *Episcopi*, which condemned witchcraft.
14 "Ecce non dormitabit neque dormiet qui custodit Israël".
15 The English translation used here has been taken from the *New American Bible* (2002), https://www.vatican.va/archive/ENG0839/_PJ5.HTM [last access: 03.11.2022].
16 Gregory the Great, *Regula pastoralis*, p. III cap. 26, see below nt. 31.
17 Gregory VII, Reg. VI.3 e IX.6, see below nt. 34.
18 Hincmar of Reims, *De ordine palatii*, see below nt. 33.
19 C.1 q.2 c.10: "Clerici omnes, qui ecclesiae fideliter uigilanterque deseruiunt, stipendia sanctis laboribus debita secundum seruitii sui meritum per ordinationem canonum a sacerdotibus consequantur."

that belongs to our universal government, since we are obliged to tirelessly concern everyone"[20].

Maintaining a lexical perspective, other important pairs are "vigilantia / sollicitudo" and "vigilantia / cura": because vigilance also entails taking care.

Medieval ecclesiastical literature is full of this kind of expression.

An example of this is the pair *vigilantia / sollicitudo* as the core of the episcopal office in the *incipit* of the bishops' statement on public penance (Soissons, 833) of Louis the Pious. "It is proper to know – they said – that everyone in the Church agreed on what the episcopal ministry was and *qualis vigilantia atque sollicitudo adhibenda sit* for everyone's salvation"[21].

More importantly, in Thomas Aquinas' *Summa Theologiae*, a cornerstone of Christian history, it is stated that *"vigilantia* is the same of *sollicitudo"*[22].

Many examples also exist of the second pair (*"vigilantia / cura"*).[23] Behaviors such as being watchful, attentive, caring (for souls) are even related to the notion of *diligentia*, and its opposite *negligentia*.[24]

---

[20] Nicolai II. *Synodica generalis*, p. 547: "Vigilantia universalis regiminis adsiduam sollicitudinem omnibus debentes, saluti quoque vestrae providentes, quae in Romana synodo nuper celebrata, coram centum tredecim episcopis, nobis licet inmeritis presidentibus, sunt canonice constituta, vobis notificare curamus, quia ad salutem vestram executores eorum vos esse optamus et apostolica auctoritate iubendo mandamus".

We will find the same words in the reissue of the decree by Alexander II in 1063, see Schieffer, *Die Entstehung des päpstlichen Investiturverbots*, p. 213, and Jaffé/Herbers, *Regesta Pontificum Romanorum*, IV, p. 265, n. 10617 (JL 4501).

[21] *Episcoporum de poenitentia, quam Hludowicus imperator professus est, relatio compediensis.* 833. Oct., in Monumenta Germaniae Historica, Capitularia regum Francorum 2. Ed. by Alfred Boretius/Victor Krause, Hannover 1897, n. 197, p. 51: "Omnibus in christiana religione constitutis scire convenit, quale sit ministerium episcoporum, qualis vigilantia atque sollicitudo eis circa salutem cunctorum adhibenda sit, quos constat esse vicarios Christi et clavigeros regni caelorum [...]". A new edition is also available in Booker, *The Public Penance of Louis the Pious*, p. 11. About the *Relatio* see de Jong, *The Penitential State*, p. 235 ff. and Booker, *Past Convictions*, p. 140 ff. and *passim*.

[22] S. Thomas Aquinatis, *Secunda Secundae Summe theologiae*, q. 47 art. 9, p. 357: "Sed contra est quod dicitur (I Pet. IV): *Estote prudentes, et vigilate in orationibus*. Sed vigilantia est idem sollicitudini. Ergo sollicitudo pertinet ad prudentiam."

[23] Here a short list of canonical sources relating to the pair *"vigilantia / cura"*.

Gratian's *Decretum*. Di. 84 c.2: "Nunciatum est nobis, Campaniae episcopos ita negligentes existere, et inmemores honoris sui, ut neque erga ecclesias, neque erga filios paternae vigilantiae curam exhibeant [...]", from Gregory the Great, Reg. XIII.31, MGH Ep. 2, p. 395. C.16 q.1 c.49: "[...] queque tibi de eius patrimonio, vel cleri ordinatione seu promotione vigilanti ac canonica visa fuerint cura disponere", from Gregory the Great, Reg. III.20, MGH Ep. 1, p. 178. C.18 q.2 c.27: "[...] Hec itaque omnia vigilanti cura emendare iam secundo conmonita sanctitas vestra non differat; ne, si post hec negligentes uos esse (quod non credimus) senserimus, aliter monasteriorum quieti prospicere conpellamur [...], from Gregory the Great, Reg. VII.40, MGH Ep. 1, p. 488.

Actually, *sollicitudo, diligentia,* and *cura* were closely connected as terms. In ancient Roman culture, they expressed the quintessential administrative virtues, that is the virtues required of those in charge of public powers.[25]

We all know that the Western Church originated and developed within the Roman Empire, it is therefore not surprising that the main canonical sources on ecclesiastical vigilance date back to the fifth and sixth centuries and use the same Roman expressions. The letters of Leo the Great, Gregory the Great's *Regula pastoralis* and his Register[26] are very present in the medieval canonical collections. In the above-mentioned Gratian's *Decretum*, most of the mentions of vigilance originate in the writings of these two pontiffs[27], and they clearly show that the notion

---

Liber Extra (in *Corpus Iuris Canonici*, pars secunda, see above nt. 36). X 1.17.11 (Alexander III. Cantuariensi Archiepiscopo): "Ad exstirpandas successiones a sanctis ecclesiis studio totius sollicitudinis debemus intendere; te etiam ad hoc decet vigilem curam exhibere, ne circa ministerium suscepti regiminis videamur minus diligentes exsistere, si id vitium in ecclesiis vel in negotiis ecclesiasticis et viris permittimus pullulare". X 2.20.23 (Alexander III.): "Licet universis Dei fidelibus ex commissi nobis officii debito debeamus provisione adesse, attentius tamen ecclesiasticos viros a pravorum molestiis malignantium vigili cura defendere debemus, ad quorum regimen specialius sumus, licet insufficientibus meritis, Dei providentia deputati". X 3.35.6 (Innocentius III. Abbati et Conventui Sublacensibus): "Abbas vero, cui omnes in omnibus reverenter obediant, quanto frequentius poterit, sit cum fratribus in conventu, vigilem curam et diligentem sollicitudinem gerens de omnibus, ut de officio sibi commisso dignam Deo possit reddere rationem".

Clementinae (in *Corpus Iuris Canonici*, pars secunda). Clem. 2.11.2: "Pastorali cura sollicitudinis, nobis divinitus super cunctas Christiani populi nationes inuncta, nos invigilare remediis subiectorum, eorundem periculis obviare et scandala removere compellit".

24 Gratian's *Decretum*. C.12 q.2 c.25 (Gelasius I.), "ut diligentia (qua uos pro utilitatibus ecclesiae estimamus esse vigilantes)"; C.24 q.3 c.34 (Leo I.), "debet diligentia tua vigilanter insistere".

Liber Extra. X. 3.23.1 (Alexander III.), "Quia vero decet vos pro utilitate ecclesiae et incremento diligentes et vigiles exsistere"; X 5.7.13 (Innocentius III. in conc. Lateran.), "ut ad haec efficaciter exsequenda episcopi per dioeceses suas diligenter invigilent, si canonicam velint effugere ultionem".

Liber Sextus (in *Corpus Iuris Canonici*, pars secunda). VI 5.4.1 (Innocentius IV. in concilio. Lugdunensi), "Excusso a nobis negligentiae somno, nostrique cordis oculis diligentia sedula vigilantibus"

Clementinae. Clem. 5.1.1, "studiosa diligentia vigilamus".

25 Forbis, *Municipal Virtues*, pp. 74–76. The author has especially identified these terms in the Italian inscriptions dating from the second and third centuries.

26 On Gregory the Great's knowledge and use of Roman law, see Damizia, Il Registrum epistolarum, pp. 196–226; Giordano, *Giustizia e potere giudiziario ecclesiastico*; Gauthier, L'utilisation du droit romain, pp. 417–428; Arnaldi, Gregorio Magno e la giustizia, pp. 57–102; Picasso, Diritto romano, p. 96 f.; Padoa Schioppa, Il rispetto della legalità, pp. 25–32.

27 See above notes 23 and 24 and, on the topic, Gaudemet, Patristique et Pastorale, pp. 129–139, and Wasselynck, Présence de Saint Grégoire le Grand, pp. 205–219; Picasso, Diritto canonico, pp. 94–96.

of vigilance, from the first centuries of the Church onward, basically had a pastoral meaning.

This meaning was based upon the Holy Scriptures. As early on as in the Old Testament, God was described as a shepherd, in particular in Ezekiel 34 (where he provides for his people of Israel a human shepherd, who is David).[28] But it was the Good Pastor of the New Testament which evoked more, in the Middle Ages, the image of Jesus and his ministers as attentive shepherds. "Tu vero vigila"; "ego sum pastor bonus"; "Pasce oves meas".[29]

---

28 Shepherd and flock in the Old Testament. Genesis 48,15, "Benedixitque Iacob Ioseph et ait: 'Deus, in cuius conspectu ambulaverunt patres mei Abraham et Isaac, Deus, qui pascit me ab adulescentia mea usque in praesentem diem [...]'". Psalm 23, "Dominus pascit me, et nihil mihi deerit: in pascuis virentibus me collocavit [...]". Isaiah 40,11 "Ecce Deus vester, ecce Dominus Deus in virtute venit, et brachium eius dominatur [...]. Sicut pastor gregem suum pascit, in brachio suo congregat agnos et in sinu suo levat; fetas ipse portat". Jeremiah 23,4–5: "Et suscitabo super eos pastores, et pascent eos; non formidabunt ultra et non pavebunt, et nullus quaeretur ex numero, dicit Dominus. Ecce dies veniunt, dicit Dominus, et suscitabo David germen iustum; et regnabit rex et sapiens erit et faciet iudicium et iustitiam in terra". Ezekiel 34,11–16, "Quia haec dicit Dominus Deus: Ecce ego ipse requiram oves meas et visitabo eas. Sicut visitat pastor gregem suum in die, quando fuerit in medio ovium suarum dissipatarum, sic visitabo oves meas et liberabo eas de omnibus locis, in quibus dispersae fuerant in die nubis et caliginis. Et educam eas de populis et congregabo eas de terris et inducam eas in terram suam et pascam eas in montibus Israel, in rivis et in cunctis sedibus terrae. In pascuis uberrimis pascam eas, et in montibus excelsis Israel erunt pascua earum; ibi requiescent in herbis virentibus et in pascuis pinguibus pascentur super montes Israel. Ego pascam oves meas et ego eas accubare faciam, dicit Dominus Deus. Quod perierat, requiram et, quod eiectum erat, reducam et, quod confractum fuerat, alligabo et, quod infirmum erat, consolidabo et, quod pingue et forte, custodiam et pascam illas in iudicio."

29 Shepherd and flock in the New Testament. Matthew 18,10–14, "Videte, ne contemnatis unum ex his pusillis; dico enim vobis quia angeli eorum in caelis semper vident faciem Patris mei, qui in caelis est. Quid vobis videtur? Si fuerint alicui centum oves, et erraverit una ex eis, nonne relinquet nonaginta novem in montibus et vadit quaerere eam, quae erravit? Et si contigerit ut inveniat eam, amen dico vobis quia gaudebit super eam magis quam super nonaginta novem, quae non erraverunt. Sic non est voluntas ante Patrem vestrum, qui in caelis est, ut pereat unus de pusillis istis". Luke 15,4–7, "Quis ex vobis homo, qui habet centum oves et si perdiderit unam ex illis, nonne dimittit nonaginta novem in deserto et vadit ad illam, quae perierat, donec inveniat illam? Et cum invenerit eam, imponit in umeros suos gaudens et veniens domum convocat amicos et vicinos dicens illis: 'Congratulamini mihi, quia inveni ovem meam, quae perierat'. Dico vobis: Ita gaudium erit in caelo super uno peccatore paenitentiam agente quam super nonaginta novem iustis, qui non indigent paenitentia". John 10,1–16, "Amen, amen dico vobis: qui non intrat per ostium in ovile ovium, sed ascendit aliunde, ille fur est et latro. Qui autem intrat per ostium, pastor est ovium. Huic ostiarius aperit, et oves vocem ejus audiunt, et proprias oves vocat nominatim, et educit eas. Et cum proprias oves emiserit, ante eas vadit: et oves illum sequuntur, quia sciunt vocem ejus. Alienum autem non sequuntur, sed fugiunt ab eo: quia non noverunt vocem alienorum. Hoc proverbium dixit eis Jesus: illi autem non cognoverunt quid loqueretur eis. Dixit ergo

Gregory the Great's *Regula pastoralis* (*Pastoral Rule*) was actually a treatise on the "shepherds": a book of pastoral rules.[30] It was written for all those who have been invested with the care of souls (the *cura animarum*), called *rectors*. It was not the first work of this kind (one recalls similar texts by Gregory Nazianzius [the s.c. *Apologeticus de fuga*] and John Chrysostom [*De sacerdotio*]), but it was a constant point of reference in the Middle Ages.

The image of the bishop *pervigilis*[31] as a shepherd represented the synthesis of the rights and duties of the bishop. The etymology itself of the Greek word episko-

---

eis iterum Jesus: Amen, amen dico vobis, quia ego sum ostium ovium. Omnes quotquot venerunt, fures sunt, et latrones, et non audierunt eos oves. Ego sum ostium. Per me si quis introierit, salvabitur: et ingredietur, et egredietur, et pascua inveniet. Fur non venit nisi ut furetur, et mactet, et perdat. Ego veni ut vitam habeant, et abundantius habeant. Ego sum pastor bonus. Bonus pastor animam suam dat pro ovibus suis. Mercenarius autem, et qui non est pastor, cujus non sunt oves propriæ, videt lupum venientem, et dimittit oves, et fugit: et lupus rapit, et dispergit oves; mercenarius autem fugit, quia mercenarius est, et non pertinet ad eum de ovibus. Ego sum pastor bonus: et cognosco meas, et cognoscunt me meæ. Sicut novit me Pater, et ego agnosco Patrem: et animam meam pono pro ovibus meis. Et alias oves habeo, quæ non sunt ex hoc ovili: et illas oportet me adducere, et vocem meam audient, et fiet unum ovile et unus pastor". Heb. 13,20: "Deus autem pacis, qui eduxit de mortuis pastorem magnum ovium, in sanguine testamenti æterni, Dominum nostrum Jesum Christum".

30 See Paronetto, Connotazione del 'pastor', pp. 325–343, Gessel, Reform am Haupt, pp. 17–36; Heinz, Der Bischofsspiegel des Mittelalters, pp. 113–35; Speigl, Die Pastoralregel Gregors des Großen, pp. 59–76; Judic, Introduction, pp. 1–72; Id., Il vescovo secondo Gregorio Magno, pp. 269–290; Pellegrini, L'ordo clericorum, pp. 505–557; Floryszczak, *Die Regula Pastoralis*. Among the many editions of the work, also translated into different languages, the edition by Giuseppe Cremascoli, is used here; the latin text is based on the edition of the *Sources chrétiennes* (Gregoire le Grand: *Règle pastorale*, texte critique de F. Rommel).

31 *Regula pastoralis*, p. III caput IV: an important part of the manuscript tradition, witnessed by the *Patrologia latina* edition, contains a significant and well-known sentence, which is lacking in the edition cited here (pp. 92–96): "qui praesunt, ut per circumspectionis studium oculos pervigiles intus et in circuitu habeant" (PL 77, col. 55).

Here is a small selection of texts on vigilance in the *Pastoral Rule*.

Pars II: *De uita pastoris*. C. VIII, p. 68: "Inter quae haec necesse est, ut rector sollerter inuigilet, ne hunc cupido placendi hominibus pulset"; c. IX, p. 70–72: "Unde necesse est, ut rector animarum uirtutes ac uitia uigilanti cura discernat."

Pars III: *Qvaliter rector bene uiuens debeat docere et admonere svbditos*. C. IV, p. 94: "Admonendi sunt itaque qui praesunt, ut per circumspectionis studium caeli animalia fieri contendant. Ostensa quippe caeli animalia in circuitu et intus oculis plena describuntur, dignumque est, ut cuncti qui praesunt intus atque in circuitu oculos habeant, quatinus et interno iudici in semetipsis placere studeant, et exempla uitae exterius praebentes, ea etiam quae in aliis sunt corrigenda deprehendant"; c. XXVI, p. 186: "Creator dispositorque cunctorum quanta super eos gratia uigilat, quos in sua desideria non relaxat"; c. XXXII, p. 214–216: "Vnde et per Salomonem uox percussi et dormientis exprimitur, qua ait: *Verberauerunt me, sed non dolui; traxerunt me, et ego non sensi. Quan-*

pos, moreover, refers back to a supervisor, an inspector, to someone who is charged with the vigilance.[32] At the end of the ninth century, Hincmar of Reims still recognized the task of the bishop in the activity of "vigilare supra gregem suum": "Quia episcopi continuas vigilias supra gregem suum debent assidue exemplo et verbo vigilare".[33]

Two centuries later, Pope Gregory VII insisted on vigilance as a characteristic of the episcopal and pontifical ministry.[34] The reform named after him focuses on the Bishop's office in a very different way from the Carolingian one, with particular regard to the relationship between the authority of bishops and papal power. Bernard of Clairvaux and other scholars wrote treatises to help define the customs and duties inherent to the episcopal office.[35]

Yet, even when the figure of the bishop was so well-defined, and the Reformation seemed focused on his responsibilities and his behaviour, vigilance has always seemed an inherent characteristic of the pastoral task, the duty that brings together all duties, a way of being and doing of the bishop.

In the path that leads to an ever more juridical definition of all ecclesiastical offices, a very important stage of reform is marked by the IV Lateran Council in 1215. Many of its deliberations pertain to the duties and discipline of the clergy, and the relationship between the clergy and the faithful.

But vigilance itself was still not regulated as a legal institution. Not only after the General Council, but also after the promulgation in 1234 of the Church's first official compilation, the *Liber Extra*,[36] canonical doctrine continued to ignore

---

do euigilabo, et rursum uina reperiam? Mens quippe a cura suae sollicitudinis dormiens uerberatur et non dolet, quia sicut imminentia mala non prospicit, sic nec quae perpetrauerit agnoscit. Trahitur et nequaquam sentit, quia per illecebras uitiorum ducitur, nec tamen ad sui custodiam suscitatur. Quae quidem euigilare optat, ut rursum vina reperiat, quia quamuis somno torporis a sui custodia prematur, uigilare tamen ad curas saeculi nititur, ut semper uoluptatibus debrietur. Et cum ad illud dormiat in quo sollerter uigilare debuerat, ad aliud uigilare appetit, ad quod laudabiliter dormire potuisset. Hinc superius scriptum est: *Et eris quasi dormiens in medio mari, et quasi sopitus gubernator amisso clauo.*"

32 Gherri, Episkopé e vigilanza, p. 76.
33 Hincmar of Reims, *De ordine palatii*, p. 58.
34 Gregory VII., Reg. II.50, p. 191, "Ipse in loco suo super Dominicum gregem vigilans consistat"; Reg. V.18, p. 381, "In administratione suscepti officii vigilans et studiosus appareas"; Reg. VI.3, p. 394, "Ecclesiae regimine sollicite nos vigilare oportet"; Reg. IX.6, p. 581, "Licet apostolici nos apicis cura pro cunctis generaliter ecclesiis vigilare ac pro omnium statu vel reparatione sollicitos esse admoneat".
35 Bernard of Clairvaux, ep. 42, p. 100–131, *De moribus et officio Episcoporum*.
36 *Decretales Gregorii P. IX. (Liber extravagantium decretalium)*, in *Corpus iuris canonici*, pars secunda.

any reference to vigilance as a canonical institute. This is not a sign of the disappearance of the concept of vigilance, which, on the contrary, always seemed to be presupposed. It remained a very broad and indeterminate duty that did not need juridical definition. Probably because everyone knew that being a good shepherd meant being vigilant, in every respect.

A different matter, however, is the attempt to establish through which legal instruments the duty of vigilance was put in place.

Just to give an example, in the field of non-contractual liability, the Church as a whole was considered responsible for crimes of omission of its members. The Church was responsible because omission represented a failure to exercise the institutional duties of the cleric: and therefore, it was responsible, in general, for having attributed certain functions to the wrong subject. We call this type of responsibility *culpa in vigilando*, even if in fact the abstract concept of vigilance was never recalled by canonists.[37]

Introducing some texts of Gregory the Great, Gratian wrote that

> Sollicitum quoque ac vigilantem oportet esse episcopum circa defensionem pauperum, relevationem obpressorum, tuicionem monasteriorum. Quod si facere neglexerint, aspere sunt corripiendi.[38]

Sollicitus has been interpreted by canon lawyers as synonymous with vigilant, or prudent.[39] It represents the bishop's duty to protect the poor, the oppressed, the monasteries, but most of the time the terms involved are *protectio, tuitio, defensio*.[40] The word "vigilantia" itself has no technical use, to the point that the gloss to the word "vigilantes" does not contain any canonical reference, but a sort of brocard stating that civil law was written for those who are vigilant (*vigilantibus ius civile scriptum est*, a Brocard from the Digest).[41]

---

37 See Fiori, La decretale 'Si culpa tua', pp. 53f.
38 *Dictum ante Di.* 84.
39 See also Forcellini, *Lexicon totius latinitatis*, vol. 4, p. 410.
40 Rufinus, *Summa Decretorum*, p. 174, ad Di. 84 v. sollicitum etc.: "[...] non autem videtur esse astutus qui in his, que debet, non est pervigil atque sollicitus, evidentissime constat esse sollicitum ad 'prudentem esse' referri. Dicitur ergo his, quomodo episcopus esse debeat sollicitus in defensione pauperum, in revelatione oppressorum, in tuitione monasteriorum et cura omnium clericorum [...]."
41 Iohannes Theutonicus – Bartholomaeus Brixiensis, Glossa ordinaria, col. 535, gl. *vigilantes* ad Di. 84 c.2: "nam vigilantibus ius civile scriptum est, ut ff. de iis quae in fraudem creditorum l. Pupillus in fi. (D. 42.8.24)".

For all these reasons, *vigilantia* is a term lacking in almost every repertoire of legal works, basically ignored by decretists and decretalists (although not absent from official collections, such as the *Liber Extra, Sextus, Clementinae*).

§ 3. Given the premises it hasn't been easy to find in the legal literature the s.c. *sedes materiae* of our subject. I finally found a brief treatise on the meanings of vigilance in Hostiensis' *Summa aurea*, which the great canonist addressed while commenting on the title on penance of the *Liber Extra*. He starts by intepreting being vigilant as merely meaning to be awake, as opposed to sleeping, and concludes by stating the duties of vigilance of the prelates: "We, the prelates, must be vigilant because we are shepherds, and we are guardians of the sick, that is, of sinners."

> Vigiliis similiter maceratur caro, quae vobis indicuntur omnibus et maxime praelatis. Psal. Non dormitabit, neque dormitet qui custodit Israel (Psalm 120,4–6) [...]. Est autem vigilare somnum corporis a se excutere [...]. Vigilare est super seipsum vigilias noctis custodire [...] Vigilare etiam est ad Deum mentis oculos operire [...]. Nos autem praelati vigilare debemus spiritualiter, quia pastores sumus, et talibus indicitur vigilare, ut statim no. supra eo. ver. iterum [...].Vigilare etiam debemus, quia doctores sumus, sed quomodo docebimus, nisi sciamus, quomodo sciemus, nisi studeamus [...]. Item vigilare debemus, quia custodes infirmorum, scil. peccatorum sumus.[42]

For the prominent canon lawyer, *vigilare* was a pastoral activity, belonging to prelates as pastors, as doctors and teachers, as guardians of sinners. The biblical connection between shepherding and vigilance allows the identification of the latter with pastoral care, and, in addition, Hostiensis provided a definition of pastoral care that has become very commonly[43] used among canon lawyers[44]: "Cura est vigil et onerosa ac solicita custodia animarum."[45]

---

[42] Hostiensis, *Summa Aurea* ad X 5.38 De poenitentiis et remissionibus, n. 51 [Effectus verae poenitentiae quis sit] § vigiliis, col. 1816.

[43] Hostiensis' definition of *cura animarum* was more successful than that outlined by his *magister* Innocent IV (from whose definition, however, he was partly inspired), *Apparatus* ad X 1.23.4, n. 2, fol. 115ra: "[...] cura animarum dicitur stricte potestas ligandi et solvendi, scilicet, in foro poenitentiali, et hoc in nullo praelato est, nisi sacerdos. [...] large dicitur cura potestas eijciendi et recipiendi in ecclesiam corrigendi, et puniendi excessus, 21 di. § i sub hac cura est excommunicare, interdicere, visitare, et caetera alia, quae sunt ad correctionem morum [...]".

[44] Among the leading canonists: Guido de Baysio (the Archdeacon), ad C.18 q.2 c. Cognovimus, *Rosarium seu in Decretorum volumen Commentaria*, fol. 284v; Johannes Andreae ad X 5.38.12 n. 8, *In quintum Decretalium librum Novella Commentaria*, fol. 126va; Albericus da Rosate, *Dictionarium iuris tam civilis quam canonici*, under the item 'Sacerdos proprius curatus'; Petrus de Ancharano, ad X 5.38.12 n. 19, *Super Quinto Decretalium facundissima Commentaria*, p. 198.

If the cure is an attentive, strenuous and solicitous guardianship of the souls, what kind of activities does pastoral care actually involve? Hostiensis is very clear: the ways in which pastoral care is actually carried out are visiting, correcting, punishing, and administering the Sacraments.[46] In this sense, the guardianship of souls is not the exclusive prerogative of prelates, but of all clergy, and concerns both the so-called internal sacramental forum and the external forum.

It is not a coincidence that Hostiensis wrote down these observations in his commentary on the famous canon twenty-one of the Fourth Lateran Council, *Omnis utriusque sexus*,[47] which required all Christians, lay or clerical, to confess their sins to one's *sacerdos proprius* at least once a year, and receive the sacrament of the Eucharist at least at Easter, on pain of excommunication.[48] The decree *Omnis utriusque sexus* is considered the heart of the Council's focus on pastoral care.

Now, even if vigilance is not in itself a canonical institution, but the essence of pastoral care, according to Hostiensis the duty of vigilance was conveyed and put into practice through three canonical institutes: correction, judicial punishment, and visitation.

The *correctio* as legal institute based on Matthew 18,15–17, which imposed the need for all Christians to correct their neighbour. This kind of correction could be

---

45 Hostiensis ad X 5.38.12, *In quintum librum Decretalium Commentari*, v. *Proprio* n. 13–16, 102ra: "Sed quid est cura? Et quidem potest magistraliter sic decribi. *Cura est vigil et onerosa ac solicita custodia animarum commissa alicui, ut curet, ne pereant, sed salventur, quae competit ex lege, vel commissione canonica, aut consuetudine, seu praescriptione per sedem apostolicam non improbata,* haec autem ex diversis iuribus colliguntur. Unde, cura est vigil et onerosa ac solicita custodia animarum, ut colligitur in eo, quod legitur et no. supra de aetate et qualitate Intelleximus § fi. (X 1.14.12) [...]. Commissa alicui, ut curet, ne pereant etc. instruendo sibi commissos in fide, et moribus, necnon et vitiis fugiendis, ac virtutibus, et bonis operibus exercendis [...]. Ex quo sequitur quod si male, vel negligenter curet, obligatur Deo, arg. Insti. De inutilibus stipulationibus § si quis alium (Inst. 3.19.3), cui exinde tenetur rationem reddere [...]. *Hoc autem debet curare praedictis modis, necnon visitando, corrigendo, puniendo, sacramenta ecclesiastica exhibendo* [...]. Caveat igitur, quod semper obligationem hanc praeoculis habeat, ne reperiatur negligens dormiens, vel dormitans, psal. Non dormitabit, neque dormiet qui custodit Israel. Nec mirum: quia sicut dicit beatus Bern. Non dormitat, neque dormit, qui impugnat Israel [...]. Ne dederis somnum oculis tuis, nec dormitent palpebrae tuae. Quod si haec diligenter servaverit, esto quod propter duritiam plebis non proficias, tutus erit [...]. Sed non omittat seculare brachium invocare, esto quod peccatores sine effusione sanguinis nequeant coarctari [...]. Quae competit ex lege scripta, sive iure communi [...] et praelatis qui per electionem creantur, et etiam rectoribus ecclesiarum parochialium, ex quo sunt authoritate sui iudicis instituti, ut hic patet [...]. Et notandum quod haec cura extenditur ad omnes habitantes infra limites praedictorum, qua ratione et proventus spirituales exinde provenientes percipiunt in usus necessarios convertendos [...]".
46 See the previous note.
47 C. 21, *Constitutiones Concilii quarti Lateranensis*, p. 67f.
48 See Larson, Lateran IV's Decree, pp. 415–437.

seen as "a form of pastoral care accessible to all Christians – clerics, monks or laymen – within their community"[49], and it was closely related to one or more admonitions to the sinner. Over time, theologians and canon lawyers distinguished two types of correction. The first, the *correctio fraterna*, was open to all the faithful and was based on *caritas*. The second was only available to prelates, as a privilege of their office.[50] It began with a *denunciatio ad superiorem* by a faithful, required a triple admonition from the bishop and, if the sinner failed to correct his behaviour, a spiritual penalty – such as excommunication – could be imposed. It was an act of charity that made it possible to intervene before scandal spread[51].

But when mortal sin manifested itself as an *actus exterior* and caused scandal – that is, in presence of a crime, according to canon law[52] – then the *denunciatio* to the bishop became judicial.

Punire, the second legal activity linked to pastoral care and vigilance, is proper to the role of the bishop as a judge. For the occasion of the fourth Lateran council, Innocent III gave the ecclesiastical judge the particular power of *inquisitio* for the discovery of crimes, according to the public interest in sanctioning crime, *ne crimina remaneant impunita*.[53] During the inquisitorial process the ecclesiastical judge had powers of investigation that had never existed before, and it seems to me that the connection between vigilance and inquisition is self-evident, and I don't think it needs any further explanation.

The third and last canonical institute, the visitation,[54] is not only the oldest of the three, but also the one in which the duty of vigilance is most directly expressed. The episcopal practice of visiting local communities emerges as early on as in the

---

[49] Lauwers, Prêcher, corriger, juger, p. 109. See also Pastore, A proposito di Matteo 18,15, pp. 323–368, and Craun, *Ethics and Power*, p. 12 f.

[50] S. Thomas Aquinatis, *Secunda Secundae Summe theologiae*, q. 33 art. 3, p. 265: "Respondeo dicendum quod, sicut dictum est, duplex est correctio. Una quidem quae est actus caritatis, qui specialiter tendit ad emendationem fratris delinquentis per simplicem admonitionem. Et talis correctio pertinet ad quemlibet caritatem habentem, sive sit subditus sive praelatus. Est autem alia correctio quae est actus iustitiae, per quam intenditur bonum commune, quod non solum procuratur per admonitionem fratris, sed interdum etiam per punitionem, ut alii a peccato timentes desistant. Et talis correctio pertinet ad solos praelatos, qui non solum habent admonere, sed etiam corrigere puniendo."

[51] Bellini, 'Denunciatio evangelica'; Kolmer, Die 'denunciatio canonica', pp. 26–47; Prodi, *Una storia della giustizia*, p. 70; Lavenia, *L'infamia e il perdono*, pp. 108–110.

[52] Kuttner, Ecclesia de occultis, p. 232; id. *Kanonistische Schuldlehre*, p. 5.

[53] Sbriccoli, Vidi communiter observari, pp. 231–268; Landau, 'Ne crimina maneant impunita', pp. 25–35; Fiori, 'Quasi denunciante fama', pp. 351–367.

[54] Baccrabère, Visite canonique, cols. 1512–1619; Coulet, *Les visites pastorales*; Ferrante, Modelli di controllo, pp. 335–346.

patristic texts,⁵⁵ but it was during the sixth and seventh centuries that local councils specified visiting duties of bishops. Over time, visitation was intended not only as a means to eradicate immorality or pagan practices, but it also served as a means to physically inspect dioceses, and to, for example, check the conditions of ecclesiastical buildings. Visitations involved the inspection of places, goods, and people (both clerics and laity) who fell under the jurisdiction of a given bishop.

The Carolingian reform of the Church attached the utmost importance to visitations, which led to "a close connection between the visitation and the episcopal synod"⁵⁶ and meant that visitation wasn't only needed for spiritual purposes, but also for carrying out justice. In the Frankish Church, the episcopal court of visitation was referred to as *Sendgericht*, and around 906 abbot Regino of Prüm devoted a renowned law book, the *Libri duo de synodalibus causis* to the synodical procedure.⁵⁷

The episcopal obligation of visiting his diocese annually was revived by the IV Lateran council (c. *Sicut olim*)⁵⁸ and also at later points in time, but it had fallen into disuse when, around the middle of the sixteenth century, the Council of Trent – following the fifteenth-century treatises more or less inspired by Jean Gerson – made visitation a milestone of its reform, and restored it to its original pastoral function.⁵⁹

The history of visitation has been extensively studied,⁶⁰ and it is neither the time nor the place to describe it in detail. On the contrary, it is now time to come to a conclusion, taking into account that the most recent legal historiography has paid specific attention to visitation (and its related procedures, based as they were on hierarchical inspection) as a model of administration, or a model of public

---

55 Smith, *The Canonical Visitation*, p. 21 ff.; Di Paolo, *Verso la modernità*, p. 108 ff.; ead., La centralità della visita, pp. 59–74.
56 Smith, *The Canonical Visitation*, p. 32.
57 Reginonis abbatis Prumiensis *Libri duo de synodalibus causis et disciplinis ecclesiasticis*. See on Regino's canonical collection, among other publications, Hartmann, Zu Effektivität und Aktualität, pp. 33–49; id., Neue Erkenntnisse, pp. 33–59; Siems, In ordine posuimus, pp. 67–90; Dusil, Zur Entstehung und Funktion von Sendgerichten, pp. 369–409; Kéry, Kanonessammlungen, pp. 194–197; Grollmann, Recht und Raum, pp. 79–89.
58 C. 6, *Constitutiones Concilii quarti Lateranensis*, p. 53.
59 On the visitation after the Council of Trent, see Pérouas, Les Visites pastorales, pp. 62–65; Turchini, La visita come strumento, pp. 335–382; Napoli, La visita pastoral, pp. 225–250; id., 'Ratio scripta et lex animata', pp. 131–151; id., La visita pastorale, pp. 99–131.
60 For a non-exhaustive indication of works see above, nt. 54, 55 and 59.

management, to the point of defining the pastoral visit as a "laboratory of administrative normativity".[61]

To conclude, examining the notion of vigilance has led us along a path that started in biblical sources and has ended in the field of law. As a matter of fact, over time the Church has applied the notion of vigilance to different spheres (spiritual, pastoral, legal-administrative), but only gradually has it been transformed from a pastoral commitment to a juridical duty, as it is today.

The different meanings that "vigilance" took on, on one side gave birth to long-term practices and institutes of canon law; on the other side they can be viewed as the models, and indeed archetypes, for the administrative law of modern states.

References

Sources

Alberico da Rosate: *Dictionarium iuris tam civilis quam canonici.* Venice 1573.
Augustinus Hipponensis: *De divinatione daemonum liber unus.* In: Migne, Jacques-Paul (Ed.): *Patrologia Latina* vol. 40. Petit-Montrouge 1805, cols. 581–592.
Bede Vernerable: *Historia Ecclesiastica Gentis Anglorum – Ecclesiastical History.* Volume I, Books 1–3. Transl. by J. E. King. Cambridge, MA 1930.
Bernard of Clairvaux: *Epistolae I. Corpus epistolarum* 1–180. In: *S. Bernardi Opera VII.* Ed. by J. Leclercq and H. Rochais. Rome 1972.
Constitutiones Concilii quarti Lateranensis una cum Commentariis glossatorum. Ed. by A. García y García. Vatican City 1981.
Corpus Iuris Canonici. Ed. Lipsiensis secunda post Aemilii Ludovici Richteri curas ad librorum manu scriptorum et editionis Romanae fidem recognovit et adnotatione critica instruxit Aemilius Friedberg. Leipzig 1879–1881 [repr. Graz 1959]. Pars prima: *Decretum magistri Gratiani;* Pars secunda: *Decretalium collectiones* (including *Decretales Gregorii p. IX. (Liber Extravagantium decretalium); Liber Sextus Decretalium; Clementinae; Extravagantes Ioannis p. XXII.; Extravagantes communes).*
Das Register Gregors VII. Ed. by Erich Caspar. Berlin 1920.
Gregorii I. papae Registrum epistolarum. Ed. by Paul Ewald and Ludwig M. Hartmann. Berlin 1891–1899.
Gregorio Magno: *Regola pastorale.* Ed. by Giuseppe Cremascoli Rome 2008.
Guidonis a Baiiso: *Rosarium seu in Decretorum volumen Commentaria.* Venice 1601.
Henrici de Segusio cardinalis Hostiensis: *Summa Aurea.* Venice 1574.
Hincmar von Reims: *De ordine palatii.* Ed. and transl. by Thomas Gross and Rudolf Schieffer. Hannover 1980.
Innocentius IV (Sinibaldus Fliscus): *Apparatus in quinque libros Decretalium.* Frankfurt am Main 1570.
Iohannes Theutonicus – Bartholomaeus Brixiensis: *Glossa ordinaria, Decretum Gratiani emendatum et notationibus illustratum.* Rome 1582.

---

61 Napoli, La visita pastoral, p. 225.

Johannes Andreae: *In quintum Decretalium librum Novella Commentaria.* Venice 1581.
Nicolai II: *Concilium Lateranense prius.* 1059 Apr., n. 384. *Synodica generalis.* In Monumenta Germaniae Historica, Constitutiones 1. Ed. by Ludwig Weiland. Hannover 1893, pp. 546–548.
Petrus de Ancharano: *Super Quinto Decretalium facundissima Commentaria.* Bologna 1581.
Reginonis abbatis Prumiensis: *Libri duo de synodalibus causis et disciplinis ecclesiasticis.* Ed. by Friedrich Wilhelm August Wasserschleben. Leipzig 1840.
Rufinus von Bologna: *Summa Decretorum.* Ed. by H. Singer. Paderborn 1902 [repr. Aalen 1963].
S. Thomas Aquinatis: *Secunda Secundae Summe theologiae.* In: *Sancti Thomae Aquinatis Opera omnia iussu edita Leonis XIII P.M.* Vol. VIII: *Ex Typographia Polyglotta S. C. De Propaganda Fide.* Rome 1895.

Secondary literature

Arcidiacono, Luigi: *La vigilanza nel diritto pubblico. Aspetti problematici e profili ricostruttivi.* Padova 1984.
Arnaldi, Girolamo: Gregorio Magno e la giustizia. In: *La giustizia nell'alto medioevo, secoli V–VIII.* Spoleto 1 (1995), pp. 57–102.
Baccrabère, Georges: Visite canonique de l'évêque, du supérieur religieux, du vicaire forain. In: Naz, Raoul (Ed.): *Dictionnaire de droit canonique.* Vol. 7. Paris 1965, cols. 1512–1619.
Bellini, Piero: *'Denunciatio evangelica' e 'denunciatio judicialis privata'. Un capitolo di storia disciplinare della Chiesa.* Milano 1986.
Blaise, Albert: *Le vocabulaire latin des principaux thèmes liturgiques.* Turnhout 1966.
Booker, Courtney M.: *Past Convictions: The Penance of Louis the Pious and the Decline of the Carolingians.* Philadelphia 2009.
Booker, Courtney M.: The Public Penance of Louis the Pious: A New Edition of the Episcoporum de Poenitentia, Quam Hludowicus Imperator Professus Est, Relatio Compendiensis (833). In: *Viator* 39 (2008), pp. 1–20.
Coulet, Noël: *Les visites pastorales.* Turnhout[2] 1985.
Craun, Edwin D.: *Ethics and Power in Medieval English Reformist Writing.* Cambridge 2010.
Damizia, Giuseppe: Il 'Registrum epistolarum' di San Gregorio Magno e il 'Corpus Iuris Civilis'. In: *Benedectina* 2 (1948), pp. 196–226.
de Jong, Mayke: *The Penitential State: Authority and Atonement in the Age of Louis the Pious, 814–840.* Cambridge 2009.
Delgado Galindo, Miguel: L'exercice de la vigilance de l'autorité ecclésiastique à l'égard des associations de fidèles. In: *L'Année canonique* 52 (2010), pp. 257–270.
Di Paolo, Silvia: La centralità della visita nella prassi canonica medievale. In: De Benedetto, Maria (Ed.): *Visite canoniche e ispezioni. Un confronto.* Torino 2019, pp. 59–74.
Di Paolo, Silvia: *Verso la modernità giuridica della Chiesa. Giovanni Francesco Pavini (ca. 1424–1485): la stampa, le decisiones, le extravagantes e la disciplina amministrativa.* Rome 2018.
Dusil, Stephan: Zur Entstehung und Funktion von Sendgerichten. Beobachtungen bei Regino von Prüm und in seinem Umfeld. In: Condorelli, Orazio/Roumy, Frank/Schmoeckel, Mathias (Eds.): *Der Einfluss der Kanonistik auf die europäische Rechtskultur.* Vol 3: *Straf- und Strafprozessrecht.* Cologne 2012, pp. 369–409.

Fabene, Fabio: La funzione di vigilanza del vescovo diocesano. In: 'Vitam impendere magisterio'. Profilo intellettuale e scritti in onore dei professori Reginaldo M. Pizzorni, O.P. e Giuseppe Di Mattia, O.F.M. Conv. Vatican City 1993, pp. 207–232.

Fabene, Fabio: Vigilancia (derecho y deber de). In: Otaduy, Javier/Viana, Antonio/Sedano, Joaquín (Eds.): Diccionario General de Derecho Canónico. Vol. 7. Navarra 2012, pp. 902–905.

Fantappiè, Carlo: L'amministrazione nella Chiesa, dal Corpus Iuris Canonici al Codex del 1917. In: Wroceński, Józef/Stokłosa, Marek (Eds.): La funzione amministrativa nell'ordinamento canonico = Administrative function in canon law = Administracja w prawie kanonicznym. XIV Congresso Internazionale di Diritto Canonico, Varsavia, 14–18 settembre 2011. Vol. 1. Warsaw 2012, pp. 125–153.

Ferrante, Riccardo: Modelli di controllo in età medievale: note su visita e sindacato tra disciplina canonistica e dottrina giuridica. In Maffei, Paola/Varanini, Gian Maria (Eds.): Honos alit artes. Studi per il settantesimo compleanno di Mario Ascheri. Vol. 1. Florence 2014, pp. 335–346.

Ferraris, Lucio: Vigilia. In: Ferraris, Lucio: Prompta Bibliotheca canonica, juridica, moralis, theologica. Vol. 7. Petit-Montrouge 1858 [first ed. Bologna 1746], cols. 1183–1192.

Ferraris, Lucio: Visitare, visitatio, visitator. In: Ferraris, Lucio: Prompta Bibliotheca canonica, juridica, moralis, theologica. Vol. 7. Petit-Montrouge 1858 [first ed. Bologna 1746], cols. 1231–1276.

Fiori, Antonia: La decretale 'Si culpa tua' e la responsabilità degli enti morali nel diritto canonico classico. In: Baura, Eduardo/Puig, Fernando (Eds.): La responsabilità giuridica degli enti ecclesiastici. Milan 2020, pp. 33–76.

Fiori, Antonia: 'Quasi denunciante fama': note sull'introduzione del processo tra rito accusatorio e inquisitorio. In: Condorelli, Orazio/Roumy, Frank/Schmoeckel, Mathias (Eds.): Der Einfluss der Kanonistik auf die europäische Rechtskultur. Vol 3: Straf- und Strafprozessrecht. Cologne 2012, pp. 351–367.

Floryszczak, Silke: Die Regula Pastoralis Gregors des Großen. Studien zu Text, kirchenpolitischer Bedeutung und Rezeption in der Karolingerzeit. Tübingen 2005.

Forbis, Elizabth: Municipal Virtues in the Roman Empire. The Evidence of Italian Honorary Inscriptions. Stuttgart/Leipzig 1996.

Forcellini, Egidio: Lexicon totius latinitatis. 4 Vols. Padova 1864–87 [reprint Bologna 1940].

Gaudemet, Jean: Patristique et Pastorale. La contribution de Grégoire le Grand au 'Miroir de l'Evêque' dans le Décret de Gratien. In: Études d'histoire du droit canonique dédiées à Gabriel Le Bras. Vol. 1. Paris 1964, pp. 129–139.

Gauthier, Albert: L'utilisation du droit romain dans la lettre de Grégoire le Grand à Jean le Défenseur. In: Angelicum 54 (1977), pp. 417–428.

Gessel, Wilhelm M.: Reform am Haupt. Die Pastoralregel Gregors des Großen und die Besetzung von Bischofsstühlen. In: Weitlauff, Manfred/Hausberger, Karl (Eds.): Papsttum und Kirchenreform. Festschrift für Georg Schwaiger zum 65. Geburtstag. St. Ottilien 1990, pp. 17–36.

Gherri, Paolo: Episkopé e vigilanza amministrativa nell'ordinamento canonico. In: De Benedetto, Maria (Ed.): Visite canoniche e ispezioni. Un confronto. Turin 2019, pp. 77–100.

Giordano, Lisania: Giustizia e potere giudiziario ecclesiastico nell'Epistolario di Gregorio Magno. Bari 1997.

Grollmann, Felix: Recht und Raum zwischen Karolinger- und Ottonenzeit. Zum Sendhandbuch des Abtes Regino von Prüm. In: Martine, Tristan/Nowak, Jessika/Schneider, Jens (Eds.): Espaces ecclésiastiques et seigneuries laïques (IXe–XIIIe siècle). Paris 2021, pp. 79–89.

Hartmann, Wilfried: Neue Erkenntnisse aus der Arbeit an der Edition des Sendhandbuchs Reginos von Prüm. In: Bulletin of medieval canon law 34 (2017), pp. 33–59.

Hartmann, Wilfried: Zu Effektivität und Aktualität von Reginos Sendhandbuch. In: Müller, Wolfgang P./Sommar, Mary E. (Eds.): *Medieval Church Law and the Origins of the Western Legal Tradition. A Tribute to Kenneth Pennington.* Washington 2006, pp. 33-49.

Heinz, Hanspeter: Der Bischofsspiegel des Mittelalters. Zur Regula pastoralis Gregors des Großen. In: Ziegenaus, Anton (Ed.): *Sendung und Dienst im bischöflichen Amt. Festschrift der Katholisch-Theologischen Fakultät der Universität Augsburg für Bischof Josef Stimpfle zum 75. Geburtstag.* St. Ottilien 1991, pp. 113-35.

Jaffé, Philipp/Herbers, Klaus: *Regesta Pontificum Romanorum. Tomus quartus (ab a. MXXIV usque ad a. MLXXIII).* Göttingen 2020.

Judic, Bruno: Il vescovo secondo Gregorio Magno. In: Leonardi, Claudio (Ed.): *Gregorio Magno e le origini dell'Europa.* Florence 2014, pp. 269-290.

Judic, Bruno: Introduction. In: Gregoire le Grand: *Règle pastorale.* Vol. 1. Texte critique de F. Rommel. Paris 1992, pp. 1-72.

Kéry, Lotte: Kanonessammlungen aus dem lotharingischen Raum. In: Herbers, Klaus/Müller, Harald (Eds.): *Lotharingien und das Papsttum im Früh- und Hochmittelalter. Wechselwirkungen im Grenzraum zwischen Germania und Gallia.* Berlin/Boston 2017, pp. 189-212.

Kolmer, Lothar: Die 'denunciatio canonica' als Instrument im Kampf um den rechten Glauben. In: Jerouschek, Günter/Marßolek, Inge/Röckelein, Hedwig (Eds.): *Denunziation. Historische, juristische und psychologische Aspekte.* Tübingen 1997, pp. 26-47.

Kuttner, Stephan: 'Ecclesia de occultis non iudicat'. Problemata ex doctrina poenali decretistarum et decretalistarum a Gratiano usque ad Gregorium PP. IX. In: *Acta Congressus iuridici internationalis.* Roma 1936, vol. 3 pp. 225-246.

Kuttner, Stephan: *Kanonistische Schuldlehre von Gratian bis auf die Dekretalen Gregors IX. systematisch auf Grund der handschriftlichen Quellen dargestellt.* Vatican City 1935.

Landau, Peter: 'Ne crimina maneant impunita'. Zur Entstehung des öffentlichen Strafanspruchs in der Rechtswissenschaft des 12. Jahrhunderts. In: Condorelli, Orazio/Roumy, Frank/Schmoeckel, Mathias (Eds.): *Der Einfluss der Kanonistik auf die europäische Rechtskultur.* Vol 3: *Straf- und Strafprozessrecht.* Cologne 2012, pp. 25-35.

Larson, Atria A.: Lateran IV's Decree on Confession, Gratian's De Penitentia, Confession to One's Sacerdos Proprius: A Re-Evaluation of Omnis Utriusque in Its Canonistic Context. In: *The Catholic Historical Review* 104 (2018), pp. 415-437.

Lauwers, Michel: Prêcher, corriger, juger: à propos des usages de la 'correction', entre habitus monastique et droit ecclésiastique (IXe-XIIIe siècle). In: Gaffuri, Laura/Parrinello, Rosa Maria (Eds.): *Verbum e ius. Predicazione e sistemi giuridici nell'Occidente medievale / Preaching and legal Frameworks in the Middle Ages.* Florence 2018, pp. 109-129.

Lavenia, Vincenzo: *L'infamia e il perdono. Tributi, pene e confessione nella teologia morale della prima età moderna.* Bologna 2004.

López Segovia, C.: Instrumentos jurídico-canónicos para la vigilancia de las entidades eclesiales en las iglesias particulares. In: *Anuario de Derecho Canónico* 8 (2019), pp. 15-87

Napoli, Paolo: 'Ratio scripta et lex animata'. Jean Gerson et la visite pastorale. In: Giavarini, Laurence (Ed.) : *L'écriture des juristes (XVIe-XVIIIe siècle).* Paris 2010, pp. 131-151.

Napoli, Paolo: La visita pastoral: un laboratorio de la normatividad administrativa. In: Conte, Emanuele/Madero, Marta (Eds.): *Procesos, inquisiciones, pruebas. Homenaje a Mario Sbriccoli.* Buenos Aires 2009, pp. 225-250.

Napoli, Paolo: La visita pastorale tra ratio scripta e lex animata, In: De Benedetto, Maria (Ed.): *Visite canoniche e ispezioni. Un confronto.* Turin 2019, pp. 99-131.

Naz, Raoul: Vigilance. In: Naz, Raoul (Ed.): *Dictionnaire de droit canonique*. Vol. 7. Paris 1965, col. 1504.

Padoa Schioppa, Antonio: Il rispetto della legalità nelle Lettere di Gregorio Magno. In: Condorelli, Orazio/Roumy, Frank/Schmoeckel, Mathias (Eds.): *Der Einfluss der Kanonistik auf die europäische Rechtskultur.* Vol 1: *Zivil- und Zivilprozessrecht.* Cologne 2009, pp. 25–32.

Paronetto, Vera: Connotazione del "pastor" nell'opera di Gregorio Magno. Teoria e prassi. In: *Benedectina* 31 (1984), pp. 325–343.

Pastore, Stefania: A proposito di Matteo 18, 15. Correctio fraterna e Inquisizione nella Spagna del Cinquecento. In: *Rivista Storica Italiana* 113 (2001), pp. 323–368.

Pellegrini, Pietrina: L'ordo clericorum in Gregorio Magno: identità, rappresentazione, storia. In: *Annali di studi religiosi* 4 (2003), pp. 505–557.

Pérouas, Louis: Les Visites pastorales aux xviie siècle et xviiie siècles. Leur intérêt pour une histoire de la Pastorale. In: *Revue d'Histoire de l'Église de France* 154 (1969), pp. 62–65.

Picasso, Giorgio: Diritto canonico. In: Cremascoli, Giuseppe/Degl'Innocenti, Antonella (Eds.): *Enciclopedia gregoriana. La vita, l'opera e la fortuna di Gregorio Magno.* Florence 2008, pp. 94–96.

Picasso, Giorgio: Diritto romano. In: Cremascoli, Giuseppe/Degl'Innocenti, Antonella (Eds.): *Enciclopedia gregoriana. La vita, l'opera e la fortuna di Gregorio Magno.* Florence 2008, pp. 96–97.

Prodi, Paolo: *Una storia della giustizia. Dal pluralismo dei fori al moderno dualismo tra coscienza e diritto.* Bologna 2000.

Sbriccoli, Mario: 'Vidi communiter observari'. L'emersione di un ordine penale pubblico nelle città italiane del secolo XIII. In: *Quaderni fiorentini per la storia del pensiero giuridico moderno* 27 (1998), pp. 231–268.

Schieffer, Rudolf: *Die Entstehung des päpstlichen Investiturverbots für den deutschen König.* Stuttgart 1981.

Siems, Harald: In ordine posuimus: Begrifflichkeit und Rechtsanwendung in Reginos Sendhandbuch, in: Hartmann, Wilfried (Ed.): *Recht und Gericht in Kirche und Welt um 900.* Munich 2007, pp. 67–90.

Smith, Gregory N.: *The Canonical Visitation of Parishes. History, Law, and Contemporary Concerns.* Rome 2008.

Speigl, Jakob: Die Pastoralregel Gregors des Großen. In: *Römische Quartalschrift für christliche Altertumskunde und Kirchengeschichte* 88 (1993), pp. 59–76.

Stipo, Massimo: Vigilanza e tutela (dir. amm.). In: *Enciclopedia giuridica.* Vol. 32. Rome 1994, pp. 1–7.

Turchini, Angelo: La visita come strumento di governo del territorio. In: Prodi, Paolo/Reinhard, Wolfgang (Eds.): *Il concilio di Trento e il moderno.* Bologna 1996, pp. 335–382.

Valdrini, Patrick: Doveri (generali) di vigilanza e incarichi (puntuali) di visita nell'ordinamento canonico. In: De Benedetto, Maria (Ed.): *Visite canoniche e ispezioni. Un confronto.* Turin 2019, pp. 133–141.

Valentini, Stelio: Vigilanza (dir. amm.). In: *Enciclopedia del diritto.* Vol 46. Milano 1993, pp. 702–710.

Wasselynck, René: Présence de Saint Grégoire le Grand dans les recueils canoniques (X^e–XIIe siècles). In: *Mélanges de science religieuse* 22 (1965), pp. 205–219.

Zuanazzi, Ilaria: *'Praesis ut prosis'. La funzione amministrativa nella diakonía della Chiesa.* Naples 2005.

Beate Kellner
Examining the Soul. Guidelines for Penitence and Confession in a Late-Medieval Vernacular Companion on the Soul

The Fourth Lateran Council of 1215 and its Effects – An Outline

In 1215, the Fourth Lateran Council ruled that all Christians should confess to a priest at least once a year.[1] It was the first time that a general council had issued such a far-reaching decree on penance, and one that was valid for the entire church. This obligation to confess annually was supervised far more strictly than it had been up to that time,[2] and those who chose not to comply were soon penalised.[3] This institutional development not only resulted in confession and penance taking on a more significant role, but in an increased importance being placed upon the differentiating and juridification of sins, too.[4]

Counter to this development of the institutionalisation of penance and the external supervision of penitents, the emphasis on the evaluation of sins as mere external acts shifted, especially from the 12th century onwards, and, instead, the intentions behind them and the circumstances that accompanied them were examined in more detail. Generally speaking, this caused a movement away from a more material understanding of sin – which was widespread during the

---

Note: This article is based on the German paper: Kellner, Beate: Erforschung der Seele. Anleitung zur Beichte und Buße in einem volkssprachlichen Seelenratgeber des Späten Mittelalters. In: Butz, Magdalena/Kellner, Beate/Reichlin, Susanne/Rugel, Agnes (Eds.): *Sündenerkenntnis, Reue und Beichte. Konstellationen der Selbstbeobachtung und Fremdbeobachtung in der mittelalterlichen volkssprachlichen Literatur.* (ZfdPh Sonderheft 141). Berlin 2022, pp. 195–228.

1 Cf. Kellner/Reichlin, Wachsame Selbst- und Fremdbeobachtung.
2 Cf. Mortimer, *Origins of Private Penance*.
3 Cf. Browe, Pflichtbeichte, pp. 335–383; Mortimer, *Origins of Private Penance*; Tentler, *Sin and Confession*, pp. 21–27; Delumeau, *Le péché et la peur*, pp. 218–221; Meßner, Feiern der Umkehr, p. 174 f.; Ohst, *Pflichtbeichte*; Hahn, Soziologie der Beichte, pp. 201–209.
4 This resonates with the genre of the *summae confessorum*, which came into being in the 13th century. Cf. Tentler, The Summa for Confessors, pp. 103–126; Boyle, Summa Confessorum, pp. 227–237; Trusen, Forum internum, pp. 83–126.

Open Access. © 2023 bei den Autorinnen und Autoren, publiziert von De Gruyter. Dieses Werk ist lizenziert unter einer Creative Commons Namensnennung 4.0 International Lizenz.
https://doi.org/10.1515/9783111026480-006

early Middle Ages and meant that sin was something that afflicted people externally – to the notion of sin as something that befell an individual at the level of the soul and thus, accordingly, necessitated individual introspection. The development of Christian morality based upon intentionalism in the 12th century is associated with Peter Abaelard in particular,[5] but the tendency to internalise the conception of sin and to take the intentions and circumstances of a given sin into account is expounded upon broadly and is also based on older approaches to pastoral theology.[6]

The simultaneous revaluation of the importance of remorse and the examination of conscience for confession must also be taken into account here.[7] Remorse (as *contritio cordis* or at least as *attritio cordis*) became a prerequisite for confession, but a confessor could only feel true remorse if he or she conducted a thorough investigation of conscience. In monastic circles in particular, the question of conscience was not primarily a philosophical one, as in scholasticism, but one pertaining to a *vita religiosa*. Since *conscientia* was a matter of practice rather than theory, the concept of *conscientia* was often not defined as precisely in pastoral paraenetic writings as it was in scholasticism. In many cases, *conscientia* was used interchangeably with the term soul or with that which can be described as the inner of an individual.[8] Even though various classification schemes were established in order to categorise and differentiate between different types of conscience in the Middle Ages – so that those willing to repent could better, and, indeed, in a more nuanced fashion, comply with its examination[9] – the overarching belief that human judgment was constitutively uncertain, as the heart of man was considered to be guileful and inscrutable (cf. Jer 17:9), while God alone was able to see into the hearts of men and to examine their kidneys (cf. Jer 17:10), still prevailed. Therefore, even if an individual were to examine his or her conscience with the utmost care, the possibility of salvation was one that remained uncertain.[10] Even if an individual was not aware of having been guilty of commit-

---

5 Cf. Abaelard, *Scito te ipsum / Erkenne dich selbst*.
6 Cf. Vogel, *Le pécheur et la pénitence au moyen âge*; Payen, *Le motif du repentir dans la littérature française médiévale*, pp. 17–93; Hahn, Soziologie der Beichte, pp. 198–201; Hahn, Sakramentale Kontrolle, pp. 246–248; Meßner, Feiern der Umkehr, pp. 172–174; Feistner, Beichtliteratur des Hoch- und Spätmittelalters, pp. 1–17.
7 Cf. on the development of the concept of conscience e.g. Chénu, *L'éveil de la conscience dans la civilisation médiévale*; Stelzenberger, *Syneidesis, conscientia, Gewissen*; Reiner, Gewissen, col. 574–592; Störmer-Caysa (Ed.), *Über das Gewissen*; von Moos, "Herzensgeheimnisse", pp. 89–109; Störmer-Caysa, *Gewissen und Buch*; Breitenstein, *Vier Arten des Gewissens*.
8 Cf. Breitenstein, *Vier Arten des Gewissens*, pp. 34–40.
9 Cf. ibid., pp. 41–57.
10 Cf. Grosse, *Heilsungewißheit und Scrupulositas im späten Mittelalter*.

ting any sins, he or she would not know whether God's grace would shine upon them in the face of divine judgment (cf. 1 Cor 4:4).

This dilemma in turn gave rise to a need for reassurance, which increased the urgency for further confession, something which could, however, also bring about further interiorisation and, potentially, a more in-depth and accurate examination of conscience. It also resulted in persistent doubts. Had one remembered all the sins one had committed? Had one mentally (as well as orally during the act of confession itself) recorded them? And had correct distinctions between venial sins and mortal sins been drawn? If one were to manage to navigate one's way through this casuistry of sins, the question still remained as to whether one would be able to repent enough, and whether one's remorse would, ultimately, be regarded as sincere enough by God. In the worst case, these doubts could engender the capital sin of despair, thus exposing the sinner to damnation all the more, but they could also, in a somewhat weakened form, lead to scruples.

Scrupus translates as rough stone, *scrupulus* as little stone, one that is light in weight, but hard and pointed and therefore oppressive, it stands for that which causes worry, as well as the taking care of it. Scruples can lead to pusillanimousness, *pusillanimitas*, as well as to confusion, *perplexitas*. Since scruples can generate and feed on scruples, a *circulus vitiosus* is created in which man becomes entangled. Within this circle, this exaggerated busyness of self-monitoring can turn into inaction, causing paralysis and inertia, *acedia*, to arise from *perplexitas*.[11] As a result, all useful introspection grinds to a halt and it becomes apparent just how thin the line between virtue and vice is. They can become almost indistinguishable, making any form of complete observation of the self arduous and, ultimately, impossible.

In these types of situations, both clerics and monks, but laymen, too, were in need not only of consolation, but also admonition, which meant that consolatory writing flourished as a genre during the late Middle Ages. An abundance of paraenetic texts was also written, in which confession and penance were called for and instructions on how they were to be carried out given. Penitents thus not only had lists and tables highlighting a whole range of sins at their disposal, confession and penance were also dealt with in numerous ways in sermons, cautionary tales and legends, as well as in catechetical, allegorical and tract-like texts. In the following, the main focus of this paper will be the text *Der Seele Rat*, which can be translated as *A Companion on the Soul* and is believed to date from the late 13th century. I am going to demonstrate how the outlined discourse on penance and confession was taken up and shaped in the German vernacular of the Middle Ages.

---

11 Cf. ibid., pp. 9–34.

A Companion on the Soul – Introduction to the Text

Der Seele Rat was written by Heinrich von Burgeis (Hainreich von Purgews, 6541),[12] who, although considered to be a member of the Franciscan order in older research, is now viewed as the first prior of the Dominican monastery of Bolzano today.[13] At the end of the text, Henry asks his listeners and readers to remember him. He hopes that they will all be admitted into heaven together:

> Hie endet sich der selen rat;
> Also haist dicz puechlein.
> Wer es hor oder les, der gedenkch mein!
> Des pit ich prueder Hainreich von Purgews
> Durich das ew Got in das haws
> Lasse froleichen komen
> Davon ir oft habt vernomen.
> Amen amen, lieber herre Got,
> Las an uns erfolt werden deinew gepot!
> Hie endet sich der selen rat,
> Got helf uns zu seiner trinitat!
> (6538–6548)

The author labels his text a companion on the soul. It is a paraenetic text about the sacrament of penance, repentance and conscience, confession and atonement. It shows how a soul entangled in sin can be freed from this entanglement through the acts of confession and penance. By being subjected to active and continuous repentance, the soul dies and witnesses how it is tried after its death, and how good and evil wrestle over ownership of it. Although devils may claim that they, too, have a right to the soul, it is exonerated through the examination of conscience and the practice of penance, and can, finally, begin its journey to heaven, guided by the archangel Michael:

> Nu vare, du edle Gottes traut,
> Des himlischen kunigs praut,

---

[12] Quotations referring to lines in the text according to Rosenfeld (Ed.), *Heinrich von Burgus, Der Seele Rat*.
[13] Cf. Felip-Jaud/Siller (Eds.), *Heinrich von Burgeis: Der Seele Rat. Symposium*; on the question of authorship cf. ibid. Siller, Die Ministerialen von Burgeis und der Dichter Heinrich von Burgeis, pp. 15–132. Cf. on the former view of the author as a member of the Franciscan order Kesting, Heinrich von Burgeis (Burgus), col. 706f., with documentation of older research contributions.

> Du vil raine sel,
> Mit dem gueten sand Michel
> In das ewig reich,
> Wann du vil weisleich
> Gepuesset hast in dieser welt!
> Var nach dem gelt
> Der dir von Got perait ist,
> Wan du des wol wert pist!
> Var in deines vaters reich, [...]
> Da sich mit frewden leczet
> Dew sel, wan sy wirt ergeczet
> Laides und grosser sorgen,
> Da ir wirt der guet morgen
> Von Got gegeben der nicht zergat
> Und ymmer werent an ende stat!
> (6475–6496)

The allegorical figure Penance here tells the soul that the eternal joys and delights on offer in paradise will compensate for all its earthly suffering. The connection between the practicing of repentance and the reward a soul will thus earn is made explicit. Through the notion that the soul is now worthy of entering heaven (6484) and by the semantics of *ergeczen* (6492) and *entgelten* (6482), an economy of salvation is revealed according to which admission into paradise is determined. The text, however, does not follow this simple logic, instead making it apparent in a more differentiated fashion that the soul is confronted with difficulties on its journey to its final destination, demonstrating how complex the relationship between sin, repentance and grace is, and underlining just how much the soul is repeatedly torn back and forth between hope, consolation and ever-threatening despair. In accordance with the *Song of Songs*, the soul is viewed as the bride of Christ, who may return to her spouse after death. The allegorical figure of the soul is given a promise that it will not only see Jesus Christ and Mary, the Mother of God, but also the saints alongside them (6497–6532).

Der Seele Rat is preserved solely in a single manuscript dating from the middle of the 15th century and is housed in the seminary library in Brixen (Cod. R. 7).[14] A tract on the crucifixion of Christ (f. 1[r]–71[v]), which has been handed down many times, is followed by ten blank pages and then *Der Seele Rat* (f. 82[r]–186[r]).[15] The

---

14 Cf. on this Rosenfeld (Ed.), *Heinrich von Burgus, Der Seele Rat*, Einleitung, pp. VII–XLVIII, here: p. VIIf.; cf. as well Stampfer, Die Brixner Handschrift von Heinrichs von Burgeis 'Seelenrat', pp. 133–143.
15 Possibly, as was first suspected by Rosenfeld, the original only existed in fragments. The order of the text of *Der Seele Rat* is jumbled in the manuscript due to an incorrect combination of the

gap was probably left so that the non-existent beginning of the text could be added at a later date. The aforementioned texts are followed by 15 Latin prayers that can also frequently be found in other manuscripts dating from that time, and that have been attributed to St. Birgitta of Sweden, as well as two other shorter Latin prayers (f. 186ᵛ–189ʳ). This ordering of texts based on spiritual content makes perfect sense, but the two parts of the manuscript, separated by blank pages, did not originally belong together.[16] Traces of use show that the manuscript had been repeatedly read. The interest in it over time becomes tangible, too, when one views the various entries made by those who owned it,[17] as well as in the reference to *Der Seele Rat* in the so-called "letter of honor" written by Püterich von Reichertshausen in the 15ᵗʰ century.[18]

To date, scholars have paid little attention to this text. Even though Oswald Zingerle, who first rediscovered the manuscript, classed it as belonging to the best that didactic poetry had to offer at that time,[19] the pejorative comments made by the editor Hans-Friedrich Rosenfeld tainted the author's name for years,[20] leading to a lasting disregard of his work. After Edith Feistner pointed out the potential of the text, placing it within the context of German-language confessional literature,[21] a recent volume edited by Elisabeth De Felip-Jaud and Max Siller views the author in a fresh light and, above all, dedicates itself to examining *Der Seele Rat* in its local-historical, contemporary-historical, and literary-historical contexts.[22] Since an in-depth literary analysis[23] with regards to contemporary penitential and confessional discourses is not carried out here, a full investigation will be undertaken in the following.

---

various layers. Cf. Rosenfeld (Ed.), *Heinrich von Burgus, Der Seele Rat*, Einleitung, p. IXf.; cf. Stampfer, Die Brixner Handschrift von Heinrichs von Burgeis 'Seelenrat', p. 136.

16 Cf. Rosenfeld (Ed.), *Heinrich von Burgus, Der Seele Rat*, Einleitung, p. VIIf.; Stampfer, Die Brixner Handschrift von Heinrichs von Burgeis 'Seelenrat', p. 137.

17 Cf. Rosenfeld (Ed.), *Heinrich von Burgus, Der Seele Rat*, Einleitung, pp. X–XII; Stampfer, Die Brixner Handschrift von Heinrichs von Burgeis 'Seelenrat', pp. 138–142.

18 Cf. Rosenfeld (Ed.), *Heinrich von Burgus, Der Seele Rat*, Einleitung, p. XXVII.; Stampfer, Die Brixner Handschrift von Heinrichs von Burgeis 'Seelenrat', p. 138, p. 140.

19 Cf. Zingerle, *Anzeiger*, col. 64.

20 Cf. Rosenfeld (Ed.), *Heinrich von Burgus, Der Seele Rat*, Einleitung, p. XXVIf., where it is stated that the author lacks 'creative will and talent for form' (p. XXVIf.) as well as 'originality' (p. XXVII). At the same time, the editor complained about the text's 'repetitive loquacity' (ibid.) and 'poverty of expression' (ibid.).

21 Cf. Feistner, Beichtliteratur des Hoch- und Spätmittelalters, p. 9f.

22 Cf. Felip-Jaud/Siller (Eds.), *Heinrich von Burgeis: Der Seele Rat. Symposium*.

23 On narrative aspects cf. the remarks made by El-Assil, Narrative Dynamik im 'Seelenrat' Heinrichs von Burgeis, pp. 271–279.

First of all, it should be emphasised that this is an allegorical representation of the sacrament of penance, in which various entities appear as female personifications and provide assistance to the soul with regard to its fate in the afterlife. In addition to the female figures of Remorse, Confession and Penance, who can be ascribed to the three parts of penance: *contritio/attritio cordis, confessio oris* and *satisfactio operis*, the personifications of a Fear of God and of Conscience also play an important role in the preparation and performance of confession and penance. The fact that the tendency to internalise the problem of repentance can be observed from as early on as the 12th century, is implemented in an innovative way in the allegorical narrative in *Der Seele Rat*. This is not only shown by the importance of remorse and conscience, but also by the fact that all acts performed by the aforementioned characters take place within the soul. Even the sins are present within the soul and are no longer entities that afflict from the outside. Edith Feistner demonstrated how much *Der Seele Rat* thus differs from older texts such as the *Millstätter Sündenklage* or the *Vorauer Sündenklage* and their different understanding of sin.[24]

If we look at the genre of the text, we notice that it is not unlike a medieval play with its abundance of parts containing dialogue and the staging of individual judgment; moreover, it also touches upon Latin and German sermons numerous times.[25] Furthermore, the affectionate addressing of the soul by the allegorical figures (e.g. "liebe sele", 555; cf. 610; "Mein vil liebew", 862; "Liebe", 1325) and the emotionality within the dialogues between the female figures of Confession and Penance ("liebe gespil", 1245; cf. 1272) most definitely exhibits traits frequently found within courtly literature and, in particular, in allegorical Minnerede.[26] The struggle of the devils and their opposing powers for the soul is reminiscent of the notion of psychomachy put forward by Prudentius, which had an important impact on poetry in the Middle Ages.[27] In addition, a number of elements of the court scene can be found in visionary texts and cautionary tales. That *Der Seele Rat* echoes

---

24 Cf. Feistner, Beichtliteratur des Hoch- und Spätmittelalters, p. 2, p. 8f.
25 Rosenfeld (Ed.), *Heinrich von Burgus, Der Seele Rat*, Einleitung, p. XLVII, in particular refers to numerous passages which can either directly or indirectly be traced back to sermons by Brother Berthold.
26 It is also fitting that ointment as an attribute is assigned to Penance (cf. 1103), one which traditionally also belongs to Frau Minne.
27 See for example Alanus ab Insulis, *Anticlaudianus*, which was often adapted to vernacular languages in the Middle Ages. Cf. now: Bezner/Kellner (Eds.), *Alanus ab Insulis und das europäische Mittelalter.*

summae confessorum and penitentials is obvious from the text's theme, however an exact source has not yet been found.[28]

Guidance for the Soul: Techniques and Tools for Examining the Conscience – The Soul Trapped between Consolation and Anxiety

Since the opening part is lost, the text begins abruptly with a long monologue by the allegorical female figure Confession. She laments all mortal sins and their consequences, goes into detail about *gîtekeit (avaritia), frâzheit (gula)*, and *unkiusche (luxuria)*, and explains how the sins diverge and what calls them into existence (1–1118). From a retrospective and summary passage of her speech, it can be inferred that she originally discussed all the major sins: "Nu hab ich, liebe sele, dir, / Als Got hat verlichen mir, / Die haubt sunde gesaget / Und kurczlich von in geklaget" (555–558). Presumably, the seven mortal sins may have been used as a foundation but based on the enumeration of sins in a later passage (6078–6081), an eighth has been added.[29]

It is evident from the accusatory tone of her lamentations that Confession is conceived as a vigilant entity, one who, whilst wanting to help, can also threaten. When the author has Confession deal with adultery and unchastity, robbery, ill-gotten gains, fraud in trade, usury and lying, as well as the sins of peasants dependent on lords of the manor, this serves to further fill out the register of sins. At the same time, however, the local historical background of the text emerges quite vividly

---

[28] It is particularly interesting to compare the text to other allegorical works of the Middle Ages in which penance plays a central role. On this and on the various historical relationships within the genre cf. already Rosenfeld (Ed.), *Heinrich von Burgus, Der Seele Rat*, Einleitung, pp. XXIX–XLVII. See also Moser, Problemkreis der Sünde bei Heinrich von Burgeis und Oswald von Wolkenstein, pp. 291–311; Adams, The Confessions of Faus Semblant and Nature in the 'Roman de la Rose', pp. 323–332; Amann, Dominikanische Laienseelsorge in der (alemannischen) Provinz, pp. 333–353; Andreose, Sogni allegorici nella letteratura francese e italiana del Medioevo, pp. 355–374; Bertagnolli, Literatur für Laien in den mittelalterlichen Niederlanden, pp. 375–385; Ferrari, Die schwedische geistlich-didaktische Literatur des Mittelalters, pp. 387–396; Harris, Heinrich von Burgeis in komparatistischer Sicht, pp. 397–410, with further references.
[29] Cf. Rosenfeld (Ed.), *Heinrich von Burgus, Der Seele Rat*, Einleitung, p. XXVIII. Cf. with regards to the deadly sins in the *Seelenrat*, too, Frey: Alle zeit zu gueten dingen (Vers 967). Die Todsünden und ein gutes Leben im 'Seelenrat', pp. 281–290.

when detailed references are made to merchants, trade and agriculture.[30] Since the text repeatedly deals with fraud committed by peasants against their lords of the manor, for example, when it mentions possible misdemeanours relating to the pruning of vines or the preparation of cheese, misdemeanours which reduce taxes paid to these lords,[31] it can be concluded that the text is primarily oriented towards the interests of the nobility and was probably intended mainly for noblemen.

Confession once again addresses the soul; and her admonitions to listen well and to pay attention refer to it: "Der merkche eben und hor zu!" (e.g. 222). On a second level, not only is the one soul in the text referred to, but the readers and listeners of the text are addressed and with them every soul and every sinner. For example, after using the rich man and poor Lazarus as an example (162–195), Confession states the following: "Das merkche, reicher, wer du pist: / Wildu hie mit vollen leben / Und den armen nicht geben, / So chumbstu in die arbait / Dew dem argen reichen ist berait" (196–199). The figure reveals why the lamentation, differentiation, and listing of sins is useful to the soul (559–609). Since she functions as a representative of the listeners and readers of the text, they can see their sins in a type of confessional mirror, allowing them to more easily select those sins that they have committed and to confess to having done so.[32]

In this way, the personified figure guides the soul further towards confession, thus fulfilling her duty.[33] She demands that the soul should bring forth the sins out of the heart, to clear out the heart, so to speak, and thus to lighten it: "Du scholst dich nicht versaumen, / Dein hercz scholst du raumen, / Dein sunde gar her vir tragen; / Pey der czal solt du die sagen, / Es ist anders unverfangen. / Dich sol nicht belangen, / Volge meiner lere!" (567–573). Here, the sins are viewed as entities that have made themselves at home in the heart and must be 'emptied out'. The soul should follow Confession's teachings, and expose all sins without reti-

---

30 Cf. for the local-historical context of the text in particular Nössing, Bozen in der zweiten Hälfte des 13. Jahrhunderts, pp. 199–215; Rizzolli, Geldwirtschaft, Reichtum und Zinsnahme im 'Seelenrat', pp. 217–232; Torggler, Alltags- und Sachkultur, pp. 233–253.
31 Cf. *Der Seele Rat*, 795–804: Here it is warned against pruning the vines in such a way as to make a profit oneself, but to cause the lord of the manor to make a loss. Cf. also 805–809, where reference is made to the preparation of cheese and a warning is given that the cream of the milk should not be skimmed off making the resulting cheese less yellow and less valuable for the lord of the manor. Cf. Torggler, Alltags- und Sachkultur, p. 240 f.
32 Cf. the abundance of material by Weidenhiller, *Deutschsprachige katechetische Literatur des späten Mittelalters*.
33 Cf. on this: Steer et al. (Eds.), Bruder Berthold, Rechtssumme, B 51, pp. 452–468: "Wie die peicht sull getan werden, daz si guot sey."

cence (583), no longer covering up their existence out of shame (584f.).³⁴ The soul should confess its sins according to the truth (586), because everything it does not admit to now will be revealed by God when Judgment Day draws near (588–591). Confession further threatens the soul, stating that it will feel great shame on that day if it has to stand exposed without having tried to cleanse itself of sin (593–595). In order to avoid this worse shame and the suffering associated with it on Judgment Day, it should overcome its sense of shame in the here and now and lament all sins with great contrition. The soul should also describe in great detail which malignant entities advised it to commit sins, why and with what intentions it had sinned, whether it sinned voluntarily or was forced, and over what period of time these sins had been committed (597–609).³⁵ It becomes increasingly apparent how much the tendencies toward the internalisation of confession and penance are realised in this vernacular text. The author has absorbed the theological discourse prevalent at that time and shaped it, in view of his pastoral concern, into a large-scale allegorical narrative of confession and penance.

Over the course of her teachings, Confession asks the soul not to divide sins among several confessional processes and different priests (870–884). This practice, which would not permit a sincere confession of all sins in their entirety, would also significantly lower the threshold of shame and inhibition, and was also forbidden in *summae confessorum*.³⁶ Confession leaves the listener and reader in no doubt that such a *confessio*, based on fraud and trickery, would be of no help to the soul on Judgment Day (876–884). The soul must therefore always confess to the same confessor, and do so, according to Canon 21 of the Fourth Lateran Council, once a year (925–933). At the same time, Confession advises the soul only to confide in a competent confessor,³⁷ for a blind man cannot lead a blind man (895–904). To illustrate the skill of a wise confessor, Confession chooses the metaphor, widely used in the context of the sacrament of penance, of the physician who seeks, finds, treats, and heals sins, understood as wounds to the soul. In this sense, the confessor's power of binding and loosening is also related to the binding of wounds and thus to the process of healing:³⁸

---

34 One could also read *scheinleich* instead of *schemleich*, which would then mean that the sins must be exposed. Cf. Rosenfelds annotation to line 585.
35 To confess all sins truthfully, to state the circumstances within which they were committed, and the reasons and intentions behind them, are demands that are found again and again in *summae confessorum*. Cf. Steer et al. (Ed.), Bruder Berthold, Rechtssumme, B 51, pp. 452–469.
36 Cf. ibid., B 51, p. 460f.; B 52, pp. 470–473.
37 Cf. ibid., B 52, pp. 468–471.
38 Cf. on this ibid., B 50, p. 450f.

> Es sol dier nicht wesen leit
> Ob ich dier sag dew warheit:
> Dew wunde sele suechen sol
> Einen arczt der da chunne wol
> Binden und enbinden
> Und wol chunne vinden
> Dy wunden und auch ersuechen;
> Der mach sy wol beruchen:
> Im sint der seln wunden chunt,
> Er macht sy schier gesunt.
> (885–894)

Here the understanding of confession as care for the sinner is expressed just as obviously as when Confession addresses the soul as "Mein vil liebew" (862) or "liebe sel mein" (919). At the same time, the soul, which is contrasted with the body elsewhere in the text, is presented as a corporeal entity with wounds. It can only comply with the commandment that it should show all its wounds to the wise confessor to the extent that it is aware of its transgressions. Confession specifically addresses this aspect and reassures the soul that those sins which it does not intentionally conceal, but which it cannot remember, will be forgiven by God. In this case, the soul is not to blame, and an omission of these sins will not stop its ascent to heaven.

And yet, it is true that the soul must pay for its sins both in this world and in the hereafter, because God leaves no sin unpunished (1017–1028). In this respect, even after the most thorough confession, the soul must always remain in doubt as to whether it is still being punished for things of which it is not aware. By pointing this out, Confession does not take away the consolation that lies in the fact that the soul will not be condemned for unpunished sins of which it is not aware, but it also weakens any feeling of reassurance given, as the risk of punishment for sin still remains. Consolation and threat are thus closely connected.

As a personification, Confession herself also assumes responsibility for the well-being of the soul. Therefore, she may become guilty if she does not sufficiently counsel the soul and make it confess its sins as a confessor would in real life: "Du hast dich in meine huet, Und in meinen rat geben, / Solstu das ewig leben / And Gotes hulde / Verliesen von meiner schulde, / Das wer mir ymer sunde" (1030–1035). Although Confession does not refrain from mentioning a wide variety of sins by way of example, in order to provide the soul with an even broader list for its confession, she makes it clear that even she is not able to name all sins, as there are so many: "So solt du auch verstan / Von einer igleicher sunde, / Ich mocht noch enchunde / Sy alle sagen, wan ir ist vil, / Da von ich tier raten wil / Wie du der sund gedenchen magst" (998–1003). Here, Confession admits that her competence is also limited, she cannot guarantee a complete *confessio* of the soul, she can only provide support, the main responsibility lies within the soul itself. This makes the soul worry as due to the overabundance of sin types and the many possibilities of sinning that exist, it seems impossible for it to be able to recall all of them in their entirety. The only thing that the soul can possibly do is to examine itself as conscientiously as possible.

Therefore, Confession provides the soul with concrete recommendations for pinpointing which sins it has committed: The soul must examine its whole life year by year (1004–1012). Here the soul is once again offered encouragement, in that Confession tells it that it will discover any sins committed if it entrusts itself to her guidance and follows her instructions. Consolation and encouragement, the stirring up of fear and the sowing of doubt, as well as the threat of punishment alternate and are likely to plunge the soul into a rollercoaster of emotions that will make it contrite, thus preparing it for confession and penance accordingly.

It becomes evident that the soul's introspection is to be carried out using techniques for remembering past events, because it is required not only to look separately at the different stages of its life, but at the same time to recall the places where it sinned, as well as the motivations and reasons behind any sins committed. Therefore, Confession explains to the soul that where, when, and for what reason one has sinned is relevant when it comes to defining the seriousness of a sin, for a sin committed during a holy period or in a consecrated space is weighted more heavily than sins committed during unholy periods and in unconsecrated spaces. Likewise, a sin committed out of wickedness is graver than one, for example, through which one has obtained goods in a sinful way out of great poverty (962–970; 1040–1056). In order to help the soul differentiate between all of this and grasp the precise circumstances of its sins (574–619), Confession repeatedly resorts to categories borrowed from rhetoric, which also underlie *summae confessorum: quis (quia), quid, ubi, quibus auxiliis, cur, quomodo, quando.*[39] She recommends that the soul should structure its examination of conscience according to them.

Towards the end of her speech, Confession emphasises that the soul can trust her, and will be led along the right path if it follows her advice, a path that will lead to the finding of sins. She backs up her statements by pointing out how many other despondent sinners she has already encouraged and comforted:

Wer mir haimleichen wont mit,
Dem half ich mit gueten trewen,

---

[39] Cf. on this ibid., B 51, pp. 452–468, in particular p. 466 f.; see on the adoption of the rhetorical categories in *summae confessorum* also Feistner, Beichtliteratur des Hoch- und Spätmittelalters, p. 7.

Das es in nicht mochte rewen
Das er mein hulde ie gewan,
Es wer weip oder man.
Ich ersuechte ir wunde,
So allerpest ich chunde,
Sy waren vrisch oder alt.
Vil manige sel macht ich balt
Dy vil gar was vercagt;
E sy wolt haben gesagt
Ir sund und ier not,
E were sy in den sunden tot.
Das wider schuef ich mit listen,
Von dem tode ich manigen vristen,
Das chumet von der frage mein.
Die sunde sol vil tief sein
Verporgen und vil taugen,
Man welle mir dan laugen,
Ich ersueche sy und ervinde,
E ich nimer erwinde;
Das ist dir auch wol worden kund.
(1078–1099)

According to Confession, she has saved sinners from sin and from death by sin, thanks to her questioning technique she can detect old and new sins, as well as deep-seated, hidden, and secret ones. She fashions herself here as an expert (1091) skilled at investigating sin, but she also makes it plain that she has thus done her duty and now wants to hand the soul over to the female allegorical figure Penance, without whom the soul cannot be healed: "Wildu werden gar gesund, / So sende nach frawn Puesse; / Dew hat wol die muesse / Daz sy dein wunden salben mag, / Wan sy desselben ye pflag" (1100–1104; cf. 1116–1118).

Delivering the Soul to Penance – Fear, Hesitation, and the Inner Struggles of the Soul

Although Confession introduces Penance as a caring authority who, like Frau Minne, comes bearing ointment with which to heal the soul (1100–1104), it protests vigorously when, after Confession's long monologue, it is finally allowed to speak. The soul professes how comfortable it felt in Confession's care (1120 f.) but is very afraid of now being subjected to Penance (1122–1125). Thus, the soul does not view Penance as a gentle healer, but as a threatening, vigilant entity characterised by sharpness, bitterness, and coercion. It states that it would be too weighed down by the pressure of penance, suffer sanctions for its sins, and have to change its habits, which it shows itself unwilling to do (1126–1134). It therefore tries to evade Penance, is concerned that it might not be able to follow her instructions and thereby might sin again (1135–1139). In this fashion, the soul creates the argument that Penance would be dangerous for it as it could drive it back into sin due to Penance's excessive demands.

In its resistance, the soul places the three vigilant entities of Confession, Penance, and God in a triangular relationship and plays them off against each other. By any means possible, it wants to bypass Penance and stay with Confession, or pass directly into the care of a merciful God: "Ich wil sein Got lassen walden, / Er ist genedig und gut, / Des ist mir worden ze muet." (1140–1142). The desire of sinners to obtain forgiveness by turning directly to God, instead of undergoing the institutional and sacramental form of penance, that is, to settle any matters with God alone, was no longer accepted from 1215 onwards at the very latest. As external supports of the interiorisation of penance, the allegorical figures Confession and Penance represent the institution of the church, which, through the sacrament of penance, can exercise power over the faithful. From an institutional perspective, the soul seems to want to stop halfway on the path to sacramental penitence, so to speak, as it accepts confession, but shies away from penance.

Accordingly, Confession reacts with anger, threatening the soul, which she now calls lost and corrupt (1146; 1150), with Christ's vengeance at the Last Judgment. The soul should accept the sanctions for its sins in this world, undergo the grief associated with them, and reconcile with God, rather than suffer infinitely greater pain in the afterlife. If the soul does not follow her advice, but is guided by fear and doubt, it must regret this eternally and it would be better for it not to have been born (1146–1216). Confession reveals that the soul's assessment of the three entities is wrong, for she herself is not only a benevolent gracious counsellor, but is also quite capable of making violent threats. Even merciful God will ultimately act as an avenger on the soul if it does not practice repentance in this world. In contrast, Confession urges the soul to love Penance, which will then seem so sweet to it that it will not want to abandon it for the rest of its life (1167–1170). Against the background of the soul's evaluation of the three entities, Confession thus undertakes a recasting: Penance is associated with love and sweetness, a gracious God with vengeance, and the benevolent counsellor Confession with threat. This speech, with its realignment of the triangular relationship of confession, penance, and God, startles the soul and makes it compliant; it now not only wants to surrender to Penance, but also goes so far as to promise to love her:

Do *dew* selle iern chumer sach,
Cze vron Beichten sy do sprach:
'Dw hast mich erwechet,
Dein zoren hat mich erschrechet
Mit der rechten worhait
Dye du mir vor hast geseit.
Ich tuen alles das du wil,
Wan meiner sunden der ist vil.
Gebin mir vron Bussen drote,
Ich wil leben nach ier rate;
Von herczen will ichs minnen.[']
(1217–1227)

The soul now seems almost overzealous, shows itself ready for change and repentance, and can hardly wait for penance in order to obtain the mercy of Jesus Christ through it (1228–1242). Immediately thereupon, Confession goes to Penance and provides her with instructions on how to deal with the soul. She should certainly receive it graciously, but not let it get away with light penance; conversely, she should not weigh it down or frighten it too much, but comfort it. Formulated somewhat more abstractly, Penance is thus called upon to apply the right amount of pressure. It is noteworthy that Confession also tells Penance to overlook many of the sins that the soul has committed, otherwise it could never cope with the necessary penance for all of them (1245–1271).

This is in contrast to the previously developed idea that everything must be exposed and avenged. It almost seems as if a milder and still bearable practice of repentance is given preference here over what is theologically desirable. Pragmatism and pastoral concerns are thus set against theological rigour in the vernacular text. Overall, in dialogue with Penance, Confession emphasises dealing with the soul in a wise way, with competence (1273), in order to help it ascend to heaven or, if necessary, to purify it further in purgatory.[40]

---

[40] Cf. Le Goff, *La naissance du Purgatoire*; cf. on this as well Merkt, *Das Fegefeuer*.

Penance's Tough Demands – The Vacillation of the Soul between Rebellion and Understanding

Following Confession's advice, Penance treats the soul with kindness and loving concern.[41] She tries to establish a relationship of trust with the soul ("Ob du wol getraust mir, / So verla dich gar an mich", 1348 f.) and explains to it that it is a matter of weighing the easier penance in this world against the incomparably more difficult and eternal one in the hereafter. With a light heart, the soul now seems to submit completely to the act of penance, wanting to get rid of all stains on it (1363; 1356–1380). However, this only goes well until the soul is told all that Penance demands of it. For instance, the soul resists giving back those goods which were illegally acquired by its ancestors because it does not feel responsible for their sins (1504–1536; 1528–1536). Hereby, it becomes apparent how important and controversial the categorisation and assignment of responsibilities is in connection with the subject of confession and penance. At the same time, the insistence of the Church that all items acquired illegally by parents should be restituted by their children also shows the economic interest of the Church.

The discussion that then unfolds between Penance and the soul is of particular interest when one takes into account the practices of confession and penance in the Middle Ages. For the soul offers precisely those substitutions that were possible in the system of redemptions and commutations that had become established since the early Middle Ages. Since commutations and redemptions made it possible to exchange one form of penance for another, it had led to a clear externalisation of the understanding of penance.[42] The requirement to perform a year's penance, for example, could be considerably shortened by particularly severe forms of penance.[43] Relief, moreover, could not only be achieved through harsher measures of self-denial, but also through the giving of alms or by paying for masses. A system of, from today's point of view, arbitrarily calculated benefits developed, in which, for example, a day's penance could be provided by a certain number of genuflections or alms or a certain sum of money.[44] The fact that the possibilities of replac-

---

[41] *Der Seele Rat*, 1324–1327: "Minnikleich sy sprach:/ 'Liebe, hastu gesant nach mir / Das ich sulle raten dir / Und geben hilf und rat?'"
[42] Cf. on this context Poschmann, *Abendländische Kirchenbuße im frühen Mittelalter.*
[43] One option for shortening a one-year-long act of penance to three days was, for example, to stay in a church without food or drink and not to sleep during this period, not to sit down, to recite psalms, cantica and hourly prayers without stopping, and to genefluct a certain number of times after every hour. Cf. ibid., pp. 18–20.
[44] Cf. ibid., pp. 50–57, with countless examples.

ing penance with alternate services could go as far as the hiring of substitutes expresses an almost bookkeeping understanding of penance.[45]

In this spirit, the soul in *Der Seele Rat* offers to fast and go on pilgrimages, or even have masses said, as well as to give alms as replacements for having to return the ill-gotten property of its ancestors (1537–1541). Penance, on the other hand, emphasises that all these acts would be of no use if it were not willing to return the inherited property gained through usury and robbery. God's mercy for the soul and its children could not be obtained by other works of penance of one's own, nor by hiring men and women to fast for the soul or give alms for it (1549–1594). The rejection of these penitential practices shows, once again, that this text is about internalised remorse, confession, and penance. Accordingly, after its rebellion against the sanctions of penance, the soul shows itself to be insightful, which further promotes the penitential process.

Penance now wants to begin with the proper purification of the soul. In order to do so, she calls in three friends (1626), "Gotes forcht" (1627), "fraw Rewen" (ibid.) and "Frawn Gewissen" (1631), who are to assist and comfort the soul. Penance stresses that the soul is in a very bad state, for, though bride of Christ, it has slipped into a skin of vice (1623–1644). Here, the metaphors central to repentance of being cleansed by fire on a grate, scraping off rust, and skinning are echoed: the soul is treated like a body. The multiplication of the personified entities of vigilance, thanks to the addition of Fear of God, Remorse, and Conscience demonstrates the tendency to internalise penance, since these three are entities within the soul's self.

When, in the face of Penance's all-too-harsh threats, the soul promises itself help from these entities, it must realise that they will accuse it of having sinned with equal vehemence: Not only does Conscience know all its sins because she was always present as a witness (1647–1649; 1650–1652), Fear of God also knows no mercy and expresses surprise at the soul's complaint, which she believes deserves even harsher penance (1670–1683). Remorse reminds the soul that God Himself first sent Fear of God personified to the soul living in sin and alienation from God (1736–1764).[46] Moreover, she blames the soul for its behaviour: "Welich rat sol dein werden / Das du so ungeduldig pist? / Ich wen, dir benomen ist / Baide synn und rat! / Wisse, ob dich fraw Puesse lat, / So mustu sein verdorben!" (1768–1773).

Now, with the support of these three vigilant entities and Penance, the soul wants to waste no more time: "Do sprach dew sel: 'ich pin bereit. [...]'" (1898).

---

45 Cf. ibid.
46 Conclusions can be drawn about the content of the lost initial passages from these references.

The dialogues between the soul and the inner entities of Remorse, Conscience, and Fear of God reflect the ongoing struggles within it. They show the soul's determination to repent, but also, again and again, its hesitation to do so and a wavering due to fear and convenience. Fear of God, Remorse and Conscience support the soul, but agree with Penance. Under pressure, the soul is gradually ready to break away from the advantages and comforts of its life in this world. It knows that there exist three conditions that it must fulfil in order to repent: comprehensive remorse (1956), a resolution to sin no more, and the will to carry out any acts of penance necessary (1952–1978).[47]

To start off with, Penance is able to assure the soul that all the sins committed in thoughts, words and acts that it has already confessed have been forgiven (1979–1986). Nevertheless, the soul must still perform acts of penance, which is explained theologically by the separation between absolution from guilt and the obligation that one must pay for one's sins. Before the purification process begins, the soul learns that it is, in principle, impossible for it to atone for all its sins (1992–2005), which in turn brings it to the brink of despair and again makes it shrink back from carrying out any acts of penance. This back and forth within the soul, which the text attempts to portray, may have appeared to past scholars to be mere rambling loquacity, but it demonstrates, in a theological and pastoral sense, the effort it takes for a soul to be ready to repent and the inner obstacles, inhibitions, and fears that must be overcome on the way to repentance and salvation, both for this soul and, thus, for every soul:

> Do sprach dy sel: 'das wer ain seltsam mĕr;
> Wenn solt ich dan volpuessen gar?
> Sold ich leben hundert jar,
> Ich mocht es nicht volenden.
> Du machst mich leicht wenden,
> Das sag ich fur war dir,
> Das soltu auch wol gelauben mir,
> Ich enwais ob ich dir volgen wil;
> Du machst der pues gar ze vil.
> Wildu mich so erschrekchen,
> Wie kund ich das volrekchen?'
> (2006–2016)

---

[47] Cf. the similar demands in Brother Berthold's *summa confessorum*. See Steer et al., Bruder Berthold, Rechtssumme, B 51, B 51f., pp. 452–475.

A whole life is not enough for Penance, that is the message that again frightens the soul, because there is no other way for it than to fall short of what is required. But, once again, Penance consoles the soul by reminding it of God's infinite grace. In this manner, it is highlighted that the existence of the soul cannot be justified based merely upon its own acts of penance but must be based on Christ's previous atonement for all of mankind (2017–2029). Accordingly, Penance states that all good works are worthless when viewed in the light of God's mercy ("als ain wind", 2022). From a theological perspective, it is noteworthy that the allegorical figure Penance in *Der Seele Rat* does not limit herself to simply referring to acts of righteousness, instead the text opens up a discussion within which good works are placed in relation to God's mercy as the *conditio sine qua non* for repentance. This is the backdrop against which Penance prescribes acts of penance consisting of prayer, fasting, vigilance, and almsgiving for the soul (2030–2040).

Instructions for the Remorseful Soul

Penance explains the merits of almsgiving in detail to the soul. Alms must not be given to gain earthly glory, but rather as a charitable act, in the same manner in which St. Martin shared his cloak (2038–2164). The soul is also advised to pray as often as possible (2165–2168). In sum, Penance states that the power of pure prayer is so great that any smite from God, which would otherwise befall the sinner, can be averted. Pure prayers are fulfilled, for prayers are direct messages to God (2603–2620). When the soul voices its doubts about the effect of prayer and objects that there are also many prayers that are never granted, Penance answers that in these cases the prayers were not uttered by hearts truly repentant for their sins, thus making a mockery of prayer (2707) and rendering the prayers ineffective (2621–2714).

Using these questions as a starting point, the soul enters into a dialogue with Penance about the problem of theodicy (2829–2936): The soul criticises God (2836) for allowing some to be rich whilst others remain poor, and he does not appear to have mercy on those who are poor. The soul believes that the poor are, in any case, worse off than the rich, as they do not live good lives in this world and, at the same time, must live in fear of having to continue to suffer in the hereafter (2856–2862). Penance dismisses these questions as childish (2866) and refers to the mysteries of God that are unfathomable to man (2868–2871). Moreover, that which has been created should not question its creator (2872–2874). Finally, Penance presents poverty as an honour awarded by God, who shows mercy to the poor because they are much less inclined to sin and have less opportunity to sin than the rich. In this respect, God's works are fundamentally good, and everyone is given his or her just rewards, irrespective of whether they are rich or poor (2865–2924). The soul deems Penance's response satisfactory (2926–2936) and, at the same time, expresses joy that it has been allowed to meet Penance and to have her accompany it on its journey ("Dw pist meines lebens trost", 2929). If at first the soul shrank back from Penance, now it clings to her and does not want to leave her care, affirming time and time again how it would gladly spend its entire life with her (3032–3042).

Penance's presence seems to give the soul confidence that it will be better able to keep itself from sinning in the future. The soul has now internalised its duties with regards to penance and recapitulates them (3043–3119). In doing so, the soul also mentions the need for vigilance and self-denial, which it must be subjected to (3085–3092). Penance, for her part, encourages the soul to guard the body (3126f.; cf. 3363–3368), but it also counsels moderation when it comes to asceticism (3143f.), for excessive compulsion provides a gateway for the devil and his whisperings (3145–3178). Acts of penance are not to be applied in a mechanical sense merely with an aim for producing maximum levels of virtuosity. In contrast, efforts of this kind can result in sins being committed again, as Penance explains, since overexertion and overzealousness can turn into inactivity and negligence. It is not easy for the soul – and with it every soul on Earth is addressed at the same time – to find a correct path and then, once having done so, to hold course.

It becomes obvious that the soul is exposed to numerous risks and pitfalls along its entire journey from the examination of the conscience to the *satisfactio*. Therefore, thorough self-observation is required on the one hand, and spiritual assistance on the other, something that is demonstrated in *Der Seele Rat* in many ways. The interplay between Fear of God, Remorse and Conscience with Confession and Penance shows the extent to which the inner and outer vigilant entities are intertwined here. The Church as an institution becomes visible behind the personifications of Confession and Penance, an institution that determines the process of penance and confession and guides and controls the soul. This highlights the fact that the latter is dependent on external support and supervision in order to overcome all wrongdoing. After initial feelings of shyness, the soul quite literally clings to the allegorical figures of Confession and Penance. But just as these entities are presented in the text, the external institutional aspects of confession and penance also appear to be internalised, as the entire effort takes place within the soul. Moreover, in the text, one can precisely trace how the soul increasingly interiorises the concepts of confession and penance. At the same time, the inner entities tasked with the self-observation assigned to the soul, Remorse, Conscience and Fear of God, also become important entities in their own right. They are situated in the soul but act independently and approach it as if from the outside. This also demonstrates how intricately inner and outer aspects and entities are entangled.

The text also highlights how great the scope for new sin is, even for souls willing to confess and repent; out of necessity, these souls remain uncertain of salvation. In *Der Seele Rat* this condition is countered in an almost endless loop of repetition with ever more admonitions. Accordingly, Penance continues instructing the soul, warning it against the world and the devil's wiles (3190–3464).

Conversio and *Confessio* of the Soul

But finally, Penance releases the soul, which now entrusts itself to God's omnipotence, who, as the ultimate vigilant authority, knows the secrets hidden in all hearts (3489–3498). The soul prepares for confession with prayers to God the Father, Christ, and the Holy Spirit (3474–3779) and testifies to its *conversio* by lamenting its sins and confessing them (3780–4058). The confession for which it has been prepared in the earlier parts of the text is now enacted performatively. During this process the soul seems once again to despair when it realises that it is unable to list all its sins. It capitulates under the weight of the task: "Nu han ich, herre, dir gechlaget / Ain michel tail und gesaget / Meiner grossen sunde, / Ich enmecht noch enchunde / Sy alle nymmer gesagen; / Ir ist vil" (4059–4064). The thorough confession of its sins again leads to a sense of inadequacy and uncertainty about salvation. However, even in the face of its worries and doubts, help and advice are once again offered and given in the shape of the crucifixion of Christ. The soul does not have to carry its sins alone, for it knows that Christ bears them with it (4064–4066).

The consolation and reassurance that lie therein are, however, immediately undermined by Penance reminding the soul of the Last Judgment (4067). The soul still does not feel that it is well-enough equipped for the final reckoning, despite all the instruction it has already received. It knows that it cannot hide from Christ on Judgment Day; it feels great fear and wonders how it can be helped. The soul dramatises this by stating that it cannot hide at the bottom of the sea, nor in airy heights, nor under the mountains, nor in hell when judgment comes. Therefore, it would be better for it not to have been born (4250–4260). It anticipates how Christ will refer to his crucifixion on Judgment Day and show the soul his wounds in an accusing fashion (4278–4311). The narrator has Christ address the soul directly, as if both were already at the Last Judgment, and reproach the soul for its ingratitude: "Solich lieb hab ich erzaigt dir, / Wie hastu des gedankchet mir? / Wie hastu mir des gelonet / Das ich wart durich dich gechronet / Mit ainer kron von darn?" (4307–4311). The soul seems to stand naked before the face of Christ and to despair before him when it says: "We, wie entweich ich dem zorn? / Ich enkan darzu nicht sprechen. / Wil er sich nach recht rechen / An meiner grossen missetat, / So mag mein nymmer werden rat. / Hie nach chumbt ain ander we, / So ich plas vor im ste / Und mein schame plekchet" (4312–4319). Thus, it remains for the soul to concede that it is damned if everything happens in accordance with divine justice (4348–4373).

In this situation, its only recourse is prayer, so it emphasises its sincere repentance, asks God and Christ for mercy and for forgiveness for its sins, and also turns to Mary for help (4520–4670). Knowing that its own examination of its conscience is not sufficient to justify any sins before God, it hopes that Christ and his angels can protect and embrace it, for only then can it be safe from the devil. In order to remain continuously mindful of the wrath of God, it finally asks whether Christ could place a wax thorn in its heart: "Stekch in mein hercz den waechsen doren / Das ich gedenkch an deinen zoren / Den du wirdest haben an dem tag / So ich alle mein werich fur dich trag, / Als ain yeglaicher tut, / Sy sein ubel oder gut!" (4631–4636). This passage is again of great interest with regards to self-observation and vigilance: As the soul distrusts itself, it places itself in Christ's care, who it hopes will protect it. At the same time, it asks Christ to place a tool of vigilance in its heart. What is obviously meant is a kind of relic, a waxy image of one of the thorns in Christ's crown, serving as a thorn of vigilance to remind the soul of Christ's crucifixion and God's wrath. As a waxy object it is perhaps not too painful. With this aid, the soul can once again be assisted when it comes to the observation of the self and the examination of its conscience. At the same time, it seems to directly connect the soul to Christ and his crucifixion. One can hardly imagine how a closer relationship between self-control and external observation could be made more obvious.[48]

By having the soul describe the horrors of the Last Judgment (4067–4670), the author hopes that its words will have a greater effect on his listeners and readers than as if the narrator himself were to describe them.[49] The soul allows the listeners and readers of the text to identify with it; through the technique of focalisation, they are able not only to participate in and comprehend the process of confession and penance, so to speak, but also to live through Judgment Day. By listening or reading, they experience the uncertainties and fears associated with it. After the depiction of the Last Judgment, which is best described as a vision that the soul has, the confession and repentance process continues. The transition from the anticipation of the Last Judgment to the soul's presence in this world occurs within its prayers.

---

[48] Cf. on this the long-standing tradition of the *stimulus amoris* in both Latin and German. See Eisermann, 'Stimulus amoris'.
[49] Cf. on the narrative composition of the text El-Assil, Narrative Dynamik im 'Seelenrat' Heinrichs von Burgeis, pp. 271–279.

A Dialogue between Body and Soul. Who is Responsible for Sins Committed?

Out of fear of God ("Sy forcht iren gemachel Jhesum Crist", 4673), the soul now chastises the body: it must fast, pray and remain watchful: "Sy benam im gor das lachen / Und begund im das essen / Vil gefuege messen, / Sy pracht in auf die vart / Das er vil gehorsam wart" (4684–4688). After initial strong resistance, the body becomes accustomed to self-denial, and now also repents for its former sinfulness (4700–4734). Nevertheless, an argument develops between body and soul about who is responsible for having sinned. The soul reproaches the body for its former rebelliousness, its having lapsed and sinned, and states that it was almost not saved due to the body (4735–4789). The body defends itself against these accusations and blames the soul. Rather, according to the body, the soul should be ashamed, since it was created in God's image and has its own agency, conscience, and mind (4893–4930). For its part, the body now becomes a vigilant entity by reminding the soul of its obligation and admonishing it (especially 4931–4982; 4999–5004). At the same time, it never tires of emphasising that it has also suffered due to the soul's earlier demands, having had to take on countless physical jobs, and deal with dangers and sorrows in connection with the sinful life that the soul sought, and, moreover, is now decrepit (especially 4798–4853; 5006–5062).[50] The soul accepts this accusation benevolently and thus also admits its responsibility for the sins committed (5065–5076). The body stresses that it is high time for repentance; for its part, it urges it to do so, especially in view of its advanced age and weakness, and holds that body and soul have together failed and lived in sin for far too long (5078–5112). Although the body insists that the main responsibility for their sinful life lies with the soul, it also assumes some of the blame. Thus, body and soul agree to live a godly life.

The soul has completed its *conversio*, it has developed a high degree of observation so as to keep itself and the body under control when carrying out acts of repentance and practices of *confessio*. Daily the soul confesses its guilt with tears in its eyes (5118f.) and constantly forces the body to carry out acts of penance: "Offenleich und taugen / Twang sy den leib ser, / Sy volgte wol seiner ler / Und lie in ruen vil selten" (5120–5123). The body must walk to church through deep snow, endure the wet and frost, fast frequently, kneel and stay vigilant at

---

[50] The parts on old age and the confession of sins are strongly reminiscent of Oswald von Wolkenstein's songs on old age and the rejection of the world. Cf. on this Moser, Problemkreis der Sünde bei Heinrich von Burgeis und Oswald von Wolkenstein, pp. 291–311.

night (5124–5140), and the soul knows, moreover, that it hereby fulfils only what the body itself has already asked of it. Soul and body are in harmony in penitence, they surpass each other in zeal: if the body awakens early, the soul is already in prayer. It weeps for its former life and laments the wasted time, it wonders why God left it in sin for so long without taking vengeance on it, its life is now filled with prayer, lamentation, and the confession of sin (5141–5228). The soul is weary of earthly life, desires to be delivered from it, and longs for the kingdom of heaven (5234–5244). Thus, God first sends it sickness as a messenger, whereupon he also provides an answer for its request for death. The soul departs, leaving the body on Earth (5245–5266).

The Fight between Angels and Devils for the Soul: The Soul is Once Again Judged

One might think that the soul, which at the end of its life had devoted itself entirely to repentance and a pious life, would now have reached its goal and would most certainly be allowed to enter heaven after the Last Judgment. However, it still faces another test when judged after death and both good and evil fight over it. This last part of the text in particular underscores the uncertainty of the soul's salvation once again to its readers and listeners. It reveals that the soul, even with all the acts of penance it has carried out, will still be judged. It needs the help of higher authorities to ward off the devils and to stop them laying claim to it. Although the angels receive the soul with joy, the devils are also present in great numbers and want to claim the soul for themselves. In particular, they emphasise the amount of time that the soul spent living in sin; their main argument, accordingly, is that it has converted much too late (5276–5304). The angels, on the other hand, argue that they still came to the soul's aid in time. To settle this dispute, the soul is brought before the divine court (5305–5316).

The devils bear witness to the sins of the soul, they have knowledge and proof of them ("urkunde", 5332) and, moreover, they have recorded them all in writing (5346, 5738–5739).[51] Whatever sins the soul has committed, now become apparent and are physically carried into the court to be weighed (5361, 5750). The perception of a load of sins and a burden are taken literally. Again, the narrator uses the judgment scene to emphasise and bring to mind the multitude of sins committed (5360–5742). Here, we now see a very material understanding of sin that falls

---

51 Cf. on this motif Breitenstein, Buch des Gewissens, pp. 150–223, as well as Breitenstein, *Vier Arten des Gewissens*, p. 25 f.

short of the tendencies toward internalisation that were evident in the earlier parts of the text. The devils want to weigh the sins and are confident that the soul will be condemned for them: firstly, because of the great weight and quantity of sins committed; secondly, because the soul's conscience cannot deny that the sins were committed; and thirdly, and most importantly, as they can appeal to the word of God stating that no sin goes unpunished (5750–5773). Satan, chosen as the leader, asks the devils to put the sins on a set of scales so that the soul can be weighed and instructs them to be careful that the soul does not escape them, as it has the powerful figures Fear of God, Remorse, Confession and Penance on its side. Satan knows that all sins that the soul has already confessed will become light as a feather if Confession and Penance advocate for the soul. (5829–5920).

Saint Michael takes the side of the soul in front of the divine judge. Not only does he reveal that the devils are acting deceitfully by adding in much of the soul's old guilt to the equation, sins that have already been absolved through acts of repentance, but he also emphasises that the soul has finally converted (5923–5965). From the devil's renewed accusations, it becomes apparent that the soul in question is that of a nobleman who had treated both poor people and widows unjustly and had demanded excessive tributes from them (5871–6012). Conscience is called to the witness stand by the devils and confesses that the soul has indeed committed a great many sins, but then, with the help of Fear of God, Remorse, and herself, was converted and purified by Confession and Penance (6056–6154). Finally, referring to the soul's repentance and his mercy and grace, Christ pronounces himself in favour of the soul (6237–6326).

Nevertheless, the soul is still weighed, an act that the devils make use of for a deceptive manoeuvre of their own. As a downright tumultuous finale, they bring forth the many stolen animals and other weighty sins committed and put them on the scales until the soul cannot balance out the scales anymore. Penance then jumps in at the last second, as it were, and throws these sins off the scales, as she knows that the debt for them has already been paid (6335–6406). The devils, in a final act of deceit, place themselves on the scales and attempt to add those sins which have already been paid off, but they weigh as little as a feather would. They can no longer outweigh the soul, and moreover, Penance can demonstrate that the book containing the list of the many sins the soul had committed is now empty as well; the ink has been blotted out (6418–6472). The soul is saved and admitted into heaven (6475–6537).

Conclusion

The developments that the sacrament of penance underwent in the 12th and 13th centuries are reflected in many ways in *Der Seele Rat*. The tendencies towards an internalisation of confession and penance are shown especially in the weight given to the entities Fear of God, Remorse and Conscience in this vernacular text, but also in the dynamic presentation of Confession and Penance as characters acting upon the soul internally. However, since confession and penance are shown not only as intra-soul processes, but also as an ecclesiastical process during which there are rules and regulations that must be observed, the institutional aspects of the sacrament of penance also become apparent. Internal and external entities of vigilance, aspects of the examination of conscience and self-observation, a controlling of the soul through institutional rules and practices, as well as the notion that God is able to see right into the innermost part of mankind, are intimately interwoven. The literary form of the allegorical narrative, with its unfolding of a spectrum of personifications, is particularly well suited to portraying these aspects of internalisation, but also how the soul is controlled by the power apparatus of the church. Through the allegorical figures, unlike in a theological treatise, the text is able to illustrate that interiorisation requires external support systems, something that is highlighted in particular by the allegorical figures of Confession and Penance.

The understanding of sin presents itself in part as internalised, insofar as there is talk not only of sins as deeds, but of the circumstances under which sins are committed and the intentions, inclinations and impulses governing the soul that led to them. This also includes repeatedly questioning aspects of responsibility and accountability relating to sin, which is particularly evident in the debate within the text between the body and the soul, but also in the fact that both Confession and Penance, as well as other allegorical figures, assume responsibility for the soul. In particular, with regards to the thematisation of the question of who is responsible for committing sin, the vernacular text makes an important contribution through its use of allegorical figures and its differentiation between the various entities. At the same time, the last part of the text in which the soul is judged illustrates in particular that sin is once again understood in a material fashion, as a burden that can be carried around and one that can be physically placed on the scales used to weigh the soul. How this individual judging of the soul relates to the judgment that takes place on the Last Day, which the soul imagines whilst still alive in the text, remains open.

Of particular interest is the balance struck between threat and care: intense threat and nurturing care alternate, on the one hand there is a surplus of love, on the other hand threat and uncertainty. Although the threat that Penance poses to the soul is greater in relation to that presented by Confession and Conscience, Remorse and Fear of God, the soul does not allow itself to be consumed by this threat and gradually learns to appreciate Penance's love and care. The soul's mood swings wildly between various feelings, fears and hopes, which bring about its readiness to repent, but also create a fundamental uncertainty with regards to salvation. It is shown that the individual can never be sure to what extent his or her soul can be examined. Therefore, an uncertainty arises with regards to salvation, one which cannot be eliminated. Thanks to its repetitive structures, the text emphasises that this leads to an endless loop of self-observation and the seeking of sanctuary in the institution of confession and penance. In this sense, the numerous repetitions serve to intensify and also demonstrate the need for repetitive practices of vigilance. Again and again, the soul is offered help and consolation, but these always create new uncertainty, which must then lead to increased vigilance and virtuosity in penance. This reaches its climax when the soul's desire to place itself in the care of Christ becomes so desperate that, claiming to only feel comfortable and safe when with him and his angels, it asks him to place a thorn in the image of one of the thorns in the crown he wore during his crucifixion in its heart, to function as a thorn of vigilance. And yet, it is repeatedly emphasised that the soul cannot be cleansed by penitential zeal and acts of penance alone, but ultimately only by Christ's atonement and his grace. The soul does not know whether it will be treated mercifully until the end of its life.

As a companion on the soul, the text pursues both pastoral and paraenetic goals. It invites every soul and every sinner to comprehend and sympathise with what has happened and maps out the path to the examination of sins, as well as to confession and penance. By taking up many questions also formulated in *summae confessorum* and in the theological discourse of the time, the vernacular text actively shapes theological discourse and communicates it to the general public. Unlike a theological treatise, it illustrates central themes of confession and penance in an allegorical narrative and thus presents historical developments on penance and confession in a particularly vivid literary form. In this way, the text can guide sinners towards engaging with their inner selves, increased self-observation, and introspection. At the same time, however, the text could also be viewed as one that mirrors the ecclesiastical institutional monitoring of people in the late Middle Ages.

The exploration of the soul is a practice involving the memory, it is about remembering and becoming aware of what has already happened. In this respect, confession and penance relate to a sinner's past life. But they also relate to what is to come, insofar as, if they are to be effective, they must lead to a resolution to change one's life and to mend one's ways. Ultimately, in the case of the repentant sinner, the practice of confession and penance determines the remainder of an individual's life. In the best case, in both a Christian and an ecclesiastical sense, this sets the sinner on a life plan characterised by the will to avoid sin, to a life that is not measured by success, but by wrongdoing, and acts of penance to atone for any wrongdoing, as well as the prospect of reward in the hereafter. In this respect, the intensive acts and practices of confession and penance dealt with in *Der Seele Rat* lead the soul to turn away from a world in which one can always be tempted to sin again, and ultimately results in a desire to leave this world in favour of the higher joys that can be found in the hereafter.

References

Sources

Abaelard, Peter: Scito te ipsum / Erkenne dich selbst. In: Ilgner, Rainer M. (Ed.): *Peter Abaelard. "Scito te ipsum / Erkenne dich selbst." (FC 44).* Mit Übersetzung und Einleitung. Turnhout 2011.

Bruder Berthold: Die 'Rechtssumme' Bruder Bertholds. Eine deutsche abecedairische Bearbeitung der 'Summa Confessorum' des Johannes von Freiburg. In: Steer, Georg et al. (Eds.): *Synoptische Edition der Fassungen B, A und C. Bd. 1: Einleitung. Buchstabenbereich A–B.* (Texte und Textgeschichte 11). Tübingen 1987.

Burgus, Heinrich von: Der Seele Rat. In: Rosenfeld, Hans-Friedrich (Ed.): *Heinrich von Burgus. Der Seele Rat. Aus der Brixener Handschrift. Mit einer Tafel in Lichtdruck. (DTM 37).* Berlin 1932.

Störmer-Caysa, Uta (Ed.): *Über das Gewissen. Texte zur Begründung der neuzeitlichen Subjektivität.* Hrsg. und mit einer Einführung versehen von Uta Störmer-Caysa, übersetzt von Uta Störmer-Caysa und Almuth Märker. Weinheim 1995.

Vogel, Cyrille (Ed.): *Le pécheur et la pénitence au moyen âge.* Textes choisis, traduits et présentés. Paris 1969.

Academic literature

Adams, Tracy: The Confessions of Faus Semblant and Nature in the 'Roman de la Rose'. In: Felip-Jaud, Elisabeth de/Siller, Max (Eds.): *Heinrich von Burgeis: Der Seele Rat. Symposium zu einem hochmittelalterlichen Predigermönch* (Schlern-Schriften 367). Innsbruck 2017, pp. 323–332.

Amann, Klaus: Dominikanische Laienseelsorge in der (alemannischen) Provinz. 'Das Gnaistli' und die Popularisierung thomistischer Tugendethik. In: Felip-Jaud, Elisabeth de/Siller, Max (Eds.): *Heinrich von Burgeis: Der Seele Rat. Symposium zu einem hochmittelalterlichen Predigermönch* (Schlern-Schriften 367). Innsbruck 2017, pp. 333–353.

Andreose, Alvise: Sogni allegorici nella letteratura francese e italiana del Medioevo. In: Felip-Jaud, Elisabeth de/Siller, Max (Eds.): *Heinrich von Burgeis: Der Seele Rat. Symposium zu einem hochmittelalterlichen Predigermönch* (Schlern-Schriften 367). Innsbruck 2017, pp. 355–374.

Bertagnolli, Davide: Literatur für Laien in den mittelalterlichen Niederlanden: 'Der Leken Spieghel' des Jan van Boendale. In: Felip-Jaud, Elisabeth de/Siller Max (Eds.): *Heinrich von Burgeis: Der Seele Rat. Symposium zu einem hochmittelalterlichen Predigermönch* (Schlern-Schriften 367). Innsbruck 2017, pp. 375–385.

Bezner, Frank/Kellner, Beate (Eds.): *Alanus ab Insulis und das europäische Mittelalter.* Paderborn 2022.

Boyle, Leonard E.: Summa Confessorum. In: *Les Genres Littéraires dans les Sources Théologiques et Philosophiques Médiévales. Définition, Critique et Exploitation. Actes du Colloque international de Louvain-la-Neuve 25–27 mai 1981.* Louvain-La-Neuve 1982, pp. 227–237.

Breitenstein, Mirko: Vier Arten des Gewissens. Spuren eines Ordnungsschemas vom Mittelalter bis in die Moderne. Mit Edition des Traktats De quattuor modis conscientiarum (Klöster als Innovationslabore. Studien und Texte 4). Regensburg 2017

Breitenstein, Mirko: Das 'Buch des Gewissens'. Zum Gebrauch einer Metapher in Mittelalter und früher Neuzeit. In: *Revue d'histoire ecclésiastique* 114 (2019), pp. 150–223.

Browe, Peter: Die Pflichtbeichte im Mittelalter. In: *ZKTh* 57 (1933), pp. 335–383.

Chénu, Marie-Dominique: *L'éveil de la conscience dans la civilisation médiévale.* Paris 1969.

Delumeau, Jean: *Le péché et la peur. La culpabilisation en Occident (XIIIe–XVIIIe siècles).* Paris 1983.

Eisermann, Falk: 'Stimulus amoris'. Inhalt, lateinische Überlieferung, deutsche Übersetzungen, Rezeption. (MTU 118). Tübingen 2001.

El-Assil, Jasmin: Do sprang fraw Pues hin zue. Narrative Dynamik im 'Seelenrat' Heinrichs von Burgeis. In: Felip-Jaud, Elisabeth de/Siller, Max (Eds.): *Heinrich von Burgeis: Der Seele Rat. Symposium zu einem hochmittelalterlichen Predigermönch* (Schlern-Schriften 367). Innsbruck 2017, pp. 271–279.

Feistner, Edith: Zur Semantik des Individuums in der Beichtliteratur des Hoch- und Spätmittelalters. In: *ZfdPh* 115 (1996), pp. 1–17.

Felip-Jaud, Elisabeth de/Siller, Max (Eds.): *Heinrich von Burgeis: Der Seele Rat. Symposium zu einem hochmittelalterlichen Predigermönch* (Schlern-Schriften 367). Innsbruck 2017.

Ferrari, Fulvio: Die schwedische geistlich-didaktische Literatur des Mittelalters und die heilige Birgitta. In: Felip-Jaud, Elisabeth de/Siller, Max (Eds.): *Heinrich von Burgeis: Der Seele Rat. Symposium zu einem hochmittelalterlichen Predigermönch* (Schlern-Schriften 367). Innsbruck 2017, pp. 387–396.

Frey, Winfried: Alle zeit zu gueten dingen (Vers 967). Die Todsünden und ein gutes Leben im 'Seelenrat'. In: Felip-Jaud, Elisabeth de/Siller, Max (Eds.): *Heinrich von Burgeis: Der Seele Rat. Symposium zu einem hochmittelalterlichen Predigermönch* (Schlern-Schriften 367). Innsbruck 2017, pp. 281–290.

Goff, Jacques le: *La naissance du Purgatoire.* Paris 1981.

Grosse, Sven: *Heilsungewißheit und Scrupulositas im späten Mittelalter. Studien zu Johannes Gerson und Gattungen der Frömmigkeitstheologie seiner Zeit* (Beiträge zur historischen Theologie 85). Tübingen 1994.

Hahn, Alois: Sakramentale Kontrolle. In: Schluchter, Wolfgang (Ed.): *Max Webers Sicht des okzidentalen Christentums. Interpretation und Kritik.* Frankfurt/Main 1988, pp. 229–253.

Hahn, Alois: Zur Soziologie der Beichte und anderer Formen institutionalisierter Bekenntnisse: Selbstthematisierung und Zivilisationsprozeß [1982]. In: Hahn, Alois (Ed.): *Konstruktionen des Selbst, der Welt und der Geschichte. Aufsätze zur Kultursoziologie.* Frankfurt/Main 2000, pp. 197–236.

Harris, Nigel: Heinrich von Burgeis in komparatistischer Sicht: Der Seelenrat, 'L'Omme pecheur' und 'Everyman'. In: Felip-Jaud, Elisabeth de/Siller, Max (Eds.): *Heinrich von Burgeis: Der Seele Rat.*

Symposium zu einem hochmittelalterlichen Predigermönch (Schlern-Schriften 367). Innsbruck 2017, pp. 397–410.

Kellner, Beate/Reichlin, Susanne: Wachsame Selbst- und Fremdbeobachtung im Rahmen von Sündenerkenntnis, Reue und Beichte. Eine Einleitung. In: Butz, Magdalena/Kellner, Beate/Reichlin, Susanne/Rugel, Agnes (Eds.): *Sündenerkenntnis, Reue und Beichte. Konstellationen der Selbstbeobachtung und Fremdbeobachtung in der mittelalterlichen volkssprachlichen Literatur. (ZfdPh Sonderheft 141)*. Berlin 2022, pp. 1–50.

Kesting, Peter: Heinrich von Burgeis (Burgus). In: ^{2}VL 3 (1981), col. 706 f.

Merkt, Andreas: *Das Fegefeuer. Entstehung und Funktion einer Idee.* Darmstadt 2005.

Meßner, Reinhard: Feiern der Umkehr und Versöhnung. Mit einem Beitrag v. Robert Oberforcher. In: Meyer, Hans Bernhard et al. (Eds.): *Sakramentliche Feiern.* Bd. I,2 (Gottesdienst der Kirche. Handbuch der Liturgiewissenschaft 7,2). Regensburg 1992, pp. 9–240.

Moos, Peter von: "Herzensgeheimnisse" (occulta cordis). Selbstbewahrung und Selbstentblößung im Mittelalter. In: Assmann, Aleida/Assmann, Jan (Eds.): *Schleier und Schwelle.* Bd. 1: *Geheimnis und Öffentlichkeit* (Archäologie der literarischen Kommunikation V). München 1997, pp. 89–109.

Mortimer, Robert C.: *The Origins of Private Penance in the Western Church.* Oxford 1939.

Moser, Hans: Zum Problemkreis der Sünde bei Heinrich von Burgeis und Oswald von Wolkenstein. In: Felip-Jaud, Elisabeth de/Siller, Max (Eds.): *Heinrich von Burgeis: Der Seele Rat. Symposium zu einem hochmittelalterlichen Predigermönch* (Schlern-Schriften 367). Innsbruck 2017, pp. 291–311.

Nössing, Josef: Bozen in der zweiten Hälfte des 13. Jahrhunderts. Politische, soziale, wirtschaftliche, rechtliche und kulturelle Zustände. In: Felip-Jaud, Elisabeth de/Siller, Max (Eds.): *Heinrich von Burgeis: Der Seele Rat. Symposium zu einem hochmittelalterlichen Predigermönch* (Schlern-Schriften 367). Innsbruck 2017, pp. 199–215.

Ohst, Martin: *Pflichtbeichte. Untersuchungen zum Bußwesen im Hohen und Späten Mittelalter.* Tübingen 1995.

Payen, Jean-Charles: *Le motif du repentir dans la littérature française médiévale (des origines à 1230).* Genève 1967.

Poschmann, Bernhard: *Die abendländische Kirchenbuße im frühen Mittelalter. (Breslauer Studien zur historischen Theologie XVI).* Breslau 1930.

Reiner, Hans: Gewissen. In: HWPh 3 (1974), col. 574–592.

Rizzolli, Helmut: Geldwirtschaft, Reichtum und Zinsnahme im 'Seelenrat' Heinrichs von Burgeis. In: Felip-Jaud, Elisabeth de/Siller, Max (Eds.): *Heinrich von Burgeis: Der Seele Rat. Symposium zu einem hochmittelalterlichen Predigermönch* (Schlern-Schriften 367). Innsbruck 2017, pp. 217–232.

Siller, Max: Die Ministerialen von Burgeis und der Dichter Heinrich von Burgeis. Prolegomena zur Interpretation des *Seelenrats.* In: Felip-Jaud, Elisabeth de/Siller, Max (Eds.): *Heinrich von Burgeis: Der Seele Rat. Symposium zu einem hochmittelalterlichen Predigermönch* (Schlern-Schriften 367). Innsbruck 2017, pp. 15–132.

Stampfer, Ursula: Die Brixner Handschrift von Heinrichs von Burgeis 'Seelenrat'. In: Felip-Jaud, Elisabeth de/Siller, Max (Eds.): *Heinrich von Burgeis: Der Seele Rat. Symposium zu einem hochmittelalterlichen Predigermönch* (Schlern-Schriften 367). Innsbruck 2017, pp. 133–143.

Stelzenberger, Johann: *Syneidesis, conscientia, Gewissen. Studie zum Bedeutungswandel eines moraltheologischen Begriffs.* Paderborn 1963.

Störmer-Caysa, Uta: *Gewissen und Buch. Über den Weg eines Begriffes in die deutsche Literatur des Mittelalters* (Quellen und Forschungen zur Literatur- und Kulturgeschichte 14). Berlin/New York 1998.

Tentler, Thomas N.: The Summa for Confessors as an Instrument of Social Control. In: Trinkaus, Charles/Oberman, Heiko A. (Eds.): *The Pursuit of Holiness in Late Medieval and Renaissance Religion. Papers from the University of Michigan Conference. Studies in Medieval and Reformation Thought* X. Leiden 1974, pp. 103–126.

Tentler, Thomas N.: *Sin and Confession on the Eve of the Reformation.* Princeton 1977.

Torggler, Armin: Den wein also tauffen ist der sele nicht guet. Alltags- und Sachkultur in Heinrichs von Burgeis 'Seelenrat'. In: Felip-Jaud, Elisabeth de/Siller, Max (Eds.): Heinrich von Burgeis: *Der Seele Rat. Symposium zu einem hochmittelalterlichen Predigermönch* (Schlern-Schriften 367). Innsbruck 2017, pp. 233–253.

Trusen, Winfried: Forum internum und gelehrtes Recht im Spätmittelalter. Summae confessorum und Traktate als Wegbereiter der Rezeption. In: *Zeitschrift der Savigny-Stiftung für Rechtsgeschichte. Kanonistische Abteilung* 51 (1971), pp. 83–126.

Weidenhiller, P. Egino: *Untersuchungen zur deutschsprachigen katechetischen Literatur des späten Mittelalters. Nach den Handschriften der Bayerischen Staatsbibliothek. (MTU 10).* München 1965.

Zingerle, Oswald. In: *Anzeiger für Kunde der deutschen Vorzeit. Neue Folge* 27 (1880), col. 64 [vermischte Nachrichten Nr. 26].

Julia Burkhardt und Iryna Klymenko
Zwischen Eigenverantwortung, Normierung und Kontrolle: Vigilanz als soziale Praxis in Klöstern der Bursfelder Kongregation (ca. 1440–1540)

In den 1440er Jahren wurde das altehrwürdige Erfurter St. Peterskloster reformiert. Unter Verweis auf ursprüngliche Ideale von Kirche und Mönchtum sollte die Gemeinschaft – wie viele andere Klöster der Zeit auch – spirituell und organisatorisch rekonfiguriert wurden. Institutionell verantwortlich dafür zeichnete der Mainzer Erzbischof, Dietrich Schenk von Erbach (reg. 1434–1459), der in Reaktion auf eine Bitte Erfurter Mönche bereits 1444 eine Kommission zur Durchführung der Reform des Konvents beauftragt hatte.[1] Nur drei Jahre später wusste ein Erfurter Konventuale zu berichten, dass die Kommissare und Vollstrecker des erzbischöflichen Reformauftrags dank ihrer „wachsamen Sorge und [ihrer] Genauigkeit" (*cum vigilanti cura et sollecitudine*) erfolgreich waren: Darlegungen der klösterlichen Strenge, Neubesetzungen bei Ämtern sowie die Einsetzung von vier Reformern, denen die Oberaufsicht über die weitere Reform anvertraut wurde, hätten dazu beigetragen, dass „Gottlob!" das Erfurter Peterskloster „zur Reform und dem Regelmodell von Bursfelde" gefunden hätte.[2]

Im Zentrum des knappen Berichts über den Fortgang der Erfurter Reform stehen verschiedene Aspekte: die innere Wachsamkeit, Sorgfalt und Genauigkeit der Reformer, die institutionellen Veränderungen und nicht zuletzt die zur Sicherung ihrer Dauerhaftigkeit etablierten Kontrollmechanismen. Diese Perspektive verweist auf einen doppelten Funktionsmechanismus: Durch eine beständige Überprüfung galt es den Reformern wie den zu Reformierenden, Regelverstöße aufzudecken, zu benennen und zu ahnden. Überdies mussten bestehende Regeln neu erklärt, sprachlich vermittelt und praxistauglich gemacht werden.[3] Vor diesem Hintergrund scheint es zunächst nicht verwunderlich, dass die „wachsame Sorge" der Reformer

---

1 Grundlegend zu diesen Zusammenhängen: Frank, *Erfurter Peterskloster*, Urkunde Dietrichs von Mainz vom 26. Juni 1444, Nr. 6, S. 342 f. S. zudem Hammer, Abtei St. Peter in Erfurt.
2 Bericht des Konventualen (laut Frank evtl. Hermanns von Nordhausen) als Nr. 9, in: Frank, *Erfurter Peterskloster*, S. 346. Zur Kirchen- und Klosterpolitik Erzbischof Dietrichs von Mainz s. Voss, *Dietrich von Erbach*, bes. S. 320, 409.
3 S. aus der Fülle der Literatur zu vormodernen Klosterreformen und zur zeitgenössischen Begrifflichkeit: Elm, *Reformbemühungen*; Schreiner, Dauer, Niedergang und Erneuerung; ders., Benediktinische Klosterreform.

Open Access. © 2023 bei den Autorinnen und Autoren, publiziert von De Gruyter. Dieses Werk ist lizenziert unter einer Creative Commons Namensnennung 4.0 International Lizenz.
https://doi.org/10.1515/9783111026480-007

als grundlegend für diese Prozesse gepriesen wurde. Separiert von der Umwelt lebten Mönche und Nonnen streng nach der Regel ihrer Gemeinschaft, um das Ideal des himmlischen Gottesreichs gemeinschaftlich schon in der Gegenwart zu verwirklichen. Dafür organisierten sie das Klosterleben mittels einer strengen Hierarchie sowie eines fein austarierten Systems individueller und gemeinschaftlicher Verantwortung. Zugrunde lag das Prinzip einer wechselseitigen Responsibilisierung, das individuelle Introspektion mit Fürsorge für die anderen sowie Aufgaben innerhalb der Gemeinschaft verband. Einen institutionellen Rahmen für diese Kontrollmechanismen boten die Ämterhierarchie im Kloster, Kapitelsitzungen, Visitationen sowie Diskussionsforen innerhalb der Ordensgemeinschaft – und für all diese Zusammenhänge schien eine *cura vigilans* wesentlich. Wachsamkeit in Bezug auf die Einhaltung von Alltagsregulativen war mithin eine zentrale Praktik, mit der das Funktionieren des klösterlichen Lebens gewährleistet werden sollte. Folgte der Alltag streng biblischen Geboten, dem normativen Rahmen der Ordensregel und schließlich den Maßgaben der jeweiligen klösterlichen Gemeinschaft, so mussten deren Einhaltung überwacht sowie etwaige Verstöße aufgedeckt, kommuniziert und sanktioniert werden.

Doch was bedeutete Wachsamkeit – hier verstanden im Sinne von Vigilanz – im Kloster genau?[4] Worauf, d.h. auf welche Themen und Regulierungsbereiche im Alltag, erstreckte sich die eingeforderte Wachsamkeit? Welche Praktiken wurden etabliert und aktiviert, um zentrale Regulierungsbereiche des klösterlichen Lebens wie den strukturierten Tagesablauf, das gemeinsame Schlafen, Essen und Beten oder aber die Arbeitsbereiche im Kloster wirksam zur Geltung zu bringen? Und schließlich: Welchen Stellenwert hatte Vigilanz als soziale Praxis – war sie ein vollkommenes Regulationsprinzip oder gab es Optionen zur Flexibilisierung?

Ausgehend von diesen Fragen untersucht dieser Beitrag Vigilanz als soziale Praxis in vormodernen Klöstern zwischen ca. 1440 bis 1540 im Spannungsfeld von Eigenverantwortung, Normierung und Kontrolle. Im Zentrum stehen Klöster der Bursfelder Reformkongregation, mithin ein klar umrissener, hochregulierter multidimensionaler Sozialraum (dessen Analyseebenen sich folgendermaßen beschreiben lassen: einzelne Mönche/Nonnen, einzelne Klöster, Verbindungen zu anderen Klöstern, Ebene der Kongregation). Vigilanz war, so eine Grundannahme dieses Beitrags, nicht nur für vormoderne Klöster im Allgemeinen, sondern besonders für Reformklöster ein virulentes Phänomen: Gezielt forderten die Reformer sie ein und riefen Einzelpersonen dazu auf, sich an der Sicherung der gemeinschaftlichen Regeln und Normen zu beteiligen. Gleichzeitig wurde, wie die Inter-

---

4 Zum methodischen Ansatz siehe die Überlegungen in den Beiträgen bei: Brendecke/Molino, *The History and Cultures of Vigilance*.

pretation des Erfurter Konventualen zeigt, „wachsame Sorge und Genauigkeit" auch zum Qualitätsausweis besonders rigider Reformer. Dabei ist zugleich zu diskutieren, inwiefern sich über derartige, augenscheinlich topische Bemerkungen auch spezifische Praktiken der Wachsamkeit ausprägten. Im Mittelpunkt des Beitrags steht deshalb die Frage, welche Bedeutung vormoderne Klöster Vigilanz als sozialer Praxis beimaßen und wie diese legitimiert, sprachlich gefasst, institutionell organisiert und reflektiert wurde. Im ersten Abschnitt werden dazu institutionelle Bedingungen, Praktiken sowie Sprachen der Wachsamkeit analysiert; im zweiten Abschnitt stehen exemplarisch für Regulierungsbereiche des klösterlichen Lebens Vorschriften zum Essen und Fasten im Mittelpunkt. Vollständigkeit wird weder beansprucht noch intendiert; vielmehr zielt der Beitrag darauf, den methodischen Ansatz der Vigilanzkulturen für monastische Geschichte fruchtbar zu machen.[5]

Strukturen und Praktiken der Wachsamkeit in Klöstern der Bursfelder Kongregation

Als besonders aufschlussreich für diesen Themenkomplex erweist sich die Geschichte benediktinischer Reformbewegungen, also von Zusammenschlüssen unterschiedlichen Institutionalisierungsgrads, die mit ihren Reformvorstellungen auf mehrere Klöster und verschiedene Regionen wirkten. Die bedeutendsten Beispiele sind die Reformbewegungen aus Santa Giustina in Italien, aus Valladolid in Spanien, aus Kastl in der Oberpfalz, aus dem niederösterreichischen Melk sowie schließlich dem niedersächsischen Bursfelde, auf die wir uns im Folgenden konzentrieren.[6]

Die an der Weser im heutigen Niedersachsen gelegene Benediktinerabtei Bursfelde war 1093 gegründet worden.[7] Den Auftakt für Bursfeldes prägende und einflussreiche Geschichte als Reformzentrum bildet die 1433 erfolgte Wahl des Johannes Dederoth, der bereits seit einigen Jahren Abt des Klosters Clus bei Gandersheim war, zum Abt von Bursfelde. Johannes Dederoth begann 1434, die ihm

---

5 Dieser Beitrag entstand im Rahmen des SFB 1369 „Vigilanzkulturen" (LMU München) aus der gemeinsamen Arbeit der Autorinnen an einem Forschungsprojekt zu Vigilanz in vormodernen Reformklöstern. Für Informationen zum SFB s. die Einleitung der HerausgeberInnen zu diesem Band sowie die Informationen unter https://www.sfb1369.uni-muenchen.de/index.html [letzter Zugriff: 03.11.2022].
6 Becker, Benediktinische Reformbewegungen im Spätmittelalter; mit Blick auf den deutschen Sprachraum s. zudem Faust/Quarthal, *Reformverbände und Kongregationen* sowie Bischof/Thurner, *Benediktinische Klosterreform*.
7 Vgl. hierzu die Überblicksdarstellungen bei Ziegler, Bursfelder Kongregation; Engelbert, Bursfelder Kongregation; Engelbert, Bursfelder Benediktinerkongregation sowie Esch, Rom und Bursfelde.

unterstehenden Klöster nach dem Vorbild (und mithilfe der personellen Unterstützung) des Trierer Klosters St. Matthias zu reformieren.[8] Auch seine Nachfolger folgten dem hier erstmals geprägten Reformpfad, und so übernahmen immer mehr Klöster – allen voran Reinhausen und Huysburg – die in Bursfelde sukzessive entwickelte Lebensweise. 1446 bestätigte ein Kardinallegat im Auftrag des Basler Konzils die rund um Bursfelde zusammengeschlossenen Klöster offiziell, indem er ihnen eigene Kapitel sowie Visitatoren bewilligte; damit verlieh er den „unierten Klöstern" Sonderprivilegien, über die auch die italienische Reformkongregation von Santa Giustina verfügte.[9] In dasselbe Jahr, konkret den Zeitraum 1.–16. Mai 1446, datiert auch das erste Generalkapitel, dessen Abhaltung gleichsam als Auftakt für die folgende kongregationale Ausformung gesehen werden kann.[10] Binnen weniger Jahrzehnte wuchs die Bursfelder Kongregation quantitativ und räumlich in beachtlichem Maße. 1517 umfasste sie bereits mehr als 90 Klöster. Die rasche Übernahme der in Bursfelde entwickelte Lebensweise, die Formierung der Kongregation sowie ihre frühen konziliaren und papalen Bestätigungen sind in der Forschung immer wieder als paradigmatischer Aufstieg interpretiert worden. Analog dazu sind die mit der Reformation zusammenhängenden maßgeblichen Lösungen der Klöster von der Kongregation (allein zwischen 1520 und 1530 über 30 Klöster) und Schwächung der zentralisierenden Kongregationsinstanzen (Visitationen, Generalkapitel, Präsidentschaft) als eine Phase des Niedergangs der Kongregation aufgefasst worden.[11]

Bei der Neugestaltung des Klosterlebens ging es inhaltlich zunächst darum, die Benediktsregel möglichst wortgetreu zu beachten und umzusetzen. Als Kernaufgabe des klösterlichen Lebens wurde der Gottesdienst betrachtet, dessen Ablauf seit Mitte des 15. Jahrhunderts in genauen Vorschriften geregelt war (*Caeremoniae*).[12] Auf diese Weise sollte erreicht werden, dass der Gottesdienst in allen beteiligten Klöstern gleich gestaltet wurde. Ähnlich wie das italienische Kloster Santa Giustina befürworteten auch die Bursfelder Vertreter eine Verkürzung des Gottesdienstes, um die individuelle Hingabe, die *devotio*, zu steigern. Überdies wurde das Prinzip

---

8 S. dazu die „Kurze urkundliche Geschichte der Bursfelder Kongregation", in: Volk, *Urkunden*, besonders S. 3–16.
9 Urkunde Kardinal Ludwigs d'Allemand, Legat des Basler Konzils, vom 11. März 1446 als Nr. 4 bei Volk, *Urkunden*, S. 57–61; die 1463 auf dem Erfurter Generalkapitel ausgefertigte Bekanntgabe der von Eugen IV. an Bursfelde übertragenen Privilegien von Santa Giustina finden sich ebd. Urkunde Nr. 32, S. 117–126.
10 Albert, Das erste Kapitel. S. für den Kontext außerdem Klueting, *Monasteria*, bes. S. 28–32.
11 Paradigmatisch für diese Deutung: Ziegler, *Generalskapitelrezesse*.
12 Gleichwohl gab es auch Auseinandersetzungen um die hier angestrebte Eindeutigkeit. S. dazu Mertens, Streit.

der täglichen Meditation eingeführt.[13] Um die Befähigung zur Introspektion im Rahmen biblischer und ordensspezifischer Maßgaben zu erlangen, sollten Mönche als auch Nonnen über eine Grundkenntnis geistigen Schrifttums verfügen; die damit verbundene Ermahnung zur Vervielfältigung passender Schriften wurde entsprechend als geistige und zugleich körperliche Schulung bzw. Entwicklung klassifiziert.[14]

Den in der täglichen Meditation angelegten Funktionalismus würdigte auch der Melker Reformer Johannes Wischler (gen. von Speyer) in seinem mahnenden „Büchlein über das Regelstudium" (*Libellus de Studio lectionis regularis*, entstanden um 1434). Ihm zufolge sei die Lesung nach dem Gotteslob und den Gebeten das Wichtigste und war deshalb fest im Klosteralltag zu verankern. Johannes begriff ein maßvolles Leben als für die Erlangung von Weisheit notwendiges Mittel.[15] In Anlehnung an den Spruch Salomo 8,17 „Ich liebe, die mich lieben, und die mich suchen, finden mich." (*Ego diligentes me diligo et qui mane vigilant ad me invenient me*) erhob er eine innere Wachsamkeit gewissermaßen zum Grundprinzip: Diejenigen, die wachten, schliefen nicht und könnten folglich auch nicht danach streben, „unnütze Fabeln und Neuigkeiten der Welt zu hören oder sich mit unnötigen und nebensächlichen Dingen zu beschäftigen"; stattdessen figuriere die innere Wachsamkeit im aufmerksamen Lesen, Hören, Meditieren und Beten.[16]

Um die einheitliche Durchsetzung solcher Gebets- und Frömmigkeitsprinzipien zu erreichen, setzte man in der Bursfelder Kongregation auf kommunikative Durchdringung: So kompilierte Johannes Trithemius, der Abt des Klosters Sponheim, 1497 im Auftrag des Bursfelder Generalkapitels Maßgaben für ideale klösterliche Lebensformen, die – so der ursprüngliche Auftrag – laut im Konvent zu verlesen waren, damit jeder mit den Regeln vertraut war und niemand sich mit

---

13 Albert, *Caeremoniae Bursfeldenses*; Rosenthal, *Martyrologium und Festkalender*.
14 S. dazu die umfassende Auswertung und bibliotheksgeschichtliche Einordnung bei Freckmann, *Bibliothek des Klosters Bursfelde*; s. zudem Röckelein, *Landschaften*, bes. S. 74–78.
15 Johannis de Spira, Libellus, S. 170: *Ex quo vobis coepi persuadere abstinentem vitam, quae via est & necessarium medium ad acquisitionem sapientiae* [...]. S. zum Werk zudem Müller, *Habit und Habitus*, S. 94f.
16 Groiss, *Kommentar zum Caeremoniale Mellicense*, Zitat S. 217. Johannis de Spira, Libellus, S. 171: *Qui vigilaverint, dicit, non qui dormierint aut otio torpuerint: non qui inanibus fabulis, aut saeculi novitatibus audiendis intenderint, aut aliis quibusve inutilibus vel praeternecessariis occupationibus institerint, sed qui vigilaverint ad me: vigilaverint, inquam, legendo, audiendo, meditando, orando: legendo libros doctrinam sapientiae continents, audiendo verbum doctoris eam docentis, meditando lecta vel audita nondum intellecta, & ea usque ad plenam intelligentiam memoriae faucibus ruminando, aut actu intellecta mente tractando, aliaque ex aliis deducendo & inveniendo.*

Unkenntnis herausreden könne.[17] Das Resultat dieses Auftrags, Trithemius' Traktat *De triplici regione claustralium et spirituali exercitio monachorum*, wurde bald nach seinem Erscheinen in gedruckten Exemplaren den Bursfelder Mönchen als Regelwerk für den wachsamen Alltag an die Hand gegeben.[18]

Im Unterschied zu anderen benediktinischen Reformbewegungen im deutschen Sprachraum (etwa Kastl oder Melk) war die Bursfelder Kongregation ein fest organisierter Verband mit „einem Körper und einem Generalkapitel" (*unum corpus et capitulum*).[19] Jedes Kloster, das sich anschließen wollte, musste seinen Beitritt erklären und sich zur Befolgung der einheitlich gestalteten Liturgie und Lebensformen verpflichten. Ein Beispiel für diesen Prozess ist eine Petition aus dem Jahr 1452, die 25 Mönche des Hildesheimer Michaelisklosters unterschrieben, um der Kongregation beizutreten. Erkennbar legt der Text den Zusammenhang von Gehorsam und Gemeinschaftsideal offen: „Ich Bruder Heinrich Berkenfeld [...] stimme zu und bitte demütig, dass unser vorgenanntes Kloster durch unser Brief und Siegel und in angemessener Form dem Jahreskapitel angeschlossen wird, welches durch die ehrwürdigen Herren Äbte der Klöster Bursfelde, Reinhausen, Clus, Erfurt und anderer, jenen in Einhaltung der Regeln verbunden, jährlich abgehalten zu werden pflegt, und unterwerfe mich freiwillig jenem Kapitel und seinen Verordnungen."[20]

---

17 Beschluss des in Erfurt vom 26.–29. August tagenden Generalkapitels, in: Volk, *Generalkapitels-Rezesse* I, S. 297–305, hier Abschnitt 23, S. 303: *Unanimi omnium patrum consensu pro serenitate conscienciarum statutum est atque decretum, quod fiat una extractio omnium statutorum capituli nostri annalis per dominum abbatem Spanhemensem in unum libellum, qui singulis annis ad mensis spacium ante celebracionem capituli in conventu publice legatur, ne quis de ignorancia se excusare possit.* Zu Trithemius und seinem Wirken s. Arnold/Fuchs, *Johannes Trithemius*; Arnold, *Johannes Trithemius*; Müller, *Habit und Habitus*.
18 Eine eingehende Untersuchung des Traktats steht noch aus; im Münchener SFB-Projekt wird derzeit die Überlieferung in frühen Drucken erschlossen und ausgewertet. S. zum Inhalt auch Thommen, Prunkreden, bes. S. 31–35. S. zu Trithemius' Engagement für Bursfelde neuerdings auch Dzemaili, Stellenwert monastischer Bildung.
19 Formulierung in der Bulle *Regis pacifici*, erlassen von Papst Pius II., 6. März 1459, Urkunde Nr. 24, in: Volk, *Urkunden*, S. 97–100.
20 *Ego frater Hinricus Berkenvelt, professus monasterii sancti Michahelis in Hildensem ordinis sancti Benedicti, consentio et humiliter peto, ut nostrum prefatum monasterium in litteris et sigillis nostris atque forma congrua uniatur capitulo annuali per venerabiles dominos abbates monasteriorum Bursfeldensis, Reynhusensis, Clusensis, Erfordensis ceterorumque eisdem in observantia regulari unitorum annuatim fieri solito eidemque capitulo et ordinationi me voluntarie submitto. Insuper promitto, quod si per nostri monasterii abbatem pro institutione aut alia de causa ad aliud monasterium missus fuero, velim sine contradictione prompte obedire, quod si etiam occasio eligendi abbatem in nostro predicto monasterio se obtulit, juro et promitto me non velle aigerere nec electum per alios consentire, nisi de illa iam dicta fuerit unione, nec consentire in aliquem nobis in observantia sociandum, nisi hec eadem in presenti cedula contenta promiserit. Hec libere promitto, quod protestor per presens scriptum manu propria anno domini M° CCCCLII°, in vigila Pasche.* [...] Urkunde vom

Weil die Kongregation die Autonomie der beteiligten Einzelklöster beibehielt, war das stärkste verbindende Glied das zumeist jährlich (an wechselnden Orten) stattfindende Generalkapitel.[21] An ihm mussten alle Äbte der Kongregationsklöster teilnehmen. Das Generalkapitel verfügte neben der Legislativgewalt (die durch komplexe Verfahren der Abstimmung und mehrfachen Lesung gesichert wurde) auch über die Befugnis zur Administration und Umsetzung der Regeln und Gesetze.[22] Über die Einhaltung der Bursfelder Regeln, aber auch der Beschlüsse des Generalkapitels, wachten spezielle Visitatoren; pragmatisch waren das zumeist die Äbte benachbarter Klöster. Auf diese Weise entstand, so hat es Andreas Rüther jüngst prägnant zusammengefasst, ein „formal zentralisierte[r] Ordensverband, in dem Jahreskapitel und Visitation als Teil des Selbstverständnisses begriffen wurden und ein Instrument der Reformbemühungen darstellte".[23]

Freilich stießen eine strengere Einhaltung der Klosterregeln oder aber lebenspraktische Fragen wie die Auslegung von Kleiderregeln nicht bei allen Religiosen auf Gefallen: Welche Materialien durften für den Ordenshabit verwendet werden? Durfte man auf Matratzen schlafen oder war aus Gründen der Bescheidenheit ein Strohsack besser? Wann und in welchem Maße durfte Fleisch konsumiert werden? Wer kontrollierte, ob die Mönche ordentlich rasiert waren? Wer gewährleistete, dass Mönche, die das Kloster verließen, auch wirklich zurückkehrten? All diese Fragen mussten kontinuierlich bei Visitationen überprüft werden. Die Mönche oder Nonnen eines Klosters mussten dem Visitator, dem Wächter der Regeln, im Zwiegespräch Rede und Antwort über mögliche Regelübertretungen stehen, wobei sie sich selbst einer Schuld bezichtigen konnten. Die Visitatoren führten deshalb stets einschlägige Regelwerke mit sich, um die mündlichen Angaben vor Ort mit den schriftlichen Vorgaben überprüfen zu können. Auf dieser Grundlage erstellten sie dann schriftliche Anordnungen für das jeweilige Kloster, die erneut vor der Gemeinschaft verlesen und dann übergeben wurden.[24]

Innerhalb der einzelnen Klöster wiederum gab es die Ämter der Korrektoren sowie der Circatoren, deren spezifische Aufgabe in der Überwachung der Einhal-

---

08.04.1452, Hildesheim, Bistumsarchiv Urkunden St. Michael (1001–1801) A VIII 1/1, in: monasterium.net, https://www.monasterium.net/mom/DE-BAH/UrkStMi/A_VIII_1%7C1/charter?q=Bursfelde [letzter Zugriff: 10.08.2022].
21 Zur Dezentralität bzw. regionalen Vielfalt der Kongregation s. Hammer, Substrukturen, Zentren und Regionen.
22 Für einen Überblick s. Volk, Gesetzgebende Körperschaft. Die Rezesse der Generalkapitel wurden von Paulus Volk ediert: Volk, *Generalkapitels-Rezesse* I, II u. IV.
23 Detailliert dazu jüngst Rüther, Alternative – Option – Votum, Zitat S. 54.
24 Zentrale Quellen finden sich zusammengestellt bei Oberste, *Dokumente*. S. zudem Schreiner, Verschriftlichung.

tung klösterlicher Regeln bestand. Natürlich waren all das keine neuen Ämter – es hatte sie schon jahrhundertelang in benediktinischen Klöstern gegeben.[25] Im Kontext der Neuordnung klösterlichen Lebens in der Bursfelder Kongregation aber wurden sowohl ihre Namen als auch ihre Aufgaben präzisiert, so etwa durch Abt Johannes Rode von der Trierer Abtei St. Matthias, dessen Reform-Vorschriften zur Vorlage für die Bursfelder Kongregation wurden.[26] Ihnen zufolge sollte der *emendator* oder *corrector*, dessen Aufgabe der Verbesserung schon im Namen seines Amtes festgehalten war, dafür Sorge tragen, dass alle Lesungen im Kloster regelgemäß stattfanden. Dazu gehörten eine saubere Aussprache und Grammatik der Vorlesenden oder die richtige Stimmlage. Etwaige Fehler waren diskret im Zwiegespräch zu beseitigen.[27]

Weitaus programmatischer dagegen war die Aufgabe des *circator* angelegt, den die Reformer sinnfällig als *observator* bezeichneten: Er sollte, wie es der ursprüngliche Name verriet, im Kloster umhergehen und „Nachlässigkeiten sowie Sünden" im Kloster beobachten.[28] Die Benennung klarer Amtsvoraussetzungen sollte von vornherein verhindern, dass die erforderliche Wachsamkeit abgeschwächt wurde: So sollte der *circator* nicht aufgrund familiärer oder freundschaftlicher Verbindungen dazu verleitet werden, etwaige Verfehlungen seiner Mitbrüder absichtlich zu „übersehen". Im Gegenteil: er hatte sie zu notieren und durch Verlautbarungen bekanntzumachen.[29] Abweichungen vom Normgefüge in Form des „produktiven Übersehens" von Vergehen oder das Scheitern der angestrebten Wachsamkeit sollten somit prospektiv verhindert werden.

Solche Regelungen lenken zugleich den Blick auf physische und sensorische Dimensionen der Vigilanz. Anders formuliert: Wie sollten Mönche und Nonnen die Verstöße anderer audiovisuell wahrnehmen und evident machen? Hierzu verfügte das Generalkapitel von Bursfelde 1458 eine bemerkenswerte Bestimmung: „Es hat den Vätern Äbten gefallen zu beschließen, dass im Refektorium auf Blickhöhe für

---

25 Oberste, *Visitation und Ordensorganisation*.
26 Becker, *Reformprogramm*.
27 Ders., *Consuetudines*, S. 204, Abschnitt 221 (*De emendatore seu correctore*): *Emendatoris officium est sollicite providere, ut singular legenda in convent, in oratorio et refectorio distincte legantur et intelligibiliter iuxta regulam, ut aedificentur audientes. [...] Debet tamen emendator esse discretus, ne nimis curiosis correctionibus aut insulitis auditorem turbet vel lectorem.*
28 Bruce, Lurking; Feiss, Circatores; Kornexl, Linguistische Überlegungen.
29 Becker, *Consuetudines*, S. 235, Abschnitt 259 (*De circatoribus seu observatoribus*): *Circatorum seu observatorum officium est, qui, ut sanctus Benedictus praecepit, certis horis cirumeant monasterium observantes negligentias fratrum et ordinis praevaricationes. Eligatur unus (vel plures) de totius congregationis religiosioribus et ferventioribus, qui nec malo zelo seu private odio ad praesidentem defectus deferat nec propter privatam amicitiam vel alia quacumque familiari causa sileat negligentias fratrum. Sed debet errata notare et praesidenti proclamandos notificare.*

herumwandernde Mönche ein Holzbrett angebracht wird, auf dem steht: ‚Wende deine Augen ab, damit sie keine Eitelkeit sehen können'; ein jeder wird so erröten und seinen Blick kontrollieren und sich stattdessen den Lesungen widmen."[30] Ein allgemeines Blickregime sollte offenbar potentielle Eitelkeit abwenden und die Mönche in ihrer individuellen Wachsamkeit unterstützen. Aber auch die kontinuierliche Kommunikation, der Austausch mit der Gemeinschaft, sicherte die Aktivierung der Wachsamkeit. So berichtete der Mainzer Erzbischof 1412 (mithin zwar bereits im Kontext erster Reformdebatten, wohl aber vor der Entstehung der Bursfelder Kongregation) indigniert, ihm sei „zu Ohren gekommen", dass Frauen unerlaubterweise das Erfurter Peterskloster betreten hätten.[31]

Die Reformstatuten desselben Klosters wiederum verwiesen explizit darauf, dass Vergehen im Schuldkapitel vor allen mündlich dargelegt und gebessert werden sollten, ehe dem Sünder in Anwesenheit aller bis zur sichtbaren Zufriedenheit die Schuld genommen werde.[32] Für das im Kloster oder am Ende des Generalkapitels abzuhaltende Schuldkapitel gab es klare räumliche und kommunikative Maßgaben (die sich normativ zwar durchaus fassen lassen, während die etablierten Praktiken hingegen schwer greifbar sind).[33] Die Mönche betraten das Schuldkapitel entsprechend der innerklösterlichen Rangordnung. Dann folgte eine sorgsam austarierte Inszenierung von öffentlicher Befragung, lautstarker Schuldbekundung, Aufstehen und Niederwerfen.[34] Augenfällig erscheint der Gegensatz zwischen der Lautstärke des Anklagenden und der Stille der Gemeinschaft – auch Klang und Wucht der Töne

---

30 Rezess des vom 3. bis 8. Mai 1458 in Bursfelde abgehaltenen Generalkapitels, in: Volk, *Generalkapitels-Rezesse* I, S. 93–98, hier Abschnitt 7, S. 95: *Placuit patribus, ut fratribus in refectorio vagis visu existentibus apponatur signum ligneum, in quo erit scriptum: „Averte oculos tuos, ne videant vanitatem", ut sic erubescens visum contineat et lectiones intendat.*
31 Verbot über den Zugang von Frauen zum Kloster, erlassen von Erzbischof Johannes von Mainz, 24. Oktober 1412, Nr. 1, in: Frank, *Erfurter Peterskloster*, S. 336f., hier S. 336: *Sane dudum ad aures nostras deducto, quod non sine gravi displicentia gessimus [...]*.
32 Reformstatuten, in: Frank, *Erfurter Peterskloster*, S. 366–373, hier S. 370: *Contemptores et rebelles in capitulo emendentur [...] transgressoresque regularis discipline in eodem coram omnibus, ut ceteri metum habeant, arguantur et emendentur. Item omnibus transgressoribus penitencia in capitulo imponatur et in eodem ab illa omnibus presentibus, postquam visum fuerit satisfactum, absolvantur.*
33 Einführend dazu Chavanne, Schuldkapitel.
34 S. beispielsweise den Rezess des vom 3. bis 8. Mai 1458 in Bursfelde abgehaltenen Generalkapitels, in: Volk, *Generalkapitels-Rezesse* I, S. 93–98, hier S. 98: *Postremi dictis culous per quemlibet ex abbatibus prostratis in terra et iniuncta et penitencia salutari fuit conclusum capitulum et patres licenciati sund, ut ad propria rearent in nominee Patris et Filii et Spiritus Sancti Amen.* Die Formulierungen für die späteren Jahre (beispielsweise die Rezesse von 1469, ebd. S. 145, 1470, ebd. S. 151, 1472, ebd. S. 157, oder 1473, ebd. S. 163) weisen dagegen zumeist standardisierte Formulierungen auf, die wenig Details über den Kontext und Ablauf des Schuldbekenntnisses vermitteln.

spiegelten die Vigilanz.[35] Die angesprochenen physischen und sensorischen Aspekte stehen in engem Zusammenhang mit der Bedeutung von physischer Präsenz im Gemeinschaftsgefüge. Unter Verweis auf das Grundprinzip der reziproken Responsibilisierung notierte man beim Bursfelder Generalkapitel genau, wer teilgenommen hatte und wer nicht: 1459 wurde etwa peinlich genau protokolliert, dass „der Ungehorsam der abwesenden Äbte von S. Panthaleon und Cismar" bemerkt und öffentlich angeklagt worden sei.[36]

Praktiken der Wachsamkeit waren also nicht nur innerhalb der jeweiligen Klöster virulent, sondern auch auf der Ebene der Kongregation. Dieses Grundprinzip erforderte klare kommunikative Rahmungen: So hatten etwa die Visitatoren nicht nur Verfehlungen wie etwa allzu langes Verweilen im Bett, Brechen der Schweigepflicht, unbefugtes Betreten bestimmter Gebäude und Räume oder unbefugtes Verlassen des Klosters ohne Schließen der Pforte zu benennen und dafür entsprechende Strafen festzulegen (wie das öffentliche Niederwerfen im Kapitel oder die Verweigerung des Rechts, Alkohol zu trinken usw.);[37] die von den Visitatoren überdies formulierten Empfehlungen für künftige Besserungen wurden zudem schriftlich in einem Rezess festgehalten, der im Kloster laut vorgelesen, verkündet und somit gegenwärtig gemacht wurde. Dass der Rezess überdies in doppelter Ausfertigung für das Kloster und das Generalkapitel ausgefertigt wurde, sollte eine erneute Überprüfung auch in der Zukunft sicherstellen.[38]

---

35 Vgl. hierzu den Beitrag von Mirko Breitenstein („Gemeinsam schweigen. Die tönende Stille der Klöster") bei der 2019 abgehaltenen Tagung des Konstanzer Arbeitskreises für Mittelalterliche Geschichte zum Thema „Klangräume des Mittelalters". Mirko Breitenstein sei für die Einsicht in seinen Beitrag vor Veröffentlichung herzlich gedankt.
36 Rezess des vom 22. bis 25. April 1459 in Bursfelde abgehaltenen Generalkapitels, in: Volk, *Generalkapitels-Rezesse* I, S. 99–102, hier S. 102: *Accusata fuit contumacia absencium patrum et condemnati pro ut in actis capituli annalis continetur videlicet patres beate Marie ad Martyres, s. Panthaleonis et in Cismaria.*
37 S. hierzu die Pönitenzstatuten des Erfurter Abtes Gunther von Nordhausen (vor 1474), in: Frank, *Erfurter Peterskloster*, S. 374–377, beispielsweise S. 374: *Et qui manet usque ad secundum signum in lecto ad predictas horas et adhuc tempestive ad chorum occurreret, de hoc postea se proclamabit in capitulo et expectaverit penitenciam presidentis.*
38 S. hierzu die Untersuchung von Meta Niederkorn-Bruck (mit Fokus auf die Melker Reformklöster), in der auch Visitationskataloge mit exaktem Frageraster für die Visitatoren veröffentlicht sind: Niederkorn-Bruck, *Melker Reform*, bes. S. 217–222. Für einen Visitationsrezess aus dem Bursfelder Kontext s. beispielsweise den Rezess von 1474, in: Frank, *Erfurter Peterskloster*, S. 378–382, hier S. 379: *Quia tamen nonnullas eciam invenimus deformitates et negligencias religiosum profectum impedientes, idcirco pro earum emendacione subscripta puncta vobis relinquimus pro carta visitacionis demandantes seriose illa per vos et quemlibet vestrum, prout eum tetigerit, servari et diligenter practicari.* Das Dokument wurde zur Kontrolle in doppelter Ausfertigung an das einzelne Kloster und das Generalkapitel ausgefertigt.

Essen und Fasten als Regulierungsbereiche der Vigilanz

In den zeitgenössischen Quellen lassen sich vor allem zwei zentrale Bedeutungsebenen von Wachsamkeit identifizieren, die zugleich dem verschränkten Organisationskonzept vormoderner Klöster Rechnung tragen: Introspektion im Sinne der Eigenverantwortung sowie eine umfassende und wechselseitige soziale Verantwortung für die Regelkonformität aller Mitglieder der Gemeinschaft. Mit Introspektion ist eine fürsorgliche Verantwortung für das eigene (seelische und körperliche) Wohl gemeint, die mit einer kontinuierlichen Bereitschaft zur inneren Wachsamkeit kombiniert wurde. Latente Sünden mussten im Idealfall selbst erkannt, evident gemacht und kommuniziert werden. Zentrale Bedeutung kam in diesem Zusammenhang der Beichte zu, die sowohl der Selbstdisziplinierung als auch der Normenkontrolle gegenüber anderen diente.[39] Introspektion und Gewissensbefragung trugen wesentlich dazu bei, sündhaftes Fehlverhalten aufzudecken und durch Buße abzugelten. Damit war zugleich eine zentrale Verantwortung für die Gemeinschaft verbunden: Die Verinnerlichung des Glaubens und die kontinuierliche Selbstkontrolle diente der Aktivierung der Wachsamkeit gegenüber klösterlichen Regulierungsbereichen und mithin potentiellen Verfehlungen.

Die Gemeinschaft wiederum bot ihren Mitgliedern einerseits den Rahmen für ein vollkommenes Leben in Armut und Gehorsam. Andererseits musste ein jeder oder eine jede durch Regelkonformität auch selbst zur Vervollkommnung der klösterlichen Gemeinschaft beitragen. Auf diese Weise sollte schon in der Gegenwart ein biblischer Idealzustand erreicht werden.[40] Zentral war folglich das Prinzip der Reziprozität: So wie der oder die Einzelne mit regelkonformem Leben zur Perfektionierung des Klosters und somit zur Annäherung an das erstrebte Gottesideal beitrug, fungierte die Gemeinschaft umgekehrt als Instanz zur Kontrolle sowie zur Sündenerleichterung. Die oben bereits skizzierten Verfahren und Amtszuständigkeiten innerhalb der Klostergemeinschaften gewährleisteten dabei eine beständige Kommunikation sowie einen qualitativ gleichwertigen Umgang mit normativen Richtlinien. Darüber hinaus dienten gemeinsame äußere Merkmale, repetitive Praktiken und eine strikte Hierarchie zur Konstitution und Darstellung der gemeinschaftlichen Identität.[41]

---

39 Feistner, Semantik des Individuums; Ohst, *Pflichtbeichte*; Dinzelbacher, Sündenbewußtsein und Pflichtbeichte.
40 Ausführlich zu diesen Überlegungen bereits Burkhardt, Religiöse Gemeinschaften.
41 S. dazu bereits Dies., Bienen.

Dieser allgemeine Rahmen differenzierte sich gerade in den Regulierungsbereichen der Körperpraktiken im klösterlichen Alltag – etwa in Bezug auf den Umgang mit Nahrung, Kleidung, Gesundheit, Arbeit oder Körperpflege – in weitere Dynamiken und Konstellationen aus. Die jeweiligen normierenden und regulierenden Maßnahmen strukturierten zeitliche, räumliche, semiotische und symbolische Dimensionen der Kommunikation im klösterlichen Alltag auf je eigene Art und Weise mit.[42] Gerade bei Nahrungspraktiken ging es dabei nicht einfach um die Art der Regulierung oder gar des Verzichts, d. h. um bestimmte Nahrungs- und Lebensmitteleinschränkungen, sondern auch um die damit einhergehenden Vorbestimmung von Settings, bei denen Handlungsoptionen und Handlungsspielräume entsprechend motiviert und gelenkt – wahrscheinlicher gemacht – wurden: Verhalten am gemeinschaftlichen Esstisch, im klösterlichen Krankenzimmer, bei Anwesenheit von Gästen oder in der Nacht. Und umgekehrt wurde die Partizipation Einzelner gerade aufgrund dieser vielseitigen Dimensionierung virulent: eine Mitwirkung, die als Eigenverantwortung beschreibbar ist, aber sich in der Praxis des klösterlichen Alltags stets im Spannungsfeld von dynamischen und disparaten Faktoren der Kommunikation (Zeiten, Räume, Konnotationen[43]) und ihrer symbolischen Aufladung[44], ihrer Normierungsformen und Kontrollmechanismen befand.

Als zentraler Regulierungsgegenstand waren Essen und Fasten dem Christentum immanent.[45] Die entsprechenden Bestimmungen hatten immer schon und auch über das Christentum hinweg eine wichtige funktionale Stellung, wenn es um die Glaubensideale, um das geistige Leben, aber auch um religiöse Abgrenzungen nach außen oder Konsolidierungen religiöser Gruppen nach Innen ging.[46] Dabei waren diese Normen und ihre funktionale Stellung nie statisch: Sie konnten verschieden ausgelegt und interpretiert werden, aber auch je nach gegebenen Kontexten und Bezugsproblemen in synchroner Hinsicht variieren und waren somit ein gängiger Gegenstand religiöser Auseinandersetzungen.[47]

Nicht anders verhielt es sich damit im klösterlichen Bereich. So selbstverständlich der Fleischverzicht zum monastischen Ideal der Askese, der Buß- und Achtsamkeitspraktiken im Mönchtum gehörte, so kontrovers und lebhaft waren die

---

42 Staubach, Speisegebote; Sonntag, Mönchskleid; ders., Essgewohnheiten; ders., *Klosterleben*; Zimmermann, *Ordensleben und Lebensstandard*.
43 Zu Konnotationen der Handlungskontexte im hier gemeinten semiotischen Sinne vgl.: Lotman, Semiosphäre; Eco, Konnotation.
44 Sonntag, *Klosterleben*.
45 Kissane, *Food, Religion and Communities*; Ryrie, Fasting; Albala/Eden, *Food and Faith*; Lutterbach, Speisegesetzgebung; Walker Bynum, *Holy Feast and Holy Fast*.
46 Klymenko, Körperpraktiken und Bekenntnis.
47 S. dazu die Beiträge in: Weltecke, *Essen und Fasten*.

Abhandlungen dazu. In benediktinischen Gemeinschaften betrafen sie ein großes Spektrum von Fragen, die das auf den Heiligen Benedikt zurückzuführende Verbot des Fleischgenusses betrafen[48]: Darunter fanden sich Ausnahmen für Erkrankte und Gebrechliche, Milderungen für Reisende, Verarmte oder Vertriebene, sowie insbesondere die grundlegende Auslegungen zum Verzehr von Geflügel bzw. zur Frage, ob und inwiefern dieses zum Fleisch der Vierfüßler zu zählen sei, welches der Benediktsregel zufolge allumfassend als verboten galt.[49] Weitere Regelklärungen, Ausnahmebestimmungen, Privilegien und Dispense mehrten sich, behoben jedoch die Streitfragen nicht und ließen in der Regel Handlungsspielräume der einzelnen Klöster wie auch der normierenden Instanzen kontingent. Auch wenn im 14. Jahrhundert diesbezüglich ordensintern nach wie vor keine Einigkeit herrschte, kam es im Jahr 1336 mit der auf benediktinische Reformen zielenden Bulle *Summi magistri* des Papstes Benedikt XII. zu einer für die späteren Auseinandersetzungen zentralen Zäsur.[50] Demzufolge wurde zugelassen, dass auch das Fleisch der Vierfüßler verzehrt werden durfte, allerdings mit zwei – hinsichtlich der analytischen Frage nach temporalen und räumlichen Aspekten klösterlicher Wachsamkeit folgereichen – Einschränkungen. Die erste betraf die zeitliche Dimension: Der Fleischverzehr sollte in der Fasten- und Adventszeit sowie ganzjährlich mittwochs und samstags verboten bleiben. Die zweite Einschränkung ordnete die Nahrungsnorm räumlich ein: Der Fleischverzehr im gemeinsamen Refektorium blieb zeitunabhängig streng untersagt und *nur* außerhalb des Refektoriums zugelassen, etwa in der Infirmerie oder der Wohnung des Abtes.[51]

Für die Reformbewegungen des 15. Jahrhunderts besaßen Normierungen von Essen und Fasten eine doppelt zentrale Bedeutung: Hinsichtlich der programmatisch aufzulebenden monastischen Ideale der achtsamen Lebensführung waren erstens Fragen der Beobachtung von Abstinenz in Klöstern und die damit zusammenhängende Eigenverantwortung der Mönche relevant. So verwarfen bemerkenswerterweise Melker Reformatoren die Milderungen im Bereich des Fleisch-

---

48 Grundlegend dazu: Lutterbach, Fleischverzicht im Christentum.
49 Volk, Abstinenzindult, S. 333–339.
50 Zum Kontext s. Boehm, Papst Benedikt XII.; Felten, Ordensreformen Benedikts XII.; Ballweg, *Reformdiskussion*; Heimann, Gescheiterte Vereinheitlichung.
51 *Statuimus et ordinamus quod per totum annum feria quarta et die Sabbati et prima dominica de Adventu usque ad diem Nataiis Domini et dominica Septuagesimae usque ad diem Paschae omnes regulares eiusdem Ordinis seu religionis ab esu carnium ubique abstineant, nisi necessitas-infirmitatis non fictae, per abbatem vel alium praelatum proprium forte suadeat cum aliquo dispensandum. Diebus autem quibus monachi in infirmitorio carnes edent, sic provideatur omnino quod in refectorio remaneat ad minus medietas mona chorum capituli vel conventus et idem fiat ubi abbas seu alius praelatus principalis aliquos ad domum seu ad cameram suam vocabit ad melius et pienius exhibendum.* Zitiert nach: Volk, Abstinenzindult, S. 339.

verzichts, welche die Bulle *Summi magistri* Benedikts XII. vorgesehen hatte, zugunsten der Erneuerung der einst strikten benediktinischen Abstinenzpraktiken, obwohl das päpstliche Reformdokument von 1336 die Grundlage ihrer Reformbestrebungen bildete und seine Normierungen des Fleischverzehrs auch 1417 vom Provinzialkapitel in Petershausen aktualisiert und festgehalten wurden.[52] Mit der Ausbreitung der Melker Reform sollte die alte Ordensobservanz wiederbelebt und die ursprünglich konsequenten Verzichtsnormen erneut eingeführt werden.[53] Zweitens sollten, bezogen etwa auf *uniformitas* der Bursfelder Klöster, der Einheitlichkeit aller Klöster in Fragen der Liturgie und Gleichförmigkeit in Bußwerken, Alltagspraktiken, Aussehen und Benehmen, entsprechende Normen und Praktiken klosterübergreifend gleichgesetzt und synchronisiert werden. Neben den Bemühungen um eine einheitliche Nahrungsnormierung handelte es sich ferner auch um eine Frage der Gestaltungsreichweite, wie ein Generalkapitelrezess der Bursfelder Kongregation aus dem Jahr 1613/17 zeigt: Er sah vor, dass die elsässischen Abteien ihre viereckigen Tische im gemeinsamen Speisesaal zwecks der Vereinheitlichung gegen längliche Tische austauschen sollten.[54] Obgleich nicht bekannt ist, ob dieser Beschluss das explizit intendierte, lenkte die Tischform die Aufmerksamkeit im Refektorium auf bestimmte Art und bestimmte so im Wechselspiel mit anderen aus dem Arrangement und Normen resultierenden Effekten das Verhalten am Esstisch mit (zu denken sei in diesem Zusammenhang an die oben zitierte Bestimmung des Bursfelder Generalkapitels 1458, auf Blickhöhe der Mönche ein Holzbrett zur Regulierung der Blickregime anzubringen).

Diese doppelte Bedeutung der Nahrungsregulierung schlug sich auch in der Responsibilisierung einzelner Klöster und ihrer Mitglieder hinsichtlich der beiden übergeordneten Ziele nieder: Nicht nur das monastische Ideal der Abstinenz als Prinzip der klösterlichen Lebensführung, auch die einheitliche Bestimmung entsprechender Praktiken sollten zum Leitmotiv des gemeinschaftlich synchronisierten Handelns und zur Achtsamkeit Einzelner im Bereich der klösterlichen Nahrungspraktiken werden. Doch genau dieses regelkonforme und einheitlich ausgerichtete Handeln erwies sich selbst als ein Regulierungsproblem. Zum Teil der zu diesem Zeitpunkt disparat gegebenen Privilegien und Dispense wegen, zum Teil aufgrund von lebenspragmatischen Umständen wie regionaler Unterschiede bei der Möglichkeit der Fischbeschaffung stellte man immer wieder Abweichungen fest. *A*

---

52 S. dazu jüngst (mit Fokus auf die Thesen des Tegernseer Reformers Bernhard von Waging) Treusch, Bernhard von Waging. Zu den Bestimmungen von Petershausen s. die klassische Studie von Zeller, Provinzialkapitel Petershausen.
53 Volk, Abstinenzindult, S. 340 f.
54 Ziegler, *Generalkapitelrezesse*, S. 8.

ieiunio, abstinentia carnium declinavit oder *in abstinentia carnium defecit*[55], lautet der Eindruck des Melker Benediktiners Johannes Schlitpacher aufgrund seiner Visitationen, woraufhin er ausdrücklich für eine Disziplinierung, d. h. das strenge Untersagen des Verzehrs von Fleisch und Fleischfett, plädierte.[56] Devianzen dieser Art und darauffolgende Disziplinierungsmaßnahmen waren, wie die Visitationsberichte verraten, häufig. Die Reformatoren griffen zu Sanktionierungen, zum Regulierungsinstrument der Visitationen und beharrten auf der einheitlichen Beobachtung des Fleischverzichts in den Klöstern. Ein Teil des Problems lag jedoch in der Normierungsstruktur selbst, genauer in der Polyphonie der regulierenden Instanzen. Denn ein Gesuch der Ausnahmeregelungen, Privilegien und Dispense war für einzelne Klöster außerhalb der Reformkongregation möglich. So konnten sich 1453 die Benediktinerinnen von Nonnberg an den Papst mit der Bitte um Milderungen der Abstinenzregeln in ihrem Kloster wenden und daraufhin die Erlaubnis eines wöchentlich dreimaligen Fleischverzehrs erhalten, und zwar bemerkenswerterweise nachdem 1452 ein entsprechendes Gesuch bei den provinzialen Instanzen ohne Erfolg geblieben war.[57] Mit kontinuierlicher Persistenz suchten und erhielten die Gemeinschaften weiterhin gesonderte päpstliche Privilegien, und zwar sowohl Frauen- als auch Männerklöster. So erhielten die Klöster, die sich der Bursfelder Kongregation anschließen wollten, im Jahr 1459 von Pius II. die Erlaubnis eines wöchentlich dreitägigen Fleischgenusses;[58] im Jahr 1491 dagegen verbriefte Innozenz VIII. eine analoge Milderung des Fleischverzichts für die Frauenklöster Siloe und Klaarwater[59].

Die Kontroverse um das klösterliche Fleischverbot erhielt mit dem Provinzialkapitel in Donauwörth 1521 eine neue Wendung und wurde zum Höhepunkt des Streites: Der für die gesamte Provinz einheitlich vorgesehene Abstinenzindult sollte die benediktinische Norm des Fleischverbots nun endgültig beheben.[60] Nicht zu übersehen sind dabei die Einflussfaktoren, die aus dem reformatorischen Wandel dieser Zeit resultierten. Gerade das katholische Fasten und das Prinzip der Nahrungsabstinenz[61] sowie das klösterliche Leben im Allgemeinen erfuhren dabei eine

---

55 Zitiert nach: Volk, Abstinenzindult, S. 343.
56 Zu den Melker Visitationen s. erneut Niederkorn-Bruck, *Melker Reform*, zu Schlitpacher bes. S. 64–67.
57 Volk, Abstinenzindult, S. 345 f.
58 Ders., *Urkunden*, Urkunde Nr. 25, S. 101 f.
59 Ebd. Urkunde Nr. 44, S. 140–142.
60 Ausführlich dazu: Ziegler, *Generalskapitelrezesse*, S. 30–33; Volk, Abstinenzindult; ders., Abstinenzindult II; ders., Abstinenzindult III.
61 Ein Paradebeispiel in der Literatur bildet das 1522 in Zürich stattgefundene Wurstessen in der Fastenzeit in Anwesenheit des Reformators Huldrych Zwingli. Zur Fastenfrage als Symbol in der Reformation vgl. z. B.: Ryrie, Fasting.

äußerst kritische Revision. Viele Äbte ließen sich für die Glaubenserneuerung begeistern und konvertierten oder suchten neue Mittelwege.[62] Gerade die Rolle der Äbte als wichtige Regulierungsinstanzen zwischen ihren Klöstern (i.S. einer unmittelbaren Kontrollmöglichkeit), aber auch als Visitatoren anderer Gemeinschaften und Teilhabende an den Beschlüssen des Generalkapitels, und zudem als Teilnehmende an provinzialen Netzwerken, verdient eine besondere Aufmerksamkeit. Fleischverzehr wurde dabei auch zu einer wichtigen Symbolsprache: Bei dem im gleichen Jahr 1521 tagenden Generalkapitel der Bursfelder Kongregation beklagte man nicht nur diejenigen Ordensmitglieder, die dem Abstinenzindults zustimmten, sondern auch den öffentlichen Fleischverzehr der dabei namentlich genannten Äbte.[63] Interessanterweise gingen die nahrungsbezogenen Devianzen mit Abweichungen im Bereich der klösterlichen Kleidungsnormen Hand in Hand, wie der Chronist Heinrich Bodo (auch: Henricus Angelonius, gest. 1553) später festhielt.[64] Der Streit um die Fleischfrage dauerte nahezu das gesamte 16. Jahrhundert an. 1570 wurde unter Vorbehalt eines bischöflichen Einverständnisses wöchentlich dreitägiger Fleischverzehr bewilligt, erst 1626 wurde dieser Regulierungsbereich der Kompetenz der jeweiligen Äbte überlassen.[65]

Vigilanz als soziale Praxis war in vormodernen Klöstern vor allem auf zwei Ebenen virulent: auf der Ebene der Introspektion im Sinne einer Eigenverantwortung und auf der Ebene der sozialen Verantwortung für die Regelkonformität aller Gemeinschaftsmitglieder. Jeder Regulierungsbereich des klösterlichen Alltags ließ dieses Zusammenspiel in einem anderen Zuschnitt erscheinen und die klösterliche Wachsamkeit somit auch in einem bestimmten Setting. So adressierten alltägliche Regulierungsbereiche einerseits die Eigenverantwortung für die Wachsamkeit einzelner Mitglieder der Klostergemeinschaft. Andererseits strukturierten sie auch

---

62 S. hierzu die Studie von Rüttgardt, *Klosteraustritte*.
63 Ziegler, *Generalskapitelrezesse*, S. 31.
64 [...] *carnium voracitas transgressioni subministrat; id quam sit verum cito prodibat in lucem ubi enim aliquanti semper delectabiliter indultum fuit carni, caro carnem appetiit et quam caro non suffragaretur ordini didicerunt. Mox enim gustata carne molliculi tegminis induebantur vestimentis, lanea delicatulo corpusculo apta non est, linea paratur camisia et ades ubi spargebatur, illic ignis vehementior. Adeo etiam nonnullis ad ultimum (ut sic dixerim) caro displicuit, ut nunquam vel illam tetigisse placuisset. Unde et dum nonnulli abbates qui (ut pace cinerum dixerim) vehementiores aliis quodammodo sic fatigarentur ad esum eius, ut patribus in capitulo litteras miserunt, reconciliationem petentes factique poenitentes errati; sed fratres iam superiores illis sententia facti gustatas noluerunt postponere carnes.* Henricus Bodo, De institutione bursfeldensis, S. 108. (Datiert: Mitte des 16. Jahrhunderts). Es besteht eine Textlücke zu Beginn dieses Zitats, vermutlich bereits in der Handschrift, so Hermann Herbst. Zu Heinrich Bodo s. auch Härtel, Humanismus und Klosterreform.
65 Ziegler, *Generalskapitelrezesse*, S. 32f.

die räumlichen und zeitlichen Dispositionen im Kloster mit und schufen somit wiederum bestimmte Konstellationen, in denen sich wachsamkeitsbezogene Handlungen entfalten konnten.

Untersucht man diese Regulierungsbereiche im Detail, so erhält man Einblicke in verschiedene Formen der klösterlichen Wachsamkeit. Der zentrale Regulierungsbereich des Essens und Fastens etwa korrelierte (nicht zuletzt des sichtbaren Charakters dieser Praktiken wegen) mit besonderen Dynamiken und Konstellationen der klösterlichen Vigilanz. Beispielsweise unter dem Einfluss von Reformbewegungen oder der Glaubenserneuerung durch die Reformation konnte es hier indes zu markanten Brüchen und Verschiebungen kommen. Die Komplexität klösterlicher Vigilanz offenbarte sich somit im Kontext vormoderner Reformklöster als besonders virulent und lässt sich am Beispiel der Bursfelder Kongregation in einem klar abgesteckten Setting untersuchen. Die Durchsetzung der für die Bursfelder Klöster grundlegend kennzeichnenden *uniformitas*, d.h. der für alle Klöster gleichermaßen geltende Einheitlichkeit in Liturgie, Gleichförmigkeit in Kleidung und Verzichtspraktiken, im äußeren Benehmen wie Stehen, Gehen, Reden, Schweigen und Rasieren, in Raumgestaltung sowie in Bußwerken erfolgte über eine doppelt ausgewogene Beobachtungs- und Kontrollstruktur: Zum einen durch individuelle und gemeinschaftliche Verantwortung und Ideale des monastischen Lebens der *vita communis* mit den dazu gehörigen Praktiken der Introspektion, Regelkonformität sowie an die Äbte gebundenen Kontrollfunktionen in den Klöstern; zum anderen durch die Instanzen der Kongregation, allen voran das zentralisierte Generalkapitel oder Visitationspraktiken, die eine gegenseitige Beobachtung und Kontrolle ermöglichten.

Diese im Verlauf des 15. Jahrhunderts entwickelte und beständige verfeinerte Struktur geriet im beginnenden 16. Jahrhundert indes ins Schwanken. Bei den Bursfelder Klöstern führten die Dynamiken der Reformationszeit zu einer scheinbar sukzessiven Schwächung ihrer übergeordneten Instanzen, die sich in einer Zeit ohne Sitzungen des Generalkapitels (1583 bis 1595)[66] manifestierte.[67] Diese Entwicklung erweist sich für die Frage nach Konstellationen und Transformationen

---

66 Hammer, Elke-Ursel (2007): Substrukturen, Zentren und Regionen, hier S. 422.
67 Freilich gab es auch im 15. Jahrhundert Fälle, in denen ein Generalkapitel nicht stattfinden konnte; diese wurden jedoch als Ausnahmen markiert und entsprechend begründet. S. beispielsweise den Vermerk zu dem für 1462 geplanten Generalkapitel, das wegen des Badisch-Pfälzischen Krieges nicht abgehalten wurde, in: Volk, *Generalkapitels-Rezesse* I, S. 110: *Causa suspensionis annalis capituli. Chronica testantur hoc anno capitulum celebratum non fuisse ob res bellicas in Germania versatas inter Fridericum Palatinum ac Georgium episcopum Moguntinensem, marchionem Carolum Badensem et comitem Udalricum Wirtenbergensem, qui tum dominacionem in Heidelberg assumpserant.*

von Praktiken klösterlicher Vigilanz als besonders herausfordernd und wird Gegenstand weiterer Untersuchungen sein.[68] Mit der Schwächung, später dem Wegfall und anschließend dem allmählichen Wiederaufbau (ab den 1590er Jahren) der zentralisierten Kontrollstruktur der Kongregation verschoben sich auch die Konstellationen und Spielräume der Beobachtung, Kontrolle sowie ihre Regulierungsmechanismen mit den dazu gehörenden Partizipationsmöglichkeiten einzelner Mitglieder in den Klostergemeinschaften. Dabei handelte es sich indes nicht um den Übergang von einer vertikalen zu einer horizontalen Struktur oder von ‚mehr' zu ‚weniger' Kontrolle, sondern um die Emergenz neuer Formen von Normierungsprozessen und alltäglichen Räumen und Mechanismen der Beobachtung und Kontrolle. Wie der Blick auf Vigilanz als soziale Praxis in Klöstern der Bursfelder Kongregation im 15. und 16. Jahrhundert gezeigt hat, resultierte aus der Pluralität der Regulierungsebenen und -instanzen ein dynamisches Wechselspiel: Vigilanz im klösterlichen Kontext bewegte sich im Spannungsfeld von Eigenverantwortung, Normierung und Kontrolle und musste deshalb stets neu an die Herausforderungen der Zeit angepasst werden.

Literaturverzeichnis

Primärliteratur

Consuetudines et observantiae monasteriorum sancti Mathiae et sancti Maximini Treverensium: ab Iohanne Rode abbate conscriptae. Hsg. von Petrus Becker. Siegburg 1968.

Henricus Bodo: De institutione bursfeldensis reformationis deque illius institutore et loco quo ceperit, Caput 12: De dissentione inter patres observantie Bursfeldine orta. In: Herbst, Hermann: *Das Benediktinerkloster Klus bei Gandersheim und die Bursfelder Reform.* Leipzig 1932, S. 107f.

Urkunde vom 08.04.1452, Hildesheim, Bistumsarchiv Urkunden St. Michael (1001–1801) A VIII 1/1. In: monasterium.net, URL: https://www.monasterium.net/mom/DE-BAH/UrkStMi/A_VIII_1%7C1/charter?q=Bursfelde [letzter Zugriff: 10.08.2022].

Ven. Johannis de Spira, Prioris Mellicensis, Ord. S. Ben: Libellus de studio lectionis spiritualis et ejus impedimentis. In: Bernhard Pez: *Bibliotheca Ascetica Antiquo-Nova IV.* Ratisbonae 1724, S. 111–256.

Sekundärliteratur

Albala, Ken/Eden, Trudy (Hrsg.): *Food and Faith in Christian Culture.* New York 2011.

---

[68] Beispielhaft für das Potential dieses Transformationsfokus steht neuerdings die Fallstudie zu Mainz von Miedreich, *Benediktinerabtei Sankt Jakob bei Mainz.*

Albert, Marcel: Das erste Kapitel der Bursfelder Kongregation 1446. In: *Studien und Mitteilungen zur Geschichte des Benediktinerordens* 106/2 (1995), S. 293–331.

Albert, Marcel (Hrsg.): *Caeremoniae Bursfeldenses*. Siegburg 2002.

Arnold, Klaus: *Johannes Trithemius (1462-1516)*. Würzburg ²1991.

Arnold, Klaus/Fuchs, Franz (Hrsg.): *Johannes Trithemius (1462-1516): Abt und Büchersammler, Humanist und Geschichtsschreiber.* Würzburg 2019.

Ballweg, Jan: *Konziliare oder päpstliche Ordensreform. Benedikt XII. und die Reformdiskussion im frühen 14. Jahrhundert.* Tübingen 2001.

Becker, Petrus: *Das monastische Reformprogramm des Johannes Rode, Abtes von St. Matthias in Trier. Ein darstellender Kommentar zu seinen Consuetudines.* Münster 1970.

Becker, Petrus: Benediktinische Reformbewegungen im Spätmittelalter. Ansätze, Entwicklungen, Auswirkungen. In: *Untersuchungen zu Kloster und Stift.* Göttingen 1980, S. 167–187.

Bischof, Franz Xaver/Thurner, Martin (Hrsg.): *Die benediktinische Klosterreform im 15. Jahrhundert.* Berlin 2013.

Boehm, Laetitia: Papst Benedikt XII. (1334-1342) als Förderer der Ordensstudien. Restaurator – Reformator – oder Deformator regulärer Lebensform? In: Melville, Gert (Hrsg.): *Secundum regulam vivere. Festschrift für P. Norbert Backmund, O.Praem.* Windberg 1978, S. 281–310.

Brendecke, Arndt/Molino, Paola (Hrsg.): *The History and Cultures of Vigilance. Historicizing the Role of Private Attention in Society. Storia della Storiografia.* Special Issue 74/2 (2018).

Bruce, Scott G.: „Lurking with spiritual Intent": A Note on the Origin and Functions of the Monastic Roundsman (Circator). In: *Revue Bénédictine* 109/1–2 (1999), S. 75–89.

Burkhardt, Julia: Sind Bienen die besseren Menschen? Mittelalterliche Vorstellungen von Gemeinschaft und wechselseitiger Verantwortung. In: *Athene. Magazin der Heidelberger Akademie der Wissenschaften* 1 (2021), S. 26–28. Online unter: https://www.hadw-bw.de/sites/default/files/documents/Athene_1-2021.pdf [letzter Zugriff: 12.09.2022].

Burkhardt, Julia: Religiöse Gemeinschaften als Abbild des zukünftigen Gottesreichs. In: Schneidmüller, Bernd/Oschema, Klaus (Hrsg.): *Zukunft im Mittelalter. Zeitkonzepte und Planungsstrategien.* Ostfildern 2021, S. 257–282.

Chavanne, Johannes Paul: Das monastische Schuldkapitel. Eine liturgische Form öffentlicher Buße. In: Werz, Joachim (Hrsg.): *Die Lebenswelt der Zisterzienser. Neue Studien zur Geschichte eines europäischen Ordens.* Regensburg 2020, S. 370–385.

Dinzelbacher, Peter: Das erzwungene Individuum. Sündenbewußtsein und Pflichtbeichte. In: van Dülmen, Richard (Hrsg.): *Entdeckung des Ich. Die Geschichte der Individualisierung vom Mittelalter bis zur Gegenwart.* Köln 2001, S. 41–60.

Dzemaili, Nita: Der Stellenwert monastischer Bildung in den Bursfelder Kapitelsreden des Johannes Trithemius (1462-1516). In: Arnold, Klaus/Fuchs, Franz (Hrsg.): *Johannes Trithemius (1462-1516): Abt und Büchersammler, Humanist und Geschichtsschreiber.* Würzburg 2019, S. 35–58.

Eco, Umberto: Die Konnotation unter semiotischem Gesichtspunkt. In: Ders.: *Einführung in die Semiotik.* Paderborn 2002, S. 108–112.

Elm, Kaspar (Hrsg.): *Reformbemühungen und Observanzbestrebungen im spätmittelalterlichen Ordenswesen.* Berlin 1989.

Engelbert, Pius: Die Bursfelder Benediktinerkongregation und die spätmittelalterlichen Reformbewegungen. In: *Historisches Jahrbuch* 103/1 (1983), S. 35–55.

Ders.: Die Bursfelder Kongregation: Werden und Untergang einer benediktinischen Reformbewegung. In: Kaufmann, Thomas/Krause, Rüdiger (Hrsg.): *925 Jahre Kloster Bursfelde – 40 Jahre Geistliches Zentrum Kloster Bursfelde.* Göttingen 2020, S. 83–101.

Esch, Arnold: Rom und Bursfelde: Zentrum und Peripherie. In: Perlitt, Lothar (Hrsg.): *900 Jahre Kloster Bursfelde: Reden und Vorträge zum Jubiläum 1993*. Göttingen 1994, S. 31–57.

Faust, Ulrich/Quarthal, Franz (Bearb.): *Die Reformverbände und Kongregationen der Benediktiner im deutschen Sprachraum*. St. Ottilien 1999.

Felten, Franz J.: Die Ordensreformen Benedikts XII. unter institutionsgeschichtlichem Aspekt. In: Melville, Gert (Hrsg.): *Institutionen und Geschichte. Theoretische Aspekte und mittelalterliche Befunde*. Köln 1992, S. 369–435.

Feiss, Hugh (1989): Circatores: From Benedict of Nursia to Humbert of Romans. In: *The American Benedictine Review* 40/4 (1989), S. 346–379.

Feistner, Edith: Zur Semantik des Individuums in der Beichtliteratur des Hoch- und Spätmittelalters. In: *Zeitschrift für Deutsche Philologie* 115/1 (1996), S. 1–17.

Frank, Barbara: *Das Erfurter Peterskloster im 15. Jahrhundert: Studien zur Geschichte der Klosterreform und der Bursfelder Union*. Göttingen 1973.

Freckmann, Anja: *Die Bibliothek des Klosters Bursfelde im Spätmittelalter*. Göttingen 2006.

Groiss, Albert: *Spätmittelalterliche Lebensformen der Benediktiner von der Melker Observanz vor dem Hintergrund ihrer Bräuche. Ein darstellender Kommentar zum Caeremoniale Mellicense des Jahres 1460*. Münster 1999.

Härtel, Helmar: Humanismus und Klosterreform. Zur Bearbeitung der Regula Benedicti (Dombibliothek Hildesheim Hs. 703) durch Henricus Angelonius aus Clus. In: *Die Diözese Hildesheim in Vergangenheit und Gegenwart* 54 (1986), S. 23–33.

Hammer, Elke-Ursel: Vom Bursfelder Reformzentrum zum Kloster in reformatorischer Bedrängnis – die Abtei St. Peter in Erfurt im 15. und 16. Jahrhundert. In: *700 Jahre Erfurter Peterskloster: Geschichte und Kunst auf dem Erfurter Petersberg 1103-1803*. Regensburg 2004, S. 135–143.

Hammer, Elke-Ursel: Substrukturen, Zentren und Regionen in der Bursfelder Benediktinerkongregation. In: Fees, Irmgard (Hrsg.): *Religiöse Bewegungen im Mittelalter. Festschrift für Matthias Werner zum 65. Geburtstag*. Göttingen 2007, S. 397–426.

Heimann, Heinz-Dieter: Gescheiterte Vereinheitlichung und nachwirkende Anerkennung: Der zisterziensische Papst Benedikt XII. (1335-1342) und die Mönchs- und Bettelordensgemeinschaften. In: Sohn, Andreas (Hrsg.): *Benediktiner als Päpste*. Regensburg 2018, S. 193–211.

Kissane, Christopher: *Food, Religion and Communities in Early Modern Europe*. London 2018.

Klueting, Edeltraud: *‚Monasteria semper reformanda'. Kloster- und Ordensreformen im Mittelalter*. Münster 2005.

Klymenko, Iryna: Körperpraktiken und Bekenntnis: Beobachtungen zur Regulierung jüdischer Identität im frühneuzeitlichen Polen – Litauen. In: *Zeitschrift für Religions- und Geistesgeschichte* 73/4 (2021), S. 309–328.

Kornexl, Lucia: Ein benediktinischer Funktionsträger und sein Name: Linguistische Überlegungen rund um den circa. In: *Mittellateinisches Jahrbuch* 31 (1996), S. 39–60.

Lotman, Juri: Über die Semiosphäre. In: *Zeitschrift für Semiotik* 12 (1990), S. 287–305.

Lutterbach, Hubertus: Die Speisegesetzgebung in den mittelalterlichen Bußbüchern (600-1200). Religionsgeschichtliche Perspektiven. In: *Archiv für Kulturgeschichte* 80 (1998), S. 1–37.

Ders.: Der Fleischverzicht im Christentum. Ein Mittel zur Therapie der Leidenschaften und zur Aktualisierung des paradiesischen Urzustandes. In: *Saeculum* 50/II (1999), S. 177–209.

Mertens, Dieter: Der Streit um den Bursfelder *Liber ordinarius*. In: *Studien und Mitteilungen zur Geschichte des Benediktinerordens* 86/3-4 (1975), S. 728–760.

Miedreich, Mathias: *Die Benediktinerabtei Sankt Jakob bei Mainz: ein Kloster der Bursfelder Kongregation zwischen Westfälischem Frieden und Siebenjährigem Krieg (1648–1756)*. Münster 2020.

Müller, Harald: *Habit und Habitus. Mönche und Humanisten im Dialog.* Tübingen 2006.

Niederkorn-Bruck, Meta: *Die Melker Reform im Spiegel der Visitationen.* München 1994.

Oberste, Jörg: *Visitation und Ordensorganisation: Formen sozialer Normierung, Kontrolle und Kommunikation bei Cisterziensern, Prämonstratensern und Cluniazensern (12.–frühes 14. Jahrhundert).* Münster 1996.

Oberste, Jörg: *Die Dokumente der klösterlichen Visitationen.* Turnhout 1999.

Ohst, Martin: *Pflichtbeichte. Untersuchungen zum Bußwesen im Hohen und Späten Mittelalter.* Tübingen 1995.

Röckelein, Hedwig: *Schriftlandschaften, Bildungslandschaften und religiöse Landschaften des Mittelalters in Norddeutschland.* Wiesbaden 2015.

Rosenthal, Anselm: *Martyrologium und Festkalender der Bursfelder Kongregation: von den Anfängen der Kongregation (1446) bis zum nachtridentinischen Martyrologium Romanum (1584).* Münster 1984.

Rüther, Andreas: Alternative – Option – Votum? Verbandsbildung, Statutengebung und Visitationsverfahren in Benediktinerkonventen der Bursfelder Kongregation. In: Wagner, Wolfgang Eric (Hrsg.): *Entscheidungsfindung in spätmittelalterlichen Gemeinschaften.* Göttingen 2022, S. 38–61.

Rüttgardt, Antje: *Klosteraustritte in der frühen Reformation: Studien zu Flugschriften der Jahre 1522 bis 1524.* Gütersloh 2007.

Ryrie, Alec: The Fall and Rise of Fasting in the British Reformation. In: Mears, Natalie/Ryrie, Alec (Hrsg.): *Worship and the Parish Church in Early Modern Britain.* Farnham 2013, S. 89–109.

Schreiner, Klaus: Benediktinische Klosterreform als zeitgebundene Auslegung der Regel. Geistige, religiöse und soziale Erneuerung in spätmittelalterlichen Klöstern Südwestdeutschlands im Zeichen der Kastler, Melker und Bursfelder Reform. In: *Blätter für württembergische Kirchengeschichte* 86 (1986), S. 105–195.

Schreiner, Klaus: Dauer, Niedergang und Erneuerung klösterlicher Observanz im hoch- und spätmittelalterlichen Mönchtum. Krisen, Reform- und Institutionalisierungsprobleme in der Sicht und Deutung betroffener Zeitgenossen. In: Melville, Gert (Hrsg.): *Institutionen und Geschichte. Theoretische Aspekte und mittelalterliche Befunde.* Köln/Weimar/Wien 1992, S. 295–341.

Schreiner, Klaus: Verschriftlichung als Faktor monastischer Reform. In: Ders. (Hrsg.): *Gemeinsam leben. Spiritualität, Lebens- und Verfassungsformen klösterlicher Gemeinschaften in Kirche und Gesellschaft des Mittelalters.* Berlin 2013, S. 453–508.

Sonntag, Jörg: *Klosterleben im Spiegel des Zeichenhaften. Symbolisches Denken und Handeln hochmittelalterlicher Mönche zwischen Dauer und Wandel, Regel und Gewohnheit.* Berlin 2008.

Sonntag, Jörg: Speisen des Himmels: Essgewohnheiten und ihre biblischen Konzeptionalisierungen im christlichen Kloster des Hochmittelalters zwischen Anspruch und Wirklichkeit. In: *Saeculum* 60 (2010), S. 259–276.

Sonntag, Jörg: Wenn Engel streiten. Das Mönchskleid im literarischen Brennpunkt der monastischen Reformkonflikte des Hochmittelalters. In: *Saeculum* 66 (2016), S. 75–92.

Staubach, Nikolaus: *Omne quod vobis apponitur manducate.* Speisegebote in der multireligiösen Gesellschaft der Spätantike und im christlichen Mittelalter. In: Mülke, Markus (Hrsg.): *Chrésima. Exemplarische Studien zur frühchristlichen Chrêsis.* Berlin/Boston 2019, S. 319–370.

Thommen, P. Bonaventura OSB: *Die Prunkreden des Abtes Johannes Trithemius † 1516.* II. Teil. Sarnen 1935.

Treusch, Ulrike: Bernhard von Waging. *De esu carnium* in theologischer und historischer Perspektive. In: Bischof, Franz Xaver/Thurner, Martin (Hrsg.): *Die benediktinische Klosterreform im 15. Jahrhundert.* Berlin 2013, S. 143–158.

Volk, Paulus: Das Abstinenzindult von 1523 für die Benediktinerklöster der Mainz-Bamberger Provinz I. In: *Revue Bénédictine* 40 (1928), S. 333–363 [= Volk, Abstinenzindult].

Volk, Paulus: Das Abstinenzindult von 1523 für die Benediktinerklöster der Mainz-Bamberger Provinz II. In: *Revue Bénédictine* 41 (1929), S. 46–69 [=Volk, Abstinenzindult II].

Volk, Paulus: Die Stellung der Bursfelder Kongregation zum Abstinenzindult von 1523 I u. II. In: *Revue Bénédictine* 42 (1930), S. 55–72 und S. 223–243 [=Volk, Abstinenzindult III].

Volk, Paulus: Die gesetzgebende Körperschaft der Bursfelder Benediktinerkongregation. In: *Zeitschrift der Savigny-Stiftung für Rechtsgeschichte: Kanonistische Abteilung* 27 (1938), S. 445–485.

Volk, Paulus (Hrsg.): *Urkunden zur Geschichte der Bursfelder Kongregation.* Bonn 1951.

Volk, Paulus: (Hrsg.): *Die Generalkapitels-Rezesse der Bursfelder Kongregation.* 4 Bde. Siegburg 1955–1972.

Voss, Wolfgang: *Dietrich von Erbach, Erzbischof von Mainz (1434–1459): Studien zur Reichs-, Kirchen- und Landespolitik sowie zu den erzbischöflichen Räten.* Mainz 2004. Online unter: http://nbn-resolving.de/urn/resolver.pl?urn=urn:nbn:de:0128-1-44413 [letzter Zugriff: 8. 9. 2022].

Walker Bynum, Caroline: *Holy Feast and Holy Fast: The Religious Significance of Food to Medieval Women.* Berkeley/Los Angeles/London 1988.

Weltecke, Dorothea (Hrsg.): *Essen und Fasten. Interreligiöse Abgrenzung, Konkurrenz und Austauschprozesse.* Köln/Weimar/Wien 2017.

Zeller, Joseph: Das Provinzialkapitel im Stifte Petershausen im Jahre 1417: ein Beitrag zur Geschichte der Reformen im Benediktinerorden zur Zeit des Konstanzer Konzils. In: *Studien und Mitteilungen zur Geschichte des Benediktinerordens und seiner Zweige* 41/NF 10 (1921/22), S. 1–73.

Ziegler, Walter: *Die Bursfelder Kongregation in der Reformationszeit. Dargestellt an Hand der Generalkapitelrezesse der Bursfelder Kongregation.* Münster 1968.

Ders.: Die Bursfelder Kongregation. In: Faust, Ulrich/Quarthal, Franz (Bearb.): *Die Reformverbände und Kongregationen der Benediktiner im deutschen Sprachraum.* St. Ottilien 1999, S. 315–407.

Zimmermann, Gerd: *Ordensleben und Lebensstandard. Die ‚Cura corporis' in den Ordensvorschriften des abendländischen Hochmittelalters.* Münster 1973.

Florian Mehltretter

Wachsamkeit auf die Zeichen in Dantes Purgatorium: Das Tal der Fürsten (*Purg.* VII und VIII)

Es wird Abend im VII. und VIII. Gesang von Dantes *Purgatorio*; der Jenseitswanderer Dante und sein Führer Vergil müssen sich einen Platz für die Nacht suchen, da niemand am Berg der Läuterung ohne die Sonne der göttlichen Gnade auch nur um einen Zentimeter weiter aufsteigen kann.[1]

Die beiden begegnen dem verstorbenen Trobador Sordel von Goito, der ihnen den Weg zu einem anmutigen Tal zeigt. Dort wird sich zwischen einer Schlange und zwei als Wächter aufgestellten flammenschwert-bewehrten Engeln ein Schauspiel ereignen, das im Mittelpunkt des folgenden Artikels über die szenische Semantik der Vigilanz in Dantes *Purgatorio* steht. Es soll gezeigt werden, dass in deren Kern nach der wachsamen Aufmerksamkeit auf ein latentes Zeichengeschehen gefragt wird: Einerseits meditieren die hier auf den Eintritt in die Zone der Läuterung wartenden Fürsten über ihre einstige Vernachlässigung der zeichenhaften Dimensionen des Irdischen, andererseits wird den dies Lesenden aufgetragen, den verdeckten Sinn von Dantes Text aufmerksam zu verfolgen.

Abend an der Flanke des Läuterungsbergs

Wir befinden uns im zweiten der drei Jenseitsreiche, welche Dante Alighieri am Anfang des 14. Jahrhunderts in seiner *Commedia* in drei großen Cantiche oder Gesangsfolgen, genannt *Inferno*, *Purgatorio* und *Paradiso*, zu je über 30 Kapiteln oder Gesängen, beschreibt. An dem Abend, der uns hier beschäftigt, haben die Ichfigur Dante und sein Jenseitsführer Vergil bereits alle Höllenkreise durchschritten, sind im Erdmittelpunkt an dem dort festsitzenden Luzifer vorbeigestiegen und dann durch einen langen Gang zur anderen Seite der Erdkugel gelangt. Hier ragt genau gegenüber von Golgatha der durch Christi Heilstat dem Menschen zugänglich gemachte Berg der Läuterung, das Purgatorium, aus dem ansonsten leeren Ozean der südlichen Halbkugel empor. Dieses insulare Zwischenreich ist bei Dante zwar als Teil der physischen Geographie gedacht, kann jedoch nur von Verstorbe-

---

[1] Zum theologischen Hintergrund vgl. Bambeck, *Exegese*, S. 92.

nen betreten werden, die vor dem Tode bereut haben; der Versuch (des Odysseus), es als lebender Forscher zu ergründen, endet in Schiffbruch und Tod.[2]

Bekanntlich ist um 1300 die Theologie des Purgatoriums noch im Werden begriffen, wenn auch eine mythische Tradition bereits seit einiger Zeit blüht, so dass Dante trotz etablierter Grundlagen recht frei gestalten kann. In seinem Purgatorium werden nicht wie in der Hölle ewige Strafen verhängt, sondern die verstorbenen Sünder, die vor dem Tode noch bereut haben, erhalten ein Stück jenseitiger Zeit, in der sie sich durch Bußübungen läutern können, bevor sie in die Ewigkeit des Paradieses eingehen.[3] Diese Bußübungen sind nach Sündenarten auf aufsteigenden Terrassen am Berg der Läuterung angeordnet; auf seinem Gipfel befindet sich der seit Adams und Evas Vertreibung unbewohnte, nur von einer allegorischen Gestalt bewachte Garten Eden. In der dritten Cantica wird Dante sodann, geleitet von seiner im himmlischen Paradies beheimateten verstorbenen Jugendliebe Beatrice, bis zur Rose der Seligen im Empyreum aufsteigen und Gott schauen.

Im VII. und VIII. Gesang des *Purgatorio* befinden wir uns streng genommen noch nicht im eigentlichen Purgatorium, sondern im Antepurgatorium. Hier müssen diejenigen Sünder, die sich spät bekehrt haben, vielleicht erst in der Stunde ihres Todes (wie etwa die dort befindlichen Gewaltopfer), noch einmal für das Zeitmaß ihrer irdischen Säumigkeit warten, bis sie zur Bußarbeit in den Kernbereich eingelassen werden. Es ist also ein Raum des Wartens, aber auch der Hoffnung, denn die reuigen Seelen sind jedenfalls gerettet.

Die Episode des Fürstentals und seiner insbesondere künstlerischen Zeichensysteme, um die es im Folgenden gehen soll, ist von einer architektonischen Relation zwischen Zweier- und Dreiergruppen geprägt. Sie reicht von der Mitte des VII. bis zur Mitte des VIII. Gesangs, gerahmt am Anfang des VII. und am Ende des VIII. Gesangs von Gesprächen mit Verstorbenen, die sich jeweils um das Thema des Exils ranken. Dadurch werden die zwei Gesänge in drei Abschnitte geteilt, wobei in der Mitte durch das Proömium des VIII. Gesangs wiederum ein Einschnitt erfolgt, der seinerseits, wie sich zeigen wird, das Thema des Exils nochmals in besonderer Weise wendet.[4]

Im zentralen Teil des Triptychons treten drei Formen mimetischer Kunst auf, die in diesem Falle wesentlich von Gott als dem Gestalter des Jenseits auszugehen scheinen: Malerei, Bildhauerei und geistliches Drama. In den beiden Gesängen er-

---

2 Vgl. Dante, Inferno, XXVI.
3 Zum theologischen Kontext des Fegefeuers vgl. Le Goff, *Naissance* und zu Dante besonders Corbett, The Christian Ethics, S. 272.
4 Zur trinitarischen Struktur der Sordello-Gesänge vgl. etwa Aurigemma, Il canto VIII und Zaccarello, Lectura, S. 7 f., wo auch die unterschiedlichen Strukturierungshypothesen der frühen Kommentare diskutiert werden.

klingen außerdem zwei menschliche, nicht mimetische Musikstücke, genauer gesagt: gesungene Stundengebete. In *Purgatorio* VII ist es die marianische Vesper-Antiphon *Salve Regina*, in *Purgatorio* VIII ist es der Komplethymnus *Te lucis ante terminum*, der um Beistand gegen die sündigen Phantasmata der Nacht betet.

Diese Momente gehören jenseits des hier besprochenen Kontexts zu einer längeren Reihe, in der Dante für die Zeichentypen, deren Gestaltung wir heute als Künste betrachten, jeweils einen höheren, jenseitigen Antitypus vorstellt und durch diese Potenzierung von Kunsthaftigkeit die Lesenden zu intensiverer Deutung anregt. Es soll im Folgenden gezeigt werden, dass diese Aufforderung zu Deutungsaktivitäten ein weniger offensichtliches, aber wichtiges Thema dieser beiden Gesänge ist.

Auch das Gott selbst zuzuschreibende geistliche Spiel in der Mitte der Sequenz ist wiederum zweigeteilt durch eine Art Pausengespräch, wodurch dieser Zeitabschnitt wiederum dreiteilig wird. Überdies bilden die zwei hier als zusammenhängend vorgestellten Gesänge den enger verbundenen Teil einer mit *Purgatorio* VI beginnenden Dreiergruppe, welche von der Begegnung mit dem Trobador Sordel bestimmt ist.

Die historische Gestalt Sordel ist, ähnlich wie Vergil, bei Dante einerseits eine eindrückliche Figur, die unterweisende Führungsfunktion übernimmt, andererseits eine auf die Ebene der dargestellten Welt verschobene Metonymie eines von ihm verfassten Gedichts, das dem danteschen Textabschnitt als primärer Intertext und Dialogpartner dient. So wie Dante Elemente der Hölle aus Vergils Unterweltdarstellung in der *Aeneis* übernimmt und christlich korrigiert, so übernimmt er von Sordel die Grundstruktur seines in unserer Episode gebotenen Fürstenkatalogs, den er wiederum einer deutlichen *ré-écriture* unterwirft.

Über diese Strukturen hinaus zeigen sich wichtige sozusagen vertikale Korrespondenzen zwischen dem hier behandelten Abschnitt und weiter entfernt liegenden Teilen des Jenseitsgedichts und der Jenseitsarchitektur.[5] Das Antepurgatorium ist einer von drei jenseitigen Vorräumen (zusammen mit dem Limbus und der Mondsphäre) und einer von zwei Räumen an einer für Dante nur durch göttliche Intervention zu überschreitenden Grenze (zur Stadt der Unterwelt und zum Purgatorium). Das Fürstental ist der zweite von drei Gärten (mit dem *hortus conclusus* der edlen Heiden im Limbus und dem Irdischen Paradies), von denen aber nur zwei bewohnt sind (das Irdische Paradies ist ja leer). Vor allem aber ist es der zweite von drei angenehmen Aufenthaltsorten im Jenseits, wiederum mit der Burg der edlen Heiden im Limbus und dem theaterartigen Sitzarrangement der Himmelsrose.

---

5 Zur viel diskutierten Frage der vertikalen Struktur in der *Commedia* allgemein vgl. u. a. Corbett/Webb, *Vertical Readings*.

Auf diese Burg im Limbus, das „nobile castello"⁶ der paganen Geistes- und Tugendgrößen, die keine Höllenqualen dulden müssen, wird nun am Anfang unserer Sequenz in einem Gespräch zwischen Vergil und dem Trobador Sordel ausführlich Bezug genommen, und dabei werden zwei wichtige Motive eingeführt, die als Schlüssel für die im Folgenden aufzuweisende Vigilanz-Semantik anzusehen sind: Exil und Gnade, zwei von wiederum drei miteinander verknüpften Hauptthemen dieses Abschnitts – das dritte werden die Pflichten der Herrschenden sein.

Der norditalienische, okzitanisch schreibende Trobador Sordel oder Sordello von Goito nahe Mantua, gestorben wohl nach 1269 und mithin nach Dantes Rechnung schon seit 31 Jahren im Antepurgatorium, zeigt sich am Anfang von Gesang VII glücklich, dem größten Sohn Mantuas, eben Dantes Begleiter Vergil, zu begegnen, und fragt diesen, wo in der Unterwelt er seinen Sitz habe.

Vergil beklagt daraufhin, dass er als Heide, obwohl er alle vier Kardinaltugenden gelebt und sich nicht mit Sünde beladen hat, im Limbus exiliert ist. Dort konversieren die Großen der Antike, insbesondere Dichter und Denker, ersehnen dabei aber stets vergeblich jene göttliche Gegenwart, die sie nicht kennen und nicht nennen können, da ihnen der Glaube und die Gnade fehlen.⁷

Damit ist das Thema des Exils eingeführt, das eine tragende Funktion in der hier zu analysierenden Gesängefolge hat. Es hat zwei Dimensionen, eine allgemeine hinsichtlich des Menschen,⁸ der aus dem Paradies verbannt ist, und eine besondere, biographische bezüglich Dantes selbst: Ihm wird am Ende von Gesang VIII sein eigenes politisches Exil aus Florenz geweissagt werden, wie es in jeder der drei Cantiche je einmal geschieht: ein Exil, welches für den schreibenden Dante schon eingetreten ist, für den Jenseitswanderer aber noch in der Zukunft liegt.

Das Tal der Fürsten

Das zweite hier anklingende Thema, die Gnade, wird nun in dem zentralen Abschnitt im Tal der Fürsten zusammen mit dem des Exils weiter ausgebaut, in enger Verbindung zum dritten und wichtigsten Thema der Sequenz, den Pflichten der Herrschenden.

Das Tal ist ein *locus amoenus* der besonderen Art. Zunächst erfahren wir, dass die Farben und Düfte dort alles auf Erden Bekannte übertreffen: ‚Gold, Silber, Karmin und Bleiweiß, Indigo und Smaragd' würden übertroffen von den Farben der

---

6 Dante, Inferno, IV, 106.
7 Vgl. ebd. IV, 31–42 und Purgatorio, VII, 8.
8 Vgl. hierzu insbesondere Santoro, Sordello, S. 56 f.

Pflanzen an jenem Ort. Aber die Natur hat nicht nur gemalt („Non avea pur natura ivi dipinto"),[9] sondern sie hat auch aus allen denkbaren Düften eine wundervolle Mischung komponiert.

Die Landschaft wird also zu ihrem Vorteil mit den kostbarsten Materialien der Kultur und insbesondere auch mit den Farben der Malerei verglichen,[10] und mit „dipinto" wird dieser Landschaft zugleich ein von der Natur, der Tochter Gottes, zu verantwortender eigener Kunstcharakter jenseits der Möglichkeiten irdischer Maler zugewiesen.[11] Der anmutige Ort erhält dadurch sofort etwas Zeichenhaftes. Andreas Kablitz hat darauf hingewiesen, dass überhaupt die Landschaft des Antepurgatoriums die „Struktur einer symbolischen Repräsentation des Diesseits" hat;[12] dies wird weiter unten noch zu diskutieren sein. An dieser Stelle ist zunächst von Bedeutung, dass das angenehme Tal mit seinen Farben, Formen und Düften die luxuriöse Welt der Fürstenhöfe im Vergleich verblassen lässt: Gottes Naturschöpfung ist eine höhere Kunst als die Kunst der Menschen.[13]

Hier nun singen die versammelten Fürsten, die gleich näher zu beschreiben sind, die marianische Antiphon *Salve Regina*, die je nach Gebrauch zur Vesper oder zur Komplet gehören könnte. Zumindest auf einer suggestiven Ebene, vielleicht in der Art einer *collatio occulta*, eines versteckten Vergleichs,[14] kommt sodann als zweite mimetische Kunst nach der Malerei die Skulptur ins Spiel: Sordel identifiziert und erläutert die anwesenden Fürsten, die in auffallend statischer Position vorgestellt werden, wie eine Figurengruppe, die außerdem noch hierarchisch geordnet ist. Manche sind in Zweiergruppen einander zugeordnet; hier stützt einer nachdenklich den Kopf auf die Hand, dort blickt jemand nach oben zu einer anderen Gruppe. An höchster Stelle sitzt der deutsche König Rudolf I von Habsburg, gestorben 1291:

---

9 Dante, Purgatorio, VII, 79.
10 Hierauf weist vor allem Singleton, Commentary, S. 145, hin.
11 Vgl. Cherchi, Purgatorio VII, S. 108.
12 Kablitz, Zeitlichkeit, S. 49.
13 Eher eine Äquivalenzbeziehung zwischen der Natur des Tals und der höfischen Welt sieht Zaccarello, Lectura, S. 9. Zum Hintergrund der Passage in der provenzalischen Tradition des *plazer* als Aufzählung schöner oder angenehmer Dinge vgl. Tonelli, Purgatorio VIII.
14 Diese von der normalen Metapher durch besondere Implizitheit unterschiedene Figur der *collatio occulta* wird bei Galfredus de Vino Salvo, Poetria Nova, S. 204 beschrieben. Dronke, *Dante and Mediaeval Traditions*, S. 17 diskutiert Galfredus' Konzept und weist darauf hin, dass Galfredus' Bologneser Zeitgenosse Boncompagno da Signa (*Rhetorica novissima*) eine umfassende Metaphernlehre ausarbeitet, welche sich an einer Stelle mit der *collatio occulta* berührt: „metaphor can be ‚a natural veil, beneath which the secrets of things are brought forth more hiddenly and more secretly'".

> Colui che più siede alto e fa sembianti
> d'aver negletto ciò che far dovea[15]
>
> [Der, welcher am höchsten sitzt und den Eindruck erweckt,
> als habe er vernachlässigt, was er tun musste]

Der Ausdruck *negletto* ist wichtig für die Bewertung dieses Geschehens. Man sieht Rudolf das Bedauern an, seine Pflicht vernachlässigt zu haben, nämlich, wie dann erklärt wird, nach Italien zu ziehen, um sich zum Kaiser krönen zu lassen und dadurch jenen Zwist zu heilen, der Italien verbluten lässt. Pflicht des Monarchen ist es nämlich nach Dantes *Monarchia* (I, iii-v und xi), die Untertanen in Frieden und in Freiheit von Habgier das Glück der Erkenntnis suchen und finden zu lassen. Nach unten staffeln sich die anderen Fürsten, bis hinab zu Graf Wilhelm VII ‚Langschwert' von Monferrato.

Es wurde oben schon angedeutet, dass Sordel in diesen Gesängen vor allem als Autor eines Intertextes relevant ist: Sein Klagelied auf den Tod von Blacatz de Blacatz III, Herrn von Aups in der Provence, „Planher vuelh en Blacatz en aquest leugier so" [Beweinen will ich Blacatz in diesem leichten Ton],[16] ist wohl Dantes Vorbild für diesen Abschnitt. Beiden Texten gemeinsam ist die Zahl von acht vorgestellten Herrschern, von denen einer, Heinrich III von England, bei beiden vorkommt.

Das Profil von Dantes intertextueller Antwort auf Sordels Klagelied erschließt sich nun aus den prononcierten Differenzen: Sordel bezieht sich auf eine Welt der Zwiste und Kriege um Ländereien. Er wünscht den Herrschenden, sie mögen vom Herzen des verstorbenen Helden Blacatz essen, damit sie mit mehr Energie und Mut ihre Besitzungen verteidigen und mehren, anstatt diese zu verlieren. Auch Dante interessiert die Relation zwischen großen Herrschern der Vergangenheit und gegenwärtiger Schwäche. Aber er nimmt wichtige Korrekturen vor, nicht zuletzt an dem von Sordel präsupponierten Primat der aggressiven Besitzmehrung.

So zeigt Dante die verstorbenen Fürsten in der Figurengruppe des *Purgatorio* in großer Eintracht. Insbesondere werden solche, die im Leben Gegner waren, nun paarweise vereint, etwa Rudolf I mit Ottokar II von Böhmen oder Karl von Anjou mit Peter von Aragón. Das Jenseits ‚korrigiert' hier sozusagen das, was in der diesseitigen Geschichte verunglückt ist.[17] Sodann tadelt Dante an den zum fiktiven Ge-

---

[15] Dante, Inferno, VII, 91f. Alle Übersetzungen aus der *Commedia* vom Verfasser dieses Artikels.
[16] Sordello, *Poesie*, S. 158. Vgl. Cherchi, Purgatorio VII, S. 99.
[17] Kablitz, Zeitlichkeit, S. 53, interpretiert dieses Arrangement der Fürsten als „jenseitige Figuration dessen, was die Geschichte selbst vermissen läßt: Das Bild eines Imperiums, das unter der Führung seines Kaisers friedlich alle anderen Machthaber vereint."

genwartszeitpunkt regierenden Nachkommen und Nachfolgern dieser Herrscher nicht wie Sordel deren Mutlosigkeit, sondern ihr Leben in Gier und Luxus – Themen, die mit der eingangs beschriebenen prächtigen Umgebung des Fürstentals Resonanzen erzeugen. Der Schlimmste unter diesen Nachfolgern ist Philipp der Schöne von Frankreich, den Dante in der *Commedia* nie beim Namen nennt, sondern nur als „mal di Francia"[18] [Übel Frankreichs] bezeichnet. Die Nachfahren der großen Herrscher versinken in Habgier, Wollust und Müßiggang und lassen die Welt verkommen.

Eine weitere Umwertung betrifft nun das wichtige Thema der Gnade: Gegen Sordels spöttisch vorgetragene quasi ‚natürliche' Erklärung der Übertragung von Tugendkraft und Tapferkeit auf die nächste Generation im Bild des gegessenen Herzens betont Dante die Diskontinuität: Weder Vererbung noch Verspeisung begründen die Tugend der nächsten Generation, ja: es ist gerade unwahrscheinlich, dass die Nachfahren großer Herrscher die Qualitäten der Ahnen weiterführen werden. Dies ist nach Auskunft von *Purgatorio* VII, 123 deshalb so, weil Gott möchte, dass die Menschen die Tugend von ihm im Gebet jeweils erbitten sollen. Dante argumentiert in einem anderen Text, *Convivio* IV, xx 5, grundsätzlich gegen die Vorstellung einer Vererbbarkeit von göttlich gewährter Tugend bzw. Adel der Person.[19]

Freiheit und Gnade und nicht natürliche Determination bestimmen also die Möglichkeit zum Guten, und hier spielt das Beten – also das, was die Fürsten in diesem Augenblick tun und vielleicht in ihrem Leben zu wenig getan haben – eine wichtige Rolle.

Szenische Performanz der Wachsamkeit

Gesang VIII bringt nun nach einer Einleitung zum Thema des Exils, mit der wir uns noch zu befassen haben, das bereits angekündigte geistliche Spiel der Vigilanz. Zwei technische Begriffe rahmen diesen Abschnitt: Die beiden Engel, die als Protagonisten auftreten, stehen Wache (*guardia*) und kehren am Schluss auf ihre Posten (*poste*) zurück.[20] Sie tragen Schwerter und verweisen mit der Zweizahl dieser Waffen wohl auf die Zwei-Schwerter-Lehre, die allerdings für Dante der Interpretation bedarf: In *Monarchia* III, ix wendet er sich jedenfalls gegen eine Deutung von *Lucas* 22,38, die beide Schwerter, geistliche und weltliche Macht, in die Hand des

---

18 Dante, Purgatorio, VII, 109. Vgl. auch Purgatorio, XXXII, 155f., wo er als gewalttätiger Freier der ‚Hure' der Kirchenhierarchie (ebenfalls ohne Namensnennung) eingeführt wird.
19 Vgl. Cherchi, Purgatorio VII, S. 110.
20 „Guardia", Dante, Purgatorio, VIII, 38; „poste", Dante, Purgatorio, VIII, 108.

Papstes legen will. Man könnte sagen: Es ist Dante wichtig, dass sie in verschiedenen Händen liegen, und insofern müssen es *zwei* Engel sein. Dante ist nicht gänzlich Curialist und nicht eigentlich Regalist, sondern in seinem Sinne Monarchist und dabei Anhänger der Zwei-Schwerter-Lehre – in gewisser Weise eine anachronistische Position im frühen 14. Jahrhundert. In der *Commedia* behandelt er daher nur den Kaiser als *den* Monarchen im Wortsinne, während Könige wie der von Frankreich nicht anders dargestellt werden als kleinere Regionalfürsten.

Aus dem einen Cherub, der in der Bibel Adam und Eva das Paradies versperrt, sind hier also zwei Engel geworden, und sie tun gerade das Gegenteil: Sie verteidigen den Garten gegen den Versucher, der nun in der Abenddämmerung in Form einer Schlange herbeikriecht – ein Vorgang, der in Dantes Darstellung durch den bangen Blick der Anwesenden dramatisch aufgeladen wird.[21] Die beiden wachenden Engel vertreiben die Schlange sodann mit ihren Schwertern aus dem Garten des Fürstentals.

Diese neue Situation ist anders als die des Sündenfalls, da sie nun *sub gratia* steht. Dante weist indirekt darauf hin, wenn er betont, dass die vier Sterne, welche in *Purgatorio* I die Kardinaltugenden symbolisierten, nun nicht mehr sichtbar sind und statt ihrer drei Sterne strahlen, die mit den drei theologischen Tugenden verbunden werden (so die Deutung der frühen Kommentatoren Jacopo della Lana und Francesco da Buti);[22] sie verkünden das Zeitalter der Gnade. Aber heißt das, dass der Versucher hier aufgrund dieses neuen Heilszustands nichts erreichen kann? Immerhin ist die Hölle voll von Sündern auch jüngerer Zeiten, wie Dante kurz zuvor bei ihrer Durchquerung selbst gesehen hat. Am Neuen Bund allein kann es also nicht liegen, dass die Schlange scheitert.

Die Antwort hat vielmehr mit dem innerfiktionalen Wirklichkeitsstatus dieses Vorgangs zu tun: Er ist stark zeichenhaft, theatralisch, wenngleich nicht ganz im heutigen Sinne. Wie der sogenannte *Ottimo commento* zu Dantes *Commedia* erklärt, *können* die bereits erretteten Seelen des Purgatoriums gar nicht mehr sündigen.[23] Und dies bedeutet, dass es sich um eine Aufführung oder ein Spiel handelt.[24] Darauf verweisen auch die besonderen Schwerter der Engel: Sie sind nämlich stumpf,

---

21 Vgl. Dante, Purgatorio, VIII, 24.
22 Vgl. Lana, *Comedia*, Purg. 1.22–24 und Buti, *Commento*, Purg. 8.85–96.
23 Ottimo Commento, Purg. 8 nota: „imperciò che 'l demonio non accede se none a quelle anime, che possono peccare: quelle che sono in Purgatorio non possono peccare, anzi si purgano del peccato; adunque il demonio non vi accede. Ch'elle non possono peccare è manifesto, però che in esse non è libero arbitro." Vgl. auch Zaccarello, Lectura, S. 15 und Musa, *Advent*, S. 90.
24 Grimes, The Serpent, nennt die Aufführung „masque-like" (S. 100) und „hieratic, ritualistic, meaningful" (S. 105).

abgebrochen;[25] sie sind szenische Zeichen der Wachsamkeit, nicht Instrumente derselben. Und so ist auch die Schlange nur ‚vielleicht' die, die Eva versuchte: „forse qual diede ad Eva il cibo amaro",[26] vielleicht ist sie nur animiertes szenisches Zeichen in einem göttlichen Schauspiel – zumal Luzifer selbst im ewigen Eis der unteren Hölle festsitzt.[27] Außerdem wäre zu fragen: Warum sollten Engel überhaupt an einem bestimmten Ort Wache stehen müssen? Sie könnten aus dem geistigen Raum, an dem sie ihren Ort haben, jederzeit sofort eingreifen. Es handelt sich also nicht um Wachsamkeit, sondern eine *Aufführung* von Wachsamkeit.

Dennoch ist die Theatralität dieses geistlichen Spiels nicht diejenige des späteren oder gar heutigen Theaters. Die Engel sind innerfiktional wirkliche Engel, und der Status der Schlange ist letztlich ungeklärt; immerhin verspüren die Anwesenden Furcht vor ihr. Die szenischen Zeichen sind nicht bloße Repräsentation eines abwesenden oder gar fiktiven Referenten, sondern sie haben selbst Anteil an der Wirklichkeit, die sie vermitteln. Dies gilt bis zu einem gewissen Grad auch für die Zuschauer, die zwar nicht mehr sündigen können, aber dennoch innerhalb der diegetischen Welt real im Komplethymnus jeden Abend um Beistand gegen die Anfechtungen des Versuchers beten.

Es handelt sich also, wenn man Hans Ulrich Gumbrechts nun schon älteren Begriff bemühen wollte, um ein Theater der ‚Präsenz',[28] wenngleich für uns Lesende nur narrativ vermittelt und aus heutiger Sicht auch fiktiv (nicht: fiktional, da Dante für sein Jenseitsgedicht kein Rezeptionsangebot von Fiktionalität im heutigen Sinne macht).

Bei aller wirklichen und affektiven Einbindung der Zuschauer in das sakrale Geschehen ist aber auch niemand überrascht über diese Aufführung. Sie ist jeden Abend gleich und daher dem Jenseitspilger Dante auch vorher angekündigt worden. Mag es sich mithin auch nicht um eine didaktische Theatralisierung einer je neu zu erkennenden Lehre handeln, so gilt es dennoch, den in diesem Ritus verinnerlichten Gehalt näher zu bestimmen.

Zwei Fragen werden diesbezüglich in der Danteforschung im Grunde seit den ersten Kommentaren des 14. Jahrhunderts diskutiert: Was sollen die Zuschauer (und damit verbunden die Lesenden) in diesem geistlichen Spiel eigentlich genau ver-

---

25 Vgl. Dante, Purgatorio, VIII, 27.
26 Dante, Purgatorio, VIII, 99.
27 Zweifel an der Identität der Schlange mit Luzifer selbst hat auch Grimes, The Serpent, S. 101. Sie plädiert allerdings für eine Deutung der Schlange als Symbolfigur des Hochmuts analog zu den drei Tierfiguren von *Inferno* I. Diese an sich einleuchtende Deutung wird hier nicht übernommen, da die Schlange im Gegensatz zu den drei Tieren am Anfang des *Inferno* durch die biblische Hintergrunderzählung eine weniger abstrakt-symbolische, mehr mythische Identität erhält.
28 Vgl. Gumbrecht, *Diesseits der Hermeneutik*, insbesondere S. 48 f.

innerlichen? Und: Warum wird es ausgerechnet den Fürsten dargeboten? Wichtig ist in diesem Zusammenhang, dass es sich für die Fürsten nicht um eine Unterweisung in lebenspraktischer Hinsicht handeln kann, denn ihr Leben liegt ja hinter ihnen; es könnte freilich um Erkenntnis an sich gehen – für Dante ein hohes Gut.

Auf den ersten Blick schiene es naheliegend, die Szene einfach als Verdeutlichung des Inhalts des Komplethymnus zu lesen: Man bittet darin um Schutz vor den seelischen Gefährdungen der Nacht und der Träume, „noctium phantasmata," und genau dies geschieht dann auch. Wichtig ist dabei, dass im Hymnus bereits das Wachen Gottes, „custodia", angekündigt ist,[29] welches in der Darbietung dann von den Engeln ausgeführt wird.

Aber dies ist, wenngleich ein Teilaspekt der Sache, aus zwei Gründen zu kurz gegriffen: Erstens läuft das Geschehen um die Schlange deutlich vor dem Einschlafen ab und hat mit Träumen allenfalls assoziativ zu tun; und zweitens weist der Erzähler Dante die Lesenden in einer kurzen Einlassung kurz zuvor eigens an, hier die Sinne zu schärfen und auf den nur leicht verschleierten allegorischen Sinn[30] zu achten:

> Aguzza qui, lettor, ben li occhi al vero,
> ché'l velo è ora ben tanto sottile,
> certo che'l trapassar dentro è leggero.[31]
>
> [Schärfe hier, Leser, gut die Augen für das Wahre,
> denn der Schleier ist nun so dünn,
> dass es sicher leicht ist, hindurch zu dringen.]

Hier kommt das vorher verborgene Thema des Zeichenlesens an die Textoberfläche, und wir werden sehen, dass es Leser und Fürsten gleichermaßen betrifft. Die bloße Verdeutlichung des Gebetsinhalts wäre nun aber der wörtliche, nicht der übertragene Sinn der Szene und kann daher hier nicht gemeint sein. Überdies würde sich auch für sie die Frage der Relevanz für die Fürsten stellen.

Um hier einen Fingerzeig zu gewinnen, gilt es, ein scheinbar mit den Fürsten gar nicht verbundenes Thema dieser Sequenz aufzugreifen, das bei unserem ersten Durchgang schon aufschien: das Thema des Exils.

---

29 Vgl. hierzu auch Zaccarello, Lectura, S. 13.
30 Zu der Frage, ob dieser Sinn leicht oder schwer zu entschlüsseln sei, vgl. Zaccarello, Lectura, S. 14 und Forti, Il canto VIII, S. 301. Dante weist m. E. hier die Lesenden an, auf den allegorischen Sinn zu achten, eben weil dies lohnend und nicht allzu schwierig ist (der Schleier dünn ist): Der Dekodierungsaufwand steht also in einem effizienten Verhältnis zum Ertrag, während eventuell an anderen Stellen der allegorische Sinn etwas für Spezialisten sein könnte. Der Sinn des Hinweises im Text hat somit wesentlich mit der Relevanz der zu erschließenden Tiefenbedeutung zu tun.
31 Dante, Purgatorio, VIII, 19–21.

Das Tal der Tränen

Das Thema des Exils betrifft, wie gesagt, allgemein den Menschen, insofern er fern von Gott nicht zuhause sein kann, und es betrifft in je unterschiedlicher Weise Dante als historische Person sowie seinen Jenseitsführer Vergil; letzteren als Exempel der tugendhaften Dichter und Denker des heidnischen Altertums. Vergil erklärt ja Sordel am Anfang des VII. Gesanges, dass er im Limbus seinen Wohnort hat, da er den christlichen Glauben und die göttliche Gnade geschichtlich und biographisch verfehlt hat; er wohnt in einem angenehmen noblen Kastell, das jedoch ein Ort vager Sehnsucht ist. Dieses vornehme Exil ist nun semantisch, räumlich und in Bezug auf seine Stellung in der Disposition des Gedichts dem Tal der Fürsten in gewisser Weise analog: ein Ort an der Schwelle, an dem es sich gut aushalten lässt, an dem man aber gleichwohl nicht gerne bleiben möchte, besungen jeweils in einem der ersten Gesänge der jeweiligen Cantica, also respektive des *Inferno* und des *Purgatorio*. Durch dieses Arrangement wird suggeriert, dass ein noch so angenehmer Ort unter bestimmten Umständen gleichwohl nicht der richtige Aufenthalt für den Menschen, sondern ein Ort der Verbannung sein könnte.

Genau in der Mitte unserer Passage liegt nun der Neueinsatz des VIII. Gesangs, der, wie oft bei den Einleitungen dieser Gesänge, vorderhand nur eine Periphrase der Tageszeit zu sein scheint, aber darin dieses Thema des Exils noch einmal verankert und zugleich zu subtiler Suggestion nutzt:

> Era già l'ora che volge il disio
> ai navicanti e 'ntenerisce il core
> lo dì c' han detto ai dolci amici addio;
> e che lo novo peregrin d'amore
> punge, se ode squilla di lontano
> che paia il giorno pianger che si more;[32]
>
> [Es war schon die Stunde, die den Seefahrern
> das Sehnen wendet und das Herz erweicht
> am Tag, da sie den lieben Freunden Lebewohl gesagt haben;
> und die den neuen Pilger mit Liebe
> sticht, wenn er von ferne eine Glocke hört,
> die den sterbenden Tag zu beweinen scheint]

Diese stimmungsvolle Zeitangabe verbindet das Thema der Abwesenheit von einem erwünschten Ort mit zwei wichtigen Suggestionen: Der Abend als Tod des Tages lässt uns auch an den Lebensabend denken; dies betont schon einer der Kom-

---

32 Dante, Purgatorio, VIII, 1–6.

mentatoren des 14. Jahrhunderts, Benvenuto da Imola. In dieser Stunde denken wir an unseren Tod und werden daran erinnert, dass der Mensch nach christlichem Verständnis auf Erden nicht nur fern der irdischen Heimat sein kann, sondern auch fern seiner Heimat in Gott ist.[33]

Dadurch erhält allerdings die von vielen modernen Kommentatoren gepriesene Nostalgie dieser Verse, das liebevolle Zurückdenken an die Angehörigen, eine gewisse Ambivalenz, denn zumindest der Pilger ist ja auch auf dem Weg an einen religiös wichtigeren, relevanteren Ort als den seiner Herkunft, einen Ort, dessen spirituelle Bedeutung das Festhängen an Heimat und Familie in Frage stellen müsste; darauf ist zurückzukommen.

Aber Benvenuto da Imola ist es auch, der die Verbindung dieses Themas zu den Fürsten aufzeigt. Denn er weist darauf hin, dass der von Dante nur genannte, nicht aber zitierte Text der Vesper-Antiphon, den die Fürsten im VII. Gesang singen, das Thema der Verbannung und der Ferne vom wahren Bestimmungsort des Menschen enthält: „exules filii Hevae", die verbannten Kinder Evas, singen die Anrufung des *Salve Regina*.[34]

Diese Antiphon ist sicherlich mit Bedacht auf ihren Inhalt gewählt, denn im Hinblick auf das Kirchenjahr käme als Vesperantiphon für den Ostersonntag, an dem diese Szene innerhalb der Chronologie der *Commedia* spielt, eher *Regina Caeli laetare* in Frage. Ihre Relevanz für das Schauspiel der Schlange und der Engel ist daher kurz zu skizzieren: Eva, deren Kinder darin als exiliert bezeichnet werden, ist nicht nur diejenige, die sich einst im Garten Eden mit der Schlange einließ, sondern sie ist auch Gegenbild und Typus Mariens, der der Gruß dieser Antiphon gilt. Maria kehrt (wie wiederum der Vesperhymnus *Ave maris stella* sagt)[35] mit ihrem „Ave" den Namen Eva um und leitet das Heil ein; sie erweist sich damit als das Inbild jener Frau, von der in *Genesis* 3,15 gesagt wird, sie werde die Schlange dereinst zertreten.

Wichtiger ist jedoch ein anderer Aspekt: Das *Salve Regina*, das die Fürsten singen, sagt auch etwas über den Ort, an dem die Kinder Evas ihre Verbannung

---

33 Benvenuto da Imola, *Comentum*, Purg. 8.1–9: „sicut enim navigantes per mare et peregrinantes per terram, adveniente sero, recordantur domus, patriae et amicorum, et cogitant de portu et hospitio ubi requiescant a laboribus suis, ita nunc istae animae ambulantes per mare amarum et vallem lacrymarum huius mundi recordantur sero, scilicet in morte, patriae coelestis, quam dimiserant propter curam regnorum temporalium, ut sic tandem a laboribus magnis requiescant." Vgl. auch Zaccarello, Lectura, S. 11.

34 Benvenuto da Imola, *Comentum*, Purg. 7.82–84: „et sic bene convenit id quod dicitur in illa oratione, scilicet, in hac lacrymarum valle; licet enim vallis ista sit vestita herbis et floribus, et delectabilis coloribus et odoribus, tamen est repleta lacrymis et miseriis." Für Text und Melodie des *Salve Regina* vgl. beispielsweise *Liber usualis*, S. 276.

35 Vgl. ebd. S. 1259.

beklagen: „in hac lacrimarum valle",[36] ‚in diesem Tal der Tränen'. Und ein Tal ist es ja, in dem die Fürsten ihr vornehmes vorläufiges Exil vom eigentlichen Purgatorium erleben. Dieses landschaftliche Detail ist sicher nicht zufällig; Dante hätte auch einen Hain auf einem Plateau wählen können – ja, es ist sogar aufwendiger, am Bergesabhang wiederum ein Tal zu imaginieren. Der gesteigerte Imaginationsaufwand, den das Tal an der Flanke des Hangs erfordert, macht den Intertext und seine theologischen Implikate relevant.

Aber warum ist dieser anmutige Ort ein Tal der Tränen? Natürlich sind die Wartenden nicht froh darüber, dass sie warten müssen, und es hat sich schon gezeigt, dass sie wohl auch betrübt sind über die Wertlosigkeit ihrer Nachkommen und Nachfolger. Aber es ist ihnen wohl auch aufgegeben, zu erkennen, dass dieser liebliche Aufenthalt bei aller Schönheit nicht ihr Bestimmungsort und insofern ein Tal des Exils und der Tränen ist.

Um dies zu begründen, ist ein Blick auf das schon erwähnte Ende der Zweiersequenz nötig, an dem Currado Malaspina Dante dessen eigenes Exil voraussagt. In der Selbstvorstellung dieser Figur fällt ein seltsamer Satz, der zugleich mit dem Anfang dieses Gesangs, dem schönen Bild von den Seefahrern und Pilgern, Resonanzen bildet:

a' miei portai l'amor che qui raffina.[37]

[den Meinen brachte ich jene Liebe entgegen, die hier geläutert wird.]

Dass er den Seinen Liebe entgegenbringt, verbindet Currado mit den Seefahrern und Pilgern, die die Abendstunde „d'amore/punge" [mit Liebe sticht], nämlich mit dem liebevollen Zurückdenken an jene, die sie verlassen haben. Aber warum muss dieser an sich positive Affekt an den Hängen des Läuterungsbergs gereinigt werden?

Dies ist zunächst eine Vorausweisung auf die Theologie des Purgatoriums, die in den Gesängen XVI und XVII, also genau in der Mitte der Cantica, dargelegt wird: Die Liebe kann fehlgehen durch falsche Wahl des Gegenstandes oder durch falsche Intensität, und daraus leitet sich die gesamte Sündensystematik dieses Jenseitsreiches ab, die zugleich mit der Paradigmatik der sieben Todsünden koinzidiert. In diesem Zusammenhang ist es wichtig, zu erwähnen, dass nach Auskunft von *Purgatorio* XVI die Freiheit des Menschen, falsch zu wählen (und die nach dem Sündenfall erhöhte Wahrscheinlichkeit, dass dies geschieht), durch die Anleitung der zwei Autoritäten Kirche und Monarchie eine Freiheit zum Guten sein soll; diese

---

36 Ebd. S. 276.
37 Dante, Purgatorio, VIII, 120.

Zweiheit der Autoritäten könnte, wie gesagt, in den zwei Schwertern der zwei Engel unseres Schauspiels dargestellt sein.

Currado wird also, wenn er einmal ins eigentliche Purgatorium eingetreten sein wird, seine falsche Wahl bearbeiten müssen, und der Umstand, dass er dies mit seiner Familie in Verbindung bringt, lässt vermuten, dass er Machtpolitik und Besitzmehrung im Interesse seines adligen Hauses zu bereuen hat. Damit hat er aber seine Aufgabe als Herrscher, die Untertanen zur Freiheit von Habgier anzuleiten, verfehlt und sich allzu sehr an das irdische Tal der Tränen geklammert. Ähnlich liest diesen Abschnitt schon der *Ottimo Commento* aus den 1330er Jahren.[38]

Currado hat sozusagen das Ziel seiner Pilgerschaft verkannt, wie vielleicht die nostalgischen Pilger am Anfang dieses Gesangs. Und genau dies gilt wohl auch für die großen Herrscher, die im Fürstental des Purgatoriums versammelt sind: Nicht grundsätzlich, denn sie haben besser regiert als ihre Nachfahren, aber relativ, weil sie sich zu spät darauf besonnen haben. Rudolf von Habsburg zeigt ja eine bedauernde Miene, weil er vernachlässigt hat, was seine Pflicht war. Diese Pflicht, Italien zu befrieden, ist zugleich politisch und geistlich, denn die Einheit des Imperiums war einst die heilsgeschichtliche Voraussetzung für das Erlösungswerk und ist nun die Grundlage eines Lebens in Tugend.[39] Die Vernachlässigung dieser Pflicht ist eine Folge des Verfallenseins an diese Welt, insbesondere an den Glanz des herrscherlichen Lebens.

Die Fürsten haben der Schönheit ihres Erdentales zu sehr getraut, es für ihre letzte Bestimmung gehalten und darüber ihr eigenes Seelenheil und das Wohl ihrer Untertanen zu lange vernachlässigt; sie waren nicht wachsam auf seinen lediglich auf das Paradies vorausweisenden Zeichencharakter – eine Wachheit für den allegorischen Sinn, den Dante von den Lesenden in diesem Zusammenhang einfordert.

Erst im letzten Augenblick haben die Fürsten sich bekehrt, und die dadurch versäumte Zeit müssen sie im Antepurgatorium noch einmal abwarten. Ihre Meditation gilt dabei nicht nur ihrer Säumigkeit, sondern auch dem nur figuralen Status ihrer glanzvollen Umgebung: Das Tal übertrifft mit seinen Farben alle Edelmaterialien höfischer Prachtentfaltung und Kunst, aber es ist eben gerade dadurch, dass es selbst göttliches Kunstwerk ist, nur Zeichen für jenen anderen Garten, in den die Fürsten und ihre schutzbefohlenen Untertanen gelangen müssen und wollen.

---

[38] *Ottimo Commento*, Purg. 8.112–120: „e portai tanto amore a' miei, che io ne lasciai la cura dell'anima, ed indugiai l'opere meritorie della salute per guerreggiare ed aquistare amici."
[39] Vgl. hierzu die Argumentation von Kablitz, Zeitlichkeit, die freilich im Einzelnen zu anderen Schlüssen kommt.

Und so erschließt sich auch der Gehalt jenes rituellen Schauspiels der Vigilanz, das im Mittelpunkt dieser Lektüre steht: Wo die Fürsten nicht genügend wachen, müssen die Engel einspringen,[40] aber die darin liegende göttliche Gnade muss auch intensiv und prompt erbeten werden, wie es im Komplethymnus geschieht. Nicht die Orientierung von Aufmerksamkeit (auf die Schlange) ist dabei das Problem der Fürsten, sondern deren Skalierung: Die Meditation der Bewohner dieses Tales gilt nicht einer falschen Wahl (wie dann die Bußübungen im eigentlichen Purgatorium), sondern der geringen Intensität und Schnelligkeit ihrer Pflichterfüllung einschließlich des Gebets um Gnade. Das von ihnen gesungene Stundengebet ist einerseits Aufarbeitung dieser Säumigkeit, andererseits, insbesondere im *Salve Regina*, Meditation über den vorläufigen, exilhaften Charakter der schönen Umgebung, die sie von ihren Pflichten abgehalten hat.

Von der Wachsamkeit auf die Zeichen

Abschließend gilt es, die in diesem Geschehen aktiven Zeichenbeziehungen noch genauer zu spezifizieren. Andreas Kablitz hat gezeigt, dass Zeitlichkeit und Ewigkeit in Dantes *Purgatorio* insofern in ungewöhnlicher Weise aufeinander bezogen sind, als hier „der transzendente Ort" zur „figura diesseitiger Heilsgeschichte" wird und nicht umgekehrt.[41] Der retrospektive *figura*-Begriff, der hier begegnet, deckt sich teils mit Erich Auerbachs Gebrauch dieses Konzepts.[42] Gleichgültig, ob man allen Implikaten dieses Begriffsgebrauchs zustimmen möchte, bedeutet dies zweifelsohne, dass das, was den Lesenden auf der Textebene als dichterische Allegorie erscheinen mag, innerhalb der Fiktion der *Commedia* als *allegoria in factis*, als der Welt von ihrem Schöpfer eingeschriebener Sinn erscheint. Mit diesem Konzept gelesen meditieren die Fürsten also anhand dessen, was ihnen in dem anmutigen

---

40 Jacopo della Lana zitiert in seinem Kommentar hierzu Thomas von Aquin, der ihre Wachsamkeit (*custodia*) als Instrument der göttlichen Providenz bezeichnet. Jacopo della Lana, *Comedia*, Purg. 8 nota, vgl. Thomas, *Summa*, Prima pars, Quaestio 113, Art. 2, Resp.: „quia angelorum custodia est quaedam executio divinae providentiae circa homines."
41 Kablitz, Zeitlichkeit, S. 72.
42 Er wird von Kablitz jedoch auch differenziert von einigen Hypothesen abgesetzt, die in Auerbachs Figura-Aufsatz und insbesondere in Auerbachs großem Entwurf von 1929, *Dante als Dichter der irdischen Welt*, damit verbunden werden. Vgl. Kablitz, Zeitlichkeit, S. 33 f., Anm. 1. Vgl. außerdem Auerbach, Figura und Auerbach, *Dante als Dichter*. Zur Frage, ob rückwärtsgewandte Typologie historisch plausibel ist, vgl. Mehltretter, Gott als Dichter, S. 130–132 (vor allem Anmerkungen). Unabhängig davon ist jedoch Auerbachs und Kablitz' grundsätzlicher Beobachtung des zeichenhaften Verweises der jenseitigen Welt auf das Diesseits vollumfänglich zuzustimmen.

Tal an der Flanke des Purgatoriumsberges begegnet, über die irdische Welt, die sie verlassen haben; das Antepurgatorium gerät zum Zeichen für das Diesseits.

Aber wie oben gezeigt, besteht der Kern dessen, was die Fürsten bezüglich der irdischen Welt lernen, in der Erkenntnis, dass das Diesseits immer auf die jenseitige, auf die ewige Welt hin zu betrachten ist: Ihr Leben im Tal dieser Welt und ihr Handeln oder auch Nicht-Handeln darin wird *sub specie aeternitatis* zu beurteilen sein, und die aufmerksame Betrachtung des Irdischen muss immer dessen zeichenhaft auf das Jenseits vorausweisenden Charakter zutage fördern. Die jenseits des Grabes, aber nicht jenseits der physischen Welt angesiedelte Wirklichkeit des Purgatoriums verweist also sowohl zurück auf die Erdenwelt als auch voraus auf das himmlische Paradies.

Dadurch wird die Referenzbeziehung eine dreiwertige: Das (vorläufige) Jenseits des Antepurgatoriums verweist auf das Diesseits als wiederum zu deutende *figura* des (endgültigen) Jenseits, und die Inszenierung dieser Verweisungsverhältnisse in Dantes *Purgatorio* ist zugleich als Leseanweisung für die aufmerksamen Betrachter dieser Welt zu verstehen. Gefordert ist mithin eine gesteigerte Aufmerksamkeit auf die Zeichen – auf die Zeichenhaftigkeit und verweisende Vorläufigkeit prächtiger Aufenthaltsorte und auf den verborgenen Sinn dieser Gesänge.

Literaturverzeichnis

Primärliteratur

Alighieri, Dante: Inferno, Purgatorio. In: *Commedia.* Hrsg. von Anna Maria Chiavacci Leonardi. Mailand 2007.

Benvenuto da Imola: *Benevenuti de Rambaldis de Imola Comentum super Dantis Aldigherij Comoediam',* nunc primum integre in lucem editum sumptibus Guilielmi Warren Vernon, curante Jacobo Philippo Lacaita. G. Barbèra: Florenz 1887. Hrsg. von Kevin Brownlee und Robert Hollander. https://dante.dartmouth.edu [letzter Zugriff: 30.03.2022].

Francesco da Buti: *Commento di Francesco da Buti sopra La Divina Commedia di Dante Allighieri.* Hrsg. von Crescentino Giannini. Pisa 1858–62. Neu hrsg. von Giovanni Piletti, Francesca Ferrario; elektronische Version des *Purgatorio* und *Paradiso* Lexis Progetti, 2001. https://dante.dartmouth.edu [letzter Zugriff: 30.03.2022].

Galfredus de Vino Salvo: Poetria Nova. In: Faral, Edmond (Hrsg.): *Les arts poétiques du XIIe et du XIIIe siècle. Recherches et documents sur la technique littéraire du moyen age.* Paris 1924, S. 194–262.

Jacopo della Lana: *Comedia di Dante degli Allaghieri col Commento di Jacopo della Lana bolognese.* Hrsg. von Luciano Scarabelli. Bologna 1866–67. Neu hrsg. von Margherita Frankel und Robert Hollander. https://dante.dartmouth.edu [letzter Zugriff: 30.03.2022].

Liber usualis missae et officii pro dominicis et festis cum cantu Gregoriano ex editione Vaticana adamussim excerpto a Solesmensibus Monachis. Paris/Tournai 1954.

[*Ottimo commento*] *L'ultima forma dell'„Ottimo commento". Chiose sopra la Comedia di Dante Allegieri fiorentino tracte da diversi ghiosatori*. Hrsg. von Claudia Di Fonzo. Ravenna 2008. https://dante.dartmouth.edu [letzter Zugriff: 30.03.2022].

Sordello: *Le poesie*. Hrsg. von Marco Boni. Bologna 1954.

Thomas Aquinas: *Summa Theologiae*. Textum Leoninum Romae 1889 editum. Hrsg. von Roberto Busa. https://www.corpusthomisticum.org/sth1103.html [letzter Zugriff: 30.03.2022].

Sekundärliteratur

Auerbach, Erich: *Dante als Dichter der irdischen Welt*. Berlin/Leipzig 1929.

Auerbach, Erich: Figura. In: *Archivum Romanicum. Nuova Rivista di Filologia Romanza* 22 (1939), S. 436–489.

Aurigemma, Marcello: Il canto VIII del Purgatorio. In: *Purgatorio. (Letture degli anni 1976–79, Casa di Dante in Roma)*. Hrsg. von Silvia Zennaro. Rom 1981, S. 155–174.

Bambeck, Manfred: *Göttliche Komödie und Exegese*. Berlin/New York 1975.

Cherchi, Paolo: Purgatorio VII. In: *Lectura Dantis* 12 (spring 1993), special issue: Lectura Dantis Virginiana, II, S. 98–114. https://www.jstor.org/stable/44806526 [letzter Zugriff: 30.03.2022].

Corbett, George: The Christian Ethics of Dante's Purgatory. In: *Medium Ævum* 83/2 (2014), S. 266–287.

Corbett, George/Webb, Heather: *Vertical Readings in Dante's Comedy*. 3 Bde. Cambridge 2015–2017.

Dronke, Peter: *Dante and medieval Latin traditions*. Cambridge 1986.

Forti, Fiorenzo: Il canto VIII del *Purgatorio*. In: *Letture Classensi* III (1970), S. 295–322.

Grimes, Margaret: The Serpent of ‚Purgatorio' VIII. In: *Romance Notes* 24/2 (Winter 1983), S. 100–105.

Gumbrecht, Hans Ulrich: *Diesseits der Hermeneutik. Die Produktion von Präsenz*. Frankfurt am Main 2004.

Kablitz, Andreas: Zeitlichkeit und Ewigkeit in Dantes *Purgatorio:* Das Fürstental am Fuß des Läuterungsbergs. In: Ingenschay, Dieter/Pfeiffer, Helmut (Hrsg.): *Werk und Diskurs. Karlheinz Stierle zum 60. Geburtstag*. München 1999, S. 33–72.

Le Goff, Jacques: *La naissance du Purgatoire*. Paris 1982.

Mehltretter, Florian: Gott als Dichter der irdischen Welt. In: *Deutsches Dante-Jahrbuch* 19/80 (2004/2005), S. 103–160.

Musa, Mark: *Advent at the Gates: Dante's Comedy*. Bloomington, Indiana 1974.

Santoro, Mario: Sordello e la Valletta dei principi. In: *Lectura Dantis modenese. Purgatorio*. Hrsg. von Comitato Provinciale ‚Dante Alighieri'. Modena 1985, S. 43–62.

Singleton, Charles S.: [Commentary]. In: Dante Alighieri: *The Divine Comedy*, translated, with a commentary by Charles S. Singleton. Princeton, N. J. 1977.

Tonelli, Natascia: Purgatorio VIII, 46–139: L'incontro con Nino Visconti e Currado Malaspina. In: *Tenzone* III (2002), S. 263–281. http://www.ucm.es/info/italiano/acd/tenzone/ t3/Tonelli_tenzone3.pdf [letzter Zugriff: 30.03.2022].

Zaccarello, Michelangelo: Lectura di *Purgatorio* VIII. In: *Dante Studies* 124 (2006), S. 7–23.

Thomas Kaufmann
Achtsamkeit auf die Laien in Spätmittelalter und Reformation

Das im Folgenden entfaltete Thema kann eine für das Verständnis der Kirchen-, Theologie- und Frömmigkeitsgeschichte des späten Mittelalters und der Reformationszeit zentrale Bedeutung beanspruchen: Es geht um die Konstruktion und Destruktion, Exposition, Fluidisierung und Annihilierung des Verhältnisses zweier Typen von Christen, des Klerus und der Laien.[1] Mit einigem Recht lässt sich behaupten, dass die Trennlinie zwischen den sich der Reformation anschließenden Gruppierungen und Formationen und den ihr widerstreitenden Vertretern der römischen Kirche entlang der Frage verlief, ob sie eine priesterliche Würde, die eine Person durch eine Weihehandlung qualifizierte und mit besonderen Rechten ausstattete,[2] anerkannten oder verwarfen.

Die den folgenden Ausführungen zugrundeliegende These lautet knapp: Im späten 15. und frühen 16. Jahrhundert wurden die Grenzen zwischen Klerikern und Laien nicht zuletzt von exponierten Klerikern selbst relativiert, verflüssigt oder grundsätzlich in Frage gestellt; die Reformation nahm diese Tendenzen auf, verstärkte, ja radikalisierte sie und fundierte das Verhältnis von geistlichen Amtsträgern und Gemeindegliedern auf eine neue Weise.[3] Dem lagen durchaus mit er-

---

[1] Zur allgemeinen Orientierung vgl. Schreiner, *Laienfrömmigkeit*; ders., Laienbildung; Grenzmann/Stackmann, *Literatur und Laienbildung*; Kock/Schlusemann, *Laienlektüre und Buchmarkt*; Burger, Direkte Zuwendung; Vauchez, *Gottes vergessenes Volk*; Vollhardt, Bußtheologie für Laien?; Lutz/Tremp, Pfaffen und Laien; Reinert/Leppin, *Kleriker*. In inhaltlicher Hinsicht berührt sich der folgende Beitrag mit dem Kapitel 3 (Bibeltheologie; Vorreformatorische Laienbibel und reformatorisches Evangelium) von Kaufmann, *Anfang*, S. 68–101 und mit der Einleitung in die Edition des Dezembertestaments Luthers: Luther, *Das Neue Testament deutsch*, S. 689–739.
[2] Als basale Definition dessen, was die Priesterweihe ausmacht, zitiere ich die einschlägige Wendung des Armeninerdekrets des Konzils von Florenz (22.11.1439): „Sextum [sc. der sieben] est sacramentum ordinis, cuius materia est illud, per cuius traditionem confertur ordo: sicut presbyteratus traditur per calicis cum vino et patenae cum panem porrectionem; diaconatus vero per libri Evangeliorum dationem; subdiaconatus vero per calicis vacui cum patena vacua superposita traditionem; et similiter de aliis per rerum ad ministeria sua pertinentium assignationem. Forma sacerdotii talis est: ‚Accipe potestatem offerendi sacrificium in Ecclesia pro vivis et mortuis, in nomine Patris et Filii et Spiritus Sancti.' Et sic de aliorum ordinum formis, prout in Pontificali Romano late continetur. Ordinarius minister huius sacramenti est episcopus. Effectus augmentum gratiae, ut quis sit idoneus Christi minister."[38]DH, Nr. 1326, S. 459.
[3] Für mein Verständnis der durchaus disparaten Konzeptionen des Allgemeinen Priestertums in der frühen Reformation verweise ich auf: Kaufmann, Ekklesiologische Revolution.

höhter Wach- oder Achtsamkeit, also *Vigilanz*, verbundene Auffassungen, Verhaltensweisen und Haltungen zugrunde, die in bildungs- und mediengeschichtliche Transformationsprozesse epochaler Art eingebettet waren – einer Zunahme der Laienbildung etwa, einer religiösen Individualisierungstendenz, eines Alphabetisierungsschubs beziehungsweise den sich sukzessiv abzeichnenden komplexen Folgen der durch Gutenbergs Erfindung induzierten kulturellen Veränderungen.[4] Die erhöhte Achtsamkeit, Zugewandtheit und Sensibilität für die Belange der Laien hing bei einigen der Reformatoren auch mit einem tief im priesterlichen Selbstverständnis verwurzelten Bewusstsein der Verantwortlichkeit für deren Heil zusammen.

Nach einer vielzitierten, dem Kirchenvater Hieronymus zugeschriebenen, überaus folgenreichen Tradition,[5] die in das kanonische Recht eingegangen ist, repräsentierten Klerus und Laien gegensätzliche, doch komplementär aufeinander bezogene ‚Arten von Christen': Die *eine* Art gibt sich dem göttlichen Dienst in Form von Kontemplation und Gebet hin; auf Griechisch heiße sie Klerus (κλῆρος), lateinisch *sors*, Los; *dies* impliziere, dass sie in besonderer Weise von Gott erwählt sei. Der Klerus solle im Vorgriff auf die universale Herrschaft Christi als Haupt der Gesellschaft angesehen werden. Die Tonsur symbolisiere, dass er alles Weltliche abgelegt habe. Untereinander sollten die Kleriker Gütergemeinschaft praktizieren. Die *andere* Art von Christen seien die Laien, von griechisch *laos* (λαός), lateinisch *populus*, Volk; sie dürften weltliche Güter besitzen, ein Weib haben, die Erde beackern, einander richten, den Zehnt zahlen und Opfergaben auf den Altar legen. Auch wenn man sich der essentialistischen Anmutung dieses Duals mit Grund zu entwinden hat[6] – es stellt eine unbestreitbare ‚Realität' dar, dass diese beiden – beziehungsweise noch differenziert durch den Stand der Religiosen, der Mönche und Nonnen drei – Personengruppen ‚existierten'[7], also als Ordnungs-, Deutungs-

---

4 Vgl. nur: Kaufmann, *Druckmacher*; Thomas, *Industry of Evangelism*; Pettegree, *Marke Luther*; Kaufmann, *Mitte*.
5 Decr. Grat. Sec. p. c. XII, q. 1 c. 7: „Duo sunt genera Christianorum. Est autem genus unum, quod mancipatum divino offitio, et deditum contemplationi et orationi, ab omni strepitu temporalium cessare convenit, ut sunt clerici, et Deo devoti, videlicet conversi. [...] Hi namque sunt reges, id est se et alios regentes in virtutibus, et ita in Deo regnum habent. [...] Rasio vero capitis est temporalium omnium depositio. [...] Aliud vero est genus Christianorum, ut sunt laici. [...] His licet temporalia possidere, sed non nisi ad usum. [...] His concessum est uxorem ducere, terram colere, inter virum et virum iudicare, causas agere, oblationes super altaria ponere, decimas reddere, et ita salvari potuerunt, si vicia tamen benefaciendo evitaverint." Friedberg, *Corpus Iuris Canonici*, Sp. 678. Vgl. dazu Mielke, *Duo sunt genera*; Lebrun, *Peuple de Dieu*.
6 Dies bildet den entscheidenden Impetus des Sammelbandes: Reinert/Leppin, *Kleriker*.
7 Zur Drei-Stände-Lehre im Mittelalter sind vor allem die Arbeiten von Otto-Gerhard Oexle wegweisend geworden: Oexle, *Deutungsschemata*; Oexle, *Entstehung*. In Würdigung und Weiterführung

und Wertungskategorien, die das Denken und Handeln präformierten, determinierten und operationalisierten, in Gebrauch und im Schwange waren. Unter den philosophisch-theologischen Bedingungen eines spätantiken und mittelalterlichen Wirklichkeitsverständnisses stellte die Priesterweihe eine ‚reale', in ontologischen Kategorien beschreibbare Veränderung der Person dar. Im Armenierdekret des Florentinischen Konzils (1439) wird als „effectus" des *sacramentum ordinis* die Vermehrung der Gnade, die dazu befähigt, ein geeigneter Diener Christi zu sein, genannt („augmentum gratiae, ut quis sit idoneus Christi minister").[8] Im Hintergrund dieser knappen Definition steht die Lehrauffassung, dass der Priester das Altarsakrament *in persona Christi* darbringe (*consecrat*), in der Mitte zwischen Gott und dem Volk stehe und deshalb Gott die Gaben des Volkes und dem Volk die Gaben Gottes darzubringen vermöge. Nur, weil er selbst durch die Weihe ein unverlierbares Prägemal erhalten, also konsekriert, d. h. in die Sphäre des Heiligen erhoben sei, dürfe er – so Thomas von Aquin – das heilige Sakrament berühren und könne es seinerseits konsekrieren, also in Leib und Blut Christi verwandeln.[9]

Vor dem Hintergrund des skizzierten Verständnisses des ein unverlierbares Prägemal („character indelebilis") vermittelnden Sakramentes der Priesterweihe (*ordinatio*) stellt sich die reformatorische Kritik desselben – allen Kontinuitätsbeschwörungen zwischen Reformation und Mittelalter zum Trotz! – als grundstürzend dar. Ich gehe deshalb knapp auf das einschlägige Kapitel in Luthers Schrift *De captivitate Babylonica* aus dem Herbst 1520 ein.[10] Luther konstatierte, dass die sakramentale Priesterweihe, die angeblich einen unverlierbaren *character* verleihe, „eine Pflanzschule unversöhnlicher Zwiespalt" („seminarium discordiae implacabilis")[11] geworden sei, „wodurch Kleriker und Laien weiter geschieden würden als Himmel und Erde".[12] Die Folge der radikal-diastatischen Verhältnisbestimmung von Klerus und Laien bestehe zum einen darin, die „Taufgnade" („baptismalis gratiae")[13], die beiden gemeinsam sei, zu verwirren. Zum anderen zerstöre sie die evangelische Gemeinschaft, also den Zusammenhang aller Christenmenschen. Diese Zerstörung der evangelischen Gemeinschaft äußere sich konkret in einer „abscheuliche[n] Tyrannei der Kleriker gegen die Laien" („tyrannis ista detestabilis

---

Oexles, das Imaginative der Ständeordnung akzentuierend: Jussen, Ständegesellschaft; zur Bedeutung der Drei-Stände-Lehre in der Reformationszeit s. Schorn-Schütte, Drei-Stände-Lehre.
8 [38]DH, Nr. 1323, S. 458; s.o., Anm. 2.
9 *Summa Theologica* III, q. 82, art. 3 conc.; ed. de Rubeis, Billuart et al., Tom. V, Turin 1894, S. 194.
10 Zu historischem Kontext und Gehalt der Schrift, an der sich auch die ‚Geister' auch der humanistischen Zeitgenossen schieden, vgl. Kaufmann, Introduction.
11 Zit. nach meiner Übersetzung in: Luther, *Aufbruch*, S. 295,20 (= WA 6, S. 563,29).
12 Ebd., S. 295,21 f. = WA 6, S. 563,29 f.
13 Ebd., S. 295,23 = WA 6, S. 563,30.

clericorum in laicos")¹⁴. Im Vertrauen auf ihre Salbung, die Tonsur und ihren Priesterhabit fühlten sich die Priester allen Christen, die in der Taufe doch durch den Heiligen Geist gesalbt seien, überlegen und sähen die Laien „beinahe wie Hunde" und als „unwürdig"¹⁵ an. Aus dem durch Weihe begründeten Superioritätsbewusstsein sei eine Willkürherrschaft erwachsen: „Daher wagen sie es auch, was auch immer zu gebieten, zu fordern, anzudrohen, zu erpressen, zu drücken. Zusammenfassung: Das Sakrament der Priesterweihe war und ist ein sehr schöner Kunstgriff, um alle Ungeheuerlichkeiten (*universa portenta*) zu befestigen, die in der Kirche bislang geschehen sind und bis jetzt geschehen. Hier ist die christliche Bruderschaft (*fraternitas Christiana*) zugrunde gegangen; hier sind aus Hirten Wölfe, aus Knechten Tyrannen, aus Geistlichen überaus Weltliche (*ex Ecclesiasticis plus quam mundani*) geworden."¹⁶

Luthers zumeist mit dem Schlagwort des „Allgemeinen Priestertums der Glaubenden bzw. Getauften" bezeichneter ekklesiologischer Gegenentwurf implizierte, dass ein geistliches Amt durch die „Zustimmung" (*nostro ... consensu*)¹⁷ der Gemeinde übertragen werde und dass den Amtsinhabern „kein Recht der Herrschaft zustehe, außer in dem Maße, in dem wir es freiwillig zuließen."¹⁸ Im Zentrum des geistlichen Amtes stehe die Wortverkündigung.¹⁹ Abfällige, herablassende Attitüden, wie sie Priester selbst gegenüber heiligen Jungfrauen an den Tag legten – ihnen sei es noch nicht einmal erlaubt, „Tücher und heilige Leinenstoffe des Altars zu waschen"²⁰ –, sind für Luther Ausdruck der „gottlosesten Tyrannei dieser gewissenlosesten Menschen"²¹. Sie gelte es durch die biblisch begründete Selbsterkenntnis der Christen, „dass wir alle in gleicher Weise Priester sind, d. h. gleiche Gewalt in Bezug auf das Wort und jedes Sakrament haben"²², zu überwinden und zu konterkarieren. Gegenüber den Armen ergäbe sich aus der radikalen Absage des Wittenberger Bettelmönchs an die sakramentale Priesterweihe gleichfalls besondere Achtsamkeit. Denn „Diakonie" solle darin bestehen, „die Güter der Kirche den Armen auszuteilen, damit die Priester von der Last mit den zeitlichen Dingen erleichtert werden und sich freier Gebet und Wort widmen"²³ könnten. Da das

---

14 Ebd., S. 295,24 f. = WA 6, S. 563,32.
15 Ebd., S. 295,30 = WA 6, S. 563,34 f.
16 Ebd., S. 295,31–296,2 = WA 6, S. 563,35–564,5.
17 Ebd., S. 296,6 = WA 6, S. 564,8.
18 Ebd., S. 296,7–9 = WA 6, S. 564,8 f.
19 „Der Dienst des Wortes macht zum Priester und Bischof." Ebd., S. 299,2. „Ministerium verbi facit sacerdotem et Episcopum." WA 6, S. 566,9.
20 Ebd., S. 299,20 f. = WA 6, S. 566,20 f.
21 Ebd., S. 299,25 f. = WA 6, S. 566,23 f.
22 Ebd., S. 299,30 f. = WA 6, S. 566,26 f.
23 Ebd., S. 300,3.5–8 = WA 6, S. 566,34–36.

Priestertum beziehungsweise das Amt der Wortverkündigung Dienst (*officium*) sei, werde derjenige wieder ein „Laie", das heißt ein normales Gemeindeglied, der das Amt nicht mehr ausübe.[24] Damit war der Konzeption eines durch Weihe vermittelten ‚lebenslangen, unverlierbaren Prägemals' (*character indelebilis*) eine definitive Absage erteilt. Die erstmals grundlegend von Luther formulierte Bestreitung eines *sacramentum ordinis* wurde von allen Richtungen des in sich vielfältigen Protestantismus rezipiert.

Das für das Verständnis der mittelalterlichen *christianitas* zentrale Verhältnis der beiden ‚Stände' Klerus und Laien implizierte, dass Letztere auf die religiöse Vermittlungsleistung des Ersteren angewiesen waren. Insofern übte der Klerus in Bezug auf das Heil Macht über die Laien aus. Dies wirkte sich auf zahlreiche elementare Fragen der praktischen Frömmigkeit aus. Ich konzentriere mich im Folgenden auf das für die kulturellen Umbrüche der Medienrevolution des späten 15. und frühen 16. Jahrhunderts[25] besonders gravierende Problem, dass Laien die Lektüre und der direkte Umgang mit den biblischen Ursprungsdokumenten des christlichen Glaubens vielfach verwehrt oder doch erschwert war. Immer wieder versuchten hohe Repräsentanten der römischen Kirche die Verbreitung volkssprachlicher Bibeln zu verhindern. Dabei bedienten sie sich etwa der folgenden Argumente, die in einem durchaus charakteristischen Votum der Kölner Theologischen Fakultät von 1478/9 begegnen: Laien verfügen nicht über den *intellectus* zur Erfassung der Wahrheiten, die in den Heiligen Schriften enthalten sind.[26] Laien sollten die Bibel nicht lesen[27], weil sie sie profanierten, denn dies geschähe zwangsläufig, wenn sich rohe, ungebildete, neugierige und aufs Fleischliche fixierte Wesen, wie es die Laien eben sind, mit Heiligem befassten. Könnten die Laien das Wort Gottes selbst lesen, würden sie es außerdem nicht mehr aus dem Munde ihres Priesters hören wollen. Seine heilsvermittelnde Stellung würde also unterminiert. Die bibellesenden Laien belehrten sich dann untereinander und hielten sich für schlauer als die Geistlichen. Die gottgewollte Ordnung der in die beiden *ordines* des Klerus und der Laien geteilten Gesellschaft drohte also mit der Bibellektüre aus den Fugen zu geraten. Zudem könne die Heilige Schrift nicht ohne weiteres verstanden

---

24 Ebd., S. 300,33 ff. = WA 6, S. 567,17 ff.
25 Vgl. nur Kaufmann, *Druckmacher*.
26 Vgl. Römer, Bibelübersetzungen, S. 46. Das Votum steht im Zusammenhang mit einem der Kölner Universität durch Papst Sixtus IV. verliehenen Zensurmandat; dass die zwei um 1478/9 datierten anonymen Kölner Bibeldrucke [Quentel; von Unckel] in niederrheinischer und niedersächsischer Mundart (GW 04307; 04308), die wegen ihrer 1483 von dem Nürnberger Drucker Anton Koberger (GW 04303) übernommenen Bildausstattung als epochal gelten, wegen der Zensur anonym erschienen sind, dürfte sehr wahrscheinlich sein.
27 S. zum Folgenden: Geldner, Gutachten.

werden. Einzelne Worte seien so schwierig, dass deren unzureichende Kenntnis, wie sie bei Laien zu erwarten sei, zwangsläufig in die Häresie führen werde. An vielen Stellen dürfe man die Bibel nicht buchstäblich, sondern müsse sie mystisch verstehen. Die seit der Zeit der Alten Kirche, insbesondere bei Origenes, entfaltete Lehre vom vierfachen Schriftsinn sollte einen hermeneutischen Schutzwall gegen unverstellte, unmittelbare Verstehenszugriffe von Seiten laikaler Leser bilden.[28] Denn sie würden gewiss nur eine Sinnebene erfassen und gerade so die Bedeutung des Textes verfehlen.

Obschon diese Vorbehalte gegen die Bibellektüre der Laien seit der Zeit der Alten Kirche existierten, kam ihnen unter den Bedingungen der gewachsenen Laienbildung des späteren 15. Jahrhunderts eine neuartige Brisanz zu. In der Tradition der sogenannten *Devotio moderna*[29], ähnlich wie im Humanismus, war es zudem zu einer Aufwertung der Bibel und zu verstärkten Bemühungen um ihre Verbreitung in der Volkssprache gekommen. Dass es den Vertretern dieser Reformbewegungen auch, ja vor allem um die Laien ging, ist nachdrücklich zu betonen. Selbst Theologen vertraten die Auffassung, dass die Lektüre der Bibel eine dem Empfang der Sakramente in nichts nachstehende, heilsame Wirkung habe.

In der Vorrede zu einem Druck einer Postille des Straßburger Münsterpredigers Geiler von Kaysersberg hieß es in geradezu reformatorisch anmutender Diktion, dass ein Christ

> alwegen gern wöl lesen die heilig geschrifft [...] damit er Got seinen schöpffer und herren ler erkennen / dan d[er] gnad dy der mensch von lesen oder hören der heiligen Geschrifft von got erholen mag / der ist kein zal [...].

Wer „die heilig geschrifft / das wort Gottes" „trüwlich zu hertzen" nehme, werde durch die „gnad des heiligen geists"[30] getröstet. Katalogen gegen die Bibellektüre der Laien wurden Listen von Argumenten entgegengesetzt, die den geistlichen Nutzen

---

28 Vgl. Dobschütz, Schriftsinn; Ohly, Vom geistigen Sinn; Reventlow, *Epochen der Bibelauslegung*.
29 Faix, *Gabriel Biel*; Hinz, *Brüder vom Gemeinsamen Leben*; Boer/Kwiatkowski/Engelbrecht, *Devotio moderna*; Kock, *Buchkultur*; Vannier, *Mystique Rhénane*; Kaufmann, *Geschichte der Reformation*, S. 70 ff.; im Kontext der Geschichte der Reformation: Leppin, *Ruhen in Gott*, S. 279–290; Mielke, *Duo sunt genera*.
30 *Euangelia Bas plenarium ußerlesen und davon gezogen in des hochgelerten Doctor Keiserspergs ußlegung der ewangelien und leren ... Priester und Leien nutzlich ...*, Straßburg, Johann Grüninger 1522; VD 16 G 744, A 1ᵛ. Die Vorrede dürfte von dem Franziskaner Johannes Pauli stammen, der die erste Auflage der Postille Geilers 1515 herausgab; vgl. Israel, *Geiler von Kaysersberg*, S. 360, Nr. 31; zu Geiler umfassend: Voltmer, *Wächter*. Der zitierte Band enthält Predigten aus den letzten vier Lebensjahren Geilers.

betonten:[31] Die Seele werde gebessert; Lesen führe zu geistiger Aneignung und zur Abkehr von der Welt, zur Unterdrückung des Fleisches und zur Hinwendung zu einem geistlichen Leben. Wer lese, tue nichts Böses und vermöge seine Anfechtungen niederzuringen; außerdem könne man durch die Lektüre der Bibel auch auf Reisen, wenn man keinen Zugang zum Kult habe, etwas für sein Seelenheil tun. Durch das Lesen gedruckter Bücher, insbesondere der Bibel, könne man Gottes- und Heilserfahrungen machen, die hinter dem Wert der Messe oder anderer Zeremonien nicht zurückstanden.[32] Dieser Gedanke war der lateineuropäischen Christenheit demnach schon vor der Reformation geläufig. Der mit dem Buchdruck initiierte Medienwandel trug zu grundlegenden religionskulturellen Transformationsprozessen bei.[33] Beinahe hatte es den Anschein, als ob Laien durch die Lektüre der Bibel „unabhängig von der Priesterschaft ihren eigenen Weg zum Heil"[34] finden könnten.

In den vorreformatorischen deutschen Bibeln wurden die Vorreden des Hieronymus mit abgedruckt. In seinem Brief an Paulinus, der das Alte Testament beziehungsweise den Pentateuch eröffnete, fanden sich einzelne Wendungen, die allerdings als Ermutigung zur Bibellektüre der Laien aufgefasst werden konnten. Dies galt für Sätze wie: „Die heilig pawerschaft oder einveltikeit die frumt dir allein." Oder: „Nu sichstu wol wie ein underscheid ist zwischen der gerechten pawerschaft: und gelarten gerechtikeit." Dass Paulus und die übrigen Apostel, aber auch Propheten wie Amos Ungelehrte waren, wird besonders herausgestellt. Deshalb sollten Handwerker und Bauern die Schrift verstehen: „Allein das ist die kunst das do ist von der geschrifft und die selb schrifte sollen alle sein zu eigem."[35] In dieser Form war auch Hieronymus ein Anwalt der volkssprachlichen Laienbibel. Durch die von Vertretern der Amtskirche immer wieder inkriminierten volkssprachlichen Bibeldrucke wurde Laien als potentiellen Käufern und Nutzern besondere Aufmerksamkeit entgegengebracht.

---

31 Vgl. Kaufmann, *Anfang*, S. 77.
32 Zur Höherbewertung der Predigt gegenüber der Messe bei dem Basler Reformhumanisten Ulrich Surgant, die dieser aus der Tradition belegt, vgl. *Manuale curatorum ...*, Basel 1503; VD 16 S 10229, S. 1ʳ; s. dazu Roth, *Predigttheorie*, S. 150–174; zu entsprechenden Vorstellungen des Leipziger Dominikaners Hermann Rab s. meinen Hinweis in: Kaufmann, *Abendmahlstheologie*, S. 39.
33 Vgl. hierzu ausführlich: Kaufmann, *Mitte*; Kaufmann, *Druckmacher*.
34 Scribner, Heterodoxie, S. 282.
35 *Biblia*, Straßburg, Mentelin 1466; GW 04295, 1ʳ–2ʳ; vgl. zur vorreformatorischen deutschen Bibel: Kurrelmeyer, *Deutsche Bibel*; zu Mentelin s. die Hinweise in Kaufmann, *Mitte*, S. 255, Anm. 134; andere deutsche Übersetzungen der Vorrede des Hieronymus an Paulinus in dem Augsburger Druck [Pflanzmann] (um 1475/6, GW 04297). Zu den Bibelvorreden im Ganzen instruktiv: Schild, *Abendländische Bibelvorreden*; vgl. auch GW 04295–04306 (hochdeutsche Bibeln); GW 04307–04309 (niederdeutsche).

Der wortgewaltigste und wirkungsmächtigste Advokat der laikalen Bibellektüre vor der Reformation freilich war Erasmus von Rotterdam. Jeder Christ solle sich für die Botschaft Christi interessieren und des Gesetzes des Herrn unablässig inne sein, so forderte er. Darum solle die Schrift auch den Einfältigen (*idiotae*)[36] zugänglich werden. Die Schrift sei nämlich jedermann verständlich. Allerdings waren die primären Adressaten dieser auf Latein verbreiteten Ermahnung die Geistlichen, die sich nach Auffassung des Bibelphilologen Erasmus intensiver dem Bibelstudium widmen sollten. Die Konkurrenz zu den bildungsbeflissenen Laien diente also dazu, den Bildungsstand der Kleriker zu optimieren. Die volkssprachlichen Übersetzungen der einschlägigen Texte des niederländischen Gelehrten, die seit 1518/19 in enger Verbindung mit den Anfängen der frühreformatorischen Flugschriftenflut[37] in Umlauf kamen, machten seine Appelle zur Bibellektüre auch unter denen bekannt, die des Lateinischen nicht kundig waren. In über 100 Einzeldrucken kamen einschlägige Erasmustexte auf Deutsch in Umlauf.[38] Zu Beginn der reformatorischen Bewegung war Erasmus somit derjenige Autor, der am vernehmlichsten zu Gunsten der volkssprachlichen Bibel auftrat. Sie war für ihn ein integrales Element seiner programmatischen Erneuerung des Christentums, die in der Hinwendung zu Christus und seinem Wort beziehungsweise zur *Philosophia Christi* bestand und von einer Ethik der Nachfolge begleitet wurde. Ihr war eine Internalisierungstendenz und die Distanzierung von äußerlichen Zeremonien wie Wallfahrten, Ablässen oder der Reliquienverehrung eigen.

Erasmus' *Paraclesis, id est exhortatio ad Christianae philosophiae studium* (*Paraclesis, das ist Ermahnung zum Studium der christlichen Philosophie*) enthielt besonders interessante und dichte Ausführungen zur volkssprachlichen Bibel. Als Hintergrund der Erfolgsgeschichte der reformatorischen Bibelübersetzungen, insbesondere der Luthers, verdient Beachtung, dass die *Paraclesis* in vier verschiedenen deutschen Übersetzungen und einem Dutzend Drucken, also gewiss deutlich mehr als 10 000 Exemplaren, kursierte. Da Christus als Lehrer vom Himmel herab zu den Menschen gekommen sei, könne man allein von ihm Sicheres lehren; in die Bibel sei dies eingegangen. Aus keinem Brunnen könne die Weisheit Christi klarer und reiner geschöpft werden als aus der Bibel. „Ja, je weiter du in ihre Schätze eingedrungen bist, desto mehr wirst du durch ihre Majestät hingerissen."[39] „Lei-

---

[36] *Enaratio in Psalmum primum: Beatus vir* ..., Straßburg, Schürer 1515; VD 16 E 2745; ed. in: Allen Bd. 2, Nr. 327, S. 60–62.
[37] Vgl. nur Kaufmann, *Geschichte der Reformation*, S. 300–319.
[38] Vgl. Holeczek, *Erasmus Deutsch*, S. 21. Zu dem ausgesprochen wichtigen Ineinander von Erasmusrezeption und frühreformatorischer Bewegung grundlegend: Grane, *Martinus Noster*; Kaufmann, Heroisierung Luthers, S. 266–331.
[39] Erasmus von Rotterdam, *Ausgewählte Schriften*. Bd. 3, Darmstadt 1967, S. 13.

denschaftlich", so bekannte Erasmus, „rücke ich von denen ab, die nicht wollen, daß die heiligen Schriften in die Volkssprache übertragen und auch von Laien gelesen werden, als ob Christus so verwickelt gelehrt hätte, daß er kaum von einer Handvoll Theologen verstanden werden könne, und als ob man die christliche Religion dadurch schützen könne, daß sie unbekannt bleibt."[40] Das Hoffnungs- und Wunschbild, das der prominenteste Gelehrte seiner Zeit dann vortrug, liest sich beinahe wie ein Vorgriff auf das, was dann im Zuge der Reformation mancherorts tatsächlich geschah: „Ich würde wünschen, daß alle Weiblein das Evangelium lesen, auch daß sie die Paulinischen Briefe lesen. [...] Wenn doch der Bauer mit der Hand am Pflug etwas davon [sc. der Bibel] vor sich hin sänge, der Weber etwas davon mit seinem Schiffchen im Takt vor sich hin summte und der Wanderer mit Erzählungen dieser Art seinen Weg verkürzte!"[41] Der Erfolg der deutschen Bibelübersetzung Luthers wurde auch durch Erasmus ermöglicht.

Unter den Wittenberger Reformatoren sprach sich Andreas Bodenstein, genannt Karlstadt, im Mai 1519 als erster zugunsten der volkssprachlichen Laienbibel aus. In seiner ersten Flugschrift auf Deutsch forderte er dazu auf, „das man die heylige schrifft / yn deutscher tzungen furlecht / dan ich nit finden magk / dz unbillich sey. So man prediget die heylige schrifft deutsch."[42] Deutsche Predigten über biblische Texte seien selbstverständlich; deshalb müsse man den Laien auch die Lektüre der Heiligen Schrift ermöglichen. Ansonsten führt er als Argument an:

> Auch ist sie [sc. die Bibel] allen Christ[g]laubigen gemein / und weer seer fruchtbar / dz sie ygklicher / teglich yn seinem hausz lesz oder hort lesen. Wie Chrysostomos sagt/ es ist schant und spot / dz ein handtwircker/ seinen werckzeug nit hat / wie mach [= mag] es dan / eim Christen löblich sein / das er der heyligen schrifft mangelt.[43]

Karlstadt bewertete die Bibel als unverzichtbares Grundbuch der christlichen Existenz, ohne die das Christsein unmöglich sei. Der Weg zur Seligkeit müsse ohne die Kenntnis der Schrift ungewiss bleiben: „Ich geschweich das ymandt der recht weeg / yn dem er allein selig werden sal / verborchen [= verborgen] ist [...]."[44] Wie den Christen die Sakramente gemeinsam gehörten, sollten sie auch die Schrift gemeinsam besitzen und benutzen. Die quasi-sakramentale Aufwertung der Schriftlektüre, die sich ja bereits vor der Reformation bei einzelnen Theologen nachweisen ließ, bahnte der prominenten Rolle, die der volkssprachlichen Bibel dann in der

---

40 Ebd., S. 15.
41 Ebd.
42 KGK II, S. 262,6–8.
43 KGK II, S. 262,8–13; vgl. KGK III, S. 59,3 f.
44 KGK II, S. 262,13–15.

Reformation spielen sollte, einen Weg. Karlstadt schloss mit der Bemerkung, dass es „ein iamer und ellendt" sei,

> das wyr Christglaubigen sein wollen / und sollen dye schrifft / die unns den glaubenn / abmalt und ausztruckt / ym schlaff und traum handeln / und allein die rinden und schelven [= Schalen, Hüllen] grosz machenn.[45]

Nur durch die Schrift könne ein Christenmensch seines Heiles inne und gewiss werden. Die hermeneutischen Reflexionen über die Geltung und Wirkung der Schrift und ihre Kanonizität, die seit 1519/20 in Wittenberg angestellt wurden, waren die Folge einer Achtsamkeit gegenüber den Laien, die sie zu Bibellesern machen wollte.

Seine auf die religiöse Emanzipation der Laien abzielenden Überlegungen führte Karlstadt in einer bibelhermeneutischen Schrift in der lateinischen Sprache (*Verba Dei*) weiter. Darin setzte er sich mit einer Bemerkung Johann Ecks auseinander, der am Rande der Leipziger Disputation (27.6.–16.7.1519) behauptet hatte, es sei legitim, das Wort Gottes vor Laien anders auszulegen als in der *Schola* im Gespräch mit Gelehrten. Karlstadt legte daraufhin dar, dass das Studium der Heiligen Schriften für alle Christen notwendig sei. Menschliche Einbildungen und Traditionen gehörten nicht auf die Kanzel; allein das Wort Gottes solle verbreitet werden. Die Schrift müsse deshalb allen Christen beiderlei Geschlechts zugänglich werden. Jeder solle eine eigene Bibel besitzen und sie Woche für Woche studieren.[46] In unmittelbarem Anschluss an eine Passage aus Erasmus' *Paraclesis*, die Karlstadt zitierte,[47] forderte er dazu auf, den Laien die Bibel in der Volkssprache zugänglich zu machen. In der Heiligen Schrift gehe es um das Heil und dies dürfe den Laien nicht länger vorenthalten bleiben. Erneut führte er Johannes Chrysostomos als Kronzeugen an; Mann und Frau sollten daheim über die Bibel sprechen und schon die Kinder sie lesen.[48]

In zwei weiteren Schriften aus dem Jahr 1520 (*De canonicis scripturis*; *Welche Bücher biblisch seind*) äußerte sich Karlstadt erneut im skizzierten Sinne. Da alle Christen die Bibel lesen und verstehen sollten, erschien ihm eine Einleitung in den Kanon und eine Orientierung über den autoritativen Gehalt der einzelnen Schriften erforderlich. Wenn die biblische Wahrheit bekannt war, sollte es nach Karlstadt auch jedem Christen möglich sein, über Bestimmungen und Anordnungen der kirchlichen Hierarchie zu urteilen. Laienbibel und Kirchenreform hingen für ihn

---

45 KGK II, S. 262,14–20.
46 KGK III, S. 57,17–23.
47 KGK III, S. 56,2–29.
48 KGK III, S. 59,9 ff.; zu den Nachweisen bei Chrysostomos s. die Angaben der Edition.

also engstens zusammen. Christus selbst wohnt in der Heiligen Schrift und spricht durch sie zu den Gläubigen, die also per se, unabhängig von ihrem jeweiligen Bildungsstand, ähnliche Voraussetzungen des Verstehens besäßen. Karlstadt konnte sogar behaupten, dass Gott alle Christen als Propheten, als Ausleger der Schrift, berufe; damit komme den einfachen Christen eine höhere Autorität zu als den Inhabern kirchlicher Ämter oder den Konzilen.[49] Auf diese Weise führte Karlstadt den in Leipzig vor allem zwischen Eck und Luther ausgetragenen Streit um die Wahrheitsinstanz – Schrift oder Tradition einschließlich Konzile – im Sinne seines Wittenberger Kollegen aus dem Augustinerorden weiter. Die Wahrheit der Heiligen Schrift überstrahlt alle menschlichen Interpretationen und päpstlichen Dekrete. Indem Karlstadt – deutlich über Erasmus hinausgehend – allein der Bibel normative Geltung zuerkannte und ihre Interpretation allen Christen freigab, kehrte er sich von einer ca. tausendjährigen Entwicklung der lateinischen Kirche ab.

Im Unterschied zu Luther, der sich bereits im Sommer 1519 wegen der im Jakobusbrief neben dem Glauben geforderten Werke von diesem abgewandt und dessen kanonische Autorität in Frage gestellt hatte,[50] insistierte Karlstadt auf der Integrität des kirchlich tradierten Kanons. Der Leser solle sich mit *pietas* (Rechtschaffenheit) und *fides* (Glauben) an die Lektüre der Schrift machen; die *pietas* gewährleiste, dass man der Schrift nicht widerspreche und sich dem Schriftverständnis anderer beuge, die *fides* sei der Quell der Rechtfertigung, aus der der Christ lebe.[51] Die Gewissheit dessen, „Welche bucher / an [= ohne] yemandts widerred Gotlich und Biblische seint", war nach Karlstadts Meinung erforderlich, „Damit der fruem und getrau diener gottis / sich auff die allerbeste schrifft legen mug / und der leer obligen"[52]. Denn alle Christen seien „schuldig"[53], sich durch Eigenlektüre oder Vorlesen über den Inhalt der Bibel zu orientieren, „das sie widerumb andere Christen leren mugen und wollen"[54]. In der Schrift, so war Karlstadt gewiss, rede der Heilige Geist noch immer wie er „vor zeiten durch menschen"[55] geredet habe.

Wichtige Orientierung bot Karlstadt dadurch, dass er einerseits das Corpus der mit den kanonischen Schriften nicht gleichwertigen Apokryphen abgrenzte, andererseits sowohl in Bezug auf das Alte wie auch in Hinblick auf das Neue Testament drei Schriftengruppen unterschied und hinsichtlich der ihnen zugeschriebenen

---

49 KGK III, S. 281,34–282,33.
50 WA 2, S. 425,10–16; vgl. Keßler, Karlstadt, *De canonicis scripturis libellus*; Brecht, Andreas Bodenstein von Karlstadt, S. 135–150; vgl. KGK III, S. 267; 324,6–23.
51 KGK III, S. 297,16 ff.
52 KGK III, S. 526,18–22.
53 KGK III, S. 526,13.
54 KGK III, S. 526,13 f.
55 KGK III, S. 538,3.

Autorität hierarchisierte; damit definierte er klipp und klar, „welche bucher / in der Biblien / orstlich seint zuleszen."[56] In Bezug auf das Neue Testament war das Kriterium der Klassifikation die Nähe zu Christus. Der ersten Ordnung gehörten die Evangelien und die Apostelgeschichte an, denn hier rede „Christus sein wort selber"[57] und führe dadurch zu seinem Vater. Die zweite Kategorie mit der „negsten wirden und krefften / nach evangelischer maiestet" seien die apostolischen Briefe des Paulus (Röm, 1./2. Kor, Gal, Eph, Phil, Koll, 1./2. Thess, 1./2. Tim, Tit, Phlm) sowie der 1. Petr und der 1. Joh. Von diesen meinte Karlstadt, dass sie „an [= ohne] eyniges widerred"[58] von den Aposteln geschrieben seien. Da sie „das wort Christi und gotlichen willen erkleren / und uns an heylsame schrifft pinden", sei „ungetzweyffelt das[s] sie den podenlauffer [= Aposteln] Christi zustehen"[59]. Die dritte und geringste „Ordnung" enthält Hebr, Jak, 2. Petr, 2./3. Joh, Jud und Apk. Als Begründung führte Karlstadt an, dass ihre apostolische Verfasserschaft umstritten oder ungeklärt sei. Allerdings dürfe man sie dennoch nicht „von Biblischer eer und wirden"[60] ausschließen, denn bei den Kirchenvätern seien sie als biblische Schriften geachtet worden. In Bezug auf die Johannesoffenbarung war Karlstadt sehr zweifelhaft, dass sie von dem Verfasser des Johannesevangeliums und der drei Johannesbriefe stammte. Bleibende Unsicherheit bezüglich des letzten Buches der Bibel brachte er folgendermaßen auf den Punkt:

> Derwegen / unnd dieweyl es [sc. Apk] szo seher dunckel / und mit gewulken der gesicht verdecket / kann ichs schwerlich zu Biblischen schrifften setzen / aber doch / dieweil ich den ersten Canonen unnd begriff Biblischer bucher / szo dem neuenn testament zu gehoret / noch nit hab zuhenden gehabt / und Apocalypsis zu den buchern des neuen gesetzes angepunden / will ich nicht urteylen [...].[61]

Neben der hierarchischen Strukturierung des Kanons gab Karlstadt den Lesern des Neuen Testaments einen hermeneutischen Schlüssel an die Hand, der an die Erasmische Christozentrik erinnerte: Sie sollten „Christum in der schrifft suchen / das ist / solche schrifften lesen / die Christum mit seynem leyden / mit seiner kraft / mit seiner guttickeit / mit seiner heylickeit abmalen"[62]; wenn man so vorgehe, könne man „alle finsternusz erleuchten"[63], d.h. dunkle Stellen aufklären. „Derhalben /

---

56 KGK III, S. 525,6 f.
57 KGK III, S. 541,12 f.
58 KGK III, S. 541,31.
59 KGK III, S. 541,33–35.
60 KGK III, S. 542,1.
61 KGK III, S. 542,21–27.
62 KGK III, S. 538,8–11.
63 KGK III, S. 538,15.

sollen sich die menschen erstlich / auff klare wort Christi legen / die selb einnemen / und wie ein licht zu allen verporgen schrifften tragen / und erleuchten."⁶⁴ Um „lustig und leicht"⁶⁵ zum Bibelkenner zu werden, empfahl Karlstadt jeden Morgen aus den Evangelien zu lesen oder zu hören, und nach dem Mittag oder dem Abendessen aus dem Alten Testament.

Niemand unter den Wittenberger Theologen hat die Fragen der Schrifthermeneutik, die sich unmittelbar aus der Forderung der Laienbibel ergaben, früher und ausführlicher behandelt als Karlstadt. Dies geschah in weitgehend stillschweigender, hinsichtlich der Kanonizität des Jakobusbriefs allerdings auch in offener Auseinandersetzung mit seinem Wittenberger Kollegen Luther. Manches spricht dafür, dass Luthers Schrifthermeneutik, wie sie insbesondere in seinen Vorreden auf das Neue Testament und zu den einzelnen biblischen Schriften im *Septembertestament* entfaltet und im *Dezembertestament* perpetuiert wurde, in kritischer Auseinandersetzung mit Karlstadts Konzeption entstanden ist.

Auch für Luther hing die herausragende Bedeutung der Bibel als einziger Wahrheitsnorm engstens mit einer theologischen Aufwertung der Laien zusammen. Die neue Rolle, die den Laien zuerkannt wurde, bildete den mentalen Hintergrund seiner Übersetzung der Bibel. Schon in den *95 Thesen* hatte er eine Reihe an scharfsinnigen hypothetischen Anfragen von Laien reformuliert, in denen das Ablasswesen als geistlich fragwürdig attackiert und auch den Papst nicht geschont wurde.⁶⁶ Bereits zu Beginn seiner offensiven Auseinandersetzung mit der römischen Kirche setzte er also auf das Urteilsvermögen der Laien; seine frühen Gegner nahmen daran Anstoß.⁶⁷ Luther verstand das Christsein schon frühzeitig als etwas, das Priestern und Gläubigen gemein war, sie verband und zu vergleichbaren Verbindlichkeiten veranlasste. Der wahre Christ – so formulierte Luther im Anschluss an Gal 3,26–28 – sei weder Jude noch Heide, weder Mann noch Weib, weder Kleriker noch Laie, weder Mönch noch Bürger.⁶⁸ Bereits lange von seiner Exkommunikation und der programmatischen Ausformulierung des Konzepts des Allgemeinen Priestertums im Jahre 1520 hatte Luther die Einteilung der Christenheit in zwei unterschiedliche hierarchisch geordnete, bildungsmäßig stratifizierte und gestufte *genera* theologisch überwunden. Die erstmals im Herbst 1519 erhobene Forderung

---

64 KGK III, S. 538,18–20.
65 KGK III, S. 538,29.
66 WA 1, S. 237,22–238,8 (Th. 82–89).
67 Vgl. nur: Fabisch/Iserloh, *Dokumente*, 1. Teil, S. 100–107; weitere Hinweise in Kaufmann, *Anfang*, S. 513f., Anm. 30.
68 „Igitur Christianus verus [...] nec est liber neque servus, neque Iudeus neque Gentilis, neque masculus neque femina, neque clericus neque laicus, neque religiosus neque secularis [...] sed ad omnia prorsus indifferens est [...]." WA 2, S. 479,1–4.

des Laienkelchs kann als liturgische Konsequenz gewertet werden, die Luther aus der Egalisierung von Klerus und Laien zog.[69]

Luthers Gegner formulierten als Einwand gegen ihn, dass er keine gelehrten lateinischen Werke verfasse, sondern lediglich kleine ‚Schriftchen' und „deutsche prediget fur die ungelertenn leyenn"[70] publiziere. Diesen Anwurf nahm er positiv auf und kehrte ihn ins Gegenteil: „Wolt got, ich het eynem leyen mein leblang mit allem meinem vormugenn tzur besserung gedienet, ich wolt myr genugen lassen, got dancken unnd gar willig darnach lassen alle meine buchlin umbkummen."[71] Mit dem Bekenntnis, dass er sich gar nicht schäme, „deutsch den ungeleretenn layen zupredigen und schreiben"[72], identifizierte Luther seine immer stärker auf volkssprachliche Sermone zu Grundfragen des christlichen Glaubens – zu den Sakramenten, der Bereitung zum Streben, den Zehn Geboten, der Ehe etc. – fokussierte literarische Produktion der Jahre 1519/20[73] als Zentrum seiner theologischen und seelsorgerlichen Arbeit. Im Sommer 1520, im unmittelbaren historischen Umfeld seiner Verurteilung durch den römischen Papst, schuf Luther dann mit der programmatischen Ausarbeitung des Theologoumenons des ‚Allgemeinen Priestertums aller Gläubigen und Getauften' in seiner Schrift *An den christlichen Adel deutscher Nation von des christlichen Standes Besserung*[74] die Grundlage dafür, alle Christen gleich zu bewerten. Den beiden *genera* des mittelalterlichen Kirchenrechts setzte Luther die Behauptung entgegen, dass „alle Christen sein warhafftig geystlichs stands"[75]; denn sie alle seien Glieder an einem Körper, hörten dasselbe Evangelium und hätten dieselbe Taufe empfangen.[76] Unterschiede zwischen den Christen seien allein amtlicher, d.h. funktionaler, nicht essentieller Natur. Eine Prärogative des geistlichen Standes, insbesondere des Papstes, bei der Auslegung der Heiligen Schrift, widerspreche der biblisch begründeten Egalität aller Christen.[77] Durch das kanonische Recht sei es dazu gekommen, dass „pfaffen, münich, leyen unternander feynder worden seyn, dan Turcken und Christenn"[78].

In seiner Schrift *De captivitate Babylonica* (Oktober 1520) leitete Luther dann aus dem biblisch begründeten Allgemeinen Priestertum (1 Petr 2,9; Apk 5,10) aller

---

69 Vgl. WA 2, S. 742,26 ff.; WA 6, S. 374,20 ff.; 145,6 ff.
70 WA 6, S. 203,6 f.
71 WA 6, S. 203,7–10.
72 Ebd., S. 203,17 f.
73 Dannenbauer, *Luther*; Moeller, *Berühmtwerden Luthers*; Leroux, *Martin Luther as a comforter*; Kaufmann, *Druckmacher*, S. 111–123.
74 WA 6, S. 404–469; Kaufmann, *An den christlichen Adel*.
75 WA 6, S. 407,8 f.
76 WA 6, S. 407,15 ff.
77 WA 6, S. 411,8 ff.
78 WA 6, S. 354,11 f.

Christen ab, dass ein Weihesakrament, das den Geistlichen ein unverlierbares Prägemal (*character indelebilis*) vermittle, unbillig und abzuschaffen sei.[79] Lediglich als Ritus, der die durch Gemeindewahl legitimierte Einsetzung eines Predigers in Szene setze, habe eine Ordination ihr Recht.[80] Doch eine Differenz im Gottesverhältnis begründe sie nicht; allein der Dienst des Wortes, also die Verkündigung, begründe das Amt eines Priesters oder Bischofs. „Wer sich selbst als Christ erkennen will, sei deshalb gewiss, dass wir alle in gleicher Weise Priester sind, d. h. gleiche Gewalt in Bezug auf das Wort und jedes Sakrament haben. Niemand aber gebührt es, diese zu gebrauchen, wenn nicht durch Konsens der Gemeinschaft oder Berufung eines Höheren."[81] Als theologische Basis der Bibelübersetzung Luthers hat zu gelten, dass die mit dem Christsein als solchem gegebene Beziehung zum Wort Gottes impliziert, dass jeder Christ einen Zugang zur Bibel haben sollte.

In den Jahren 1520/21 sprach Luther gelegentlich in einer Weise von der Unmittelbarkeit des Wirkens des Gottesgeistes im einzelnen Christen, die ihm später – zumal in der Auseinandersetzung mit den sogenannten „Schwärmern" im eigenen Lager – anstößig erscheinen musste. In der *Adelsschrift* äußerte er beispielsweise, dass – im Unterschied zu Kunst, Medizin und Jurisprudenz – einen „Doctor der heyligenn schrifft [...] allein der heylig geyst vom hymel"[82] mache. Als Begründung führte er den Vers Joh 6,45 an: „Sie mussen alle von got selber geleret sein."[83]

> Nu fragt der heylig geyst nit nach rodt, brawn parrethen, odder was des prangen ist [sc. nach den Statussymbolen der Universitätsgelehrten], auch nit, ob einer jung odder alt, ley odder pfaff, munch odder weltlich, Junpfraw odder ehlich sey, Ja ehr redt vortzeitten durch ein Eselyn widder den Propheten, der drauff reyt [vgl. Num 22,28]. Wolt got, wir weren sein wirdig, das uns solch doctores geben wurden, sie weren ja leyen oder priester, ehlich oder junpfrawen! Wie wol man nu den heyligen geyst zwingen will in den bapst, bischoff und doctores, szo doch kein zeychen noch schein ist, das er bey yhnen sey.[84]

Und in seiner Auslegung des *Magnificat* betonte der Wittenberger Theologe, dass Erleuchtung und Belehrung durch den Heiligen Geist ‚erfahren' werden müssten: „Denn es mag niemant got noch gottes wort recht vorstehen, er habs denn on mittel

---

79 WA 6, S. 564,6 ff.
80 „Und das Sakrament der Priesterweihe kann nichts anderes sein als ein gewisser Ritus, einen Prediger in der Gemeinde zu erwählen." Luther, *Aufbruch*, S. 296,19–21 (= WA 6, S. 564,15–17). Vgl. zur Sache: Wendebourg, Luthers frühe Ordinationen, S. 97–116; Krarup, *Ordination in Wittenberg*.
81 Ebd., S. 299,29–34 (= WA 6, S. 566,26–30).
82 WA 6, S. 460,30 f.; vgl. Kaufmann, *An den christlichen Adel*, S. 450–454.
83 WA 6, S. 460,32; zum frühreformatorischen Kontext instruktiv: Hamm, Pneumatologischer Antiklerikalismus.
84 WA 6, S. 460,33–40.

von dem heyligen geyst."⁸⁵ Inwiefern diese ‚unmittelbare' Wirkung des Geistes mit dem Wort der Bibel zusammenhing, führte Luther damals nicht aus. Der absolute Vorrang, der der Bibel in der universitären und der schulischen Bildung zuerkannt werden sollte, lässt allerdings keinen Zweifel daran, dass der Wittenberger Bibelprofessor bereits bei der Formulierung seines grundlegenden Programms zur Reform der Kirche im Heiligen Römischen Reich deutscher Nation – der Schrift *An den christlichen Adel* – von dem Einsatz auch volkssprachlicher Ausgaben der Bibel beziehungsweise des Neuen Testaments ausging:

> Fur allen dingenn solt in den schulen die furnehmst und gemeynist lection sein die heylig schrifft, unnd den jungen knaben das Evangely, Und wolt got, ein yglich stadt het auch ein maydschulen, darynnen des tags die meydlin ein stund das Evangelium horeten, es were zu deutsch odder latinisch!⁸⁶

Auch Luthers publizistisch effizient⁸⁷ lanciertes ‚Wormser Bekenntnis' vom 18.4. 1521, in dem er formulierte, dass er sich allein durch „Schriftworte oder einen klaren Grund" widerlegen lassen wolle, da er „durch die" von ihm „angeführten Schriftworte überwunden"⁸⁸ und in seinem Gewissen gebunden sei, trug dazu bei, plausibel zu machen, dass sich jeder Christenmensch aufgrund der Bibel ein Urteil bilden müsse. Die Aufwertung der Laienkompetenz, ihre Emanzipation durch die Ermächtigung zum Bibelstudium und zur theologischen Argumentation mit der Heiligen Schrift knüpfte an entsprechende Tendenzen in der spätmittelalterlichen Kirche an, gründete aber im Kern in der reformatorischen Achtsamkeit gegenüber den Laien und ihrem Heil. Die ‚gemeinen Christenmenschen' sollten nicht mehr von ungebildeten, zweifelhaften, der Schrift unkundigen Klerikern abhängig sein.

Die Geschichte der reformatorischen Bewegung ließe sich in der Perspektive der Resonanz der Laien auf die ihnen zugeschriebenen Möglichkeiten darstellen. Die ersten einschlägigen literarischen Spuren dieser Geschichte werden seit 1519 sichtbar. In einer zunächst anonym⁸⁹ erschienenen Apologie für Luther, hinter der Lazarus Spengler aus Nürnberg steckte,⁹⁰ trat ein selbsternannter „liebhaber götlicher warhait der hailigen geschrifft"⁹¹ mit dem Urteil hervor, dass Luthers Lehre

---

85 WA 6, S. 546,24f.
86 WA 6, S. 461,11–15.
87 Kaufmann, *Luther in Worms*, bes. S. 77–89.
88 Zit. nach Luther, *Aufbruch*, S. 425,35–426,1.3f. (= WA 7, S. 838,3–7).
89 Zum Problem der Anonymität in der frühreformatorischen Flugschriftenpublizistik vgl. Kaufmann, *Anfang*, S. 356–434.
90 Ed. in: Hamm/Huber, *Spengler*, Nr. 6, S. 75–102; zu Spengler vgl. nur: Hamm, *Spengler*; Schubert, *Spengler*.
91 Ebd., S. 82,3; Kasus von mir geändert, ThK.

und Predigt christlich und heilsam sei und christlicher Ordnung und Vernunft entspreche. Denn sie sei „allain auff das hailig ewangelium, die sprüch der hailigen propheten und den hailigen Paulum on mittel"[92] gegründet. Der sich der Bibel bedienende Laie legitimierte also mittels der Heiligen Schrift als infallibler Norm jenen theologischen Lehrer, der ihn allein an die Bibel gewiesen hatte.

In dem anonymen Nachwort zu einer gegen Eck gerichteten Schrift, das der in Wittenberg erschienenen deutschen Übersetzung einer [Oekolampad]-Schrift angefügt war,[93] trat ein Laie als Sprecher jener vielen Leidensgenossen auf, die von den sogenannten „geystlichen" als ungelehrt, unerfahren und „gottlicher und Christlicher lähr unentpfehigk"[94] desavouiert würden. Die ganze Verachtung, die den Laien zuteilgeworden sei, bündelte sich in folgender Aussage: „Es ist leyder dahyn kommen / das man uns Layen / von dem geystlichen Gottis Corper / als untuchtige gliedmaß abschneyde / so doch wir gleych alßo woll / Christus unsers haupts gelyder yn eynem Glauben / eyner Tauff in der schrifft genadt werden."[95] Der Klage über die schlechten schloss sich Dank für jene rechten Ausleger der Heiligen Schrift an, die die deren wahre Lehre verbreiteten.[96]

Das Motiv der laikalen Solidarität mit den gegen das klerikale Ancien régime als Advokaten der Laien aufbegehrenden Geistlichen lässt sich in der frühreformatorischen Publizistik allenthalben nachweisen. Dies sei knapp an zwei frühen Dialogen illustriert. Im *Karsthans* begründete die Titelfigur, ein gewitzter Bauer, seine Parteinahme für Luther damit, dass dieser „in unser Sprach zu deutsch die göttlich Wahrheit" dargelegt habe, „auf daß wir einfältigen Laien auch mögen lesen, doch daß es wahr sei und in der Heiligen Geschrift verfasset".[97] Im *Neukarsthans* knüpfte Franz von Sickingen lange Katenen aus Bibelzitaten; dadurch wollte er demonstrieren, dass die Geistlichen ihrer ureigensten Aufgabe, den Laien die göttliche Wahrheit aus dem Wort der Heiligen Schrift darzulegen, nicht nachgekommen seien.[98] Der Zugang zur volkssprachlichen Bibel schuf eine neuartige Basis für laikale Artikulation – zunächst im Modus der literarischen Fiktionalisierung im reformatorischen Dialog,[99] sodann in Form eigenständiger Texte.

---

92 Ebd., S. 84,13f.
93 *Die vordeutscht Antwort*; Abdruck des Nachwortes, das ich inzwischen Melanchthon zuzuschreiben geneigt bin (s. Kaufmann, *Mitte*, S. 154–156, Anm. 539) in Kaufmann, *Anfang*, S. 374f. (dort auch eine exaktere Kontextualisierung der Schrift Oekolampads).
94 *Die vordeutscht Antwort*, B 3ᵛ.
95 Ebd.
96 Ebd., B 3ᵛ–4ʳ.
97 Zit. nach Benzinger, *Wahrheit*, S. 97.
98 Ebd., S. 132; 133f.; 135–137; zur ungeklärten Verfasserfrage s. Bräuer, *Bucer*.
99 Zorzin, Dialogflugschriften; Schuster, *Dialogflugschriften*.

Seit 1523 traten bisher völlig unbekannte Personen als Autoren hervor; sie begründeten ihr Recht, öffentlich zu reden, mit Hilfe biblischer Texte; meist benutzten sie die Luthersche Übersetzung des Neuen Testaments. Als Beispiel sei der Eilenburger Schuster Georg Schönichen vorgestellt, der sich mit Vertretern der Universität Leipzig eine literarische Fehde lieferte.[100] Schönichen hatte sich bereits frühzeitig für die reformatorische Bewegung in seiner Heimatstadt Eilenburg engagiert.[101] Er gehörte zur lokalen Führungsschicht und besaß eine lateinische Schulbildung. Im Februar 1523 war er mit einem im Druck erschienenen Schreiben gegen einen Kaplan an der Dresdner Schlosskirche hervorgetreten, der den Eilenburger Schuster im Auftrag seines altgläubigen Landesherrn Georg von Sachsen wegen seines Einsatzes für die Reformation getadelt hatte.[102] Schönichen überzog verschiedene Repräsentanten des kirchlichen Ancien régime daraufhin mit schärfster Polemik und identifizierte sie mit apokalyptischen Irrlehrern, vor denen Christus gewarnt habe. Im Mai 1523 hielt er sich als Predigthörer in der Leipziger Nikolaikirche auf und wandte sich daraufhin brieflich an die „Prinzipale" der Universität: Hieroynmus Dungersheim als Prediger, Andreas Frank aus Kamenz, Camitian genannt, als ehemaligen und Petrus Mosellanuns als amtierenden Rektor. In seinem Schreiben prangerte er an, dass in Leipzig nicht auf der Grundlage der Heiligen Schrift gepredigt werde. In knappen Artikeln fasste Schönichen die ‚Irrlehre', die Dungersheim von der Kanzel verbreitet habe, zusammen: Die Kirche sei unfehlbar; man solle sich am Glauben der Kirche orientieren, nicht nach eigener Glaubensgewissheit streben. Der Mensch müsse sich auf den Gnadenempfang des Heiligen Geistes vorbereiten und für seine Sünde Genugtuungsleistungen erbringen. Dem Pfarrer seien Opfergaben zu entrichten. Schönichen unterzog die Artikel einer gewissenhaften Prüfung nach Maßgabe des Schriftprinzips. Durch wen die Drucklegung[103] seines Schreibens an die Leipziger Autoritäten erfolgt war, ist ungewiss. Der Eilenburger Schuster selbst behauptete, daran nicht beteiligt gewesen zu sein.[104]

Der Hass auf die Geistlichkeit, den Schönichen zum Ausdruck brachte, mündete in den politisch brisanten ‚Rat' ein, die Leipziger sollten die „hünerfresser und polsterdrucker" enteignen und deren Besitz dem „armen pawer" zuwenden, ja den Repräsentanten der alten Ordnung die vestimentären Symbole ihrer Herrschaft wie Marderschauben und Barette entreißen und sie mit „starcke[r] prugel" „nicht allein

---
100 Vgl. Arnold, *Handwerker*, S. 193–216; Bräuer, Flugschriftenstreit; zu Dungersheim: Freudenberger, *Dungersheim*.
101 Vgl. Joestel, Wittenberger Bewegung.
102 Schönichen, *Allen brudern zcu dresden*.
103 Schönichen, *Den achtbarn und hochgelerten [...] Ochsenfart*.
104 Schönichen, *Auff die underricht*.

tzur stadt / sondern zum lande hinaus"¹⁰⁵ jagen. Nachdrucke seiner Schriften in Augsburg und Straßburg¹⁰⁶ bezeugen, dass die Konfrontation eines weithin unbekannten Schusters mit den Leipziger Gelehrten größere Aufmerksamkeit auf sich zog. Der Eigendynamik des gedruckten Textes war es geschuldet, dass schließlich auch Theologieprofessor Dungersheim aus Ochsenfurt öffentlich auf Schönichen replizierte.¹⁰⁷ Seine Antwort darauf nutzte Schönichen erneut, um die für ‚Pfaffen' wie den Leipziger Theologieprofessor charakteristische Vermischung der biblischen Wahrheit mit der ‚Tradition', also Scholastikern, Philosophen wie Aristoteles oder dem kanonischen Recht, anzuprangern:

> Ich habe die warheyt des Ewangely begert / vnd gefragt nach der heyligen schrifft / ßo schuttet er mir sprewen [= Spreu] fuer / frage nach dem richtsteyge / Szwo weyßet er mir den holtsweg / ich begere lauttern vnd reinen wein / Szo vormischt er mirn mith wasser.¹⁰⁸

In einem nur handschriftlich überlieferten ‚Fehdebrief' des Schusters an den Theologieprofessor,¹⁰⁹ den er diesem über einen Priester zukommen ließ, baute Schönichen seine laientheologische Argumentation aus: Gott habe die Vertreter der Universität mit Blindheit geschlagen. Einstmals habe der Herr des Himmels den Hirten Amos als Propheten, den Handwerker Paulus und arme Fischer als Apostel berufen; sie hätten sich von ihrer Hände Arbeit ernährt – im Unterschied zu der parasitären Klerisei im Dienst des Papstes.

Gewiss sah sich Schönichen in der Nachfolge eines Propheten wie Amos. Der laikale Prophetismus der frühen Reformation, der durch die jetzt eintretende endzeitliche Joelverheißung der Geistausgießung über die Söhne und Töchter Israels bestärkt wurde,¹¹⁰ ist als Folge der Vigilanz der Reformatoren gegenüber den Laien zu werten. Bald sollte der ‚Zauberlehrling' Luther merken, dass er Geister gerufen hatte, die er nicht mehr loswurde. Karlstadt vollzog eine Konversion zu den geisterfüllten, den „verkehrten Gelehrten"¹¹¹ überlegenen Laien, wurde also ein

---

105 VD 16 S 3738, B 2ʳ.
106 Arnold, *Handwerker*, S. 194; VD 16 S 3737; S 3742 (= VD 16 K 800; R 1529; S 649). Bei dem letztgenannten Druck handelt es sich um einen Sammeldruck [W. Köpfels] in Straßburg, der aktuelle Texte von Handwerkern bzw. Laienschriftstellern zu einem eigenen Druck zusammenstellte.
107 Dungersheim von Ochsenfart, *Antwort ... auf Jorgen*.
108 VD 16 S 3741, B 1ᵛ–B 2ʳ.
109 Zur Überlieferung s. Bräuer, Flugschriftenstreit, S. 118, Anm. 68; Abdruck in: Geß, *Briefe*, zu Nr. 543, S. 348–350, Anm. 1.
110 Vgl. einige Nachweise für die Wirkung dieses Motivs in: Kaufmann, Pfarrfrau und Publizistin, 202 f.
111 Zu dem Sprichwort „Die Gelehrten, die verkehrten" und seiner Wirkungsgeschichte in der frühen Reformation s. die weiterführenden Hinweise in Kaufmann, *Anfang*, S. 253; 281; 470 f.

‚neuer Lay'[112] – und Erasmus stellte sich so, als ob er mit all diesen Entwicklungen nichts zu tun hatte. Die laikale Ermächtigung zum Bibelstudium aber veränderte Gesellschaft und Kirche radikal und nachhaltig.

Literaturverzeichnis

Primärliteratur

Biblia. Mentelin, Johann. Straßburg 1466; GW 04295.
Denzinger, Heinrich: *Kompendium der Glaubensbekenntnisse und kirchlichen Lehrentscheidungen.* Hrsg. von Peter Hünermann. Freiburg im Breisgau ^{38}1999 [DH].
Die vordeutsch Antwort der die doctor Eck in seynem Sendbrieff an den Bischoff tzu Meissen hat die ungelarten Lutherischen Thumhern genandt. Wittenberg [Rhau-Grunenberg] 1520; [VD 16 O 302].
Dungersheim von Ochsenfart, Hieronymus: *Antwort [...] auf Jorgen Schonigen von Eylenburg tzuschreyben [...].* Leipzig 1523. [VD 16 D 2944; ND Augsburg, Ramminger 1523; VD 16 D 2943].
Enaratio in Psalmum primum: Beatus vir [...]. Straßburg 1515 [VD 16 E 2745].
Erasmus von Rotterdam, Desiderius: *Opus epistolarum.* Hrsg. von Percy Stafford Allen. 12 Bde. Oxford 1906–1958.
Erasmus von Rotterdam: *Ausgewählte Schriften.* Lateinisch und Deutsch. Hrsg. von Werner Welzig. 8 Bde. Darmstadt 1967–1980.
Euangelia Bas plenarium ußerlesen und davon gezogen in des hochgelerten Doctor Keiserspergs ußlegung der ewangelien und leren [...] Priester und Leien nutzlich [...]. Straßburg 1522 [VD 16 G 744].
Fabisch, Peter/Iserloh, Erwin (Hrsg.): *Dokumente zur causa Lutheri* (1517–1521). 2 Bde. Münster 1988–1991.
Friedberg, Emil (Hrsg.): *Corpus Iuris Canonici.* Bd. 1. Leipzig 1879 [ND Frankfurt am Main 2014].
Geß, Felician: *Briefe und Akten zur Kirchenpolitik Herzog Georgs von Sachsen.* Bd. 1. Leipzig 1905.
Karlstadt, Andreas: *Kritische Gesamtausgabe der Schriften und Briefe Andreas Bodensteins von Karlstadt (KGK).* Hrsg. von Thomas Kaufmann. Gütersloh 2017–2022.
Kaufmann, Thomas: *An den christlichen Adel deutscher Nation (Kommentare zu Schriften Luthers 3).* Tübingen 2014.
Luther, Martin: *Aufbruch der Reformation, Schriften I.* Hrsg. von Thomas Kaufmann. Berlin 2014.
Luther, Martin: *Das Neue Testament deutsch* (1522 Dezembertestament). Hrsg. von Thomas Kaufmann. Berlin 2022.
Luther, Martin: *Kritische Gesamtausgabe* (Weimarer Ausgabe [WA]). Weimar 1883–2009.
Luther, Martin: *La Captivité Babylonienne de L'église. Prélude (1520).* Genf 2015.
Manuale curatorum [...]. Basel 1503 [VD 16 S 10229].
Schönichen, Georg: *Allen brudern zcu dresden / y dem Ewangelio Holt sein [...].* Grimma 1523 [VD 16 S 3780].
Schönichen, Georg: *Auff die underricht des hochgelerten Doctoris Ern Hieronymy tungirßheym von Ochsenfart [...],* Grimma, Nikolaus Widemar 1523; VD 16 S 3741, B 4^v.

---

112 Vgl. Kaufmann, *Anfang,* S. 472–486.

Schönichen, Georg: *Den achtbarn und hochgelerten zu Leypßck / Petro Mosellano Rectori / Ochsenfart / prediger zu S. Nicolao / Andree Camiciano [...]* Grimma 1523 [VD 16 S 3738].
Thomas von Aquin: *Summa Theologica. De Rubeis, Billuart et Aliorum notis Selectis Ornata.* Turin 1885–1942.

Sekundärliteratur

Arnold, Martin: *Handwerker als theologische Schriftsteller. Studien zu Flugschriften der frühen Reformation (1523–1525).* Göttingen 1990.
Benzinger, Rudolf: *Die Wahrheit muss ans Licht. Dialoge aus der Reformationszeit.* Leipzig 1983.
Boer, Dick E.H. de/Kwiatkowski, Iris/Engelbrecht, Jörg (Hrsg.): *Die Devotio moderna. Sozialer und kultureller Transfer (1350–1580).* 2 Bde. Münster 2013.
Bräuer, Siegfried: „ich begere lauttern vnd reinen wein / So vormischt er mirn mith wasser". Der Flugschriftenstreit zwischen dem Eilenburger Schuhmacher Georg Schönischen und dem Leipziger Theologen Hieronymus Dungersheim. In: Haustein, Jörg/Oelke, Harry (Hrsg.): *Reformation und Katholizismus. FS Gottfried Maron.* Hannover 2003, S. 97–140.
Bräuer, Siegfried: Bucer und der Neukarsthans. In: Krieger, Christian/Lienhard, Marc (Hrsg.): *Martin Bucer and Sixteenth Century Europe.* Bd. 2. Leiden/New York/Köln 1993, S. 103–127.
Brecht, Martin: Andreas Bodenstein von Karlstadt, Martin Luther und der Kanon der Heiligen Schrift. In: Bubenheimer, Ulrich/Oehmig, Stefan (Hrsg.): *Querdenker der Reformation. Andreas Bodenstein von Karlstadt und seine frühe Wirkung.* Würzburg 2001, S. 135–150.
Burger, Christoph: Direkte Zuwendung zu den ‚Laien' und Rückgriff auf Vermittler in spätmittelalterlicher katechetischer Literatur. In: Hamm, Berndt/Lentes, Thomas (Hrsg.): *Spätmittelalterliche Frömmigkeit zwischen Ideal und Praxis.* Tübingen 2001, S. 84–109.
Dannenbauer, Heinrich: *Luther als religiöser Volksschriftsteller.* Tübingen 1930.
Dobschütz, Ernst von: Vom vierfachen Schriftsinn. Die Geschichte einer Theorie. In: *Harnack-Ehrung. Beiträge zur Kirchengeschichte ihrem Lehrer Adolf von Harnack zu seinem siebzigsten Geburtstag (7. Mai 1921) dargebracht von einer Reihe seiner Schüler.* Leipzig 1921, S. 1–13.
Faix, Gerhard: *Gabriel Biel und die Brüder vom gemeinsamen Leben.* Tübingen 1999.
Freudenberger, Theobald: *Hieronymus Dungersheim von Ochsenfurt am Main. 1465–1540.* Münster 1988.
Geldner, Ferdinand: Ein in einem Sammelband Hartmann Schedels (Clm 901) überliefertes Gutachten über den Druck deutschsprachiger Bibeln. In: *Gutenberg-Jahrbuch* (1972), S. 86–89.
Grane, Leif: *Martinus Noster. Luther in the German Reformation Movement 1518–1521.* Mainz 1994.
Grenzmann, Ludger/Stackmann, Karl (Hrsg.): *Literatur und Laienbildung im Spätmittelalter und in der Reformationszeit.* Stuttgart 1984.
Hamm, Berndt: *Lazarus Spengler (1479–1534).* Tübingen 2004.
Hamm, Berndt: Pneumatologischer Antiklerikalismus – zur Vielfalt der Lutherrezeption in der frühen Reformationsbewegung. In: Ders., *Lazarus Spengler (1479–1534).* Tübingen 2004, S. 118–170.
Hamm, Berndt/Huber, Wolfgang (Hrsg.): *Lazarus Spengler. Schriften.* Bd. 1. Gütersloh 1995.
Hinz, Ulrich: *Die Brüder vom Gemeinsamen Leben im Jahrhundert der Reformation.* Tübingen 1999.
Holeczek, Heinz: *Erasmus Deutsch.* Bd. 1: *Die volkssprachliche Rezeption des Erasmus von Rotterdam in der reformatorischen Öffentlichkeit 1519–1536,* Stuttgart/Bad Canstatt 1983.
Israel, Uwe: *Johannes Geiler von Kaysersberg (1445–1510).* Berlin 1997.

Joestel, Volkmar: Auswirkungen der Wittenberger Bewegung 1521/22. Das Beispiel Eilenburg. In: Oehmig, Stefan (Hrsg.): *700 Jahre Wittenberg. Stadt – Universität – Reformation*. Weimar 1995, S. 131–142.

Jussen, Bernhard: Wo ist die ‚mittelalterliche Ständegesellschaft'? Eine Suche bei Malern und Steinmetzen des Jüngsten Gerichts. In: Schilp, Thomas/Horsch, Caroline (Hrsg.): *Memoria – Erinnerungskultur – Historismus. Zum Gedenken an Otto Gerhard Oexle (28. August 1939–16. Mai 2016)*. Turnhout 2019, S. 119–138.

Kaufmann, Thomas: *Der Anfang der Reformation*. Tübingen ²2018.

Kaufmann, Thomas: *Die Abendmahlstheologie der Straßburger Reformatoren bis 1528*. Tübingen 1992.

Kaufmann, Thomas: *Die Druckmacher. Wie die Generation Luther die erste Medienrevolution entfesselte*. München 2022.

Kaufmann, Thomas: Die Heroisierung Luthers in Wort und Bild. In: Ders.: *Der Anfang der Reformation*. Tübingen ²2018, S. 266–230.

Kaufmann, Thomas: *Die Mitte der Reformation. Eine Studie zu Buchdruck und Publizistik im deutschen Sprachgebiet, zu ihren Akteuren und deren Strategien, Inszenierungs- und Ausdrucksformen*. Tübingen 2019.

Kaufmann, Thomas: Ekklesiologische Revolution: Das Priestertum der Glaubenden in der frühreformatorischen Publizistik – Wittenberger und Basler Beispiele. In: Ders.: *Der Anfang der Reformation*. Tübingen ²2018, S. 506–549.

Kaufmann, Thomas: *Geschichte der Reformation in Deutschland*. Berlin 2016.

Kaufmann, Thomas: *„Hier stehe ich!" Luther in Worms – Ereignis, mediale Inszenierung, Mythos*. Stuttgart 2021.

Kaufmann, Thomas: Introduction. In: Luther, Martin: *La Captivité Babylonienne de L'église. Prélude (1520)*. Genf 2015, S. 7–27.

Kaufmann, Thomas: Pfarrfrau und Publizistin – Das reformatorische „Amt" der Katharina Zell. In: *Zeitschrift für Historische Forschung* 23 (1996), S. 169–218.

Keßler, Martin: Andreas Bodenstein von Karlstadt. De canonicis scripturis libellus (1520). In: Wischmeyer, Oda u. a. (Hrsg.) *Handbuch der Bibelhermeneutiken*. Berlin/New York 2016, S. 297–312.

Kock, Thomas: *Die Buchkultur der Devotio moderna. Handschriftenproduktion, Literaturversorgung und Bibliotheksaufbau im Zeitalter des Medienwechsels*. Frankfurt am Main ²2002.

Kock, Thomas/Schlusemann, Rita (Hrsg.): *Laienlektüre und Buchmarkt im späten Mittelalter.* Frankfurt am Main. 1997.

Krarup, Martin: *Ordination in Wittenberg – Die Einsetzung in das kirchliche Amt in Kursachsen in der Zeit der Reformation*. Tübingen 2007.

Kurrelmeyer, William: *Die deutsche Bibel*. 10 Bde. Tübingen 1904–1915.

Lebrun, Rémy: Le peuple de Dieu selon le canon 207§1 du code de droit canonique de 1983. In: *Revue de droit canonique* 64 (2014), S. 5–23.

Leppin, Volker: *Ruhen in Gott. Geschichte der christlichen Mystik*. München 2021.

Leroux, Neil R.: *Martin Luther as a comforter: writings on death*. Leiden/Boston 2007.

Lutz, Eckhart Conrad/Tremp, Ernst (Hrsg.): *Pfaffen und Laien – ein mittelalterlicher Antagonismus?* Freiburg/CH 1999.

Mielke, Priska: *Duo sunt genera Christianorum: Untersuchungen zur Frage der Legitimität volkssprachlicher Bibellektüre am Ausgang des Mittelalters und der frühen Neuzeit*. Münster 2019.

Moeller, Bernd: Das Berühmtwerden Luthers. In: Ders.: *Luther-Rezeption*. Göttingen 2001, S. 15–41.

Oexle, Otto-Gerhard: Deutungsschemata der sozialen Wirklichkeit im frühen und hohen Mittelalter. Ein Beitrag zur Geschichte des Wissens. In: Graus, František (Hrsg.): *Mentalitäten im Mittelalter. Methodische und inhaltliche Probleme.* Sigmaringen 1987, S. 65–117.

Oexle, Otto-Gerhard: Die Entstehung politischer Stände im Spätmittelalter – Wirklichkeit und Wissen. In: Jussen, Bernhard/Blänkner, Reinhard (Hrsg.): *Institutionen und Ereignis. Über historische Praktiken und Vorstellungen gesellschaftlichen Ordnens.* Göttingen 1998, S. 137–161.

Ohly, Friedrich: Vom geistigen Sinn des Wortes im Mittelalter. In: *Zeitschrift für deutsches Altertum und deutsche Literatur* 89 (1958/59), S. 1–23.

Pettegree, Andrew: *Die Marke Luther. Wie ein unbekannter Mönch eine deutsche Kleinstadt zum Zentrum der Druckindustrie und sich selbst zum berühmtesten Mann Europas machte – und die protestantische Reformation lostrat.* Berlin 2016.

Reinert, Jonathan/Leppin, Volker (Hrsg.): *Kleriker und Laien* [Spätmittelalter, Humanismus, Reformation 121]. Tübingen 2021.

Reventlow, Henning Graf: *Epochen der Bibelauslegung.* Band 2: *Von der Spätantike bis zum Ausgang des Mittelalters.* München 1994.

Römer, Gerhard: Deutsche Bibelübersetzungen vor und nach Martin Luther. In: *Heidelberger Jahrbücher* 27 (1983), S. 39–57.

Roth, Dorothea: *Die mittelalterliche Predigttheorie und das Manuale Curatorum des Johann Ulrich Surgant.* Basel/Stuttgart 1956.

Schild, Maurice E.: *Abendländische Bibelvorreden bis zur Lutherbibel.* Gütersloh 1970.

Schorn-Schütte, Luise: Die Drei-Stände-Lehre im reformatorischen Umbruch. In: Dies.: *Perspectum. Ausgewählte Aufsätze zur Frühen Neuzeit und zur Historiographiegeschichte anlässlich ihres 65. Geburtstages,* Hrsg. von Anja Kürbis, Holger Kürbis und Markus Friedrich. München 2014, S. 251–280.

Schreiner, Klaus: Laienbildung als Herausforderung für Kirche und Gesellschaft. Religiöse Vorbehalte und soziale Widerstände gegen die Verbreitung von Wissen im späten Mittelalter und der in der Reformation. In: *Zeitschrift für Historische Forschung* 11 (1984), S. 257–354.

Schreiner, Klaus (Hrsg.): *Laienfrömmigkeit im späten Mittelalter.* München 1992.

Schubert, Hans von: *Lazarus Spengler und die Reformation in Nürnberg.* Leipzig [1934] 1971.

Schuster, Susanne: *Dialogflugschriften der frühen Reformationszeit. Literarische Fortführung der Disputation und Resonanzräume reformatorischen Denkens.* Göttingen 2019.

Scribner, Robert W.: Heterodoxie, Literalität und Buchdruck in der frühen Reformation. In: Ders.: *Religion und Kultur in Deutschland 1400–1800.* Hrsg. von Lnydal Roper, Göttingen 2002, S. 265–289.

Thomas, Drew B.: *The Industry of Evangelism. Printing for the Reformation in Martin Luther's Wittenberg.* Leiden 2021.

Vannier, Marie-Anne: *Mystique Rhénane et Devotio moderna.* Paris 2017.

Vauchez, André: *Gottes vergessenes Volk. Laien im Mittelalter.* Freiburg im Breisgau u. a. 1993.

Vollhardt, Friedrich: Bußtheologie für Laien? Die Jenseitsvision in der Literatur des Spätmittelalters und der Reformationszeit. In: Leppin, Volker/Michels, Stefan (Hrsg.): *Reformation als Transformation.* Tübingen 2022, S. 225–258.

Voltmer, Rita: *Wie der Wächter auf dem Turm. Ein Prediger und seine Stadt. Johann Geiler von Kaysersberg (1445-1510) und Straßburg.* Trier 2005.

Wendebourg, Dorothea: Martin Luthers frühe Ordinationen. In: Ehrenpreis, Stefan u. a. (Hrsg.): *Wege der Neuzeit. Festschrift für Heinz Schilling zum 65. Geburtstag.* Berlin 2007, S. 97–116.

Zorzin, Alejandro: Einige Beobachtungen zu den zwischen 1518 und 1526 im deutschen Sprachgebiet veröffentlichten Dialogflugschriften. In: *Archiv für Reformationsgeschichte* 88 (1997), S. 77–117.

Maddalena Fingerle
Allegorien und Grotesken. Visuelle und literarische Sprachen der Wachsamkeit in Italien um 1600

Auch literarische Sprache kann sich als ein Zeichensystem erweisen, das durch Wachsamkeit geprägt ist. Dies wird im Fall des italienischen Dichters Torquato Tasso (1544–1595) besonders deutlich. Er klagt sich und sein Werk selbst bei der Inquisition in Ferrara an, wird jedoch sowohl 1576 als auch 1577 freigesprochen. Außerdem schreibt er sein Epos *Gerusalemme liberata* unter dem neuen Titel *Gerusalemme conquistata* um und sorgt dafür, dass mehrere Revisoren seinen Text hinsichtlich dessen religiöser sowie literarischer Orthodoxie überprüfen können. Die Entwicklung von Tassos Sprache sowie seine Reflexion und Positionierung dazu können im Briefwechsel, in den literarischen Texten sowie in den theoretischen Schriften des Autors beobachtet werden. Das literarische Zeichensystem wird hier sowohl Objekt von Fremdüberwachung als auch Gegenstand von auktorialer Achtsamkeit; wie sich zeigen wird, kann es aber auch zum Instrument der Evasion von Vigilanz werden.

Aber nicht nur literarische, sondern auch visuelle Sprachen – etwa die des Buchschmucks – können als Sprachen der Wachsamkeit gelten. Ein Beispiel, in dem beide Elemente vorkommen, ist das Schaffen des Barockdichters Giovan Battista Marino (1569–1625) und insbesondere sein Verhältnis zur Zensur und Inquisition sowie zu poetologischen Normen. Marinos ‚Friedensepos'[1] *Adone* erscheint 1623 in Paris und erzählt mit seinen 45.000 Versen die Liebesgeschichte zwischen Venus und einem sehr passiven, verschlafenen Adonis. Im Jahr 1627 gerät Marinos Epos aufgrund der darin konstatierten Vermischung von Heiligem und Profanem[2] und wegen seiner erotischen Anspielungen auf den Index.[3] Zwei Elemente des Ausweichens gegenüber solcher Überwachung sind hier von Interesse für die Frage nach einer von Wachsamkeit geprägten Sprache: einerseits die paratextuellen Allegorien des *Adone* und andererseits die graphischen Elemente seiner ersten Edition. Die zwei ausgewählten Autoren können als exemplarisch gelten für zwei gegensätzliche literarische Verhaltensweisen um 1600.

---

1 Nach Chapelain benannt. Vgl. Chapelain, in: Marino, *Adone*, S. 14.
2 Für eine panerotische, neuplatonische Vision Marinos, die ihn für die Inquisition in eine noch gefährlichere Lage bringen würde, vgl. Mehltretter, Bemerkungen.
3 Vgl. Carminati, *Inquisizione*.

Die Sprache der Wachsamkeit in der Auseinandersetzung mit poetologischen und literarischen Normierungen

Torquato Tasso – zumindest in seiner ersten Schaffensphase – und Giovan Battista Marino nehmen jeweils auf unterschiedliche Art mehrdeutige Haltungen gegenüber den sie umgreifenden normativen Systemen ein. Dabei entwickeln sie Taktiken,[4] um Regeln zu torpedieren und so Themen zu behandeln, über die sie ansonsten nicht schreiben könnten: etwa Zauberei und fleischliche Lust. Eine dieser taktischen Maßnahmen ist die Abfassung einer *allegoria*, worunter bei Torquato Tasso und Giovan Battista Marino ein in Prosa geschriebener Paratext zu verstehen ist, der die moralischen, philosophischen und apologetischen Bedeutungen der als Haupttext jeweils folgenden Dichtung erklärt.

Für den Dichter Torquato Tasso sind Regeln etwas Grundlegendes: Auf ihnen basiert sein literarisches Spiel und in ihrem Namen findet seine Revision der *Gerusalemme liberata* zur *Gerusalemme conquistata* statt. In Tassos theoretischen Schriften über Normen und die Rolle der Allegorie kann man zwei unterschiedliche, zeitlich gestaffelte Phasen erkennen. In der ersten in seinen Briefwechseln dokumentierten Phase[5] werden Regeln von ihm noch als etwas Äußerliches und Feind-

---

[4] Nach der Unterscheidung, auf die mich David Nelting hingewiesen hat, zwischen Taktik und Strategie in Michel de Certeau, *Kunst des Handelns*, S. 23: „Als *Strategie* bezeichne ich eine Berechnung von Kräfteverhältnissen, die in dem Augenblick möglich wird, wo ein mit Macht und Willenskraft ausgestattetes Subjekt [...] von einer *Umgebung* abgelöst werden kann. Sie setzt einen Ort voraus, der als etwas *Eigenes* umschrieben werden kann und der somit als Basis für die Organisierung seiner Beziehungen zu einer bestimmten Außenwelt [...] dienen kann. Die politische, ökonomische oder wissenschaftliche Rationalität hat sich auf der Grundlage dieses strategischen Modells gebildet. Als *Taktik* bezeichne ich demgegenüber ein Kalkül, das nicht mit etwas Eigenem rechnen kann und somit nicht mit einer Grenze, die das Andere als eine sichtbare Totalität abtrennt. Die Taktik hat nur den Ort des Anderen. Sie dringt teilweise in ihn ein, ohne ihn vollständig erfassen zu können und ohne ihn auf Distanz halten zu können. Sie verfügt über keine Basis, wo sie ihre Gewinne kapitalisieren, ihre Expansionen vorbereiten und sich Unabhängigkeit gegenüber den Umständen bewahren kann. Das *Eigene* ist ein Sieg des Ortes über die Zeit. Gerade weil sie keinen Ort hat, bleibt die Taktik von der Zeit abhängig; sie ist immer darauf aus, ihren Vorteil *im Fluge zu erfassen*. Was sie gewinnt, bewahrt sie nicht. Sie muß andauernd mit den Ereignissen spielen, um *günstige Gelegenheiten* daraus zu machen. Der Schwache muß unaufhörlich aus den Kräften Nutzen ziehen, die ihm fremd sind. Er macht das in günstigen Augenblicken, in denen er heterogene Elemente kombiniert [...]; allerdings hat deren intellektuelle Synthese nicht die Form eines Diskurses, sondern sie liegt in der Entscheidung selber, das heißt, im Akt und in der Weise, wie die Gelegenheit *ergriffen wird.*"
[5] Tasso, *Lettere*.

liches gesehen, so dass die Allegorie in dieser Zeit als Schutzschild gegen den Normendruck fungiert. Sie ermöglicht es, über im Zeitalter der Gegenreformation problematisch gewordene Themen wie Magie und Erotik sprechen zu können und so diejenigen Szenen, die mit diesen Themen zu tun haben, gewissermaßen zu retten. In der zweiten Phase des *Giudicio sovra la Gerusalemme riformata* werden Normen zu einem grundlegenden Bestandteil der Revision: Sie sind – wie im Folgenden weiter ausgeführt – zusammen mit der Allegorie und der Geschichte nun nicht mehr Hindernis, sondern Unterstützung des Schreibens. Als Dichter hat Tasso sowohl ein ästhetisches als auch ein moralisches Ziel. Der moralische Aspekt steht im Zusammenhang mit Institutionen, etwa der Inquisition, die in der ersten Phase der Überarbeitung des Epos noch als etwas Äußerliches empfunden werden, wohingegen die christlichen Werte während des Entwurfs der *Gerusalemme conquistata*, des *Giudicio sovra la Gerusalemme riformata* und des *Mondo creato*[6] dann so stark verinnerlicht werden, dass die Konflikte zwischen Individuum und Institution sowie poetologischen und religiösen Normen nicht mehr spürbar sind. Gerade aus dem eigenen Anspruch, ein perfektes Epos zu schreiben, entsteht Tassos wachsame Haltung und mit ihr auch eine eigene Sprache, die oft Gefahren antizipiert und zunächst von Widersprüchen lebt: Obwohl er einerseits nach Orthodoxie strebt, sucht er andererseits stets Taktiken, um für ihn unverzichtbare, aber angesichts der Inquisition strittige poetische Themen zu vertexten. Erst in der letzten Phase seiner Überarbeitung hört er auf, religiöse Moral und Poetik als Gegensätze zu empfinden. Es gelingt ihm, auf der kreativen Suche nach Kontinuität und Kohärenz ein System von poetischen und religiösen Regeln zu schaffen und für sich selbst zu gestalten. In dieser Phase hat er die religiösen Werte verinnerlicht und auf diese Weise kann er beide Normensätze, den religiösen und den poetologischen, in einem einzigen Kern verschmelzen, weshalb für ihn die *Gerusalemme conquistata* – und eben nicht die *Gerusalemme liberata* – das einzige Epos ist, welches er als perfekt betrachten kann. Das neue Epos widerspricht keinem aristotelischen Gesetz und keiner philosophischen Lehre, wie Tasso selbst in seinem apologetischen Traktat schreibt,[7] da es dem historischen Stoff folgt, gleichzeitig aber auch die religiöse Dimension respektiert.

Tassos Einstellung zu Regeln geht Hand in Hand mit seiner Wahrnehmung von Kontrolle: In der ersten Phase fühlt er sich für die Einhaltung der Regeln verantwortlich und von der Außenwelt kontrolliert. In einer Zwischenphase kontrolliert er sich selbst, bis er in der letzten Phase zum angestrebten Ziel kommt, an dem alles seine Ordnung findet, das Epos ‚vollkommen' wird und es einen systematischen Zusammenhang von poetischen und religiösen Normen gibt, der beim Schreiben

---

6 Vgl. Mehltretter, Mixed Abysses.
7 Vgl. Tasso, *Giudicio*, S. 122.

des ersten Epos so noch nicht vorhanden war. Der Dichter glaubt, eine gleichzeitig poetologische und religiöse Lösung gefunden zu haben, die es vermag, die Grenze zwischen Individuum und Institution aufzuheben.

Exemplarisch für die erste Phase, in der die Sprache ein Mittel im Kampf gegen die Revision ist, ist Tassos Verhältnis zu dem Revisor Antoniano, dessen Kritik, anders als die von Sperone Speroni, nicht nur auf eine andere Konzeption des Heldenepos abzielt, sondern auch religiöse und moralische Fragen berührt. Dies zeigt sich beispielsweise in einem Brief Tassos an Scipione Gonzaga, in dem er erklärt, dass er dem Inquisitor die problematischen Verse zeigen werde, ohne dabei aber über den jeweiligen Gehalt von Antonianos viel zu strenger Zensur ein Wort zu verlieren:

> Mi dispiace la tardità del signor [Antoniano], et anco il rigore. Credo che Vostra Signoria voglia intendere ch'egli sia rigoroso in quel c'appartiene a l'Inquisizione: e certo, se così è, io crederei che con minor severità fosse stato revisto il poema dal medesmo Inquisitore; il qual si ritrova or qui in Ferrara, e vi starà alcun giorno. Ma io farò un bel tratto: ch'io non mostrarò al frate quelle censure le quali mi parranno troppo severe; ma gli mostrarò semplicemente, senza dirli altro, i versi censurati e s'egli li passerà come buoni, io non cercherò altro.[8]
>
> [Mir tut die Verspätung von Herrn [Antoniano], und auch seine Strenge leid. Ich glaube, dass Sie meinen, dass er streng ist in dem, was der Inquisition gehört: und sicherlich, wenn dies der Fall ist, würde ich glauben, dass das Epos [sogar] mit weniger Strenge vom Inquisitor selbst revidiert wurde, der jetzt hier in Ferrara ist und für einige Tage dort bleiben wird. Aber ich werde ein gutes Manöver durchführen: Ich werde dem Mönch nicht die Zensuren zeigen, die mir zu streng erscheinen, sondern ich werde ihm einfach, ohne etwas anderes zu sagen, die zensierten Verse zeigen, und wenn er sie für gut befinden wird, werde ich nichts anderes suchen.][9]

Tasso lehnt auch die Strenge Antonianos hinsichtlich der Dichtkunst ab. Er schreibt direkt an Antoniano, der in der *captatio benevolentiae* als Freund, Revisor und Christ definiert wird:

> Desidero, poi, che sappia che de' suoi avvertimenti n'ho già accettati parte e sovra gli altri avrò diligente considerazione. Ho accettati quelli che appertengono alla mutazione d'alcune parole o d'alcuni versi, i quali potrebbono esser malamente interpretati, o in altro modo offender gli orecchi de' pii religiosi.[10]
>
> [Ich möchte Sie auch wissen lassen, dass ich einige Ihrer Vorschläge bereits akzeptiert habe und die anderen sorgfältig prüfen werde. Ich habe diejenigen akzeptiert, die sich auf die Abänderung bestimmter Wörter oder Verse beziehen, die falsch interpretiert werden könnten oder auf andere Weise die Ohren frommer Gläubiger verletzen würden.]

---

8 Ders., *Lettere*, S. 309 f.
9 Deutsche Übersetzungen von Vf.in, wo nicht anders angegeben.
10 Tasso, *Lettere*, S. 343.

Das Zugeständnis hat jedoch in Hinblick auf den Kontext fast ironische Züge: Es erweist sich als feindselig und provokativ. Ihm folgt zunächst eine Erklärung der Stellen, die Tasso verändern und entfernen wird; dies sind nicht nur einige von Antoniano als lasziv beurteilte Szenen, sondern es geht auch um Zauber und Wunder. Bezüglich der übrigen Passagen über Liebe und Zauberei zeigt sich Tasso jedoch kompromisslos: Es hat nicht die Absicht, die Liebschaften von Armida, Erminia, Rinaldo und Tancredi sowie die Verzauberungen von Armidas Garten und des Waldes von Saron zu beseitigen. Er ist sich diesbezüglich so sicher, dass er, wie er meint, nicht wüsste, wie er sie „ohne irgendeinen einzelnen Mangel und ohne offensichtlichen Mangel des Gesamtzusammenhangs"[11] wegstreichen sollte. Die Vermehrung der Liebesepisoden, die der Dichter verteidigen will, wird durch die Natur des Poetischen selbst legitimiert: „Vermehrung, Verschönerung und Verstellung sind Effekte, die notwendigerweise eine Folge des literarischen Schreibens sind".[12] Das antike Wunder wird im christlichen Epos zum christlichen Wunder, das mit Engeln, Teufeln und Zauberern in Verbindung gebracht wird. In der zweiten der genannten Schaffensphasen strebt Tasso hingegen selbst jene Strenge von innen an, die er anfangs von außen her abgelehnt hatte. Er versucht, eine gleichzeitig religiöse sowie literarische Lösung zu finden.

Bei Giovan Battista Marino hingegen ist keine Unterscheidung zwischen diesen beiden Dimensionen zu finden. Seine Haltung gegenüber Regeln steht derjenigen der ersten Phase Torquato Tassos näher, wobei er in der Praxis nicht zwischen religiösen und poetischen Normen unterscheidet. In beiden Fällen verhält er sich so, wie man sich bei den Regeln eines Spiels verhält – wobei hier das Spiel das Schreiben selbst ist. Auch er sucht nach Taktiken, um dem normativen System zu entkommen. Marino hat jedoch keine theoretischen Schriften hinterlassen, abgesehen von einigen Äußerungen in Briefwechseln, denen unter anderem zu entnehmen ist, dass die einzige von ihm befolgte Regel darin bestünde, jegliche Regel zum richtigen Zeitpunkt und am richtigen Ort brechen zu können und sich dem Geschmack des Jahrhunderts anzupassen.

Diese Äußerung fällt inmitten einer Kontroverse, die Agazio Di Somma ausgelöst hatte. Der Satz über die Regeln ist in diesem Zusammenhang zu lesen und findet sich in einem Brief an Girolamo Preti aus dem Jahr 1624, in dem sich Marinos Aufmerksamkeit auf seinen Erfolg und seine Öffentlichkeitswirkung besonders deutlich zeigt. Di Somma hatte den *Adone* mit Tassos *Gerusalemme liberata* verglichen und das letztere Epos bevorzugt. Di Somma versuchte auch Marinos Freunde Girolamo Preti und Antonio Bruni für diese Parteinahme zu gewinnen, die sich

---

11 Ebd., S. 345, „senza niuno o senza manifesto mancamento del tutto".
12 Ebd., S. 350.

jedoch distanzierten, was unweigerlich zu Spannungen mit Marino führte. Marino meint in dem Brief, anders als die Bücher, die nach den Regeln geschrieben wurden, verkauften sich seine eigenen, die gegen die Regeln geschrieben wurden, in hohen Auflagen. Nach Meinung des Dichters sei es notwendig, sich dem Geschmack und den Gepflogenheiten der Zeit anzupassen.

Der Geschmack des Jahrhunderts begünstige die Liebe und die Magie – aber in dem Moment, in dem Marino sich diesen Geschmack wiederum zur Regel wählt, entsteht das Paradoxon eines neuen Normensystems gegen die tradierte Norm. Der ‚Geschmack des Säkulums' scheint darüber hinaus ein noch subtileres Vergnügen zu verfolgen, wenn man den Hintergrund der immer noch herrschenden Normativität mitbedenkt. Der Dichter kann die Regeln nur dann effektvoll brechen, wenn eine gemeinsame Kenntnis über diese vorhanden ist, die es den Leser_innen erlaubt, sich an der Transgression zu erfreuen. Nur unter dieser Bedingung ist ein Spiel mit dem Regelbruch möglich. Marinos Regelüberschreitung ist nicht einfach eine ungesteuerte Abweichung, sondern eine bewusste und wohl auch kommunikationsrelevante Wahl; dies erkennt man an seiner im gleichen Brief enthaltenen Äußerung, er kenne diese Regeln sehr genau. Der Regelbruch ist weder zufällig noch allgegenwärtig, sondern geschieht in genauer Abwägung nach Kriterien der rechten Zeit, des rechten Orts und des dichterischen Könnens.[13]

Was religiöse Regeln angeht, ist insbesondere die *Regula septima* des *Index Librorum Prohibitorum* zu nennen,[14] die gerade auf dem Bewusstsein der Verbreitung lasziver Schriften und deren zentraler Stellung innerhalb der Narrativik beruht. Marino operiert dezidiert gegen diese Regel und macht die Umkehrung der Regel zu seiner wahren Regel, indem er sein Epos *ex professo*, wie es in der *Regula septima* seit 1596 steht,[15] auf die Liebesgeschichte von Venus und Adonis gründet, sodass eine Korrektur oder eine Anfertigung einer purgierten Fassung sich als unmöglich erweist.

Marino scheint – im Gegensatz zu Tasso – keinerlei moralischen Skrupeln zu unterliegen, ist sich aber dennoch der Gefahr seiner Aktionen bewusst. So warnt er gelegentlich seine Freunde und fordert sie auf, an sie geschickte obszöne Sonette

---

13 Vgl. Marino, *Lettere*, S. 216, S. 396: „Io pretendo di saper le regole più che non sanno tutti i pedanti insieme; ma la vera regola, cor mio bello, è saper rompere le regole a tempo e luogo, accomodandosi al costume corrente ed al gusto del secolo". [Ich behaupte, mehr über die Regeln zu wissen als alle Pedanten zusammen; aber die echte Regel, mein Freund, besteht darin, zu wissen, wie man die Regeln in der Zeit und am Ort bricht, indem man sich dem aktuellen Brauch und dem Geschmack des Jahrhunderts anpasst].
14 Vgl. Carminati, *Marino*, S. 37, S. 89, S. 322.
15 Vgl. ebd., S. 37.

nach der Lektüre zu vernichten,[16] und sucht ständig nach neuen, kreativen Taktiken, die es ihm erlauben, ein provokantes literarisches Spiel zu spielen.

1609 schreibt Marino einen langen Brief an Carlo Emanuele I., den Herzog von Savoyen, in dem er gegen ihn in der Luft liegende Anschuldigungen antizipiert. Anlass dafür war das Attentat seines literarischen Gegners Gaspare Murtola, der versucht hatte, ihn mit einer Pistole zu erschießen, da Marino ihn mit einem Sonettkranz (*Murtoleide*) lächerlich gemacht hatte. Die Technik, die Marino hier benutzt, besteht darin, alle Anschuldigungen gegen ihn als unerhörte Verleumdung darzustellen. Jedoch versucht er im selben Brief mit verdächtiger Akribie und Rhetorik zu behaupten, die Sonette seien gar nicht von ihm.[17]

Feindschaften und Freundschaften bewegen sich bei Marino auf zwei verschiedenen Kommunikationslinien. Einerseits sind da die Freunde, an die Marino gerne obszöne Gedichte schickt, andererseits auch die Feinde, oftmals ehemalige Freunde, die mögliche Denunzianten darstellen. Das Kontaktnetz besteht aus seinen Feinden Tommaso Stigliani und Gaspare Murtola, andererseits aus seinem Beschützer und Freund Pietro Aldobrandini sowie Lorenzo Scoto, Claudio Achillini, Andrea Barbazza und Ridolfo Campeggi, Antonio Preti und Antonio Bruni.[18] Während die Feindschaften sich zwischen persönlichen und literarischen Rivalitäten in einem Netz von gegenseitigen Verdächtigungen und Anschuldigungen bewegen, bauen sich die Freundschaften eine versteckte Kommunikation der Komplizenschaft auf. Wie gefährlich und vor allem vertrauensabhängig diese Art der Kommunikation ist, ist am Falle Tommaso Stiglianis deutlich zu erkennen. Im Jahr 1602 schickte Marino einen Brief an Stigliani, der damals noch sein Freund war. Angehängt an den Brief waren einige seiner Kompositionen, die Marino selbst „Scherze" (*scherzi*) nannte. Er wollte nicht, so schrieb er explizit im Brief, dass andere sie sehen würden.[19] Im Jahr 1607 schickte Marino drei obszöne Sonette (*sonettacci*) an Ridolfo Campeggi, die leider verloren gegangen sind.[20] In dem Brief, der diese enthält, bittet er ihn darum, sie „wie die Sodomiten zu verbrennen".[21]

Durch den Gerichtsprozess gegen Marino wird evident, dass die Grenze zwischen Individuum und Institution in seinem Fall klar definiert ist, da sie auf einem klaren Konflikt beruht – und auch das unterscheidet ihn von Torquato Tasso.[22]

---

16 Vgl. ebd., S. 3f.
17 Vgl. ebd., S. 4.
18 Vgl. ebd.
19 Vgl. Marino, *Lettere*, S. 18, S. 31.
20 Vgl. Carminati, *Marino*, S. 44f.
21 Vgl. ebd., S. 45. Für die Reaktion der Inquisition, die Vermittlung von Aldobrandini und die taktischen Bewegungen von Marino vgl. ebd., S. 60.
22 Vgl. ebd.

Die Allegorie als literarisches Element der Wachsamkeit

Das Element der Allegorie ist, wie bereits angedeutet, bei beiden Autoren zu finden und entfaltet sich sehr unterschiedlich. Bei der Definition des Begriffs muss berücksichtigt werden, dass zwei Bedeutungen von *allegoria* zu unterscheiden sind: Einmal geht es um die rhetorische Figur der Allegorie, die darin besteht, etwas anderes zu sagen als das, was gemeint ist; andererseits kann mit *Allegorie* auch die allegorische Interpretation bezeichnet werden. Es besteht hier seit der Antike und bis heute die andauernde Gefahr einer Verwechslung zwischen einer *Art zu sprechen* und einer *Art zu verstehen*. Auch um 1600 stellt sich dieses Problem bereits so präsent dar, dass man unter dem Oberbegriff Allegorie eine durchgehende Metapher, die nach Dante geprägte Allegorie der Dichter und der Theologen, die Personifikation und eben auch einen mögliche allegorische Bedeutungen erklärenden Paratext verstehen kann, der sich am Anfang oder am Ende des Werkes befindet, entweder des gesamten Werkes oder eines jeden Gesangs. Im Falle Torquato Tassos ist der Paratext ein zusammenfassendes Element, das sich am Anfang des ganzen Epos befindet, während er bei Giovan Battista Marino jedem Gesang vorangestellt ist.

Torquato Tassos Positionsänderung hinsichtlich der Allegorie

Lange Zeit hat die Forschung die Allegorie bei Tasso marginalisiert. Erst seit den 1980er Jahren wurde nach und nach ihre Bedeutung erkannt, nachdem sie lange Zeit im Paradigma einer Literatur der Authentizität als unecht und heuchlerisch abgetan worden war. Diese ältere Bewertung hatte sich aus dem Urteil Giosuè Carduccis gebildet, der Tassos Auseinandersetzung mit der Allegorie als bloße moralische und spirituelle Sorge eines Katholiken und mithin nicht als Bekenntnis eines Dichters gewertet hatte.[23]

In Tassos Denken über die Allegorie lassen sich – analog zu den Regeln – im Wesentlichen zwei Phasen unterscheiden, die in Carduccis Urteil nicht als solche berücksichtigt werden: Zunächst betrachtet Tasso sowohl den *allegoria* genannten Paratext-Typ als auch die gleichnamige rhetorische Figur als notwendiges Übel im Sinne eines Schutzschilds gegen die Zensur, in der bereits oben genannten Vermi-

---

23 Carducci, *Dello svolgimento*, S. 157.

schung beider Wortbedeutungen, und geht dann aber zu einer enthusiastischen und durchweg positiven, auf Dante beruhenden Bewertung der Allegorie als authentisches Vertextungsverfahren über.

Aus den Briefen geht hervor, dass Tassos Interesse an der Allegorie im September 1575 eher gering war. Die Aufforderung, darüber nachzudenken, kommt von Seiten Scipione Gonzagas. Tassos Antwort ist eilig und verbindet die Allegorie mit der Zensur, da der allegorische Sinn, im Gegensatz zum wörtlichen, nicht zensiert werden kann:

> Mi chiede poi Vostra Signoria non so che dell'allegoria. A questo risponderò non maggior agio e risponderò a lungo: per ora le dico solo ch'io crederei che potesse bastare l'essaminare il senso literale, ché l'allegorico non è sottoposto a censura; né fu mai biasmata in poeta l'allegoria, né può esser biasmata cosa che può esser intesa in molti modi.[24]
>
> [Sie fragen mich dann nach der Allegorie. Ich werde diese Frage später in aller Ruhe und ausführlich beantworten: Vorerst will ich nur sagen, dass ich es für ausreichend halte, den wörtlichen Sinn zu untersuchen, da der allegorische nicht der Zensur unterliegt; auch wurde die Allegorie nie bei einem Dichter getadelt, und es kann auch nicht etwas getadelt werden, das auf viele Arten verstanden werden kann.]

Zwischen Mai und Juni 1576 wird Tassos Urteil strenger und seine Absicht utilitaristischer. Die Allegorie ist hier ein Schutzschild gegenüber der Zensur und ein Instrument, mit dem er die Liebesszenen sowie die Zauberei des Epos retten kann. Er schreibt:

> [M]ostrerò ch'io non ho avuto altro fine che di servire al politico; e con questo scudo cercherò d'assicurare ben bene gli amori e gl'incanti.[25]
>
> [Ich werde zeigen, dass ich kein anderes Ziel hatte, als dem Politiker zu dienen; und mit diesem Schild werde ich versuchen, die weltliche Lust und die Zauber gut zu sichern.]

In einem weiteren Brief desselben Jahres gibt er aber zu, dass er die Allegorie zu schätzen beginnt, und mehr noch: Es scheint ihm fast nicht glaubhaft, dass er nicht von Anfang an an die Allegorie gedacht hatte, als er die *Gerusalemme liberata* schrieb:

> Io, per confessare a Vostra Signoria illustrissima ingenuamente il vero, quando cominciai il mio poema non ebbi pensiero alcuno d'allegoria, parendomi soverchia e vana fatica […]. Ma poi ch'io fui oltre al mezzo del mio poema, e che cominciai a sospettar de la strettezza de' tempi,

---

24 Tasso, *Lettere*, S. 204.
25 Ebd., S. 168.

> cominciai anco a pensare a l'allegoria, come a cosa ch'io giudicava dovermi assai agevolar ogni difficultà.[26]
>
> [Ich hatte, um Ihnen die Wahrheit zu gestehen, als ich mein Gedicht begann, keinen Gedanken an die Allegorie, sie schien mir eine übertriebene und vergebliche Mühe [...]. Aber als ich über die Mitte meines Gedichts hinaus war und die Enge der Zeit zu ahnen begann, fing ich an, an die Allegorie zu denken als etwas, das meiner Meinung nach jede Schwierigkeit erheblich erleichtern würde.]

Dass Tasso seine Meinung über die Allegorie ändert, zeigt sich sehr deutlich in der Verbindung von Allegorie und Geschichte in seinem letzten, unvollständigen Werk *Il Giudicio sovra la Gerusalemme riformata*, in dem er erklärt, dass er die Allegorie (im Sinne einer Markierung eines allegorischen Textsinns) an den Stellen des Gedichts verwendet hat, in denen er sich am weitesten von der historischen Überlieferung entfernt hatte. Er widmet der Allegorie und der Geschichte ein ganzes Kapitel unter dem Titel *De l'istoria e de l'allegoria* [Über die Geschichte und die Allegorie].

Die Entwicklung dieser Meinungsänderung verläuft in erster Linie stufenweise chronologisch und ist auf die bewusste und ständige Auseinandersetzung Tassos mit dem Thema sowie mit seinen Lektüren zurückzuführen. Im *Giudicio sovra la Gerusalemme riformata* ist die Allegorie zusammen mit der Geschichte ein Mittel, um der Eitelkeit oder Oberflächlichkeit dichterischer Fiktion zu entkommen und die literarische sowie religiöse Vollkommenheit des Gedichts zu erreichen. Sie ist nun die Art und Weise, wie der Dichter – ähnlich wie der Theologe – die unaussprechlichen Geheimnisse der Gottheit ausdrücken kann. In diesem apologetischen Text stellt Tasso fest:

> [N]e la riforma de la mia favola, cercai di farla più simile al vero che non era prima, conformandomi in molte cose con l'istorie, ed aggiunsi a l'istoria l'allegoria in modo che, sì come nel mondo e ne la natura de le cose non si lascia alcun luogo al vacuo, così nel poema non si lascia parte alcuna a la vanità, riempiendo ciascuna d'esse, e le piccolissime ancora e meno apparenti, de' sensi occulti e misteriosi.[27]
>
> [Bei der Umschreibung meiner Erzählung habe ich versucht, sie der Wahrheit ähnlicher zu machen als zuvor, indem ich mich in vielen Dingen der Geschichte anpasste, und ich fügte der Geschichte die Allegorie hinzu, so dass, wie in der Welt und in der Natur der Dinge kein Platz für das Vakuum gelassen wird, so auch im Gedicht kein Teil für die Eitelkeit gelassen ist, indem ich jeden von ihnen, auch den kleinsten und am wenigsten offensichtlichen, mit verborgenem und geheimnisvollem Sinn fülle.]

---

26 Ebd., S. 192 f.
27 Ders., *Giudicio*, S. 38.

Die Allegorie löst so sogar die heikle Frage des Wahrscheinlichen (*verisimile*), denn in der Allegorie können Fiktion und Wahrheit problemlos nebeneinander leben. Das ‚Falsche' (*falso*) wird also im Gedicht nur dann akzeptabel, wenn es lediglich scheinbar falsch ist, also wenn es eine Allegorie ist und sich somit eine tiefere Wahrheit dahinter verbirgt. Ebenso wird das Wunderbare nicht mehr mit dem ‚Falschen' vermischt, sondern mit dem Konzept der Allegorie verbunden, demzufolge sich hinter der Fiktion eine erhabene Wahrheit verbirgt.

Tassos Phasen der Allegoriebildung gehen Hand in Hand mit denen der Wachsamkeit und der Revision seines Epos von *Gerusalemme liberata* zu *Gerusalemme conquistata:* In der späteren, reiferen Periode werden die Reibungen der ersten Phase aufgelöst und Lösungen gefunden, die sowohl die Werte und Normen von Moral und Religion als auch die der Poetik berücksichtigen.

Während Tasso in der ersten Phase noch einen starken Konflikt zwischen poetischen und religiösen Regeln zu empfinden scheint, sich selbst verleugnet und das Epos zahllosen Überarbeitungen unterzieht, ist seine Wachsamkeit extrem hoch. Demgegenüber nimmt sie in der zweiten Phase ab und löst sich fast auf.

Die Allegorie ist an diesem Punkt nicht mehr partiell, sondern totalisierend, sie ist nicht mehr das Schutzschild, um die Liebschaften und die Magie im Gedicht gegenüber Regel- und Sittenwächtern abzusichern – wie es in den ersten Briefen der Fall war – oder um das zu sagen, was nicht gesagt werden kann. Sie ist nach der Verinnerlichung der genannten Werte ein wahres Mittel der Um-Schreibung des Epos.

Ein Beispiel dafür, wie die Allegorie bei Tasso aussehen kann, ist der Traum von Clorinda aus dem fünfzehnten Gesang der *Gerusalemme conquistata*, in dem eine Pflanze für das Kreuz steht, ein Brunnen für die Taufe, ein Riese für Christus und der Feuerwagen, mit dem Clorinda in den Himmel entrückt wird, für die Taufe. Unter diesen wunderbaren Figuren, die die Kriegerin nicht versteht, sieht sie ihren Tod und ihre Bekehrung, an die sie zu diesem Zeitpunkt noch nicht glaubt. Selbstredend ist der Traum nicht als Manifestation eines wie auch immer *avant la lettre* gefassten Unbewussten zu lesen, denn er offenbart ja unter dem Schleier des Symbolischen keine gegenwärtige oder vergangene seelische Wirklichkeit, sondern das künftige Schicksal Clorindas. Er ist mithin innerfiktional göttliche Ankündigung des heilsgeschichtlich Verfügten – aber mit der Besonderheit, dass die Adressatin diese nicht versteht, nicht zuletzt, da sie die christliche Bildsprache nicht kennt. Nur die Lesenden können diese Allegorese leisten, weil sie – ein wenig wie bei der analogen Figur der ‚dramatischen Ironie' im Theater – diesen Wissensvorsprung haben.

In diesem Falle ist es offensichtlich, dass der Traum allegorisch gedeutet werden muss, da seine Zeichen auf der wörtlichen Ebene keinen Sinn ergeben; und ebenso offensichtlich ist die implizite Anweisung an die Leserschaft, dies zu tun.

Insofern wird hier das Verfahren, das an anderen Stellen auf Elemente der Diegese selbst anzuwenden ist, in dem eingelassenen Traum gespiegelt und verankert. Clorindas Traum lässt sich als Dekodierungsanweisung verstehen für die *histoire* des Epos, sei es für die Symbolik der Versuchung im Zauberwald oder die Überwindung der Sinnlichkeit in der Begegnung mit dem anderen Geschlecht, also die traditionellen Ingredienzien ritterlicher Erzählungen.

In dieser Phase ist die Allegorie kein Schutzschild mehr, denn nicht nur die christlichen moralischen Werte sind von Torquato Tasso verinnerlicht worden, sondern auch die poetologische Regel der Wahrscheinlichkeit wird so berücksichtigt; beides durch Allegorese zu erschließen ist den Lesenden aufgegeben. In der Revision seines Epos wacht Tasso über die Zeichenhaftigkeit der Dinge und Handlungen auf der *histoire*-Ebene ebenso wie über seine Sprache auf der Ebene des dichterischen *discours*, die nun noch literarischer, und in sich geschlossen und kohärent wirken soll. Diese Revision reagiert nicht mehr auf externen Druck oder Stimulus wie zum Beispiel die Zensur, denn die neuen Lösungen der Allegorie und der Darstellung des Geschichtlichen erweisen sich gewissermaßen von innen heraus als funktional für den Text und die Poetik Tassos.

Giovan Battista Marino und die Allegorie als offensives Mittel

Wie bereits angedeutet, spielen Allegorien auch bei Giovan Battista Marino eine tragende Rolle. Im Erstdruck des *Adone* ist vor jedem Gesang ein in Prosa geschriebener deutender Paratext zu lesen. Diese Allegorien werden seinem piemontesischen Freund Lorenzo Scoto zugeschrieben, aber höchstwahrscheinlich stammen sie von Marino selbst – diese Hypothese ist bereits von seinen Zeitgenossen aufgestellt worden;[28] auch die heutige Literatur ist sich darüber einig, dass Marino der Autor der Paratexte ist. Giovan Battista Marinos Allegorien wurden von der Forschung wenig berücksichtigt oder als heuchlerisch, falsch und unpassend bewertet.[29] Guido Giuseppe Ferrero beschließt sogar, sie zu streichen, als er das Epos *Adone* in seinem Band *Marino e i Marinisti* von 1954 neu publiziert – denn sie

---

28 Stigliani, *Occhiale*, S. 227.
29 Vgl. Corradino, *Secentismo*; Bongioanni, *Scrittori*; Balsamo-Crivelli, *Commento*; Saviotti, *Cavalier*; Ferrero, *Marino*; Mirollo, *Marvelous*; De Sanctis, *Storia*; Allen, *Mysteriously*; Pozzi, *Commento*; Frare, *Neopaganesimo*.

seien „unglücklicherweise von einem heuchlerischen Moralismus diktiert, der niemanden täuschen kann, nicht einmal im 16. Jahrhundert".[30]

Demgegenüber sprechen Zeitgenossen wie Aleandro[31] und Villani[32] sehr positiv über die Allegorien, die als glaubwürdig angesehen werden. Im Jahr 1627 schreibt der Gegner und Rivale von Giovan Battista Marino, Tommaso Stigliani:

> [R]iescono tanto impertinenti, e tanto stiracchiate, che tutte gli si spezzano in mano in guisa di stringhe fracide, o di correggiuoli marci: onde è tempo perduto, che se ne faccia parola. Solo dirò, ch'io me ne son venuto servendo di mano in mano per ridere alquanto, [...] ho trovato, che la pezza sia peggior, che la rottura, cioè ch'esse allegorie sieno più lascive, che il canto medesimo, come per figura è quella del settimo la qual dichiarisce alcune bruttezze, che nel testo non apparivano.[33]
>
> [Sie sind so unverschämt und so überdehnt, dass sie alle in seiner Hand zerbrechen wie zertrümmerte Saiten oder verfaulte Schnürsenkel: So ist es verlorene Zeit, darüber zu sprechen. Ich will nur sagen, dass ich sie von Zeit zu Zeit zur Hand genommen habe, um ein wenig zu lachen, [...] ich fand, dass der Flicken hier schlimmer ist als der Riss, das heißt, dass diese Allegorien lasziver sind als der Gesang selbst, wie zum Beispiel die des siebten, die einige Hässlichkeiten erklärt, welche im Text gar nicht vorkamen.]

Abgesehen von dem offenen Konflikt zwischen den beiden Dichtern erfasst Stigliani einige grundlegende Aspekte des Prosaparatextes: den allgemeinen Charakter der Prosa, die Impertinenz des Autors, den ironischen Aspekt der Allegorien und vor allem die größere Laszivität, die in der Prosa im Vergleich zum jeweiligen Gesang vorhanden ist. Stigliani bezieht sich hier auf die Allegorie des siebten Gesangs, in der es heißt:

> [I]l nascimento di Venere, prodotta dalle spume del mare, vuol dire che la materia della genitura, come dice il filosofo, è spumosa e l'humore del coito è salso.
>
> [Die Geburt der Venus, die durch den Schaum des Meeres hervorgebracht wurde, bedeutet, dass die Materie der Zeugung, wie der Philosoph sagt, schaumig ist und die Körperflüssigkeit/ Laune [Wortspiel] des Koitus salzig ist.]

Der hier erwähnte Philosoph ist wahrscheinlich Leone Ebreo,[34] der in den *Dialogen über die Liebe* auf den schon in Hesiods *Theogonie* berichteten Mythos von der Geburt der Göttin Venus als Ergebnis einer Kastration Bezug nimmt, bei der die

---

30 Vgl. Ferrero, *Marinisti*, XVI–XVII: „infelicemente dettate da un ipocrito moralismo che non dovette ingannare nessuno, neppure nel '600".
31 Vgl. Alberigo, Aleandro.
32 Vgl. Leone, Villani.
33 Stigliani, *Occhiale*, S. 110 f.
34 Leone Ebreo ist die Quelle dieser Allegorie, vgl. Colombo, *Cultura*, S. 30.

abgeschnittenen Genitalien des Uranos in das Wasser geworfen wurden. Der Samen vermischt sich so mit dem Schaum des Meeres, und Leone Ebreo bietet eine allegorische Lektüre der Geburt der Venus, in der der Schaum des Meeres mit dem Samen des Mannes gleichgesetzt wird. Als Beispiel für die Laszivität in den Allegorien, die im Text fehlen, könnte man aber auch den komischen Hinweis auf den lasziven Charakter der Schildkröten nennen. Die Allegorie des fünfzehnten Gesangs endet mit dem bizarren Satz: „Die Verwandlung Galanias in eine Schildkröte steht für die Natur dieses Tieres, die sehr lasziv (*venereo*) ist".[35] Im Gesang wird Galania zur Komplizin Merkurs beim Betrug an Venus während einer Schachpartie. Der Betrug besteht in der Hinzufügung von zwei Figuren auf der von Adonis bespielten Seite des Schachbretts. Venus kommt hinter die List, sie wird wütend und verwandelt Galania in eine Schildkröte. Schon der Name sei nach Tommaso Stigliani ein Lombardismus und so eine Anspielung auf die Schildkröte.[36] Das Spielbrett verbleibt auf den Schultern von Galania. Ihr Körper verkürzt sich und sie geht sehr langsam und blutlos auf allen Vieren. Aber die Strafe von Venus ist noch grausamer als das und steht in Verbindung mit dem bizarren Schlusssatz der Allegorie: Für Galania ist es nun gefährlich, während des Liebesaktes auf dem Rücken zu liegen, aber nach Auskunft der Allegorie in Marinos Erstausgabe ist sie dieser Aktivität besonders zugetan.[37] Die Allegorie bietet keine moralische Deutung, wie sie es eigentlich tun sollte, und wenn sie nicht lasziver als der Text selbst ist, so ist sie doch zumindest provokant oder überraschend: Wer sie liest, ist zunächst verwirrt.

Man muss allgemein feststellen, dass Giovan Battista Marinos Allegorien oft pseudo-moralischer, allgemeiner oder verallgemeinernder Natur sind. Sie stehen im deutlichen Gegensatz zum Epos, das genau das erzählt, was in der Allegorie verurteilt wird, wie zum Beispiel bei den Beschreibungen erotischer Szenen. Eine genauere Analyse der Paratexte des *Adone* zeigt, dass sie nicht immer und nicht nur ein ungeschickter Versuch sind, einem zensorischen bzw. wachsamen Kontext zu entkommen, der durchaus vorhanden ist. Sie können sich vielmehr auch als eine weniger offensichtliche und raffinierte Taktik der Umgehung erweisen, eine Art poetische oder ästhetische Maskierung, bei der es dem Autor paradoxerweise ge-

---

35 Marino, *Adone*, XV, Allegorie.
36 Vgl. Stigliani, *Occhiale*, S. 346, nach dem „Galana" „tartaruga", also Schildkröte, heißt.
37 Die Quellen werden von Riccardo Drusi angegeben und zu den interessantesten gehört Claudius Elianus, gelesen von Marino in der lateinischen Fassung von Pierre Gilles, der dem Thema ein ganzes Kapitel widmet. Eine weitere Quelle scheint Plinius zu sein, der die Eigenschaften der Schildkrötenschwarte beschreibt. Auch die Ikonographie der Venus des Phidias ist in diesem Fall bemerkenswert, da sie in einem der Aphrodite geweihten Tempel mit ihrem Fuß auf einer Schildkröte steht.

lingt, freier zu sein und die Unzulänglichkeit des Paratextes selbst performativ zu demonstrieren.

Marino setzt die Allegorie nicht nur defensiv oder spielerisch, sondern sogar offensiv ein: Tatsächlich tauchen in den in Prosa geschriebenen Texten persönliche Beweggründe, autobiographische Andeutungen, Verweise auf Feinde und Freunde auf, zum Beispiel im besonderen Fall der Allegorie für den IX. Gesang, die sich von den anderen dadurch unterscheidet, dass es dort keine (pseudo)moralischen Bedeutungen gibt, sondern literarische Erklärungen von Personifikationen und Allegorien innerhalb des Gesangs selbst. Hier steht beispielsweise die Figur von Fileno für Marino selbst, eine Eule für seinen Rivalen Tommaso Stigliani[38] und eine Elster für Margherita Sarrocchi – Dichterin und Autorin des Epos *La Scanderbeide*, die mit Marino zunächst eine Freundschaft, dann eine Liebesbeziehung und schließlich eine konfliktreiche Rivalität verband. Marino sucht sich die Eule als Antwort auf Stiglianis *Mondo nuovo* aus, in dem Marino auf satirische Weise als Sohn der Sirene, als Fischmensch, als Meeresaffe und als wahres Biest beschrieben wird.[39]

Nach dem hochliterarischen Wettstreit zwischen Tasso und Guarini im IX. Gesang dringt eine Eule und später eine Elster ein. Die Schwäne versuchen, den lästigen Lärm der beiden zu überdecken und bringen so Venus zum Lachen. Tommaso Stigliani und Margherita Sarrocchi werden durch die Allegorie und die Szenerie des Gesangs bloßgestellt.

Die Allegorie des XX. Gesangs schließlich ist politisch motiviert: Der Bezug auf die Familie der Ludovisi hat keine Funktion innerhalb des Textes, er geschieht eher aus persönlichen und utilitaristischen Gründen. Man kann davon ausgehen, dass der Verweis auf die Familie der Ludovisi im Hinblick auf eine für Marino noch mögliche, erhoffte Rückkehr von Frankreich nach Italien gedacht war.

Die perfekte Definition dessen, was in der Allegorie passiert, scheint aber die Allegorie selbst zu bieten. Es geht dabei um ein ironisches, metaliterarisches Spiel, hinter dem offensichtlich der Autor steht.

In der Allegorie des III. Gesangs liest man: „molte volte la lascivia viene mascherata di modestia"[40] [„Oftmals verkleidet sich die Laszivität als Bescheidenheit"]. Zur Kontextualisierung: Venus hat den schlafenden Adonis erobert, indem sie die Gestalt der Diana annahm – also sich scheinbar in eine keusche Person verwandelte. In der Allegorie schreibt Marino nun, dass es keine Frau gibt, die sich nicht zumindest am Anfang mit dem Schleier der Ehrlichkeit bedecke. In diesem Fall

---

38 Stigliani selbst kommentiert die Stelle, vgl. Stigliani, *Occhiale*, S. 256.
39 Ders., *Mondo nuovo*, XIV, 34.
40 Marino, *Adone*, III, Allegorie.

kann man – abgesehen von der frauenfeindlichen These – festhalten, dass die Allegorie durch die Sprache über sich selbst spricht und ironisch reflektiert.

Sollte also die Allegorie den Zweck haben, einen Text unverfänglicher zu machen, so ist festzustellen, dass einige Allegorien im *Adone* genau in die entgegengesetzte Richtung gehen und den Text noch vielschichtiger, problematischer und gefährlicher machen, auch im Hinblick auf die Zensur. Die Sprache spielt hier mit sich selbst und kehrt die bekannte Dynamik bzw. Tradition des Paratextes um, indem sie noch provokanter wird an einem Ort, an dem sie eigentlich das Gegenteilige leisten soll.

Die graphischen Elemente der ersten Edition des Adone als visuelle Sprache der Wachsamkeit

Nicht nur textuelle oder paratextuelle Elemente wie Allegorien können als Ausweichmanöver dienen und Sprachen der Wachsamkeit benutzen, sondern auch graphische Elemente. In der ersten Pariser Ausgabe des Epos von Marino aus dem Jahr 1623 umrahmen ornamentale Elemente wie Grotesken und Masken die Gesänge des *Adone*. Unter Grotesken sind figürliche Darstellungen zu verstehen, die sich der eigentlichen Darstellungsfunktion ständig entziehen: Körper, die sich in Ornamente verwandeln, Pflanzen, die zugleich Voluten sind; Architektur, die sich in reiner Form verliert. Sie sind amimetisch und grundsätzlich ambig, und die vielen Details ergeben nie ein Ganzes. Sie sind in diesem Zusammenhang nicht etwa deshalb relevant, weil sie eine bestimmte Semantik tragen oder mit der Erzählebene des Gedichts in Verbindung stehen – obwohl es eine Tendenz in diese Richtung gibt –, sondern sie sind wegen der Wirkung und des Effekts relevant, die sie auf die Betrachtenden haben. Sie wurden wahrscheinlich aus einem bereits existierenden Katalog ausgewählt. Dafür spricht die Tatsache, dass einige davon in anderen Drucken desselben Verlegers zu finden sind.

An den Grotesken als dekorativem Element in der ersten Pariser Ausgabe von Giovan Battista Marinos *Adone* zeigt sich die Wirkung eines visuellen Instruments, das in seiner Funktionsweise der Allegorie analog ist. Zwischen Groteske und Allegorie gibt es in der Tat mehrere Analogien, nicht nur theoretischer, sondern auch praktischer Art: Die Groteske wie die Allegorie hat eine Funktion des Verbergens, indem sie die Aufmerksamkeit der Betrachtenden auf die Details der Bilder lenkt. Diese Art von Effekt kommt dem des gesamten Textes von Giovan Battista Marino sehr nahe und zielt im Wesentlichen auf Zerstreuung der Aufmerksamkeit und Desorientierung der Leserschaft, wenn man sich auf ein bestimmtes Detail konzentriert, oder auf eine Art künstliche Monotonie und Verweigerung von Ganzheit, wenn man die ganze Architektur betrachtet.

Während die Allegorien auf einer semantischen Ebene operieren, indem sie textliche Bedeutungen verbergen und offenbaren, verstecken die Grotesken und die ebenfalls in der Ausgabe angebrachten ornamentalen Masken – die eben keine semantischen, sondern visuelle Buchteile sind – eine Möglichkeit der Bedeutung. Die architektonische Makrostruktur, sowohl des Epos als auch der Dekorationen, ist an sich nicht besonders interessant und folgt keiner strengen Logik. Die Stärke liegt jedoch gerade in der Mikrostruktur und im Detail, in der Möglichkeit, sich zu verirren, und in der Selbstreflexion der Schönheit und der Sprache.

Allegorie und Groteske folgen also zwei Arten der Ästhetik und sprechen zwei unterschiedliche Sprachen, die auf ebenso verschiedene Weise funktionieren: Die Allegorie bedient sich der literarischen Sprache, die Groteske der visuellen. Aber beide können, indem sie die Aufmerksamkeit etwa von Zensoren desorientieren und zerstreuen, als Teil einer vom Autor angewandten Ausweichtaktik betrachtet werden. Auch in diesem Fall gibt es eine sprachliche Selbstreflexion der Groteske, die sich im Buch *Adone* als Objekt widerspiegelt. Wir sind im XIII. Gesang: Adonis befindet sich im Haus von Falsirena und sieht ein arabisches Buch in arabischer Sprache am Fuß der Statue der Fortuna. Es handelt sich um ein besonders wertvolles Buch – ein Aspekt, der Marino als Autor von Büchern selbst sehr am Herzen lag und den er oft angesprochen hat. Das arabische fiktive Buch beinhaltet antike Grotesken als Dekorationen in den Initialen, ähnlich wie das tatsächliche Buch Marinos der ersten Edition.[41]

Abschließend kann man feststellen, dass die Diskussion über die Allegorie in Giovan Battista Marinos Epos *Adone* nicht mit einer Formel gelöst werden kann, die ihre Falschheit und Heuchelei und damit ihren defensiven Gebrauch hervorhebt, sondern viel weiter gehen muss, indem sie diesen neueren, freieren, offensiveren und ‚frecheren' Gebrauch des Paratextes betrachtet. Im Unterschied zu den bisherigen Forschungsannahmen zeigt sich, dass die paratextuellen Allegorien bei Torquato Tasso und Giovan Battista Marino eben nicht nur eine defensive Vigilanzfunktion gegenüber der Zensur ausüben, sondern sich vielmehr als sprachlich selbstreflexive und spielerische Techniken entpuppen, die als Reaktion der Zensur gegenüber entstehen, zugleich jedoch für sich als literarisches Element stehen können. Giovan Battista Marino stößt die traditionelle Dynamik des Paratextes um und setzt so eine subtile und raffinierte Ausweichtaktik ein.

Bezüglich des Diskurses über die Allegorie bei Torquato Tasso lässt sich feststellen, dass die Meinungsänderung des Autors gegenüber diesem Paratext-Typ

---

41 Vgl. ebd. XIII, 243–245.

nicht lediglich als Ergebnis bloßer Widersprüche eines leidenden, von seinem katholischen Gewissen aufgewühlten Geistes betrachtet werden soll. Seine Positionen sind ernst zu nehmen und gehören, wie sich gezeigt hat, zu verschiedenen Schaffensphasen. In diesem Sinne sind sie Teil einer komplexen Entwicklung von Tassos Denken. In der ersten Phase von Tassos Schreiben ist seine Aufmerksamkeit – und damit seine vigilante Sprache – noch äußerlich und auf die Zensurinstitutionen gerichtet. Sie veranlasst ihn zur Selbstkorrektur und Überarbeitung des Epos. In der zweiten Phase wird die äußere Wachsamkeit schwächer, da Tasso hier Werkzeuge (wie die Allegorie, aber auch die Geschichte) gefunden hat, um gewissermaßen von innen zu lösen, was ihm in der ersten Fassung des Epos problematisch schien.

Literaturverzeichnis

Allen, Don Cameron: *Mysteriously meant. The rediscovery of pagan Symbolism and allegorical interpretation in the Renaissance.* Baltimore/London 1970.

Balsamo-Crivelli, Gustavo: *Marino, Giovan Battista, L',Adone'.* Turin 1922.

Bongianni, Antonio: *Gli scrittori del giuoco della palla. Ricerche e discussioni letterarie.* Turin 1907.

Carducci, Giosuè: *Dello svolgimento della letteratura nazionale.* Rom 1988.

Carminati, Clizia: *Giovan Battista Marino tra inquisizione e censura.* Rom 2008.

Colombo, Carmela: *Cultura e tradizione nell'Adone di G.B. Marino.* Padua 1967.

Corradino, Corrado: *Il Secentismo e l'Adone del Cav. Marino. Considerazioni critiche.* Turin 1880.

De Certeau, Michel: *Kunst des Handelns.* Berlin 1988.

De Sanctis, Francesco: *Storia della letteratura italiana.* Napoli 1870.

Drusi, Riccardo: Venere, Galania e la testuggine: alle radici di una 'fabula' del Marino [Adone, XV, 171–181]. In: Perocco, Daria (Hrsg.): *Tra boschi e marine. Varietà della pastorale nel Rinascimento e nell'Età Barocca.* Bologna 2012, S. 477–512.

Ferrero, Giuseppe Guido: *Marino e i Maristi.* Milano/Napoli 1954.

Frare, Pierantonio: Adone. Il poema del Neopaganesimo. In: *Filologia & Critica* maggio-dicembre (2010), S. 227–249.

Marino, Giovan Battista: *Adone.* Hrsg. von Giovanni Pozzi. Bd. I und II. Mailand 1988.

Mehltretter, Florian: Das Ende der Renaissance-Episteme? Bemerkungen zu Giovan Battista Marinos Adonis-Epos. In: Höfele, Andreas/Müller, Jan-Dirk/Oesterreicher, Wulf (Hrsg.): *Die Frühe Neuzeit. Revisionen einer Epoche.* Berlin/New York 2013, S. 331–353.

Mehltretter, Florian: Mixed Abysses. Chaos and Heterodoxy in Romance Philosophical Poetry of the Late Renaissance. In: Höfele, Andreas u. a. (Hrsg.): *Chaos from the Ancient World to Early Modernity.* Berlin/Boston 2021, S. 111–128.

Mirollo, James: *The Poet of the Marvelous Giambattista Marino.* New York/London 1963.

Saviotti, Gino: *Il Cavalier Marino.* Firenze 1929.

Stigliani, Tommaso: *Dello occhiale. Opera difensiva scritta in risposta al Cavalier Gio Battista Marini.* Venedig 1627.

Stigliani, Tommaso: *Il Mondo Nuovo Poema eroico del Cav. Fr. Tomaso Stigliani diviso in trentaquattro canti cogli argomenti dell'istesso autore.* Rom 1628.

Tasso, Torquato: *Gerusalemme conquistata.* Hrsg. von Luigi Bonfigli. Bari 1934.

Tasso, Torquato: *Giudicio sovra la Gerusalemme riformata*. Hrsg. von Claudio Gigante. Rom 2000.
Tasso, Torquato: *Lettere poetiche*. Hrsg. von Carla Molinari. Varese 2008.
Alberigo, Giuseppe: Art. „Aleandro, Girolamo". In: *Dizionario Biografico degli Italiani*. Bd. 2. 1960, https://www.treccani.it/enciclopedia/girolamo-aleandro_(Dizionario-Biografico)/ [letzter Zugriff: 23.03.2022].
Leone, Marco: Art. „Villani, Nicola". In: *Dizionario Biografico degli Italiani*. Bd. 99. 2020, https://www.treccani.it/enciclopedia/nicola-villani_(Dizionario-Biografico)/ [letzter Zugriff: 23.03.2022].

Christopher Balme
Citizen Censorship

> "how can the careless be secure, where the most vigilant are surprised?"
> William Prynne, (*Histrio-mastix*, Actus 6 scena Tertia, 1633, 373)

Since the 1990s literary, and to a lesser extent theatrical, censorship has been redefined under the term 'new censorship'. Following a broadly Foucauldian approach the term refers to an understanding of censorship that is not a clearly defined binary relation between an oppressive state or ecclesiastical authority and an embattled author but is understood in terms of a multiplicity of mechanisms for "for legitimating and delegitimating" discourses or "access to discourse".[1] This broad definition might also include literary criticism in as much as its aim is to silence an offending author. The early modern theatre provides a complex field in which to explore questions of censorship in this diffuse, multipolar context. The emergence of professional, market-driven, all-year-round theatre in Western Europe in the sixteenth century created a situation where mechanisms of state control were implemented to surveil and monitor the steady stream of new texts. Whether the Protector in Spain, the Master of Revels in England, or the Faculty of Theology in Paris, in all cases institutions of licensing, control and occasional repression of theatrical plays were at work. This paper will expand the notion of censorship to include the concept of vigilance, meaning here appeals to and by private citizens to control and even silence theatrical performances. Vigilance is dependent as much on the attentive individual citizen as on the watchful state censor. The focus will be on late 16th and early 17th century England in the context of radicalising Protestant movements which positioned themselves increasingly against official institutions of the state and church. Known at the time as 'Puritans', they paid special attention to theatrical performance in its many manifestations. From a position of subaltern opposition, these 'concerned citizens' (schoolteachers, lawyers, lay-preachers) repeatedly drew attention to the problems occasioned by the stage. They perceived a failure of governance and control on the part of the state and the official church and engaged in a variety of performative and discursive interventions to discipline or even silence the players. While the relationship between Puritan opposition to the stage is well known, the concept of vigilance provides a way to illuminate deeper structural patterns of discursive control that resonate in our own time. My main example will be the most notorious antitheatrical Puritan of the time, William Prynne, whose 1000-page diatribe against the stage, *Histrio-mas-*

---

[1] See Burt *Licensed by Authority*, p. 12; Ruge, Preaching and Playing, p. 46.

tix, earned him a prison sentence in the Tower of London and cropped ears. This reading of Prynne's famous and mostly unread compendious pamphlet will be framed by a discussion of the term 'citizen censorship' which draw on Judith Butler's discussion of the citizen subject's power to 'silence' other subjects while exercising the right to freedom of speech.

Terminology

The term citizen censorship has a slightly oxymoronic ring to it. Is not the citizen, at least when exercising political rights or artistic expression, the object and target of censorship rather than the agent of it? If we equate censorship with state or ecclesiastical authority as most definitions do, then the power relationship is clearly defined as one of a subaltern subject being controlled by a more powerful body. To speak of citizen censorship means asking implicitly the question: can the subaltern citizen censor? This means exerting power to silence or control other citizens' speech when exercising the right to express themselves freely. Most discussion of censorship in the early modern period, even within the conceptually expanded framework of 'new censorship research', does not really engage with the question of the citizen censor on a lateral level: i.e., from citizen to citizen outside the usual vertical hierarchies. An attempt to move closer to this notion of lateral censorship can be found in Judith Butler's writings of the late 1990s that culminate in *Excitable Speech*, her discussion of hate speech. The final chapter, 'Implicit censorship and discursive agency', is a revised version of an essay first published under the title: "Ruled Out: Vocabularies of the Censor" (1998).

Butler argues against the assumption that censorship is exclusively exercised by the state making use of its power against those deprived of power: "to become a civic and political subject, a citizen-subject, one must be able to make use of power, and this ability to make use of power is, as it were, the measure of the subject [...]. Implicit in this notion of a citizen-subject is a conception of a human subject with full control over the language one speaks."[2] Although her context is the US constitution and various issues such as homosexuality and the military, anti-affirmative action initiatives, and the essay well predates the explosion of social media, she nevertheless argues that the censorship discussion has been redefined away from "(a) view of censorship as one in which a centralized or even sovereign power unilaterally represses speech." She argues that subjects are not necessarily victimized in the *alternate view*, which asserts that citizens can exert power to de-

---

2 Butler, Ruled Out, p. 248.

prive one another of the freedom of speech: "When one subject, through its derogatory remarks or representations, works to 'censor' another subject, that form of censorship is regarded as 'silencing'".³ Butler is moving towards an understanding of censorship beyond direct state or institutional control, because these are few and far between in the US context with its constitutional 'safeguards'. When censorship happens between (citizen)subjects, Butler presupposes that the censoring entity assumes in some way institutional power:

> institutional power is presupposed and invoked by the one who delivers the words that silence. Indeed, the subject is described according to the model of state power, and although the locus of power has shifted from the state to the subject, the unilateral action of power remains the same: power is exerted by a subject on a subject, and its exertion culminates in a deprivation of speech.⁴

I shall be arguing that this form of silencing, where one citizen or group of citizens censor another group and abrogates to itself the prerogative of state or ecclesiastical power, has its origins in the febrile, politically, and religiously polarized world of early modern England. It is a world of suspicion, espionage, and continual vigilance where the 'other' group needed to be scanned for signs of religious deviance. By the mid-sixteenth century this meant adherence to the Catholic faith. In a country which had undergone two full-scale conversions within half a century one could never be too careful: papists were everywhere and perforce experts in the art of camouflage, subterfuge, and dissembling. In other words, 'popery', a trigger word of the time, was equated with playing and acting as on the stage. Because papists and popery were in this sense invisible, only extreme citizen vigilance and control could provide the necessary tools to identify the miscreants. The 'old' question of puritan opposition to the stage can, I argue, be revisited from a new perspective afforded by the perspective of lateral vigilance.

Butler's citizen-subject/censor predates, as mentioned, the excessive trolling occasioned by the rise of social media but the latter only constitute the conduit for the discursive battles of the 1990s she discusses. Clearly, the desire and will of the citizen-subject to silence others is already there and, as the following discussion will elucidate, its medium was the pamphlet. Elizabethan and Jacobean England was a world of incessant pamphlet warfare which exceeded the limits of the state to control it, as diatribes, invectives, and calumnies were disseminated around the country: As George Orwell put it: "Violence and scurrility are part of the pamphlet tradition, and up to a point press censorship favours them". He ar-

---

3 Butler, Ruled Out, p. 254.
4 Ibid, p. 255.

gues that the pamphlet thrives through censorship because illegality and censorship actually justify its existence and exist in a relationship of mutual reinforcement.[5] In the context of early-modern citizen vigilance, the pamphlet was the preferred medium of attack.

Theatrical censorship

The history of both the pamphlet and of censorship in the early modern period begin with the invention of the printing press. This technological innovation suddenly made available a quantity of written material that worried both princes and popes. The latter reacted with the *Index Librorum Prohibitorum*, the Catholic Church's ever-expanding list of prohibited books that begins life in the mid-sixteenth century and continued into the twentieth. The final edition appeared in 1948. Although mainly doctrinal in scope with a focus on heresy, the *Index* also included secular, scientific works. Roughly parallel to appearance of the first edition of the *Index*, secular authorities in Europe also began regulating the book trade which was censorship by another name. In this context theatrical censorship meant the licensing of plays rather than surveillance of performances. In Spain censorship became formalized by the early 17th century. From 1615 onwards, notes theatre historian Melveena McKendrick, "every new play had to be passed, and if necessary, expurgated and altered by a censor and a *fiscal* (the officer responsible for the implementation of censorship) who was answerable to the Protector."[6] It could then be licensed but was still open to Inquisitorial interference and bans. McKendrick writes: "The *corrales* [the Spanish public theatre] exposed a wide public, which included even the illiterate, to a succession of imagined worlds and a range of interpreted facts and ideas which many churchmen saw as dangerous even if not heretical."[7] In England, control of the theatres and protection of the public was first institutionalized in 1581 through the office of the Master of Revels, a courtly rather than ecclesiastical authority, which formalized what had previously been a self-regulating practice. Richard Dutton attributes the new regulation to two factors: firstly, the Reformation and secondly the growing importance of London theatres. He makes clear that "[a]s far as control of the drama was concerned, church sponsorship of religious theatre, before the break with Rome, contained local differences without apparent effort; after the break,

---

5 Orwell, *Introduction*, p. 8.
6 McKendrick, *Theatre in Spain*, p. 189.
7 Ibid., p. 204.

different authorities – civil, ecclesiastical, local, national – ceased to pull in unison."[8] As an example he cites the official ban of provincial cycles of Mystery (or Miracle plays) which was put into practice exactly because of their popularity and Roman Catholic associations. One of the most blatant examples of official censorship happened under Edward VI who, seeing that the confrontations between Catholics and Protestants had taken over the stage, simply forbade all plays which were increasingly seen as causing political upheaval and disorder in the capital. But censorship was also dependent on class, as "there was no apparent will to dictate what the various privileged audiences of the ruling classes – as distinct from those beneath them – could and could not see."[9]

The practice of class-sensitive censorship led to what Dutton calls the "court standard" which defined what was allowed to appear on stage and what was excluded.[10] The "court standard" was enforced by the Master of the Revels who took on the responsibility of censoring plays in 1581 and whose judgement on the "court standard" of plays enabled it to trickle down to the public theatres. Dutton has pointed out that this function was not primarily to set up a national bureaucratic institution censoring every play published, but instead to find and stage shows suitable for the Queen which also came at an affordable price.[11] Gradually, however, the Master of the Revels established himself as "the sole regulator of the London stage [...]. But he also emerged as its protector."[12] The Master of the Revels, rather than watching a performance, normally checked plays by looking at the script which, if approved, was then the only version allowed to be published. In terms of leniency, Dutton has shown that most incumbents of the office were sensitive to the religious and political aspects of a play, but usually rather generous in their evaluation of what was performable. They did, however, censor passages and plays where the implications were too strong or those which would have offended important people.[13]

Puritans

Whether self-regulating or state censored the public stage remained a problem for a particular group within Protestant England who became known as the Puritans.

---

8 Dutton, Censorship, 1997, p. 291.
9 Ibid., p. 292.
10 Ibid., p. 293.
11 Dutton *Mastering the Revels*, pp. 49 ff.
12 Dutton, Censorship, p. 296.
13 Ibid., p. 299.

Although the many opponents of the stage often had Puritan sympathies, some did not. And although Puritans opposed the theatre in principle, they did not abhor it unconditionally. The term 'Puritan' is a vexed one, coined as it was in a pejorative sense by the movement's opponents. Broadly speaking it denotes an extreme form of Protestantism involving a rejection of formalized ceremony, a preference for small congregations rather than hierarchical 'episcopal' church structures, and a bible-focused understanding of Christian teachings. Those groups that one would tend to associate with Puritan doctrine covered a broad range of sects and groupings including Anabaptists and Presbyterians. They were united in their opposition to developments within the official Church of England that seemed to be reverting back to Catholicism. They termed themselves the 'godly' people, meaning an adherence to scripture – and thus the true teachings of Christ – rather than to ceremony. Peter Lake has claimed that being 'godly' did not necessarily preclude one from going to the theatre and there is ample evidence that "as late as the early to mid 1580s, the self-identified godly were still going to the theatre."[14] In fact Lake even suggests that the stage vied with the pulpit and pamphlet press for audiences because all were struggling with the same cultural and ideological issues.

Dealing with Puritan antitheatricalism on a purely doctrinal level partially conceals the social dynamics of the struggle that would continue for decades with various ups and downs until the theatres were provisionally closed in 1642, and then finally and with the full force of law in 1647. While the Puritans certainly rehearsed the older arguments against the theatre, going back to Plato and the Church Fathers, their opposition was born of a much more complex power struggle. A group of mainly middle-class pious citizens convinced of their doctrinal rectitude took up discursive arms against a sea of theatrical trouble and by opposing also ended it. They were teachers, lawyers, occasionally noblemen, even actors. Puritan opposition to the stage went through several phases, beginning in the 1570s and 1580s, dying down in the 1590s when the Puritan movement was driven underground, only to re-emerge in the Caroline period.

The re-emergence of the anti-theatrical movement in the early seventeenth century is linked to two far-reaching institutional changes, one theatrical, the other religious, brought on by the Stuarts after 1604. In the realm of theatre, the previous rights of patronage enjoyed by various nobles were withdrawn and replaced by centralized control resting with the Lord Chamberlain, represented by the Master of Revels. The control of the stage was much stricter under James than Elizabeth, as Margot Heinemann notes in her study on Puritanism and the theatre: "Within three or four years of his coronation, James had virtually taken

---

14 Lake and Questier, *The Antichrist's Lewd Hat*, p. 483.

into royal hands the control of players, plays, dramatists and theatres.'[15] This meant that the theatre(s) were now virtually directly subordinated to the court and theatrical activity was perceived as an extension of the court. In the words of John Dover Wilson: "The actor could scarcely be anything but royalist."[16]

The new censorship of plays included the familiar bans on criticism of the court including the representation of a ruling sovereign and friendly foreign powers but was now extended to encompass comment on religious controversy, the use of profanity and oaths, and personal satire on influential people. The new regulations focused almost exclusively on political censorship, "but it concerned the matters that most directly affected people's lives: the relationship between Church, state and the individual."[17]

At the same time the Puritan movement was taking on a more pronounced political dimension, as its influence began to be felt in parliament. This direct political engagement gained momentum after 1633 when the controversial reform program strengthening high church policy against Puritanism initiated by Archbishop William Laud took on a repressive character. Laud's repression effectively continued the policies begun by his predecessor Whitgift but imposed them in a much more systematic fashion. One of the most bitter opponents of Laud, his victim, and ultimately his prosecutor, was the Puritan lawyer, William Prynne.

William Prynne as citizen censor

The opposition between Puritanism and the state church could be implacable and found its most persuasive and vociferous spokesperson in the lawyer William Prynne. Like most Puritans, he was fiercely loyal to the sovereign but at the same time intensely sceptical of the state church whose head was the reigning monarch. Caught in this highly conflicted ideological space, Prynne cast his implacable gaze on all manner of social, political, and religious ills, the most egregious of which was, apart from the papist tendencies of the ruling Anglican church, the stage in all its manifestations.

By the time Prynne began his outpourings (he penned over a hundred books and pamphlets in the early 17th century), the 'Puritan' had already entered the stage as a figure of ridicule. Puritan attacks on theatre engendered a response by dramatists, who created the figure of the stage-puritan, which helped determine

---

15 Heinemann, *Puritanism and Theatre*, p.36.
16 Wilson, The Puritan Attack, p. 451.
17 Heinemann, *Puritanism and Theatre*, p. 37.

public discourse, perhaps even until today. The figure of Malvolio in Shakespeare's *Twelfth Night* is a stage-puritan in all but name, but it is Ben Jonson who explicitly perpetuates the figure. The figure Zeal-of-the-Land Busy in *Bartholomew Fair* (1614), for example, represented through a puppet show contains all the key attributes: zealousness, intolerance of all things theatrical, and an abhorrence of cross-dressing inherent in stage representation. So powerful were the stereotypes generated by dramatists such as Jonson that the argument has been made that "it may have been the stage–puritan who invented, or re–invented, the puritan, and not the other way round."[18] Enno Ruge has argued that the relationship between the two sides was based on reciprocity through mutual censorship: "both the Puritans' attack on the stage and the ridiculing of the Puritans from the stage could be regarded as censorship. In their power struggle each group tries to delegitimate the other's discourse."[19]

Prynne's most famous work is the 1000-page tome, *Histrio-mastix*, which earned him both a reputation as an antitheatrical crusader as well as a prison sentence in the Tower and cropped ears for slandering the Queen. While imprisoned in the Tower, and undeterred by such minor setbacks as a life sentence, cropped ears and a hefty £5000 fine, Prynne continued his campaigns against Archbishop Laud and the Anglican church – whom he considered an even greater evil than the theatre – by smuggling out pamphlets. In 1637 he was put on trial again together with two other Puritan miscreants and convicted of sedition anew. This time his sentence consisted of being placed in the pillory, his ears were fully removed (Prynne claimed that God made them grow back the first time) and, most famously, the letters S.L., standing for seditious libeller, were branded onto his cheek. Both trial and punishment were public events and, far from acting as warnings to other potential seditious libellers, he evidently enjoyed the support of the crowd.

At the beginning of *Histrio-Mastix*, the author apologizes for its "tedious prolixity" but justifies its length in the light of the dangerous disease it seeks to counter:

> Hee who will cure a large spreading gangrene, must proportion his plaister to the maladie (...) Players and Stageplaies, with which I am now to combate in a publike Theatre in the view of sundry partiall Spectators, are growne of late so powerfull, so prevalent in the affections, the opinions of many both in Citie, Court and Country; so universally diffused like an infectious leprosie, so deeply riveted into the seduced prepossessed hearts and judgements of voluptuous carnall persons, who swarme so thicke in every Play-house, that they leave no empty place, and almost crowd one another to death for multitude.[20]

---

18 Collinson, Ben Jonson's *Bartholomew Fair*, p. 164.
19 Ruge, Preaching and Playing, p. 36.
20 Prynne, *Histrio-mastix*, n.p.

The figurative language forms around clusters of metaphors: illness and disease; sexual excess; and even theatricality itself, which Prynne both opposes and employs in the sense that he sees his book as "a publike Theatre in the view of [...] Spectators".

I shall focus here on two recurring arguments that cast light on the language of vigilance. Firstly, the term vigilance and its cognates occur frequently either as citations from the early church fathers and their opposition to the theatre, or more generally as a Puritan obsession with gaining access to the innermost regions of the soul. Secondly, the complex of Anglicanism, usually referred to as 'Popishness', is in Prynne's view just Catholicism in disguise. It is the disguised, dissembling nature of Catholicism masquerading as Anglicanism, which forms a central theatrical trope in Prynne's argument. The ability to recognize disguises justifies the need for vigilance that only the attentive, pious citizen can provide.

Prynne's understanding of vigilance is derived from the early church fathers who employ the trope of the watchtower as a vantage point from which to surveil the sinful doings of actors. Prynne's preferred authority is St Cyprian, especially his *De Spectaculis*, whom he cites dozens of times. A favourite citation is from a letter St Cyprian wrote to another bishop: "O (writes he, Cyprian) that thou couldest in that sublime watchtower insinuate thine eyes into these Players secrets; or set open the closed doors of their bed-chambers, and bring all their innermost hidden Cels unto the conscience of thine eyes."[21] He brings the same quotation in slightly different versions at least two other times, and even provides cross-references in the footnotes.

The addressee is another bishop, Eucratius, whom Cyprian advises to excommunicate an actor who had been training other young men for the stage. Yet the principle goes well beyond the concrete communication situation. The sublime watchtower (*sublimi specula*) is a metaphorical embellishment of a literal term for an elevated vantage point. It is clear that the actors are up to no good, which he defines as "sodomical uncleanliness". The observation of the sin from the sublime watchtower is framed almost as a voyeuristic act: *"thou mightest see that done by these unchaste persons, which is a sinne to see: thou mightest see that, which they sighing under the fury of their vices deny themselves to have done, and yet they hasten for to do it."*[22] Actors (termed here players) are of course masters of dissembling and the sublime watchtower is the means to penetrate the dishonesty and subterfuge of the profession.

---

21 Ibid., p. 135.
22 Prynne, *Histrio-mastix*, p. 333, original italics.

A second area of concern is the practice of cross-dressing in both directions. Prynne cites various examples ranging from Jean of Arc (whom he claims was burnt at the stake for dressing as a man) to the example of four friars (*Popish shaveling Priests*) during Henry VIII's reign who met up with a prostitute disguised as a man and upon whom they "bestowed their chastity" (lost their virginity) one after the other (although they were "good Curates"). If women dressing as men were not bad enough, men dressing as women is much worse: "doth not a mans attiring himselfe in womans vestments, of purpose to act an effeminate lascivious, amorous Strumpets part upon the Stage, much more demerit it, since there can be no good pretext at all for it?"[23] Here, and he is taking aim at the practice of boy actors, the sin is more egregious because it is committed solely for the purpose of stage entertainment ("there be no good pretext"). While a prostitute dressing up as a man could be justified by the lifeworld context (the prostitute is exercising her profession), there is no excuse for the stage actor to indulge in such deceit while performing the role of prostitute.

Popish priests are also guilty of another crime, namely of fostering and performing in theatrical entertainments themselves.

> divers of the Popish Clergie were common Jesters, Actors, Dicers, Dancers, Epicures, Drunkards, Health-quaffers; that they both acted & caused Playes and Enterludes to be personated both in Churches & elswhere, especially on the feasts of Innocents, New-yeares day, and the Christmas holy-dayes[24]

Here Prynne is conjuring up the history of medieval and late-medieval theatre, which begins within the context of liturgical celebration (Christmas, Easter, Saints plays etc.). The charge is ultimately a question of representation and a fundamental rejection of any kind of physical presentation of holy scripture:

> O the desperate madnesse, the unparalleld profanes of these audacious Popish Priests & Papists, who dare turn the whole history of our Saviours life, death, Nativity, Passion, Resurrection, Ascension, and the very gift of the holy Ghost descending in cloven tongues, into a mere profane ridiculous Stage-play; (...) contrary to the forequoted resolutions of sundry Councils and Fathers, who would have these things *onely preached to the people, not acted, not represented in a shew or Stage-play.*[25]

Prynne's attack on the stage is also a reckoning with his main enemy, the Anglican church, which is in his eyes Catholicism in disguise. The solution is not the censor-

---

23 Ibid., p. 185.
24 Ibid., p. 763, original italics.
25 Ibid., p. 765, original italics.

ing of individual works or the delicensing of particular theatres, which the state attempts to do via the Master of Revels, but the complete elimination of the whole institution. He bemoans the fact that the state censor, the Master of Revels, has no jurisdiction over itinerant troupes.[26]

Although Prynne's book was seized and destroyed, it continued to circulate, as did his arguments, in the public sphere. In 1642 the long parliament closed all playhouses, so ultimately Prynne's work was done. A simple lawyer labouring from Lincoln's Inn and later from within the Tower of London, helped bring about the ultimate act of theatrical censorship: the closure of the institution, root, and branch, for nearly two decades: The citizen censor proved more effective than the state-run version.

While repeating at nauseating length all the arguments against the stage gathered over the centuries, Prynne's diatribe is deeply ambivalent. Clearly fascinated by the phenomenon he decries, he goes beyond just rehearsing the old objections: seeing and watching are not just the surface transgressions, but also the means to surveil and see into men's minds and their rooms of sin. The theatre is perhaps the dominant trope of the Christian dilemma: how to gain access to the consciences of men and women and the deeper recesses of sin. Theatre celebrates the double life of human society through its perfection of masquerade and dissembling. The sublime watchtower is perhaps the only way to gain access to this world and take up arms against those who do not adhere to the true faith.

Conclusion

The censorious citizen-subject who abrogates to himself the right to silence others emerges in early modern England in the context of violent religious polarization. There was little middle ground in a society that had abandoned and reintroduced the Catholic faith within one generation only for the Protestantism to be re-established again. For Puritans such as Prynne, the greatest danger for spiritual wellbeing lay in the state Anglican church, which they/he regarded as Catholicism in all but name. It was closely followed by the public stage which was not only connected institutionally to the court and hence the state but overtly celebrated the sins of disguise and dissembling.

I have argued that much of Prynne's antagonism to the stage is closely linked to the problem, as he saw it, of recognizing Catholicism in all its concealed forms. The stage had been an official vehicle of the Catholic church and its followers had

---

26 Prynne, *Histrio-mastix*, p. 492.

gained considerable expertise in the arts of camouflage. Although there existed official state censorship through the office of the Master of Revels, its jurisdiction in the Puritan mind fell well short of being able to control all the nefarious manifestations of theatricality at work in society. Only the attentive citizen when made aware of these forces could really point out and combat the ills of the stage. In this world vigilance is the duty and prerogative of the individual citizen and Prynne's thousand-page pamphlet, *Histrio-mastix*, was the instruction manual.

References

Burt, Richard: *Licensed by Authority: Ben Jonson and the Discourses of Censorship.* Ithaca 1993.
Butler, Judith: Ruled Out: Vocabularies of the Censor. In: Robert C. Post (ed.): *Censorship and Silencing: Practices of Cultural Regulation.* Los Angeles 1998, pp. 247–260.
Collinson, Patrick: Ben Jonson's Bartholomew Fair: The Theatre constructs Puritanism. In: Smith, David L./Strier, Richard/Bevington, David (eds.): *The theatrical city: culture, theatre and politics in London, 1576–1649.* Cambridge 1995, pp. 157–169.
Dutton, Richard: Censorship. In: Cox, John D./Kastan, David Scott (Eds.): *A New History of Early English Drama.* New York 1997, pp. 287–304.
Dutton, Richard: *Mastering the Revels. The Regulation and Censorship of English Renaissance Drama.* Iowa City 1991.
Heinemann, Margot: *Puritanism and Theatre. Thomas Middleton and Opposition Drama under the Early Stuarts Past and Present Publications.* Cambridge 1980.
Lake, Peter/Questier, Michael C.: *The Antichrist's Lewd Hat: Protestants, Papists and Players in Post-Reformation England.* New Haven 2002.
McKendrick, Melveena: *Theatre in Spain, 1490–1700.* Cambridge 1989.
Orwell, George: Introduction. In: Reynolds, George/Reynolds, Reginald (Eds.): *British Pamphleteers.* Vol. 1. London 1948.
Prynne, William: *Histrio-mastix, The Players Scourge or Actors Tragedie, Divided into Two Parts.* London 1633.
Ruge, Enno: Preaching and Playing at Paul's: The Puritans, *The Puritaine*, and the Closure of Paul's Playhouse. In: Müller, Beate (Ed.): *Censorship & Cultural Regulation in the Modern Age.* Amsterdam 2004, pp. 33–62.
Wilson, John Dover: The Puritan Attack Upon the Stage. In Ward, A.N. (Ed.): *Cambridge History of English Literature.* Cambridge 1910, pp. 373–409.

Olaf Stieglitz
Den Verrat erzählen – Sprachen der Wachsamkeit innerhalb der Black Panther Party

Der Spielfilm PANTHER des afroamerikanischen Regisseurs Mario Van Peebles kam 1995 in die Kinos.[1] Die erfolgreiche Produktion zeigt die Gründung der Black Panther Party for Self-Defense und die ersten Jahre ihres Bestehens in Oakland, Kalifornien. Der Film ist ein Dokudrama; er bettet die Darstellung von dokumentierten Fakten über die Geschichte der Black Panther Party und ihrer Gründer in eine fiktive Rahmenhandlung ein, die die persönlichen Beziehungen zwischen den Mitgliedern der Gruppe betont. Durch die Verwendung von Schwarz-Weiß-Filmmaterial aus den späten 1960er Jahren versucht PANTHER Authentizität zu suggerieren, wenn er bekannte Ereignisse aus den Anfangsjahren der Partei darstellt, wie zum Beispiel ihren Widerstand gegen Polizeigewalt oder ihren Protestmarsch zum kalifornischen Parlament in Sacramento. Wie Kristen Hoerl gezeigt hat, stimmen viele dieser Szenen aus PANTHER eng mit den Beschreibungen der Ereignisse überein, die entweder von Teilnehmer:innen oder in wissenschaftlichen Werken der Geschichts- oder Politikwissenschaften verfasst wurden.[2] Der Film versucht, Worte in bewegte Bilder umzuwandeln, um deren Bekanntheit und Verbreitung beim Kinopublikum der 1990er Jahre zu erhöhen. In der Erzählung des Films wird deutlich, dass das Engagement der Black Panther Party die Bevölkerung der afroamerikanischen Wohnviertel von Oakland enorm unterstützte und bereicherte; die Partei betrieb, so erzählt es PANTHER, erfolgreich Community Building. Dem Film zufolge führte dieser Erfolg zu ungesetzlichen und gewalttätigen Reaktionen sowohl der örtlichen Polizei als auch des FBI, was ebenfalls gut dokumentiert ist.[3] Insgesamt hat Van Peebles PANTHER als bewusstes Mittel der Erinnerungspolitik inszeniert, als ein Werkzeug, um eine nutzbare Vergangenheit (*usable past*) zu etablieren, die den

---

Anmerkung: Der Autor bedankt sich für die vielen wertvollen Kommentare, die er aus Anlass seines Vortrags erhalten hat. Teile dieses Beitrags sind bereits 2014 in der Zeitschrift *Rethinking History* in englischer Sprache erschienen.

1 PANTHER, USA 1995, produziert von Working Title/Tribeca, unter der Regie von Mario Van Peebles und nach dem Roman von Melvin Van Peebles.
2 Hoerl, Mario Van Peebles's Panther.
3 Jones, Political Repression of the Black Panther Party; O'Reilly, „Racial Matters"; Churchill/Vander Wall, *Agents of Repression*.

Open Access. © 2023 bei den Autorinnen und Autoren, publiziert von De Gruyter. Dieses Werk ist lizenziert unter einer Creative Commons Namensnennung 4.0 International Lizenz.
https://doi.org/10.1515/9783111026480-012

Bedürfnissen der Gegenwart und der Zukunft gerecht wird.[4] Der Film stellt eine Parallele zwischen der Situation in Oakland in den späten 1960er Jahren und den vorherrschenden Bedingungen in den afroamerikanischen Gemeinden der US-Städte in den 1990er Jahren her.

Vor diesem Hintergrund der Darstellung von Fakten, eingebettet in einen fiktionalen Rahmen, ist es interessant zu erkennen, wie zentral die Idee des Verrats und die Figur des Informanten für die Erzählung von PANTHER sind, wie die Filmhandlung die Rolle und die Funktionen der klandestinen Infiltration für radikale politische Gruppen ausarbeitet. Judge (gespielt von Kadeem Hardison) ist die fiktive Hauptfigur der Geschichte, das Zentrum einer Erzählung, die sich um persönliche Beziehungen, um Vertrauen und Misstrauen, Geheimhaltung und Wissen, Strategie und Verrat dreht. Nur zögerlich nähert er sich der Partei und ist fassungslos, als die Anführer um Huey Newton (Marcus Chong) ihn mit ernsthaften Loyalitätstests konfrontieren, bevor er tatsächlich in ihre Reihen aufgenommen wird. Doch schon bald entwickelt sich zwischen Judge und Newton eine vertrauensvolle Freundschaft. So überredet Newton, der als strategischer Parteiführer die Schritte der Polizei vorausahnt, Judge, den Kontakt zur örtlichen Polizei zu suchen und den Behörden (streng gefilterte) Informationen zu liefern. Tatsächlich wird Judge zum Informanten eines Polizeibeamten, der seinerseits den anspruchsvollen Vorgesetzten im Hauptquartier Bericht erstatten muss. Newtons kluges Kalkül scheint aufzugehen, aber wie der Film zeigt, ist niemand in der Lage, die Ergebnisse zu kontrollieren, sobald sich die Dynamiken der Informationsweitergabe und der sonstigen Handlungen zu beschleunigen beginnen.

Wenn die Erinnerungspolitik im Mittelpunkt der Intentionen des Films steht, warum bettet er dann die Dokumentation in einen fiktiven Rahmen ein? Und warum spielen die Idee der Infiltration und die Figur des Informanten eine so wichtige Rolle? Warum ist es für die Erinnerungspolitik hilfreich oder womöglich gar notwendig, die Erzählung als ein Drama zu gestalten, das Nähe, Vertrauen und Verrat betont? Warum gibt sich der Film so viel Mühe, Informationspreisgabe darzustellen? Eine Antwort auf diese Fragen könnte lauten, dass das wissenschaftliche und politische Wissen darüber, wie immens Polizei und FBI die Black Panther Party infiltriert, unterwandert und zersetzt haben, so reichhaltig ist, dass die Darstellung des Verrats auf die Ebene der Fakten gehört. Aber wo, so könnte man auch fragen, in welchen Texten und entlang welcher Handlungsstränge wurden diese Fakten überhaupt geschaffen? Inwieweit ist die Narration, das eigentliche Geschichtenerzählen, wesentlich für die Feststellung von Tatsachen? In diesem Sinne werde ich die Spuren des Verrats untersuchen, die in Texte führen, die die

---

4 Confino, Collective Memory and Cultural History.

frühe Geschichte der Black Panther Party erzählen. Welche Rolle spielen Spitzel in Texten aus den späten 1960er oder frühen 1970er Jahren, und wie werden sie in autobiografischen Schriften aus den frühen 1990er Jahren erinnert? Werden in diesen Texten die gruppeninternen Beziehungen von Vertrauen und Verrat thematisiert? Welche Attribute gehen mit den Begriffen Misstrauen und Denunziantentum einher? Wie verhält sich die Präsenz von Überwachung und Unterwanderung zu den Erwartungen des Publikums? Wie relevant ist, mit anderen Worten, die Figur des Denunzianten für das Erzählen von stabilem Wissen oder der ‚wahren Geschichte' der Black Panther Party?

I.

Moderne Macht basiert auf Geheimhaltung und Zugang zu exklusivem Wissen, und Spionage, Täuschung, Fehlinformation und Verrat sind feste Bestandteile dieser Konstellation.[5] Geheimnisse, nicht nur von Staaten, sondern auch von Unternehmen, politischen oder religiösen Organisationen oder innerhalb von Familien, sind streng gehütetes Wissen, das nur einer kleinen Gruppe von Insidern zugänglich ist. Dies zieht drei Konsequenzen nach sich. Erstens verlangen sie nach einem Regime der Sicherheit, nach Regelungen, die das Geheime vor anderen schützt. Zweitens weckt sie den Wunsch nach Aufdeckung oder Diebstahl von verborgenem Wissen für diejenigen, die ebenfalls davon profitieren könnten. Drittens unterstreicht es auch die Bedeutung der Person, die spricht, die es wagt, das Geheimnis zu verraten, die das Tabu bricht. Diese Person kann ein Spion sein, ein professioneller Agent, aber das Interesse steigt, wenn sie es nicht ist. Je enger und ‚natürlicher' das Band der Loyalität ist, desto größer ist die Aufregung über den Verräter – eine Person, die den Korpsgeist, die politische Solidarität oder sogar Familienbande und Freundschaften stört, wird als Denunziant bezeichnet, die meistverachtete Variante des Verräters. Um sich gegen dieses Etikett zu wehren, wenden diese Personen viele Strategien an, um solche Handlungen als positiv, wertvoll oder edel umzudeuten. Obwohl er oft als eine Art anthropologische Konstante enthistorisiert wird, steht der Denunziant vielmehr im Zentrum eines kontingenten historischen Machtkampfes.[6]

Alle drei Folgen des streng gehüteten Geheimnisses regen zum Erzählen an. Ich betrachte diese Prozesse des Erzählens über Geheimhaltung und Verrat als höchst produktiv im Sinne Michel Foucaults, weil sie Wissen generieren und verständli-

---

[5] Für eine übergeordnete Analyse solcher Konstellationen siehe Horn, *Der geheime Krieg*.
[6] Stieglitz, *Undercover*.

chen Sinn herstellen.[7] Diese von allen Beteiligten konstruierten und daher notwendig widersprüchlichen Narrative müssen aktiv mit der Unsicherheit umgehen, die sich aus dem begrenzten Zugang zu jedem streng gehüteten Wissen ergibt. Das Unbekannte und Unsichtbare bedarf einer außerordentlich dichten Beschreibung. Eines der Hauptziele der Narration ist es, Wissen zu stabilisieren, Wissen so zu vermitteln, dass die Effekte von Verlässlichkeit, Kausalität und Bedeutung entstehen. Dies ist ein prekäres und meist umstrittenes Ziel, und Texte müssen eine allzu einfache Unterscheidung zwischen Fakt und Fiktion überbrücken, denn sie brauchen die Fiktion, um die Lücken zwischen den Bruchstücken des verfügbaren Wissens zu füllen. Ihre Erzählungen verknüpfen einzelne Ereignisse oder Prozesse mit identifizierbaren Subjekten mit bestimmten Interessen und Motiven, sie gründen ihre Argumentation im Mythos und damit außerhalb der kontingenten Geschichte, sie stabilisieren ihre Erzählungen, indem sie sich auf vermeintlich vertrauenswürdige Dokumente stützen – oder sie beziehen sich aufeinander, um bestimmte Geschichten zu bestätigen oder zu disqualifizieren. Diese Intertextualität konkurrierender Erzählungen über Geheimhaltung und Verrat ist der Kern meines Arguments: Je instabiler oder unsicherer das Wissen ist, desto mehr interagieren die Narrative in ihrem produktiven Machtkampf, um einen Effekt der Wahrheit zu erzeugen.

Bei den Black Panthers – wie bei vielen radikalen Gruppen, die den Umsturz der politischen Ordnung anstreben – verdoppelt sich das Konzept der Geheimhaltung, das sowohl von innen als auch von außen bedroht ist. Die etablierte Politik, die Strafverfolgungsbehörden und große Teile der amerikanischen Öffentlichkeit hielten die Partei für illegitim, gewalttätig und gefährlich, sie wurde kriminalisiert und damit gezwungen, in den Untergrund zu gehen. Diese Notwendigkeit, sich im Verborgenen zu halten, ihr Wissen und ihre Aktivitäten zu schützen, ging mit Überlegungen einher, die ihren Ursprung in einer orthodoxen marxistisch-leninistischen Doktrin hatten. Die Führungskräfte setzten eine Parteistruktur und -disziplin durch, die um einen engen Leitungszirkel herum aufgebaut wurde, der es für politisch und strategisch notwendig hielt, nicht jedem Mitglied oder jede:r Sympathisant:in zu vertrauen. In dieser Logik ist eine Revolution nicht zuletzt ein ständiger Kampf um die Kenntnis des Feindes innerhalb und außerhalb der Gruppe, was zu unterschiedlichen Praktiken der Identifizierung und Entlarvung führt.

Dieses doppelte Konzept der Geheimhaltung bildet den Rahmen für die in meiner Untersuchung analysierten Erzählungen. Sie haben drei Aspekte gemeinsam – die Natur des Geheimnisses, die Motive für den Verrat und die binäre Opposition von loyalem Mitglied und informierendem Gegner. Wie ich argumentieren

---

7 Koschorke, *Wahrheit und Erfindung*.

werde, stabilisierten die Black Panther-Mitglieder ihr Wissen innerhalb dieser Erzählungen von Vertrauen und Verrat, die sich auf die Figur des Informanten konzentrieren.

II.

Geschichte und Geschichtsschreibung über die Black Panther Party sind eng miteinander verknüpft, da in beiden der autobiografische Augenzeugenbericht von zentraler Bedeutung ist. Die Geschichtsschreibung über die Partei gliedert sich in drei chronologisch aufeinander folgende Abschnitte.[8] Eine erste Phase besteht aus den veröffentlichten Berichten führender Parteimitglieder wie Huey Newton (1942–1989), Bobby Seale (geboren 1936) und Eldridge Cleaver (1935–1998). Im Laufe der Jahre wuchsen diese Texte zu einem gewissermaßen kanonischen Wissensfundus heran, für Viele *waren* sie *die* Geschichte der Panther, obwohl sie von Anfang an von Gegenerzählungen von Seiten der Polizei, dem politischen Mainstream oder von parteikritischen Stimmen aus der afroamerikanischen Gemeinschaft herausgefordert wurden. Eine zweite Phase folgte nach der Veröffentlichung von Hugh Pearsons höchst umstrittener Biografie über Huey Newton im Jahr 1994.[9] Nun verlagerte sich der wissenschaftliche Fokus von Oakland und den Parteiführern auf die vielen Black Panther Parteiorganisationen in den ganzen USA und deren lokale Politik.[10] Ein dritter und aktueller Trend in der Geschichtsschreibung über die Panther betont nun vor allem kulturelle Aspekte und untersucht die Bedeutung der Black Panther für die heutige Populärkultur.[11]

In allen drei Phasen sind die Lebensgeschichten von Parteimitgliedern sehr wichtig. Für die Zeit bis 1971 sind sie und die Texte der Parteizeitung (*The Black Panther*) im Grunde die einzigen verfügbaren Primärquellen aus der Perspektive der Panther. Bei diesen Texten mag es überraschen, wie abstrakt sie mit der Möglichkeit der polizeilichen Überwachung und den Personen umgehen, die als Infiltratoren beschuldigt werden können. In einer marxistisch-revolutionären Logik argumentierend, konstruieren die Autor:innen derartige polizeiliche Maßnahmen als erwartbar. Dieser allgemeine Gedanke hängt mit dem Selbstverständnis der Black Panther Party als Avantgarde revolutionärer Prozesse zusammen, welches ihre Führung in eine komplizierte Lage bringt: Wenn mit Unterwanderung und in der Folge mit Verrat gerechnet werden muss, wer kann dann in den inneren Kreis

---

8 Street, Historiography of the Black Panther Party.
9 Pearson, *Shadow of the Panther*.
10 Siehe die Beiträge in Cleaver/Katsiaficas, *Liberation, Imagination, and the Black Panther Party*.
11 Ogbar, *Black Power*; Rhodes, *Framing the Black Panthers*.

aufgenommen werden, der über schützenswertes Parteiwissen verfügt? Eine Aussage von Huey Newton aus dem Mai 1968 liest sich wie folgt:

> Die Beziehung zwischen der Avantgardepartei und den Massen ist eine sekundäre Beziehung. Die Beziehung zwischen den Mitgliedern der Avantgardepartei ist eine primäre Beziehung. Es ist wichtig, dass die Mitglieder der Avantgardegruppe eine persönliche Beziehung zueinander pflegen. [...] Die Mitglieder der Avantgardegruppe sollten geprüfte Revolutionäre sein. Das wird die Gefahr von Onkel-Tom-Informanten und Opportunisten minimieren.[12]

Die Kerngruppe der Revolutionäre sah sich sowohl mit politischen Gegnern als auch mit der größeren Menge ihrer eigenen Gemeinschaft konfrontiert. Viele Texte aus dieser Zeit diagnostizieren eine Kluft zwischen der Avantgarde und dem vermeintlichen ‚Lumpenproletariat' der einfachen Afroamerikaner:innen, die nicht nur auf einen Mangel an revolutionärer Ausbildung, sondern auch auf wirtschaftliche, ‚klassenbedingte' Umstände zurückzuführen sei. Diese Kluft zu überbrücken, so argumentieren die Texte, sei gleichzeitig notwendig und gefährlich. Eldridge Cleaver zum Beispiel spielt darauf an, wenn er die Führung als Vorhut eines „schwarzen trojanischen Pferdes" bezeichnet, das 23 Millionen Menschen stark sei, aber potenziell gefährlich für die eigene Sache, wenn es nicht revolutionär geführt werde.[13] Und Newtons Rhetorik, Spitzel als ‚Uncle Toms' zu bezeichnen, verankert den Handlanger des Feindes nicht nur historisch durch die Verwendung eines bekannten und eindeutig negativen Bildes. Sie fungiert darüber hinaus als doppelter Appell: Die Partei braucht nicht nur intime Kenntnisse über ihre Kernmitglieder, sondern muss auch ein wachsames Auge auf ihre eigenen Ränder als mögliche Zonen der Infiltration haben.

Diese Wachsamkeit zeigte sich insbesondere in den Verfahren zur Aufnahme neuer Mitglieder in die Partei und zum Ausschluss von Mitgliedern, die des Verrats verdächtigt wurden. Viele frühe Veröffentlichungen sprachen sich vehement für derartige Verfahren aus. Einer langen Tradition klandestiner Organisationen folgend, diente die ‚Säuberung' in ihrem beinahe rituellen Stil einem besonderen Prozess der Wissensgenerierung, einem Tribunal, in dem die Hüter des Wissens über den Umgang der Gruppenmitglieder mit den ihnen anvertrauten Geheimnissen urteilen. Doch weder die revolutionäre Schulung noch die Säuberung der Mitglieder konnten die von den Rändern heraufziehenden Gefahren vollständig bannen. David Hilliard, der Stabschef der Partei, schrieb mit Nachdruck:

> Man muss ein sehr wachsames Auge auf die Leute haben, die aufstehen und superrevolutionäre Slogans verwenden; man kann sie immer an verschiedenen dunklen Orten erwischen.

---

12 Newton, Correct Handling of a Revolution, S. 42.
13 Cleaver, Black Man's Stake in Vietnam, S. 103.

> Beobachtet diese Leute. Beurteilt diese Leute nach ihren Taten und nicht nach ihren Worten. Denn die ganze Revolution ist unterwandert; sie ist kulturell unterwandert und ideologisch unterwandert. [...] Wir wissen, wie wir unsere Freunde von unseren Feinden unterscheiden können. Wir sind nicht verwirrt. [...] Wir wissen, wer diese Leute sind, also brauche ich ihre Namen nicht zu nennen.[14]

Es fällt auf, dass die Anwesenheit von Informanten in diesen frühen Aussagen fast namenlos bleibt. Explizite Andeutungen, die tatsächliche Personen mit echten Namen erwähnen, sind sehr selten, fast so, als ob die Abstraktheit der Argumentation allein ihre Richtigkeit beweist. In seinem Buch *Seize the Time* geht Bobby Seale sehr viel ausführlicher auf Fragen der Überwachung und Unterwanderung ein. Er entfaltet eine Vielzahl von Begriffen und gibt damit verschiedenen Figuren mit unterschiedlichen Eigenschaften und Funktionen Namen. Seale differenziert zwischen Informanten und *Agents Provocateurs* und diagnostiziert verschiedene Funktionen dieser Figuren. Außerdem charakterisiert er eine bestimmte Gruppe von Parteimitgliedern als übereifrig. Wie in einer Parabel erzählt Seale, wie nützlich solche Figuren für den politischen Gegner waren und wie gefährlich sie für das revolutionäre Projekt werden konnten:

> [Eine solche Person] arbeitet gewöhnlich aus einer opportunistischen Position heraus. Er dreht sich nur um sich selbst, er ist immer egoistisch. ... Er kann politisch gebildet sein, das steht fest. Aber wenn man Agents Provocateurs hat, die von der CIA und dem FBI geschickt werden, Schwarze, die herumlaufen und das eine sagen und das andere tun, dann wird es viel schwieriger, weil sie die Bösewichte dazu verleiten, alle möglichen Dinge zu tun, um die Partei zu zerstören. Man muss die Spitzel und Provokateure vor dem Volk bloßstellen.[15]

Diese Offenlegung musste in parteiinternen Verfahren erfolgen – Treffen, die revolutionäre Schulung mit der Befragung von Mitgliedern über die Aufrichtigkeit ihres Engagements verbanden. Sie fungieren nach Seales Ansicht als Identifikationsakte, die letztlich die weiteren Maßnahmen derjenigen Genoss:innen anleiten, die als vertrauenswürdig und zuverlässig gelten. Hier wird die Visualisierung entscheidend:

> Dadurch konnten wir die Agents Provocateurs besser erkennen, weil wir sehen konnten, wer arbeitet, wer nicht arbeitet und wer alles durcheinanderbringt. [...] Diese Leute sind Opportunisten, Schakale, Abtrünnige, Agenten und andere Typen, die sich einfach weigern zu verstehen, dass wir uns dem Volk unterordnen, indem wir dem Volk dienen. Wir drucken die Bilder von Leuten, die wir aus der Partei ausgeschlossen haben, in der Black Panther Zeitung.

---

14 Hilliard, Black Student Union, S. 125 f.
15 Seale, *Seize the Time*, S. 206.

> Wir drucken auch die Gründe ab, warum sie ausgeschlossen wurden, um den Leuten die Dinge zu erklären.[16]

In Seales *Seize the Time* werden Infiltration und Verrat erstmals auch mit gruppeninternen Konflikten und Rivalitäten verknüpft. Reginald Major, Autor einer anderen frühen Geschichte der Black Panther Party, verwendet diesen Aspekt als eine Art Leitmotiv. Major war es auch, der die Namensnennung von Informanten initiierte. Wenn Seale – im erwähnten Text – von ‚P—' als *Agent Provocateur* sprach, berichtet Major ausführlich über Larry Powell, dessen Frau und ihrer beiden Rolle als Zeugen der Anklage bei Kongressanhörungen.[17] Es war jedoch vor allem Newton, der später die Idee vorantrieb, Informanten zu identifizieren, indem er ihre Namen in veröffentlichten Texten enthüllte.

Newton entwickelt sein Argument in seinem Buch *War Against the Panthers* historisch: „Der Einsatz von Desinformation, verdeckten Ermittlern, Provokateuren, Schikanen und Informanten durch die Strafverfolgungsbehörden begann nicht erst mit dem Krieg gegen die Black Panther Party".[18] Dies mag eine triviale Aussage sein, aber sie erfüllt einen äußerst wertvollen Zweck, denn sie begründet das theoretische Wissen in der historischen Tradition und fügt damit eine weitere wichtige Ebene der Glaubwürdigkeit hinzu. Um dieses Ziel zu erreichen, bedient sich Newton verschiedener Techniken, wie zum Beispiel Zitaten aus nunmehr verfügbaren Dokumenten und aus persönlichen Aufzeichnungen; zusammen bilden sie eine überzeugend dichte Argumentationslinie. Besonders detailliert sind seine Ausführungen zu den Informanten, und er geht auf die engen Beziehungen zwischen bezahlten Informanten und den Agenten ein, die sie angeheuert haben. Newton beschreibt die Panther als eine Gruppe von Freunden, deren Wunsch nach engen, ‚normalen' persönlichen und politischen Beziehungen zueinander aufgrund des massiven Drucks von außen unmöglich gewesen sei:

> Erinnern Sie sich daran, wie es ist, wenn ein Freund wütend auf Sie ist, gegen Sie ist oder sogar zum Feind wird [...]? Aber wie viele von uns machen diese belastende Erfahrung jetzt? Gelegentlich ist vielleicht jemand hinter unserem Job oder unserer Beförderung her, aber nicht hinter unserem eigenen Leben oder unserer Freiheit. Wir können uns nicht einmal vorstellen, wie es ist, [...] wenn die Telefone ständig abgehört werden. Niemand kann dich kennen, ohne dass diese Person auch zum Staatsfeind wird. [...] Unter ständiger Beobachtung zu stehen. Nie zu wissen, wer ein bezahlter Spitzel oder ein falscher Nachbar sein könnte.[19]

---

16 Ebd., S. 211.
17 Major, *Panther is a Black Cat*.
18 Newton, *War Against the Panthers*, S. 8.
19 Ebd., S. 41.

Die Strafverfolgungsbehörden, so Newtons Argumentation, haben die Freundschaft als wertvolle soziale Ressource und als Raum für den unbeobachteten sozialen Austausch ausgehöhlt und geradezu pervertiert. Newton prangert diese Praxis in seinem Text mehrfach an und erklärt damit die Freundschaft zu einem der zentralsten Motive für das politische Denken und Handeln der Black Panther; so betrachtet er etwa das soziale Engagement als eine Manifestation der Freundschaft. Vor diesem Hintergrund kann Newton die invasiven und oft getarnten Taktiken der Polizei und des FBI als besonders perfide und ekelhaft verurteilen:

> Es liegt auf der Hand, dass die fälschliche Benennung von Personen als Informanten in einer Organisation ein ernsthaftes potenzielles Risiko für den Ruf und in manchen Situationen auch für die Sicherheit der betreffenden Person darstellt. Dies gilt vor allem dann, wenn die eingesetzten kombinierten Spionageabwehrtechniken die Organisation davon überzeugen, dass ihre Freunde wegen des anvisierten Informanten inhaftiert oder geschädigt worden sind. Im vollen Bewusstsein dieser offensichtlichen Tatsache gestattete es das FBI dennoch, unschuldige Personen mit dem Label des Denunzianten zu versehen.[20]

Zusammengenommen bilden die analysierten Texte eine dichte Erzählung, die a) Besorgnis oder sogar Angst vor Spitzeln zum Ausdruck bringt, die b) eine strenge analytische Argumentation verlangt, um Spitzel zu antizipieren, zu identifizieren und zu entlarven, und die c) ihre Leser bewegt, indem sie Empörung und Abscheu sowohl für die Spitzel als auch für die Behörden, denen sie berichten, hervorruft. Diese auf vielfältige Weise miteinander verknüpften Berichte bilden ein dichtes Bedeutungsbündel, das die Art und Weise vorstrukturiert, in der bestimmte Polizeitaktiken und die Menschen, die sie umsetzten, als entscheidend für das Verständnis der prekären Situation der Black Panther in ihren Anfangsjahren in Erinnerung geblieben sind. Diese Texte waren trotz ihrer eigenen komplizierten Positionen in Bezug auf Geheimhaltung und Wahrheit ein stabiles Wissen für die Autoren, die zwanzig Jahre später ihre Erinnerungen schrieben.

III.

Spätere Veröffentlichungen, vor allem solche autobiographischen Charakters, neigen dazu, dieses Narrativ immer wieder zu bestätigen und damit eine bestimmte Interpretation als das einzig verlässliche Wissen über die frühe Geschichte der Partei zu kanonisieren. Neben Texten anderer Autoren spielen dabei die Autobiographien von David Hilliard und Elaine Brown eine entscheidende Rolle, da beide

---

20 Ebd., S. 35.

ebenfalls zum führenden Kreis der Partei gehörten. Beide Texte enthalten die drei genannten Charakteristika (Angst, Analyse, Empörung), betonen sie aber jeweils anders, fast in einer sich gegenseitig bestärkenden Weise.

In Hilliards Memoiren *This Side of Glory* aus dem Jahr 1993 wird die analytische Perspektive auf Überwachung und Infiltration betont, und der Autor konzentriert sich auf die Beziehung zwischen Führung und den ‚Massen'. Entlang dieser Linie zwischen Innen und Außen beleuchtet Hilliard insbesondere die als Leibwächter des Führungszirkels angeheuerten Personen, die in seinen Augen ein ständiges Sicherheitsrisiko darstellten, weil sie sich vor allem aus der größeren afroamerikanischen Gemeinschaft in die Nähe des inneren Kreises der Partei bewegten.[21] An mehreren Stellen erinnert Hilliard an Ereignisse, bei denen Personen, die mit wertvollen Vorzügen aus ihrem früheren Leben in die Partei eintraten – wie zum Beispiel Dienst in Vietnam, Kampfausbildung usw. – eine wesentliche Rolle spielten. Später entdeckten und entlarvten loyale Mitglieder dieselben Personen, weil sie dieselben Eigenschaften als Tarnung benutzten, um ihre ‚wahre' Rolle als Informanten zu verschleiern.[22] Hilliard scheut sich auch nicht, die Namen der Personen zu nennen, die er als Verräter verdächtigt, und bezeichnet sie in der Regel als gewöhnliche Kriminelle und/oder ‚geistig gestörte' Personen, was bedeutet, dass ihr Verrat Teil ihres Wesens war und vielleicht schon früher entdeckt worden wäre.

Es ist aufschlussreich zu erkennen, wie viel Gewicht Hilliard den innerparteilichen Rivalitäten beimaß. Er betrachtete diese zunehmend gefährliche Konstellation als von außen herbeigeführt: „Ihre [des FBI, O.S.] massive Kampagne ... zerstört die Grundlage unserer Stärke: unser gegenseitiges Vertrauen und unseren Respekt".[23] Huey Newton – der ‚Held' seiner Erzählung – habe diese Entwicklung zwar richtig antizipiert, sei aber nicht in der Lage gewesen, die vor allem in der Konfrontation mit Eldridge Cleaver ausgelöste Dynamik zu kontrollieren. Es wird deutlich, dass im Gegensatz zu früheren Texten vorsichtige Kritik an bestimmten Meinungen oder Positionen des Führungstriumvirats zu Beginn der 1990er Jahre kein Tabu mehr war. Hilliard argumentiert, dass die Rivalitäten innerhalb der Parteiführung in erster Linie das Ergebnis aggressiver Polizeitaktiken waren, dass aber die Personen an der Spitze der Parteihierarchie mehr hätten tun können, um deren Folgen zu verhindern oder einzudämmen.

Elaine Browns *A Taste of Power* (1992) ist nicht nur deshalb interessant, weil es die Perspektive einer Frau bietet, die zur Führung der Black Panther Party gehörte.[24] Darüber hinaus behandelt Brown das Thema der polizeilichen Überwachung

---

21 Hilliard, *This Side of Glory*, S. 248 f; 308.
22 Ebd., S. 287.
23 Hilliard, *This Side of Glory*, S. 317.
24 Brown, *A Taste of Power*.

und Unterwanderung auf eine etwas andere Art und Weise. Ihr Hauptaugenmerk liegt auf dem engen sozialen Zusammenhalt der Gruppe, dem starken Gefühl der Solidarität, das sie als charakteristisch beschreibt. Brown spricht mit großer Sympathie über die meisten Parteigenossen – obwohl das Buch auch sehr kritisch gegenüber dem Machismo und der sexuellen Aggressivität vieler ihrer männlichen Mitglieder ist.[25] Dennoch beschreibt sie die Partei als Ganzes und vor allem ihre engen Kontakte als Freunde. Für Personen, die diesem Ideal von Freundschaft und Solidarität nicht entsprachen, zeigt Brown äußerste Verachtung, und der wichtigste und verachtenswerteste unter ihnen war Earl Anthony, den sie im November 1967 kennenlernte.[26] Zunächst fand sie ihn attraktiv und begann eine kurze Liebesbeziehung mit ihm, doch wie sie schreibt, bereute sie diese Entscheidung bald. Sie schildert Anthony als einen ‚unreinen Menschen' und „dass er mich bestenfalls angewidert hat".[27] Auch wenn sie nicht näher darauf eingeht, kann man davon ausgehen, dass Brown deutlich machen will, dass sie Anthonys Sexualität als die eines Perversen bezeichnet. Es ist nicht abwegig, diesen Teil von *A Taste of Power* auf diese Weise zu lesen. In den frühen 1990er Jahren war Earl Anthony für die Leser von Browns Autobiografie bereits unmissverständlich als der prominenteste Spitzel aus den Reihen der Black Panther Party gebrandmarkt.[28]

Es ist interessant zu sehen, wie Anthony selbst seine Rolle als Informant/Denunziant gegenüber seinen Lesern rechtfertigt. Er veröffentlichte zwei autobiografische Berichte, in denen er sich selbst als Opfer beschreibt, das zwischen zwei übermächtigen, aber ungleichen Einflüssen gefangen gewesen sei.[29] Der eine sei die Situation innerhalb der Partei, die bereits erwähnte selbstzerstörerische Tendenz innerhalb der Gruppe der Parteiführer und die ‚internen Morde', die mit den Säuberungen einhergegangen seien. Hier rationalisiert Anthony seine Zusammenarbeit mit dem FBI als eine Form von notwendigem Whistleblowing, das innere Bedrohungen für eine ansonsten gerechte Sache aufdeckt. Aber er beschreibt und analysiert den zweiten Einfluss sehr viel ausführlicher und erklärt ihn für viel gefährlicher – den Druck, der vom FBI und den beiden Agenten, die ihn betreuten, ausging. Anthony zufolge wurde er vom FBI zur Zusammenarbeit erpresst, und die Tatsache, dass er seine beiden Agenten schon lange vor seinen Kontakten mit den Panthern kannte, machte es ihnen noch leichter, dies zu tun. Seine Beziehung zu ihnen erweist sich als ein wichtiger Bezugspunkt in seiner Erzählung. Ohne sie, so könnte man vermuten, wäre seine ‚Karriere' innerhalb der Partei anders verlaufen.

---

25 Wendt, We Really Are Men.
26 Brown, *A Taste of Power*, S. 113–115.
27 Ebd., S. 125.
28 Churchill, 'To Disrupt, Discredit and Destroy', S. 89.
29 Anthony, *Picking Up the Gun*; ders., *Spitting in the Wind*.

Obwohl auch Anthonys zweites Buch als Kritik an negativen Tendenzen innerhalb der Black Panthers geschrieben (und vor allem wahrgenommen) wurde, war es vielmehr eine weitere harsche Anklage gegen unmenschliche Praktiken des FBI, die in erster Linie darauf abzielte, seine eigene Integrität und Subjektivität wiederherzustellen.

IV.

Es wird deutlich, dass es in der Tat eine enge Beziehung zwischen der Art und Weise gibt, wie auf der einen Seite die von Mitgliedern der Black Panther Party verfassten Texte Spitzelcharaktere darstellen, und dem Film PANTHER von Mario Van Peebles auf der anderen Seite. Nachdem sie den Film gesehen hatte, wies die afroamerikanische Journalistin Kristal Brent Zook auf einen seiner zentralen Aspekte hin: „Jeder, den ich kenne, liebt PANTHER [...] Für eine Generation, die keine persönliche Erinnerung an eine solche Bewegung hat, vermittelt PANTHER seinen Zuschauern die Euphorie der Möglichkeit".[30] Der Film war ein entscheidender Teil und vielleicht auch der Höhepunkt einer Form von Erinnerungspolitik, die durch einen Generationsunterschied inspiriert wurde. Wie Jane Rhodes unterstreicht, war diese ‚Panthermania' auch eine Reaktion auf die zunehmend kritischen wirtschaftlichen und sozialen Umstände in vielen nicht-weißen Gemeinschaften in den USA zu dieser Zeit.[31] In dieser Situation wurde die Black Power Bewegung der späten 1960er und frühen 1970er Jahre zu einer enormen Inspiration für schwarze Künstler:innen und Intellektuelle, um eine jüngere Generation von Afroamerikaner:innen aufzuklären und gesellschaftspolitisch anzuleiten.

Denunziantenfiguren spielen eine große, immer wiederkehrende und einflussreiche Rolle in dieser Erinnerungserzählung. Sowohl die Texte als auch die Filme stützen sich auf eine kulturell stabile, fast transhistorische Vorstellung vom Verräter, der im Grunde allgegenwärtig ist, was die Erklärung und Rechtfertigung des Versagens erleichtert. Außerdem setzten die Autor:innen solche Figuren als leicht verständliche Warnung für ein jüngeres Publikum ein. Der wahre Wert der einflussreichen Präsenz von Denunziantenfiguren in diesen Texten liegt jedoch auf einer etwas tieferen Ebene. Es handelt sich um einen leeren Signifikanten, der immer dann nützlich ist, wenn es der Argumentationskette an anderen Indikatoren für Plausibilität oder Kohärenz mangelt. Der Informant/Denunziant dient somit als stabiler Anker für eine lang anhaltende, dichte und wahrheitsgemäße Erzählung,

---

30 So zitiert in Rhodes, *Framing the Black Panthers*, S. 13.
31 Ebd., S. 18–20.

weil der Mythos ihn als eine Art rhetorische Brücke zwischen Vergangenheit, Gegenwart und Zukunft platziert. Aus diesem Grund ist das Wissen über den Informanten/Denunzianten und seine oder ihre Rolle leicht verfügbar; und vage Andeutungen reichen oft aus, um die ‚allgemeine Wahrheit' auf bestimmte Umstände zu beziehen.

PANTHER punktet mit Glaubwürdigkeit durch die Einbindung von Originalmaterial und das Zitieren von ‚Fakten'. Der Film funktioniert, weil er es schafft, kanonische Texte zu visualisieren. Und wie ich zeigen wollte, sind in diesen Texten Verrat und Denunziantenfiguren von zentraler Bedeutung, sie *müssen* daher ebenfalls visualisiert werden, um stabiles, vertrauenswürdiges Wissen zu schaffen, um zur Wahrheit zu werden, auf die sich jede Art von Erinnerungspolitik stützen muss. Die Darstellung des Verrats steht nicht nur für Scheitern und Verlust und ist mehr als nur eine Ermahnung zur Wachsamkeit. Die Figur des Denunzianten ist notwendig, um eine Geschichte des Vertrauens und der Solidarität verständlich zu erzählen, gerade weil sie die Erosion dieser Werte bedeutet. Verräter tragen dazu bei, die Geschichte einer tatsächlich lebenden Gruppe zu erzählen, eine Geschichte des tatsächlichen Leidens und der Überwindung, die sich auf etablierte Kenntnisse und Erwartungen bezieht und diese bestätigt. Vor diesem Hintergrund ist es gut vorstellbar, dass Mario Van Peebles dankbar war, als er Earl Anthonys Bücher las. Es war Teil einer Reihe von Texten, die die Erinnerungen der ersten Generationen der Black Panther Party vervollständigten. Darüber hinaus boten sie reichlich Material für eine fiktive Rahmenhandlung, die das Publikum vielleicht gar nicht als fiktiv wahrnimmt. Die Figur des Judge (benannt nach einer Person, die über die Glaubwürdigkeit eines Zeugen entscheidet), die die problematische Zweideutigkeit der Figur des Informanten/Denunzianten repräsentiert, wäre ohne Earl Anthony und seine Bücher nicht denkbar. In Judge laufen die vielen Fäden des Denunzianten, die in einer langen Tradition von Texten hoch aufgeladen sind, zusammen und bilden ein stabiles Wissen über Beziehungen, Solidarität, Vertrauen, Rivalitäten, Gewalt und Verschwörung. Sie werden wahr.

Literaturverzeichnis

Anthony, Earl: *Picking Up the Gun. A Report on the Black Panthers.* New York 1970.
Anthony, Earl: *Spitting in the Wind. The True Story Behind the Violent Legacy of the Black Panther Party.* Malibu, CA, 1990.
Brown, Elaine: *A Taste of Power. A Black Woman's Story.* New York 1992.
Churchill, Ward: 'To Disrupt, Discredit and Destroy': The FBI's Secret War against the Black Panther Party. In: Cleaver, Kathleen/ Katsiaficas, George (Hrsg.): *Liberation, Imagination, and the Black Panther Party.* New York 2001, S. 78–117.

Churchill, Ward/Vander Wall, Jim (Hrsg.): *Agents of Repression. The FBI's Secret War against the Black Panther Party and the American Indian Movement*. Boston 1990.

Cleaver, Eldridge: The Black Man's Stake in Vietnam. In: *The Black Panther*, 23. März 1969. Abgedruckt in: Foner, Philip S. (Hrsg.): *The Black Panthers Speak*. Philadelphia 1970, S. 100–104.

Cleaver, Kathleen/Katsiaficas, George (Hrsg.): *Liberation, Imagination, and the Black Panther Party*. New York 2001.

Confino, Alon: Collective Memory and Cultural History. Problems of Method. In: *American Historical Review* 105/5 (1997), S. 1386–1403.

Hilliard, David: Black Student Union. Speech Delivered at San Francisco State College. In: *The Black Panther*, 27. Dezember 1969. Abgedruckt in: Foner, Philip S. (Hrsg.): *The Black Panthers Speak*. Philadelphia 1970, S. 124–127.

Hilliard, David: *This Side of Glory. The Autobiography of David Hilliard and the Story of the Black Panther Party*. Boston 1993.

Hoerl, Kristen: Mario Van Peebles's PANTHER and Popular Memories of the Black Panther Party. In: *Critical Studies in Mass Communication* 24/3 (2007), S. 206–227.

Horn, Eva: *Der geheime Krieg. Verrat, Spionage und moderne Fiktion*. Frankfurt am Main 2007.

Jones, Charles E.: The Political Repression of the Black Panther Party, 1966–1971. The Case of the Oakland Bay Area. In: *Journal of Black Studies* 18/4 (1988), S. 415–434.

Koschorke, Albrecht: *Wahrheit und Erfindung. Grundzüge einer Allgemeinen Erzähltheorie*. Frankfurt am Main 2013.

Major, Reginald: *A Panther is a Black Cat. An Account of the Early Years of the Black Panther Party – Its Origins, Its Goals, and Its Struggle for Survival*. Baltimore 2006 [erstmals 1971].

Newton, Huey P.: The Correct Handling of a Revolution. In: *The Black Panther*, 18. Mai 1968. Abgedruckt in: Foner, Philip S. (Hrsg.): *The Black Panthers Speak*. Philadelphia 1970, S. 41–45.

Newton, Huey P.: *War Against the Panthers. A Study of Repression in America*. New York 1996 [erstmals 1980].

Ogbar, Jeffrey O. G.: *Black Power. Radical Politics and African American Identity*. Baltimore 2004.

O'Reilly, Kenneth: „Racial Matters". *The FBI's Secret War on Black America, 1960–1972*. New York 1989.

PANTHER (USA 1995), Prod. Working Title/Tribeca, Regie Mario Van Peebles.

Pearson, Hugh: *The Shadow of the Panther. Huey Newton and the Price of Black Power in America*. Reading, MA, 1994.

Rhodes, Jane: *Framing the Black Panthers. The Spectacular Rise of a Black Power Icon*. New York 2007.

Seale, Bobby: *Seize the Time. The Story of the Black Panther Party and Huey P. Newton*. New York 1970.

Stieglitz, Olaf: *Undercover. Die Kultur der Denunziation in den USA*. Frankfurt am Main 2013.

Street, Joe: The Historiography of the Black Panther Party. In: *Journal of American Studies* 44/2 (2010), S. 351–375.

Wendt, Simon: 'They Finally Found Out that We Really Are Men'. Violence, Non- Violence and Black Manhood in the Civil Rights Era. In: *Gender & History* 19/3 (2007), S. 543–564.

Tanja Prokić
„The minimally satisfying solution at the lowest cost" – Hypervigilanz in der digitalen Gegenwart

„Something" – Die Sprache der Vigilanz

Sprachen der Vigilanz zeichnen sich im Wesentlichen durch eine spezifische Organisation des Verhältnisses von Information, Informanden und zu Informierenden im Hinblick auf eine bestimmte Verwertbarkeit und Anwendbarkeit aus. Die Sprachen der Vigilanz leisten die Aktivierung potenzieller Informanden, die Aktualisierung von Informationen und die Distribution an zu Informierende.[1] Noch bevor die Informationen an Informanden vergeben werden, speist Vigilanz ihre Informationen aus allgemeinen und individuellen Aufmerksamkeitsressourcen. Diese betreffen das Verhältnis von Skript und Realität. Insofern es sich um menschliche Akteure handelt, setzt effiziente Wachsamkeit Ressourcen und Kompetenzen voraus, um Informationen unter bestimmten Kriterien zu aktualisieren. Dies setzt wiederum einerseits eine gewisse Verantwortungshaltung voraus, gleichzeitig aber auch eine Sensibilisierung für Schemata und Muster. Es handelt sich also um die Inkorporation einer per se vigilanten Haltung und der Verinnerlichung eines gewissen Skripts. Selbiges muss wiederum offen genug für Unvorhergesehenes und Deviantes sein, gleichzeitig aber auch geschlossen genug, um Mustererkennungen überhaupt zu ermöglichen.

Die *Safety Instructions*, wie sie sich für den besonderen Not- oder Katastrophenfall etwa in öffentlichen Transportmitteln oder Einrichtungen finden, bieten einen Ausgangspunkt, um den kulturellen und imaginären Skripten der Vigilanz auf die Spur zu kommen: Gemeinsam haben diese illustrierten Anleitungen mit den Skripten der Vigilanz, dass sie präventiv ausgerichtet sind, protoszenographisch agieren und präkonstellativ wirken.[2]

Präventiv sollen sie auf ein mögliches Zukunftsszenario vorbereiten beziehungsweise es gegebenenfalls zeitgleich zu bewältigen helfen. Protoszenographisch schreiben sie sich in das Geschehende, Ausstehende, Erwartbare ein, nehmen das

---

[1] Das informationstheoretische Setting verändert das Problem, insofern durch Anschlusskommunikationen darüber entschieden wird, was überhaupt als Information gewertet wird und was nicht. Zur Anschlusskommunikation vgl. exemplarisch Ellerbrock u. a., Invektivität, 8 f.
[2] Vgl. dazu Häusler/Prokić, Safety Instructions, 262 f.

ə Open Access. © 2023 bei den Autorinnen und Autoren, publiziert von De Gruyter. Dieses Werk ist lizenziert unter einer Creative Commons Namensnennung 4.0 International Lizenz.
https://doi.org/10.1515/9783111026480-013

Ereignis vorweg, mit dem zu rechnen ist und bearbeiten es hinsichtlich seiner Interventions- und Steuerungsmöglichkeiten. Präkonstellativ wirken sie, insofern sie menschliche und nichtmenschliche Akteure, Positionen und Motivationen in einer Konstellation zwar nicht festlegen, aber in ihrer Verbindung einschränken und Handlungsoptionen gestalten. Der Ernstfall, der hier imaginiert beziehungsweise präventiv aufgerufen wird, steht immer schon in einer Kaskade möglicher Szenarien, die der Logik der Eskalation, der Unkontrollierbarkeit und des Unvorhergesehenen folgt. Dementsprechend richten sich *Security Cards* beziehungsweise *Instructions* auf Interventionen, die die Logik der Eskalation unterbrechen oder gar abzuwenden suchen.

Einen sehr ähnlichen Auftrag erfüllen die Sprachen der Vigilanz: Ihre Operationalisierbarkeit hängt im Wesentlichen von der Relevanz individueller, initiativer Partizipation ab. Eine Sprache gelernt zu haben, heißt ja nicht notwendig, sie auch zu sprechen. Es muss sich zuerst ein Zweck ‚anbieten'. Das heißt auch hier wird mit dem Ernstfall operiert, um die Akteure in die Verantwortung zu ziehen. Der Begriff des Ernstfalls ruft unweigerlich die politische Verwendung Carl Schmitts im Sinne einer Freund-Feind-Unterscheidung auf, die das Maß der äußersten Grenze, der „extremsten Möglichkeit" abgibt und jene „politische Spannung"[3] erzeugt, die den „Ernst" innerhalb des „sozialen Spiel[s]"[4] eingrenzt. Der Ernstfall muss innerhalb des „sozialen Spiel[s]" vorstellbar sein, er muss im Raum des Möglichen bleiben, damit Sprachen der Vigilanz kulturell nicht verlernt werden. Wie ist es also um die spezifische Leistung der Sprachen der Vigilanz und ihrer Funktionen im Zeitalter der Digitalisierung bestellt – in einer Zeit, in der zahlreiche Ernstfälle mit noch zahlreicheren Pseudo-Ernstfällen um unsere Aufmerksamkeit konkurrieren? Und wie lässt sich hier sinnvoll zwischen beiden unterscheiden?

Die Kampagne „If you see something, say something" des *Department of Homeland Security* (USA) bringt die Transformation, welche die Digitalisierung herbeiführt, unfreiwillig auf den Punkt.[5] „Something" kann zunächst alles Mögliche sein. Selbstverständlich wird auf der Website spezifiziert: „Remember to stay vigilant and say something when you see signs of suspicious activity." Und um das noch einmal zu veranschaulichen, werden unter simplifizierenden (und irreführenden) Ikons „signs of terrorism-related suspicious activitiy" zusammengetragen. Deutlich wird mit den Erläuterungsbeschreibungen, dass „see" hier in einem übertragenen Sinn zu verstehen ist. Denn die hier als verdächtig beschriebenen Aktivitäten lassen sich weder einfach „sehen", noch lassen sie sich einfach „sagen". Es bedarf kom-

---

3 Schmitt, *Der Begriff des Politischen*, S. 35 f.
4 Balke, *Regierbarkeit der Herzen*, S. 115.
5 https://www.dhs.gov/see-something-say-something [letzter Zugriff: 06.03.2022].

Abb. 1: Recognize the Signs

plexer kognitiver Schemata, um sie zu erkennen und rudimentärer Narrative, um sie mitzuteilen.

Um eine entsprechende Seh- und Mitteilkompetenz zu entfalten, verteilt sich die „See something, say something"-Kampagne auf mehrere Ebenen: Es gilt, die Öffentlichkeit zu inspirieren, zu befähigen und über die Meldung verdächtiger Aktivitäten aufzuklären („inspire, empower and educate the public on suspicious activity reporting."). Das „5W"-Protokoll unter dem Reiter „How to Report Suspicious

Abb. 2: How to Report Suspicious Activity. 5 W's

Activity"[6] soll dabei helfen, die *gesehenen* Aktivitäten in nachhaltige Skripte zu überführen.

Das 5W-Protokoll setzt allerdings einen fast schon anachronistischen Subjektivitätstypus voraus: Ein Individuum, das zu reflexiven, umweltsensiblen Handlungen, d. h. zur Übersetzung von kognitiven Schemata in koordinierte Handlungen befähigt ist. Im Zeitalter der Digitalisierung hingegen, so könnte man pointieren, scheint ein digitaler Subjektivitätstyp vorzuherrschen. Hier bleibt nur mehr „something" übrig: Subjekte beobachten, machen, teilen oder kommentieren ‚irgendetwas'. Die Fiktion einer wahrscheinlichen Realität aus den Mikrobewegungen ihrer Affekte und Reflexe auszulesen, reicht im Zeitalter der Digitalisierung vollkommen aus, um eine im Sinne der Terrorabwehr sichere Zukunft im Hinblick auf gewollte und nicht gewollte Aktualisierungen zu modellieren. Vigilanz, so lautet also die Hypothese der folgenden Ausführungen, hat sich zu einer *Hypervigilanz* ausgeprägt, die sich nicht mehr präventiv auf die faktische Gegenwart bezieht, sondern präemptiv auf die virtuelle Dimension der Zukunft richtet. Es gilt Zukunft noch *vor* ihrer Aktualisierung zu gestalten.

Im Folgenden soll dieser Entwicklung von der Vigilanz zur Hypervigilanz nachgegangen werden. Dazu widme ich mich drei Dimensionen, an denen sich diese Transformation beobachten lässt: Unter den Bedingungen der im Digitalen er-

---

6 https://www.dhs.gov/see-something-say-something/how-to-report-suspicious-activity [letzter Zugriff: 06.03.2022].

starken Aufmerksamkeitsökonomie[7] lässt sich eine weitflächige und irreversible Modifikation der *Kommunikationsmodi* feststellen. Diese Modifikation sowie die weithin opak bleibende Algorithmisierung der Kultur bringt eine *neue Form von Subjektivität* hervor, deren Konturen zunehmend unscharf werden. Dabei kommt dem *technischen Objekt* als materiellem Ding und opaker Infrastruktur eine besondere Rolle zu. Auch hier sind die Konturen unscharf geworden. Dies betrifft vor allem den Zusammenhang von ‚Zugang', den das Objekt den Individuen verschafft, und unvermittelter ‚Zugänglichkeit', die sich das technische Objekt zu den Individuen verschafft.

„It's ready for action!" – Zur Transformation der öffentlichen Kommunikation

Über die Tatsache, dass die Digitalisierung einen weitflächigen Strukturwandel der Öffentlichkeit und ihrer Kommunikationsmodi nach sich zieht, besteht in der Forschung zunehmend Konsens.[8] In Bezug auf die Einschätzung von Zusammenhängen, Ausmaß und Bedingungsverhältnissen lässt sich allerdings nur schwer von einem Konsens sprechen. Die Erklärungszusammenhänge differieren je nach disziplinärem Fokus. Aus medienwissenschaftlicher Perspektive liegt es nahe, ein „mediales Apriori"[9] zu beschreiben, dass eine Verschiebung des „perceptual code"[10] aufzeigt. Allerdings kann ein solches mediales Apriori, das wird spätestens anhand der Sozialen Medien[11] deutlich, nicht mehr von ökonomischen Strukturen getrennt betrachtet werden. In der Forschung wurde diesem Zusammenfallen von *Medientechnologie* und *Ökonomie* auf unterschiedliche Weise Rechnung getragen.[12] So spricht etwa Nick Srnicek von einem „Plattformkapitalismus" und Philipp Staab von

---

7 Vgl. exemplarisch Lanham, *The Economics of Attention*; Citton, *The Ecology of Attention*.
8 Die folgenden englischen Kurzüberschriften entstammen sämtlich den Werbespots zum Apple iPhone 12–13: Die Werbespots von Apple seit dem iPhone 12 konzentrieren sich dabei auf ein technologisches Imaginäres, das immer mehr Möglichkeiten offeriert: Apple UAE: Meet iPhone 12 – Apple, https://www.youtube.com/watch?v=ujh_jvEBA0M [letzter Zugriff: 06.03.2022]; This is iPhone 12 Pro – Apple, https://www.youtube.com/watch?v=P91bKe-J-mc [letzter Zugriff: 06.03.2022]; Introducing iPhone 13 | Apple, https://www.youtube.com/watch?v=dWt9pTgM0sY [letzter Zugriff: 06.03. 2022]; Introducing iPhone 13 Pro | Apple, https://www.youtube.com/watch?v=xneM6b83KCA [letzter Zugriff: 06.03.2022].
9 Kittler, *Aufschreibesysteme 1800/1900*. Vgl. zur Diskussion Gnosa, Historisches oder mediales Apriori.
10 Sterne, *MP3: The Meaning of a Format*, S. 93f.
11 Soziale Medien und Web 2.0 werden im Folgenden synonym verwendet.
12 Z. B. Vogl, *Kapital und Ressentiment*.

einem „Digitalen Kapitalismus".[13] Es ist kein Zufall, dass sich ausgerechnet im Hinblick auf Fragen der Überwachung, zu denen sich eigens ein ganzes Forschungsfeld – die *Surveillance Studies* – herausgebildet hat, eine solche Perspektive der Verschränkung von kommerziellen und technologischen Elementen bereits etabliert hat – zuletzt in der großangelegten Studie *Das Zeitalter des Überwachungskapitalismus* von Shoshanna Zuboff. So spricht Ben Hays etwa von einem „surveillance-industrial complex"[14]. Kevin Haggerty und Richard Ericson sprechen ihrerseits vom „surveillant assemblage"[15], um die unterschiedlichen Dimensionen und Vektoren der Überwachung zu betonen. Um die fluiden Verbindungen zwischen gouvernementalen und kommerziellen Überwachungsprozessen – und insbesondere das Ineinandergreifen von freiwilligen und unfreiwilligen Formen der Überwachung – zu fassen, schlägt Simon Schleusener das Konzept des „surveillance nexus"[16] vor. Überwachung als ein Gefüge zu begreifen, das individuelle Partizipation mit gouvernementalen Interessen verknüpft, geht auf Jamais Cascios' an Foucault angelehntes Konzept des „participatory panopticon"[17] zurück.

David Lyon, die Gründungsfigur der *Surveillance Studies*, betont, dass Überwachung inzwischen zur Routine, zu einer neuen Normalität unseres täglichen Lebens geworden ist: „Everyday surveillance is endemic to modern societies. It is one of those major social processes that actually constitute modernity as such."[18] Zur Veralltäglichung von Überwachung leisten die durch das Internet veränderten Kommunikationsmodi einen zentralen Beitrag, so die Hypothese der folgenden Überlegungen. Auf der Transformation öffentlicher Kommunikationsmodi satteln sämtliche Parameter der freiwilligen, partizipativen Überwachung auf. Sie etablieren eine hypervigilante Haltung, die Individuen nach und nach für dasjenige öffnet, was ich als *Hypervigilanz* bezeichne: ein generativer, unbestimmter, d. h. ungerichteter Modus der Wachsamkeit, der prinzipiell alles, was Teil der Datenströme wird, unter Informations-, das heißt sekundären Verwertbarkeitsverdacht stellt.

Dabei geht es nicht in erster Linie um Wissen, sondern um akkumulierte Rohdaten, die zu unterschiedlichen Zwecken aggregiert werden können. Dass für die Entwicklung des Internets – seit dem Web 1.0 – bereits eine solche Tendenz

---

13 Srnicek, *Plattform-Kapitalismus*; Staab, *Digitaler Kapitalismus*.
14 Hayes, The Surveillance-Industrial Complex, S. 167–175; Fuchs, *Social Media*, S. 204.
15 Haggerty/Ericson, The surveillant assemblage.
16 Schleusener, The Surveillance Nexus. Vgl. auch Marx, What's new about the ‚New Surveillance', S. 23.
17 Cascio, The Rise of the Participatory Panopticon.
18 Lyon, Surveillance Studies, S. 19. Selbstverständlich sind all diese Studien und Forschungsfelder undenkbar ohne Michel Foucaults grundlegende Studie *Überwachen und Strafen*.

antizipiert werden konnte, beweisen frühe Reflexionen aus den 1990er Jahren. So reflektiert schon Howard Rheingold in *The Virtual Community. Homesteading on the Electronic Frontier* (1993) seine ersten Erfahrungen mit dem Internet im Hinblick auf Nutzen und Risiken.[19] Neben drei Arten kollektiven Nutzens, – sozialer Nutzen, Wissenskapital und Gemeinschaftsgefühl – hebt er auch die Tendenz zu panoptischer Machtkonzentration hervor, indem „Leute mit wirtschaftlicher und politischer Macht einen Weg finden, den Zugang zu den virtuellen Gemeinschaften zu kontrollieren".[20]

Und Michael H. Goldhaber hält es schon 1995, d.h. vor der Etablierung von Suchmaschinen, für einen Fehler, „Entwicklungen wie das Internet und das World Wide Web in den Begriffen der herkömmlichen Ökonomie"[21] zu denken. Er schlägt stattdessen den Begriff der Aufmerksamkeitsökonomie vor. Diese funktioniere „ohne jede Form des Geldes und ohne Markt".[22] Darüber hinaus begründe sie „eine völlig andere Lebensweise als die auf Routinen begründete industrielle Existenz mit ihren Dichotomien zwischen Arbeitsstätte und Heim, Arbeit und Spiel und Produktion und Konsum"[23].

Mit der Markteinführung des mobilen Internets und dem Smartphone hat sich der von Goldhaber und anderen beschriebene Kampf um Aufmerksamkeit zunehmend globalisiert und weitet sich seitdem auf das kommunikative Gefüge der Gesellschaft aus. Jüngst hat das auch Jürgen Habermas festgestellt, als er im Kontext einer Sonderausgabe des *Leviathans* zu einer Aktualisierung seiner Thesen von 1962 zum Strukturwandel der Medienöffentlichkeit aufgefordert wurde. Ohne zwar eine faktische „Trennung der Öffentlichkeit von den privaten Lebenssphären" anzunehmen, stellt er in Rechnung, dass sich durch die Nutzung der Sozialen Medien „in Teilen der Bevölkerung die Wahrnehmung der Öffentlichkeit in der Weise verändert haben [könnte], dass die Trennschärfe zwischen ‚öffentlich' und ‚privat' und damit der inklusive Sinn von Öffentlichkeit verblasst".[24]

Habermas sieht eine solche Wahrnehmung insbesondere mit den im Internet entstehenden virtuellen Kommunikationsräumen in Verbindung, in denen sich Nutzer:innen, von Zensur befreit, „an ein anonymes Publikum wenden und um dessen Zustimmung werben"[25]. Indem sich der hier gepflegte Kommunikations-

---

19 Rheingold, Virtuelle Gemeinschaft, S. 109; 117.
20 Ebd., S. 116; 110.
21 Goldhaber, Die Aufmerksamkeitsökonomie, S. 182.
22 Ebd., S. 183.
23 Ebd.
24 Habermas, Überlegungen und Hypothesen zu einem erneuten Strukturwandel, S. 496, Hervorhebung getilgt.
25 Ebd.

modus von redaktionellen Pflichten entlastet, gleichzeitig aber den Kommunikationsrahmen einer privaten Sphäre verlassen kann, entsteht eine neue, bisher unbekannte Sphäre, die Habermas als eine „anonyme Intimität"[26] bezeichnet. „Anonyme Intimität" beziehungsweise die „Intimisierung der Öffentlichkeit"[27] ist stärker noch als die öffentliche Sphäre der Mediengesellschaft alten Typs wesentlich dadurch gekennzeichnet, dass sich unter den Bedingungen des Web 2.0 der Kampf um Aufmerksamkeitsressourcen verschärft. Nicht nur haben wir es mit einem exponentiellen Zuwachs an Informationen zu tun, sondern auch mit einem exponentiellen Zuwachs möglicher Verbindungen. Informationsoverload und Hyperkonnektivität stellen, noch bevor sich dann Probleme personalisierter und automatisierter Hierarchisierung und Selektion durch opake Algorithmen ergeben, eine zentrale Herausforderung für die öffentliche Kommunikation dar. Wenn nämlich alle alles senden können, dann maßgeblich zu dem Preis von Informationsprüfung und Faktenchecks. Selektionsprozesse vollziehen sich dann etwa durch Gruppendynamiken oder andere Formen der Legitimation. Dezentralisierte und deregulierte Kommunikation zieht geradezu strukturbedingt einen Zerfall in fragmentierte Teilöffentlichkeiten nach sich. „Durch Fragmentierung und Personalisierung unserer medialen Realität wird es immer schwieriger, einen gemeinsamen Referenzraum aufrechtzuerhalten."[28] Clemens Apprich spricht in diesem Zusammenhang von einem „Zusammenbruch symbolischer Effizienz"[29], da die gemeinsame soziale Wirklichkeit auf immer kleinere gemeinsame Nenner schrumpft. „Die Anzahl konkurrierender kultureller Projekte, Werke, Referenzpunkte und -systeme", so Felix Stalder, „steigt rasant an, was wiederum eine sich zuspitzende Krise der etablierten Formen und Institutionen der Kultur ausgelöst hat, die nicht darauf ausgerichtet sind, mit dieser Flut an Bedeutungsansprüchen umzugehen".[30] Sinnhaftigkeit wird dementsprechend nicht mehr vorrangig über reflexive Kontrollprozesse hergestellt, sondern setzt sich durch die Konkurrenz unterschiedlicher Sinnhorizonte anderen Erfolgsstrategien – wie etwa Aufmerksamkeit, Sichtbarkeit und Intimisierung – aus.[31]

Eine zentrale Rolle spielen hier die digitalen Plattformen, die mit dem Web 2.0 ihren ökonomischen und technologischen Siegeszug beginnen und zunehmend die *Old Economy* – und damit auch die herkömmlichen Massenmedien – unter Druck

---

26 Ebd.
27 Wagner, *Intimisierte Öffentlichkeiten*; Ettinger u. a., *Intimisierung des Öffentlichen.*
28 Apprich, Paranoia, S. 84.
29 Ebd.
30 Stalder, *Kultur der Digitalität*, S. 11.
31 Vgl. dazu Prokić, Window-Shopping.

setzen. Die „Plattformisierung von Öffentlichkeit"[32] treibt die Dezentralisierung von Informationen durch Aktivierung aller (als Informanden) für alle (als Informierte) voran, denn der ökonomische Erfolg von Plattformen mit Monopolstellung[33] basiert auf dem sogenannten Netzwerkeffekt: Das heißt die Nutzung geht dem Nutzen insofern voraus, als dieser sich erst sekundär durch eine kritische Anzahl von Nutzer:innen entfaltet.[34] Erst wenn diese erreicht ist, entwickelt die Plattform nach und nach einen Einschlusseffekt. Sie wird als Standard unumgänglich. Schließlich greift der Netzwerkeffekt vollends, wenn sich die Dienste der Plattform universalisiert haben.[35] Die individuelle Nutzung durch die User:innen erhöht dann den Traffic auf den Plattformen, was ihren Wert steigert und es ihnen schließlich erlaubt, ihre „Plattformmacht"[36] zu bündeln. Digitale Plattformen haben demnach ein ökonomisches Interesse an der persistenten Aufforderung zur Generierung und zum Teilen von „Informationen".[37]

Der Kampf um Aufmerksamkeit weitet sich so von einer Aufmerksamkeit, die sich noch vorrangig auf die Rezeptionsressourcen der User:innen bezog, immer mehr auf deren aktive Partizipation aus. Diesbezüglich prägte Axel Bruns den Begriff der *Produsage*,[38] mit dem er den sich verbreitenden Trend hin zu usergeneriertem Content beschreibt. Usergenerierter Content muss sich in der Medienumwelt digitaler Plattformen – insofern keine Regeln der Content-Erstellung vorherrschen (wie etwa auf Wikipedia) und damit keine transparente Content-Moderation stattfindet – automatisch an die Gesetze der Aufmerksamkeitsökonomie anpassen, um erfolgreich zu sein.

Mit dieser Entwicklung kommt es auch zu einer Nachahmung beziehungsweise Aneignung professioneller Mittel der Aufmerksamkeitsdirektion.[39] Weiterhin bleibt das Problem des Priorisierens und Selegierens auf der Seite der Rezeption bestehen. Wie sich entscheiden lässt, welche Informationen zuverlässig, vertrauensvoll und wahr sind, bleibt den individuellen Kriterien der User:innen überlassen: Eine ‚echte' Lösung für dieses Problem existiert nicht, da diese der Logik der Plattformen widersprechen würde. Die Lösung wird vielmehr in eine spezifische Rezeptionshaltung verschoben: Eine hyperaufmerksame, automatisierte Haltung erlaubt, In-

---

32 Vgl. Jarren/Fischer, Die Plattformisierung von Öffentlichkeit.
33 Moazed/Johnson, *Modern Monopolies*.
34 Vgl. Seemann, *Die Macht der Plattformen*, S. 93–95.
35 Grewal, *Network Power*, S. 150–154.
36 Vgl. Seemann, *Die Macht der Plattformen*, S. 87 f.
37 Zum intrinsischen Zusammenhang von Partizipation und Plattformisierung vgl. Meyer, *Zwischen Partizipation und Plattformisierung*.
38 Vgl. Bruns, Produsage.
39 Vgl. Prokić, Writing Influence.

formationen quasi zu „scannen"; sie ermöglicht schnelle Reaktionen durch Medienaffordanzen und phatische Kommunikationssymbole; sie erlaubt, die Entscheidung über den Wahrheitsgehalt zur „Diskussion" zu stellen beziehungsweise Meinungen und Einschätzungen bei der Crowd oder gezielt ausgewählten Personen einzuholen.

Die Folgekosten knapper Aufmerksamkeitsressourcen tauchen in dieser Kommunikationsmodulation gar nicht erst als Problem auf, sondern führen zu noch knapperen Aufmerksamkeitsressourcen und undurchsichtigeren Praktiken der Ablenkung oder Umlenkung. Das ist es, was die Transformation der öffentlichen Kommunikation ausmacht: Partizipationsoptionen verwandeln sich in Partizipationsdruck. Zur Entlastung werden technische Hilfsmittel installiert, die persönliche Kommunikation und Handlungsketten zunehmend automatisieren (etwa das Verfahren der „Autokorrektur" oder automatische Antworten nach Terminkalender und Biorhythmus).

„Just like that": Algorithmische Subjektivität

Die Automatisierung der Kommunikation betrifft aber nicht nur das Vervollständigen, Standardisieren oder Emotionalisieren von Mitteilungen und Handlungsketten. Sie betrifft vor allem auch die Automatisierung der Selektion, d. h. die Informationsauslese und deren Distribution im Hinblick auf sekundäre, gouvernementale oder kommerzielle Verwertbarkeiten. Automatische Selektion ist mehr und mehr Teil des öffentlichen und privaten Raums. Dynamische Biometrie, intelligente Videoüberwachung, smarte Technologien, personalisierte Empfehlungen oder intelligente Umgebungen gestalten unsere Umwelt und wirken opak auf unser Verhalten und unsere Handlungen ein.

Mit der alltäglichen Nutzung von digitalen Plattformen bilden sich sogenannte „communitites of practice"[40] im Sinne von Susan Leigh Star und Geoffrey C. Bowker heraus. Alltägliche Zusammenhänge werden von der Plattformpraxis durchdrungen und naturalisieren sich zu universalen Praktiken und Erwartungen, die auf die Wirklichkeit angewandt beziehungsweise projiziert werden. Diese Praxisgemeinschaften entstehen nicht aus proaktiven, initiativen Handlungen oder aus kommunizierten Zielen und Interessen heraus, sondern konstituieren sich ausgehend von den aggregierten Entscheidungen und Gewohnheiten einzelner User:innen *ex post*. Im Zuge der Algorithmisierung lässt sich aber nicht einmal mehr von soge-

---

40 Bowker/Star, *Sorting Things Out*, S. 295.

nannten Zielgruppen (*target groups*[41]) sprechen, denn diese werden nicht aufgrund von Abfragen und Umfragen beziehungsweise auf Basis ihres aktualisierten Verhaltens ermittelt. Es geht vielmehr um kleinere Einheiten, die vorsubjektiv ermittelt werden. Im Fokus der Plattformoperationen stehen nicht einzelne Individuen, sondern die Mikrobewegungen dieser Individuen. Plattformen kalkulieren und operieren daher mit einer Größe, die sich aus Mikroentscheidungen und -handlungen zusammensetzt.

In seinem Aufsatz *Postskriptum über die Kontrollgesellschaft* (1990) hatte Gilles Deleuze unter anderem die Überlegung angestellt, dass die Kontrollgesellschaft eine veränderte Subjektform hervorgebracht habe: das *Dividuum*, eine operative Größe, die sich vom Individuum genauso unterscheidet wie von der Masse.[42] Im Plattformkapitalismus entsteht ein Quasi-Subjekt, das nicht mehr als ein unteilbares Individuum adressiert wird, sondern vielmehr als ein Teilbares und in sich Geteiltes, das via Klicks und Likes ermittelt wird. Es ist aber noch mehr – beziehungsweise weniger – als das: Es ist ein unendlicher Strom von Bedürfnissen, Präferenzen und Affekten, der sich in einen kontinuierlichen Strom von Daten übersetzt: Emojis, Gifs, Videos, Musik, Links, Bilder, Fotos, Sprache... und damit auch Emotionen, Lebensereignisse, Standorte, klimatische oder geografische Daten.

Digitale Plattformen operieren mit „infra-individual data" und mit „supra-individual patterns"[43]. Die Plattformen erfassen so künstliche Schnittmengen dieser Mikrobewegungen und verarbeiten sie zu Trends und Tendenzen, die sich unterhalb der Aufmerksamkeits- und Reflexionsschwelle bewegen – und die weithin unfreiwillig preisgegeben werden. Im Anschluss an Antoinette Rouvroy möchte ich von einer algorithmischen Form von Subjektivität sprechen, die sich als Effekt eines „Daten-Behaviorismus"[44] herausbildet. Darunter versteht Rouvroy eine neue Art der Wissensgenerierung, die statt sich auf psychologische Motive, Reden oder Narrative zu stützen, Daten im Hinblick auf zukünftige Präferenzen, Stimmungen und Verhaltensweisen ausliest. Die Subjekte werden so einerseits von der „responsibility of transcribing, interpreting and evaluating the events of the world" entlastet. Gleichzeitig wird aber „the meaning-making processes of transcription or representation, institutionalisation, convention and symbolisation" umgangen.[45]

Das heißt jedoch nicht, dass Individuen sich der kulturellen Ebene der Repräsentation vollständig entziehen. Ganz im Gegenteil: sie partizipieren, produzieren, erzählen und gestalten; sie interpretieren und nehmen teil, d.h. sie *denken* und

---

41 Vgl. Seemann, *Die Macht der Plattformen*, S. 114f.
42 Deleuze, Postskriptum, S. 258. Vgl. dazu auch Ott, *Dividuationen* und Raunig, *Dividuum*.
43 Rouvroy, The End(s) of Critique, S. 145.
44 Ebd., S. 143.
45 Ebd.

handeln. Allerdings geschieht dies angepasst an die Umgebungen und Alternativen, die das Plattformdesign zur Verfügung stellt. Die Plattformen haben ein intrinsisches Interesse daran, dass so viele Informationen und Daten wie möglich – egal ob freiwillig oder unfreiwillig – preisgegeben werden. Das heißt im Umkehrschluss, dass möglichst einfache Handlungen favorisiert, forciert und präferiert werden, wodurch sich ein Rückkopplungseffekt ergibt, der auf die hegemonial werdende Subjektivität zurückwirkt. Diese ist – aus Erfordernis und Anpassung – ein Produkt der Algorithmik. Diese algorithmische Ebene etabliert eigens eine kulturelle Ebene, die der gezielten Auslese von Mikrobewegungen zuarbeitet. Vor diesem Hintergrund können Soziale Medien wie *Netflix, Twitter, Instagram, TikTok* oder *Twitch* verstanden werden: Selbstvermessung, Selbstkontrolle, Selbstdarstellung, Selbstdokumentation, Selbstkommodifizierung etc. stehen auf diesen Plattformen nicht unter Verdacht, denn sie sind Teil des Partizipationsmodus.[46] Algorithmische Subjektivität wird nicht intentional erzielt, sie entsteht vielmehr als Nebeneffekt der Plattformoperationen, die unaufhörlich kreative Prozesse der Subjekte abschöpfen, um sie ihnen gewissermaßen entfremdet als kulturelle Produkte wieder anzubieten.

Dies hat Konsequenzen für die Sprache der Vigilanz: Diese verlagert sich auf die Ebene der Protokolle und Codes der Plattformen, denn Vigilanz ist bereits in den Modus einer alltäglichen Plattformpraxis „eingebaut". Plattformkultur präferiert und produziert eine Form der Subjektivität als sich endlos rekonfigurierender Datenkörper, der kontinuierlich überpersönliche, heterogene, *dividuelle* Mikrobewegungen absondert, die extrahierbar werden. Die Plattformoperationen interessieren sich für die Datenkörper nicht als faktische personale Akteure mit Bewusstsein und Vorlieben, sondern sie interessieren sich für ihre virtuelle Dimension, die durch die entsprechenden Operationen nicht nur extrahierbare Daten abwirft, sondern – eben noch bevor sie aktualisiert wird – modifizierbar, d. h. gestaltbar wird. Plattformoperationen interessieren sich entsprechend nur für die Biografien und Erfahrungen oder Aussagen der Individuen, insofern von der Repräsentation derselben der Anreiz ausgeht, freiwillige und unfreiwillige Daten zu teilen. Sie arbeiten einer Auflösung klassischer Institutionen der Subjektivierung zu und bauen damit Subjektivität „for the sake of the ‚objective' and operational pre-emption of potential behaviours"[47] ab. Algorithmische Prozesse der Subjektivierung arbeiten an der der Umstellung hin zu einer Quasi-Subjektivität.

Plattformoperationen bringen so eine spezifische Form der Vigilanz – eine *Hypervigilanz* – hervor. Dabei geht es nicht um die Isolation von faktischen Ereig-

---

46 Vgl. etwa Bröckling, *Das unternehmerische Selbst*; Reichert, Digitale Selbstvermessung.
47 Ebd.

nissen, sondern eher um „Tendenzen".[48] Mit der Plattformkultur vollzieht sich ein Shift von der präventiven zur präemptiven Vigilanz, die nach und nach Subjekte als Datenströme und Objekte als Schnittstellen präferiert und produziert. Technische Objekte gewähren Subjekten Zugang (*access*), wo sie eigentlich nur Zugänglichkeit (*accessibility*) zu den Subjekten eröffnen.[49] Bei der *Hypervigilanz* steht das im Vordergrund, „what bodies could do (potentialities) rather than [...] what people are actually doing"[50]. Statt Verantwortlichkeiten und verantwortliche Subjekte mit personaler Identität zu erzeugen, setzt diese präemptive, algorithmische Hypervigilanz auf der Ebene vorbewusster Reflexe an und entlastet von Verantwortung.

„Everything just clicks" – Objekte ohne Subjekte

Seit der Entwicklung des Displays als Schnittstelle der Mensch-Maschine-Interaktion hat sich der Umgang mit und das Verständnis von Objekten in unserer Umwelt verschoben. Laptop, Tablet oder Smartphone sind längst nicht mehr Objekte unter Objekten, sondern mehr als bloße Gebrauchsgegenstände.[51] Seit der Einführung des mobilen Internets und cloudbasierten Speicher- und Arbeitsprozessen symbolisieren diese technischen Objekte nicht mehr nur grenzenlosen Zugang; faktisch hängen auch immer mehr unserer gesellschaftlichen Interaktionen von diesen Objekten und den entsprechenden Infrastrukturen ab. Insbesondere hier lässt sich der Übergang beobachten von einer Vigilanz, die noch an relativ klassische, das heißt sichtbare und materiell identifizierbare Medien wie Abhör- oder Sicherheitssysteme gebunden war, hin zu einer *Hypervigilanz*, die bereits vorhandene Infrastrukturen für vigilante Operationen wie GPS-Tracking, Daten Tracking oder biometrisches Scannen nutzt.

Technische Objekte wie Laptops, Smartphones, Tablets oder Fitnesswatches sind bereits mit Mikrofonen, Webcams und hypersensiblen Sensoren ausgestattet. Entscheidend ist bei diesem Trend zur *Hypervigilanz*, dass diese auch als Selbstpraxis an die Nutzer:innen zurückgespielt wird: *Smart Objects* beziehungsweise *Apps* versprechen die Optimierung von Gesundheit, Schlaf oder Fitness; sie versprechen optimierten Energieverbrauch oder geringere Kosten. Individuelles Vigi-

---

48 Vgl. dazu Clough, *User Unconscious*, S. 29f. Hansen, *Feed-Forward*; Amoore, *Politics of Possibility*, S. 30f.
49 Mit dieser Unterscheidung beziehe ich mich auf Fisher, Touchscreen Capture, S. 59. Vgl. auch Prokić, Post, Like, Share, Submit, S. 146.
50 Rouvroy, The End(s) of Critique, S. 155.
51 Zum Smartphone als radikale Technologie, die unsere Alltagspraktiken disruptiv verändert hat, vgl. Greenfield, *Radical Technologies*, S. 9–30.

lanzverhalten unterstützt dabei die gezielte Extraktion und verschafft optimierte Zugänglichkeit. Plattformoperationen richten sich zunehmend auf *deep data*. Dazu verfeinern sich die Methoden und schreiben sich immer mehr in unsere Alltagspraktiken ein. William Staples spricht hier von „meticulous rituals of power"[52]. Darunter sind Mikrotechniken und -prozeduren zu verstehen, die schnell akzeptiert und nahezu rituell praktiziert werden.

Bei der Etablierung solcher Mikrotechniken setzen die digitalen Plattformen auf *persuasive Technologien*. Dabei handelt es sich um Technologien, die bereits bei der Entwicklung behavioristische Methoden inkludieren. Die Ursprünge dafür liegen in der Verbindung von wahrnehmungspsychologischen Ansätzen mit Fragen von User-Experience, zu der es seit der serienmäßigen Produktion vollintegrierter elektronischer Personal Computer Mitte der 1970er Jahre kam. Je mehr Anwendungen auch ohne Programmierkenntnisse nutzbar wurden (etwa Textverarbeitungsprogramme, Grafikprogramme etc.), desto zentraler wurde die Übersetzung komplexer Prozesse in einfache Bedienelemente.

Display-Design baut auf Grundlagen des Designs physischer Objekte auf, zeichnet sich aber durch eine Reihe von Differenzen aus. Der Begriff der Affordanz, den Donald Norman in der Designtheorie etablierte, ist besonders geeignet diese Differenzkriterien herauszustellen.[53] Affordanz beschreibt den Angebotscharakter, den Objekte in der Umwelt aufgrund ihrer funktionell relevanten Eigenschaften aufweisen und der zu einem bestimmten Verhalten anreizt. Affordanz wird Norman zufolge im Design dann ausgenutzt, wenn Nutzer:innen die Anwendung intuitiv, ohne zusätzliche visuelle oder sprachliche Instruktionen, begreifen.[54] Im Mittelpunkt von Designlösungen steht so stets die materiell-evidente Beziehung zwischen Bedienelementen und Funktionen. Display-Design richtet sich nun wesentlich auf die Simulation dieser materiell-evidenten Relation zwischen Nutzung und „Objekt". In seinem Standardwerk *The Design of Everyday Things* betont Norman diese Verschiebung hin zu einer simulierten Nutzerfreundlichkeit (*usability*) und Verständlichkeit (*understandability*) für Display- beziehungsweise Benutzeroberflächen.[55] In einem einflussreichen Artikel von 1999 unterscheidet er Affordanzen von Konventionen beziehungsweise kulturellen Zwängen (*cultural constraints*). Das Design von „screen-based products" spielt sich laut Norman dabei hauptsächlich auf der Ebene von Konventionen ab, da die Vermittlung auszuführender Handlungen über den Cursor und durch Symbolbuttons erfolgt. Norman

---

52 Staples, Everyday Surveillance, S. 14.
53 Ursprünglich aus der Wahrnehmungspsychologie stammend, wurde der Begriff 1977 von Gibson zur Erklärung von Anpassungs- und Überlebensstrategien von Lebewesen eingeführt.
54 Norman, *The Design of Everyday Things*, S. 9.
55 Ebd., S. 12

bezeichnet sie als „visual feedback that advertise the affordances"; dementsprechend will er sie von „real affordances" als „perceived affordances" unterschieden wissen.[56] Als voneinander unabhängige Designaspekte lassen sie sich nämlich auch unabhängig voneinander manipulieren[57] – eine Erkenntnis, auf der insbesondere die Entwicklung *persuasiver Technologien* aufbauen wird. Insbesondere die Konsequenz, die Norman aus der Unterscheidung von Konventionen und Affordanzen zieht – dass nämlich Designer:innen „real affordances" und „perceived affordances" erfinden können, allerdings nicht so einfach in der Lage seien, soziale Konventionen zu verändern[58] –, scheint angesichts der beschleunigten Entwicklung der Technologien seit Ende der 1990er Jahre kaum noch haltbar zu sein. Denn 1998, ein Jahr bevor Norman seinen Text mit der Präzisierung veröffentlicht, dass Design keine sozialen Konventionen ändern kann, gründen Larry Page und Sergey Brin, auf der Basis der von ihnen an der Stanford University entwickelten Suchmaschine, die 1997 als Google online geht, ihr gleichnamiges Unternehmen *Google Inc.* Kurz vor einem Investitionshöhepunkt, der in die Dotcomblase münden wird, steht das Unternehmen für die Disruption der Techbranche und für eben diejenige Technologie, die das Zeitalter der Plattformen vorbereiten wird.

Google wird im Laufe der Jahre massiv auf den Einsatz persuasiver Technologie setzen. Dieses Forschungsgebiet wird insbesondere am Persuasive Technology Lab an der Stanford University vorangetrieben. Als einer der Hauptverantwortlichen kann B. J. Fogg gelten, der seit Anfang der 1990er daran arbeitet, wie interaktive Technologien menschliches Verhalten durch bestimmte Anpassungen modulieren und verändern können. Sein Forschungsgebiet, die *captology* (= „computers as persuasive technologies") beschäftigt sich mit der Konzeption von Technologien, die auf Gesetzen des Marketings und der Verhaltenspsychologie basieren. Zwei der Leitthemen bei der Entwicklung von persuasiven Technologien sind *simplicity* und *credibility*. Unter *simplicity* versteht Fogg „the minimally satisfying solution at the lowest cost".[59] Sie sei „a function of your scarcest resource at that moment".[60] Dazu zählt er „time", „money", „physical effort", „brain cycles", „social deviance", „nonroutine".[61] Einen wesentlichen Teil seines Buchs *Persuasive Technologies* (2003), das auf der Forschung eines ganzen Jahrzehnts beruht, widmet Fogg der Kredibilität von Computern als persuasive soziale Akteure. Zur Beschreibung rekurriert er immer

---

56 Vgl. Norman, Affordance, Conventions, and Design, S. 38–42.
57 Norman, Affordance, Conventions, and Design, S. 38–42.
58 Vgl. ebd.
59 Die Zitate sind einem von Fogg erstellten Lehrvideo aus dem Jahr 2008 entlehnt. Vgl. https://vimeo.com/2094487 [letzter Zugriff: 05.08.2021].
60 Ebd.
61 Ebd.

wieder auf die subjektive Wahrnehmung, die für die Kredibilität entscheidender sei als objektiv messbare Eigenschaften. Während Norman sich mit Fragen der Anpassung des Designs an bestimmte Gebrauchszwecke unter Einbezug der menschlichen Psychologie beschäftigte, geht es bei Fogg nun darum, die User:innen nicht nur dazu zu bringen, etwas Bestimmtes zu tun, sondern es immer wieder zu tun – wie zum Beispiel Swipen, Liken, Aktualisieren. Foggs *captology* zielt damit auf die bewusste Implementierung einer sogenannten positiv intermittierenden Verstärkung, d.h. auf Reize, die gelegentlich einen angenehmen Zustand herbeiführen. Durch die Unberechenbarkeit des Eintretens dieses angenehmen Zustands wird das Verhalten stabilisiert. So gehen der Planung und Entwicklung neuer Computertechnologien nicht in erster Linie faktischer Nutzen voraus, sondern ökonomische Motive. Persuasive Technologien sind als Produkte konzipiert, die sich noch vor ihrer Praktikabilität und Qualität psychologisch unentbehrlich machen sollen. Der Nutzen wird zuallererst als ein gefühlter Nutzen implementiert.

Persuasives Design verändert nicht nur singuläres Verhalten, sondern hat eine strukturelle Transformation der kulturellen Skripte und Erwartungshaltungen zur Folge, das heißt es erzeugt so in Anlehnung an Star und Bowker so etwas wie ‚communities of everyday practice'. Plattformen nun sind, wie bereits in Bezug auf den Netzwerkeffekt dargelegt, als Produkte konzipiert, die das Soziale, das Technologische und das Ökonomische ineinander verschränken. Eine solche persuasive Technologie, die selbst nach dem Plattformprinzip gebaut ist, ist das *iPhone*.[62] Die Markteinführung des iPhone als erstes Smartphone könnte medienhistorisch als Geburtsdatum des sogenannten Plattformkapitalismus herangezogen werden, insofern seit diesem Datum der Ausbau des mobilen Internets sowie der globale Anschluss von Individuen ans Internet rapide zugenommen hat.[63] Das Smartphone verbirgt eine komplexe Technologie hinter einem doppelten Prinzip der Simplizität. Dieses Prinzip schlägt sich einerseits in der simplen Anwendbarkeit nieder, denn alles ist weitgehend barrierefrei nutzbar. Eine Reduktion der technologischen Prozesse auf simple Funktionen führt anderseits aber auch zu einer Vereinfachung der Technologie.[64]

---

[62] Apple hat das iPhone als eine Plattform für andere Entwickler und Unternehmen angelegt. Das Unternehmen verlangt Gebühren für das Zurverfügungstellen der Apps im App Store sowie prozentuale Umsatzbeteiligung; der hohe Wert des iPhones als Plattform verspricht andersherum den Entwickler:innen großen Erfolg.

[63] Vgl. dazu die Hochrechnungen zu weltweiten Smartphonenutzer:innen: https://de.statista.com/statistik/daten/studie/309656/umfrage/prognose-zur-anzahl-der-smartphone-nutzer-weltweit/ [letzter Zugriff: 03.11.2022].

[64] Sedlmeier (The Cool Touch of Things, S. 273) spricht in Bezug auf das erste iPad von „complex simplicity".

Technische Objekte wie das iPhone fungieren so auf der kulturellen Ebene als Statusobjekte. Sie verkörpern Leichtigkeit, Privilegien, Partizipation und Barrierefreiheit, insofern sie sich als „smart objects" hyperplastisch in unseren Alltag, unseren Affekthaushalt integrieren, sich als Helfer und Zuarbeiter unentbehrlich machen und eine Form der emotionalen Verbundenheit erwirken.[65] Dadurch erhalten sie unvermittelten Zugang zu unseren Gewohnheiten, unserem Begehren und Verhalten, unseren Wünschen und Handlungen. Sie verwandeln Mikrobewegungen, Makrobewegungen sowie abgebrochene, angefangene, wiederaufgenommene Handlungsketten in Datenströme. Das Smartphone normalisiert so das Monitoring als einen gewöhnlichen Weltbezug, insofern es Praktiken der Subjektivierung an sich gekoppelt hat. Das hat Folgen für die Kultur der Vigilanz: Während nach William Staples der Clou von Überwachungskameras an öffentlichen Plätzen darin bestand, nicht mehr nur verdächtige Personen zu überwachen, sondern eben alle, so besteht die Trendwende nun darin, Überwachung zu generalisieren. Alle Überwachten werden zu Überwachenden. Darüber hinaus verselbstständigt sich die Beobachtung zu einem generativen Modus: alles wird im hypervigilanten Blickregime („hypervigilant ‚gaze'"[66]) beobachtbar, indem personale Beobachter ihre Geräte verstreut über den ganzen Planeten einsetzen. Das Smartphone wird damit zu einem hypervigilanten Objekt, insofern es durch die vigilanten Optionen, die es seinen Nutzer:innen eröffnet, selbstständig ohne bestimmte Motive, Ziele, Gründe und Grenzen operiert und jenseits unserer Aufmerksamkeitsschwelle Daten sammelt.[67]

Die Effizienz der persuasiven Technologien liegt darin, dass sie menschlichen Akteuren Geld, Zeit, Mühe etc. bei Handlungen *in* und Interpretationen *der* Wirklichkeit ersparen („The minimally satisfying solution at the lowest cost"). Damit machen sie sich unentbehrlich und universalisieren sich. Sie etablieren die kulturelle Basis für eine algorithmische Hypervigilanz, die technische Objekte als Schnittstellen gestaltet und Subjekte in algorithmische Subjekte umformt – sie von dem, was sie tatsächlich tun oder nicht tun können, trennt, um sie in einen Datenkörper zu transformieren, der ihre vorsubjektiven Variablen jenseits ihrer faktischen Aktualisierung oder materiellen Manifestation auslesbar und einsetzbar macht.

Um auf die eingangs formulierte Frage nach Leistung der Sprachen der Vigilanz und ihrer Funktionen im Zeitalter der Digitalisierung zurückzukommen, lässt sich nun

---

65 Vgl. dazu auch die spätere Publikation von Norman, *Emotional Design*.
66 Staples, Everyday Surveillance, S. 15.
67 Apple UAE: Introducing iPhone 13 Pro | Apple, https://www.youtube.com/watch?v=xneM6b83KCA [letzter Zugriff: 06.03.2022].

festhalten, dass es immer schwieriger wird, eine wirksame Sprache der Vigilanz zu profilieren, die der allgemeinen Dissoziation und Distraktion durch die Netzwerkkultur standhält. Die digitale Gegenwart unterscheidet sich dahingehend von anderen historischen Konstellationen, da sich die Frage nach der „kulturellen Motivation und Anleitung von Individuen"[68] und den entsprechenden sozio-politischen Anreizsystemen nur mehr vermittelt durch das technoökonomische Gefüge stellen lässt. Hier lässt sich eine auffällige Entkopplung von gerichteter Aufmerksamkeit für eine höhere Aufgabe von „den kognitiven und kommunikativen Ressourcen der Einzelnen"[69] feststellen. An die Stelle kognitiver und kommunikativer Ressourcen einzelner humaner Akteure treten deren Technologien. Diese werden zur effektiven und optimierten Quelle von Aufmerksamkeit, die sich partiell und situativ für höhere Ziele in Dienst nehmen lässt. Das ist nicht zuletzt deshalb möglich, weil Responsibilisierungen sich radikal individualisiert haben: Die Einzelnen agieren mit Hilfe von preiswerten Spitzentechnologien hypervigilant in Bezug auf die unterschiedlichsten Ziele (zur Sicherung des eigenen Hauses, zur Flexibilisierung von Arbeitsprozessen, zur räumlichen und zeitlichen Orientierung, zur Kontrolle des Personals oder des Nachwuchses, zur Kontrolle der Gesundheit, zur Selbstoptimierung, zur Unterhaltung etc.). Der nahezu lückenlose Einsatz dieser allseits präsenten Kontrolltechnologien garantiert wiederum der algorithmischen Vigilanz maximale Aufmerksamkeit nach Bedarf. Skalierungen und Orientierungen verlaufen damit konträr zu den differenten und mitunter konfligierenden Responsibilisierungen, unterhalb der jeweiligen individuellen Wahrnehmungsschwelle.[70]

Literaturverzeichnis

Amoore, Louise: *The Politics of Possibility: Risk and Security Beyond Probability.* Durham 2013.
Apprich, Clemens: Paranoia. In: Beyes, Timon/Metelmann, Jörg/Pias, Claus (Hrsg.): *Nach der Revolution. Ein Brevier digitaler Kulturen.* Duisburg 2017, S. 77–88.
Balke, Friedrich: Regierbarkeit der Herzen. Über den Zusammenhang von Politik und Affektivität bei Carl Schmitt und Spinoza. In: Brokoff, Jürgen (Hrsg.): *Politische Theologie. Formen und Funktionen im 20. Jahrhundert.* Paderborn 2003, S. 115–129.
Bowker, Geoffrey C./Star, Susan Leigh: *Sorting Things Out. Classification and Its Consequences.* Cambridge 2000.

---

68 Vgl. zum Gesamtkonzept des SFB 1369 in *Mitteilungen des Sonderforschungsbereiches 1369*, Jg. 1, Nr. 1 (2020), S. 6–7, hier 7.
69 Vgl. *Mitteilungen des Sonderforschungsbereiches 1369*, Jg. 1, Nr. 1 (2020), S. 6–7, hier 7.
70 Vgl. zu den drei Leitfragen des SFB 1369 Brendecke, Warum Vigilanzkulturen?, S. 16 f.

Brendecke, Arndt: Warum Vigilanzkulturen? Grundlagen, Herausforderungen und Ziele eines neuen Forschungsansatzes. In: *Mitteilungen des Sonderforschungsbereiches 1369* ‚Vigilanzkulturen' 1 (2020), S. 10–17

Bröckling, Ulrich: *Das unternehmerische Selbst: Soziologie einer Subjektivierungsform.* Frankfurt am Main 2007.

Bruns, Axel: Produsage: Towards a Broader Framework for User-Led Content Creation. In: Shneiderman, B. (Hrsg.): *Proceedings of 6th ACM SIGCHI Conference on Creativity and Cognition 2007.* United States of America: Association for Computing Machinery 2007, S. 99–105.

Cascio, Jamais: The Rise of the Participatory Panopticon. In: *WorldChanging Archive* (04 May 2005). http://www.openthefuture.com/wcarchive/2005/05/the_rise_of_the_participatory.html [letzter Zugriff: 03.11.2022].

Citton, Yves: *The Ecology of Attention.* Cambridge [1]2016.

Clough, Patricia Ticineto: *User Unconscious: On Affect, Media, and Measure.* Minneapolis 2018.

Deleuze, Gilles: Postskriptum zu den Kontrollgesellschaften. In: Ders.: *Unterhandlungen. 1972–1990.* Frankfurt am Main 2003, S. 254–262.

Ellerbrock, Dagmar/Koch, Lars/Müller-Mall, Sabine/Münkler, Marina/Scharloth, Joachim/Schrage Dominik/Schwerhoff, Gerd: Inveltivität – Perspektiven eines neuen Forschungsprogramms in den Kultur- und Sozialwissenschaften. In: *Kulturwissenschaftliche Zeitschrift* 1 (2017), S. 2–24.

Ettinger, Patrik/Eisenegger, Mark/Prinzing, Marlis/Blum, Roger (Hrsg.): *Intimisierung des Öffentlichen. Zur multiplen Privatisierung des Öffentlichen in der digitalen Ära.* Wiesbaden 2019.

Fisher, Mark: Touchscreen Capture. Kommunikativer Kapitalismus und Pseudo-Gegenwart. In: Quent, Markus (Hrsg.): *Absolute Gegenwart.* Berlin 2016, S. 54–73.

Fogg, B. J.: *Persuasive Technology: Using Computers to Change What We Think and Do.* Amsterdam/Boston 2003.

Foucault, Michel: *Überwachen und Strafen: Die Geburt des Gefängnisses.* Frankfurt am Main [17]1993.

Fuchs, Christian: *Social Media: A Critical Introduction.* London [2]2017

Gibson, James J.: The Theory of Affordances. In: Shaw, Robert E./ Bransford, John D. (Hrsg.): *Perceiving, Acting, and Knowing.* Hillsdale 1977, S. 67–82.

Gnosa, Tanja: Historisches oder mediales Apriori? Versuch einer terminologischen Rejustierung. In: *Le foucaldien* 3, no. 1 (2017), S. 1–32.

Goldhaber, Michael H.: Die Aufmerksamkeitsökonomie und das Netz. Über das knappe Gut der Informationsgesellschaft. In: Tilman Baumgärtel (Hrsg.): *Texte zur Theorie des Internets*, Ditzingen 2017, S. 181–193.

Greenfield, Adam: *Radical Technologies: The Design of Everyday Life.* London/New York 2017.

Grewal, David Singh: *Network Power. The Social Dynamics of Globalization.* New Haven 2008.

Habermas, Jürgen: *Strukturwandel der Öffentlichkeit: Untersuchungen zu einer Kategorie der bürgerlichen Gesellschaft.* Frankfurt am Main 1990.

Habermas, Jürgen: Überlegungen und Hypothesen zu einem erneuten Strukturwandel der politischen Öffentlichkeit. In: Seeliger, Martin/Sevignani, Sebastian (Hrsg.): *Ein neuer Strukturwandel der Öffentlichkeit?* Sonderband Leviathan 37 (2021), S. 470–500.

Haggerty, Kevin D./Richard V. Ericson: The surveillant assemblage. In: *British Journal of Sociology* Vol. 51, No. 4 (2000), S. 605–622.

Hansen, Mark: *Feed-Forward: On the Future of Twenty-First-Century Media.* Chicago/London 2015.

Häusler, Anna/Tanja Prokić: Safety Instructions: Skripte für den Ernstfall. Zu SIGNAs Performance-Installationen. In: Nissen-Rizvani, Karin/Schäfer, Martin (Hrsg.): *TogetherText. Prozessual erzeugte Texte im Gegenwartstheater.* Berlin 2020, S. 262–279.

Hayes, Ben: The Surveillance-Industrial Complex. In: Lyon, David/Haggerty, Kevin D./Ball, Kristie (Hrsg.): *Routledge Handbook of Surveillance Studies*. New York 2017, S. 167–175.

Jarren, Otfried/Fischer, Renate: Die Plattformisierung von Öffentlichkeit und der Relevanzverlust des Journalismus als demokratische Herausforderung, In: Seeliger, Martin/ Sevignani, Sebastian (Hrsg.): *Ein neuer Strukturwandel der Öffentlichkeit?* (Sonderband Leviathan 37). Baden-Baden 2021, S. 365–382.

Kittler, Friedrich: *Aufschreibesysteme 1800/1900*. München ^{4}2003.

Lanham, Richard: *The Economics of Attention: Style and Substance in the Age of Information*. Chicago 2006.

Lyon, David: Surveillance Studies. An Overview. In: Monahan, Torin/Murakami Wood, David (Hrsg.): *Surveillance Studies: A Reader.* New York 2018, S. 18–21.

Marx, Gary T.: What's new about the ‚New Surveillance'. Classifying for change and continuity. In: Monahan, Torin/Wood, David Murakami (Hrsg.): *Surveillance Studies: A Reader.* New York 2018, S. 22–26.

Meyer, Erik: *Zwischen Partizipation und Plattformisierung*. Frankfurt am Main/New York 2019.

Moazed, Alex/Johnson, Nicholas L.: *Modern Monopolies: What it Takes to Dominate the 21st Century Economy*. New York 2017.

Norman, Donald A.: *The Design of Everyday Things*, New York 1990.

Norman, Donald A.: Affordance, Conventions, and Design. In: *Interactions*, Mai/Juni 1999, S. 38–42.

Norman, Donald A: *Emotional Design: Why We Love (or Hate) Everyday Things*. New York 2003.

Ott, Michaela: *Dividuationen: Theorien der Teilhabe*. Berlin 2015.

Prokić, Tanja: Writing Influence: Die Kinder von Haraway und Google. In: *Sprache und Literatur* Jg. 50, H. 125 (2022), S. 88–115.

Prokić, Tanja: Vom Window-Shopping zum digitalen Bewertungsregime. Der invective gaze im Gefüge des skopischen Kapitalismus. In: Heyne, Elisabeth/Dies. (Hrsg.): *Invective Gaze – Das digitale Bild und die Kultur der Beschämung*. Bielefeld 2022, S. 95–115.

Prokić, Tanja: Post, Like, Share, Submit. Visual Control and the Digital Image (13 Theses). In: *Societies of Control. Special Issue of Coils of the Serpent* 5 (2020), S. 145–152.

Raunig, Gerald: *Dividuum. Maschinischer Kapitalismus und molekulare Revolution*. Bd. 1. Wien 2015.

Reichert, Ramón: Digitale Selbstvermessung. Verdatung und soziale Kontrolle. In: *Zeitschrift für Medienwissenschaft* 13/2 (2015), S. 66–77.

Rheingold, Howard: Virtuelle Gemeinschaft, In: Baumgärtel, Tilman (Hrsg.): *Texte zur Theorie des Internets*. Ditzingen 2017, S. 104–118.

Rouvroy, Antoinette: The End(s) of Critique. Data Behaviourism versus Due Process. In: Hildebrandt, Mireille/de Vries, Katja (Hrsg.): *Privacy, Due Process and the Computational Turn. The Philosophy of Law Meets the Philosophy of Technology*. Abingdon 2013, S. 143–165.

Schleusener, Simon: The Surveillance Nexus: Digital Culture and the Society of Control. In. *REAL: Yearbook of Research in English and American Literature*. Volume 34: Democratic Cultures and Populist Imaginaries (2019), S. 175–201.

Schmitt, Carl: *Der Begriff des Politischen. Text von 1932 mit einem Vorwort und drei Corollarien*. Berlin 1935.

Sedlmeier, Florian: The Cool Touch of Things: Libertarian Economics, Complex Simplicity, and the Emergence of the Tactile Erotic. In: Fellner, Astrid M./Hamscha, Susanne/Heissenberger, Klaus/Moos, Jennifer (Hrsg.): *Is It, 'Cause It's Cool? Affective Encounters with American Culture*. Münster/Wien 2014, S. 273–293.

Seemann, Michael: *Die Macht der Plattformen: Politik in Zeiten der Internetgiganten*. Berlin 2021.

Srnicek, Nick: *Plattform-Kapitalismus*. Hamburg 2018.
Staab, Philipp: *Digitaler Kapitalismus: Markt und Herrschaft in der Ökonomie der Unknappheit*. Berlin 2019.
Stalder, Felix: *Kultur der Digitalität*. Berlin 2016.
Sterne, Jonathan: *MP3: The Meaning of a Format. Illustrated edition.* Durham 2012.
Staples, William G.: Everyday Surveillance. Vigilance and Visibility in Postmodern Life. In: Monahan, Torin/Murakami Wood, David (Hrsg.): *Surveillance Studies: A Reader.* New York 2018, S. 14–17.
Vogl, Joseph: *Kapital und Ressentiment: Eine kurze Theorie der Gegenwart*. München 2021.
Wagner, Elke: *Intimisierte Öffentlichkeiten. Pöbeleien, Shitstorms und Emotionen auf Facebook.* Bielefeld 2019.
Zuboff, Shoshana: Big Other: Surveillance Capitalism and the Prospects of an Information Civilization. In: *Journal of Information Tech*nology 30 (2015), S. 75–89.
Shoshana Zuboff: *Das Zeitalter des Überwachungskapitalismus*. Frankfurt/New York 2018.

www.ingramcontent.com/pod-product-compliance
Lightning Source LLC
Chambersburg PA
CBHW050531300426
44113CB00012B/2046